最优估计与滤波及其应用

陶建武　虞　飞　常文秀　著

科学出版社

北　京

内 容 简 介

本书以随机过程理论为基础，系统地论述了随机信号最优估计与滤波的基本理论和方法，重点研究了雷达信号的波达方向和极化参数的最优估计与波束形成（空域滤波）、声呐信号的矢量与空间平滑方法和基于声波测量的气流速度估计。同时针对矢量传感器阵列，本书将四元数代数理论引入阵列信号处理中，建立了信号的四元数模型和基于四元数理论的各种估计与滤波方法；将压缩感知理论融入阵列信号处理中，阐述了信号的稀疏表示模型和估计方法；介绍了各种形式的声矢量传感器阵列和电磁矢量传感器阵列的阵列模型及信号处理方法。

本书可供声呐、雷达及信号处理领域的科研人员与工程技术人员参考，也可作为高等院校相关专业的高年级本科生和研究生的教材。

图书在版编目（CIP）数据

最优估计与滤波及其应用 / 陶建武，虞飞，常文秀著. — 北京：科学出版社，2021.9

ISBN 978-7-03-069568-0

Ⅰ. ①最… Ⅱ. ①陶… ②虞… ③常… Ⅲ. ①最优滤波 Ⅳ. ①O211.64

中国版本图书馆 CIP 数据核字（2021）第 164145 号

责任编辑：王 哲 / 责任校对：任苗苗

责任印制：吴兆东 / 封面设计：迷底书装

科学出版社 出版

北京东黄城根北街 16 号

邮政编码：100717

http://www. sciencep. com

北京中石油彩色印刷有限责任公司印刷

科学出版社发行 各地新华书店经销

*

2021 年 9 月第 一 版 开本：720×1 000 B5

2021 年 9 月第一次印刷 印张：13 1/2 插页：2

字数：265 000

定价：109.00 元

（如有印装质量问题，我社负责调换）

前言

最优估计与滤波是信号处理的一个重要组成部分，在很多领域得到广泛的应用，如无线通信、雷达、声呐、语音处理、导航、地球勘探、大气测量和射电天文等。近年来，矢量传感器因其独特结构而得到长足的发展，并被逐渐地广泛应用。声矢量传感器是由三个相互正交放置的声波质点速度传感器和一个可选择的声压标量传感器复合而成的新型声场测量器件，它能够同步测得声场中某一点处的声波质点速度矢量和声压。而电磁矢量传感器是由相互正交放置的三个电偶极子和三个磁偶极子复合而成的极化敏感测量器件，可同时获取电磁波的全部电场分量和磁场分量。与常规的标量传感器有所不同，矢量传感器的测量对象是一个矢量，输出数据更丰富，因而其信号处理方法更具有灵活性，可应用的数学工具更广泛。

在国家自然科学基金面上项目（60872088、61172126、61571462）的资助下，针对矢量传感器的各种应用，作者及科研团队开展了广泛的研究，取得了丰硕的成果。本书由理论和应用两部分构成。第 1 章是理论部分，系统地论述了随机信号最优估计和滤波的基本理论与方法，其内容深入浅出，可读性强，充分体现了随机信号处理的核心精髓。对后续章节的阅读和理解，具有一定的支撑作用。第 2～6 章是应用部分。第 2 章介绍了利用水声矢量传感器阵列进行水下声波测向，提出了处理相干声波信号的矢量平滑算法。第 3 章介绍了声传感器阵列在气流速度测量中的应用。建立了处于亚声速阶段和超声速阶段的气流速度测量模型；针对处于不同阶段的大气气流，提出了各种气流速度的测量算法。第 4 章介绍了不同结构的电磁矢量传感器阵列在完全极化信号源的波达方向(Direction of Arrival，DOA)和极化参数估计中的应用。给出了机载电磁矢量传感器的结构；针对处于不同测量距离的电磁信号源，提出了极化信号的 DOA、距离和极化参数估计的各种算法。第 5 章介绍了不同形式的电磁矢量传感器阵列在部分极化信号源的DOA和Stokes参数估计中的应用。采用四元数代数理论和压缩感知理论，提出了部分极化信号的DOA和 Stokes 参数估计的稀疏重构算法和四元数算法。第 6 章介绍了电磁矢量传感器阵列的四元数波束形成算法，提出了干扰和噪声抵消算法和旁瓣抵消算法。在应用部分中，部分极化信号的 Stokes 参数估计、基于声波测量的气流速度估计和四元数波束形成等内容都是作者及科研团队近几年的最新研究成果，具有很高的学术价值。

本书由陶建武主持撰写，虞飞和常文秀参与完成。书中也融入了作者的硕士研究生崔伟、刘亮、李京书、陈诚、曾宾、林智勇在读研期间取得的一些研究成果。另外，硕士研究生王立新、安旭锋、郛雪松、钱立林、戴海发、邵校、张志伟、许成维在读研期间也为该方向的研究做了大量工作，在此一并表示感谢。

由于作者的水平和经验有限，书中难免会存在一些不足之处，恳请广大读者批评指正。

作　者

2021 年 6 月

目　录

第 1 章　最优估计的基本理论

1.1　统计参数估计

1.1.1　最大似然估计

假设 $p(x|\theta)$ 表示在参数 θ 出现的条件下，观测数据 x 的条件概率密度函数，它被称为似然函数，则最大似然估计(Maximum Likelihood Estimation，MLE)估计器为

$$\hat{\theta}_{\mathrm{ML}} = \arg\{\max_{\theta\in\Theta} p(x|\theta)\} \tag{1-1}$$

注意：①在 $p(x|\theta)$ 中，x 是不变的，而 θ 是变化的。当 $\theta=\hat{\theta}$ 时，$p(x|\theta)$ 为最大。② $\hat{\theta}_{\mathrm{ML}}$ 可能不是唯一的。③如果 $p(x|\theta)$ 对于 θ 存在二阶导数，且 $\dfrac{\mathrm{d}^2}{\mathrm{d}\theta^2}(p(x|\theta))<0$，则 $\hat{\theta}_{\mathrm{ML}}$ 可通过 $\dfrac{\mathrm{d}}{\mathrm{d}\theta}(p(x|\theta))=0$ 来得到。④通常，$\hat{\theta}_{\mathrm{ML}}$ 可能是有偏的。

最大似然估计有如下性质。

①MLE 的渐近特性。如果数据 $\boldsymbol{x}$ 的似然函数 $p(x|\theta)$ 满足某些“正则”条件，即对数似然函数的导数存在，且费舍尔(Fisher)信息非零，那么对于足够多的数据记录，未知参数 θ 的 MLE 渐近服从正态(高斯)分布，即 MLE 具有渐近无偏特性，其方差可以达到最小值，并且具有高斯分布，因此，MLE 是渐近有效估计，也是渐近最优的。

②MLE 的不变性。参数 $\alpha=g(\theta)$ 的 MLE 为 $\hat{\alpha}=g(\hat{\theta})$，其中，$\hat{\theta}$ 是 θ 的 MLE，且 g 是一个一一对应的函数。

③线性模型的最佳 MLE。如果观测数据 $\boldsymbol{X}$ 可以由一般线性模型表示：$\boldsymbol{X}=\boldsymbol{H}\boldsymbol{\theta}+\boldsymbol{n}$，其中，已知 $\boldsymbol{H}$ 是一个秩为 P 的 $N\times P$ 矩阵，且 $N>P$，$\boldsymbol{\theta}$ 是一个被估计的 $P\times 1$ 参数矢量，而且 $\boldsymbol{n}$ 是一个概率密度函数为 $N(0,\boldsymbol{C})$ 的噪声矢量，那么，$\boldsymbol{\theta}$ 的 MLE 为 $\hat{\boldsymbol{\theta}}=(\boldsymbol{H}^{\mathrm{T}}\boldsymbol{C}^{-1}\boldsymbol{H})^{-1}\boldsymbol{H}^{\mathrm{T}}\boldsymbol{C}^{-1}\boldsymbol{X}$，$\hat{\boldsymbol{\theta}}$ 是一个有效估计量，它的方差达到了最小。$\hat{\boldsymbol{\theta}}$ 的概率密度函数为 $\hat{\boldsymbol{\theta}}\sim N(\boldsymbol{\theta},(\boldsymbol{H}^{\mathrm{T}}\boldsymbol{C}^{-1}\boldsymbol{H})^{-1})$。

一般情况下，MLE 的求法有两种，即求导法和搜索法。

1.1.2　无偏估计的克拉美-罗下界

1. 标量参数的克拉美-罗下界(Crame-Rao Lower Bound，CRLB)

定理 1-1　假设观测数据矢量 $\boldsymbol{X}=[x(0),x(1),\cdots,x(N-1)]^{\mathrm{T}}$ 的概率密度函数

$p(\boldsymbol{X};\theta)$ 满足正则性条件： $E\left[\dfrac{\partial \ln p(\boldsymbol{X};\theta)}{\partial \theta}\right]=0$ ，该式对所有 θ 成立，期望是针对 $p(\boldsymbol{X};\theta)$ 取的，则任意无偏估计的方差满足

$$\operatorname{Var}(\hat{\theta}) \geqslant \frac{1}{-E\left[\dfrac{\partial^2 \ln p(\boldsymbol{X};\theta)}{\partial \theta^2}\right]}=\operatorname{CRLB}(\theta) \tag{1-2}$$

其中，导数是在 θ 的真实值处取值的，期望是针对 $p(\boldsymbol{X};\theta)$ 取的，令

$$\operatorname{CRLB}(\theta)=\frac{1}{-E\left[\dfrac{\partial^2 \ln p(\boldsymbol{X};\theta)}{\partial \theta^2}\right]} \tag{1-3}$$

式(1-3)被称为克拉美-罗下界。而

$$J(\theta)=-E\left[\frac{\partial^2 \ln p(\boldsymbol{X};\theta)}{\partial \theta^2}\right] \tag{1-4}$$

式(1-4)被称为 Fisher 信息函数，其中， $\operatorname{CRLB}(\theta)=\dfrac{1}{J(\theta)}$ 。

进一步，当且仅当 $\dfrac{\partial \ln p(\boldsymbol{X};\theta)}{\partial \theta}=J(\theta)(g(\boldsymbol{X})-\theta)$ ，则 $\hat{\theta}=g(\boldsymbol{X})$ 是一个最小方差无偏估计，且满足 $\operatorname{Var}(\hat{\theta})=\dfrac{1}{J(\theta)}=\operatorname{CRLB}(\theta)$ 。

注意：①CRLB 为所有无偏估计的性能提供一个比较的标准。②CRLB 与估计算法无关，只与信号模型有关。③ $\operatorname{CRLB}(\theta)$ 是一个未知参数 θ 的确定性函数。④无偏且达到 $\operatorname{CRLB}(\theta)$ 的估计 $\hat{\theta}$ 称为 θ 的“有效估计”。当最小方差(Minimum Variance Unbiased，MVU)估计的方差等于 CRLB 时，MVU 估计是一个有效估计，若未达到 CRLB，则不是有效估计。⑤仅适用于无偏估计，对有偏估计，另有公式。⑥因为 $E\left[\left(\dfrac{\partial \ln p(\boldsymbol{X};\theta)}{\partial \theta}\right)^2\right]=-E\left[\dfrac{\partial^2 \ln p(\boldsymbol{X};\theta)}{\partial \theta^2}\right]$ ，所以 $J(\theta)=E\left[\left(\dfrac{\partial \ln p(\boldsymbol{X};\theta)}{\partial \theta}\right)^2\right]$ 。该式便于计算，另外也说明 $J(\theta)$ 是一个非负的函数。⑦对于独立观测，其每次观测到的 $J(\theta)$ 是可加的。即对 N 次 IID 观测，其 $J(\theta)=Nj(\theta)$ ，其中， $j(\theta)$ 是一次观测的 Fisher 信息函数，因此， $\mathrm{CRLB}_N=\mathrm{CRLB}_j/N$ 。但是，对于非独立 N 次观测， $J(\theta)<Nj(\theta)$ 。对于完全相关的观测，附加的观测没有任何信息，即 $J(\theta)=j(\theta)$ 。因此， CRLB 不会随数据长度的增加而减少。

2. 标量参数变换的 CRLB

如果 $\alpha = g(\theta)$，那么

$$\mathrm{CRLB}(\alpha) \geqslant \frac{\left(\dfrac{\partial g}{\partial \theta}\right)^2}{-E\left[\dfrac{\partial^2 \ln p(\boldsymbol{X};\theta)}{\partial \theta^2}\right]} = \left(\frac{\partial g}{\partial \theta}\right)^2 \mathrm{CRLB}(\theta) \tag{1-5}$$

例如， $\alpha = g(\theta) = \cos\theta$ ， 对于 $x(n) = \alpha + w[n]$ $(n = 1,\cdots,N)$ ， $\mathrm{CRLB}(\alpha) = \dfrac{\sigma^2}{N}$ ， 而 $\left(\dfrac{\partial g}{\partial \theta}\right) = -\sin\theta$，则 $\mathrm{CRLB}(\theta) = \dfrac{\mathrm{CRLB}(\alpha)}{\left(\dfrac{\partial g}{\partial \theta}\right)^2} = \dfrac{\sigma^2}{N\sin^2\theta}$。

如果 $\hat{\alpha} = g(\hat{\theta})$，若 $\mathrm{Var}(\hat{\theta}) = \mathrm{CRLB}(\theta)$，且 $g(\circ)$ 是线性变换，则 $\mathrm{Var}(\hat{\alpha}) = \mathrm{CRLB}(\alpha)$；如果 $g(\circ)$ 不是线性变换，则 $\mathrm{Var}(\hat{\alpha})$ 将渐近达到 $\mathrm{CRLB}(\alpha)$。

3. 矢量参数的 CRLB

定理 1-2 假设条件概率密度函数 $p(\boldsymbol{X};\boldsymbol{\theta})$ 满足“正则”条件，其中，$\boldsymbol{\theta} = [\theta_1, \theta_2, \cdots, \theta_p]^{\mathrm{T}}$，$E\left[\left(\dfrac{\partial \ln p(\boldsymbol{X};\boldsymbol{\theta})}{\partial \boldsymbol{\theta}}\right)\right] = 0$，对于所有的 $\boldsymbol{\theta}$，数学期望是对 $p(\boldsymbol{X};\boldsymbol{\theta})$ 的 $\boldsymbol{X}$ 求出的，那么，任何无偏估计量 $\hat{\boldsymbol{\theta}}$ 的协方差矩阵满足 $\boldsymbol{C}_{\hat{\theta}} - J^{-1}(\boldsymbol{\theta}) \geqslant 0$，其中，$\geqslant 0$ 解释为矩阵是半正定，Fisher 信息矩阵 $J(\boldsymbol{\theta})$ 由下式给出

$$[J(\boldsymbol{\theta})]_{i,j} = -E\left[\frac{\partial^2 \ln p(\boldsymbol{X};\boldsymbol{\theta})}{\partial \theta_i \partial \theta_j}\right] = E\left[\frac{\partial \ln p(\boldsymbol{X};\boldsymbol{\theta})}{\partial \theta_i}\frac{\partial \ln p(\boldsymbol{X};\boldsymbol{\theta})}{\partial \theta_j}\right] \tag{1-6}$$

其中，导数是在 $\boldsymbol{\theta}$ 的真值上计算的。另外，对于某个 p 维函数 $g(\boldsymbol{X})$ 和某个 $p \times p$ 维矩阵 $J(\boldsymbol{\theta})$，当且仅当 $\dfrac{\partial \ln p(\boldsymbol{X};\boldsymbol{\theta})}{\partial \boldsymbol{\theta}} = J(\boldsymbol{\theta})(g(\boldsymbol{X}) - \boldsymbol{\theta})$ 成立，则无偏估计量 $\hat{\boldsymbol{\theta}} = g(\boldsymbol{X})$，其协方差矩阵可达到 $\boldsymbol{C}_{\hat{\theta}} = J^{-1}(\boldsymbol{\theta})$，并且它是 MVU 估计。而对于任何无偏估计，则 $\mathrm{Var}(\theta_i) = [\boldsymbol{C}_{\hat{\theta}}]_{ii} \geqslant [J^{-1}(\boldsymbol{\theta})]_{ii}$，当 $\boldsymbol{C}_{\hat{\theta}} = J^{-1}(\boldsymbol{\theta})$ 时，$\mathrm{Var}(\theta_i) = [J^{-1}(\boldsymbol{\theta})]_{ii}$。
一般情况下，$J(\boldsymbol{\theta})$ 是非对角矩阵。

4. 矢量参数变换的 CRLB

$\boldsymbol{\alpha} = g(\boldsymbol{\theta})$， g 是 r 维函数，$\boldsymbol{\theta}$ 是 p 维矢量，则 $\boldsymbol{C}_{\hat{\alpha}} - \dfrac{\partial g(\boldsymbol{\theta})}{\partial \boldsymbol{\theta}} J^{-1}(\boldsymbol{\theta}) \left[\dfrac{\partial g(\boldsymbol{\theta})}{\partial \boldsymbol{\theta}}\right]^{\mathrm{T}} \geqslant 0$，其中，$\geqslant 0$ 解释为矩阵是半正定，$\dfrac{\partial g(\boldsymbol{\theta})}{\partial \boldsymbol{\theta}}$ 是 $r \times p$ 维雅可比矩阵

$$\frac{\partial g(\boldsymbol{\theta})}{\partial \boldsymbol{\theta}}=\begin{bmatrix}\frac{\partial g_1(\boldsymbol{\theta})}{\partial \theta_1} & \frac{\partial g_1(\boldsymbol{\theta})}{\partial \theta_2} & \cdots & \frac{\partial g_1(\boldsymbol{\theta})}{\partial \theta_p}\\ \vdots & \vdots & & \vdots\\ \frac{\partial g_r(\boldsymbol{\theta})}{\partial \theta_1} & \frac{\partial g_r(\boldsymbol{\theta})}{\partial \theta_2} & \cdots & \frac{\partial g_r(\boldsymbol{\theta})}{\partial \theta_p}\end{bmatrix} \tag{1-7}$$

5. 一般高斯情况下的 CRLB

假定 $\boldsymbol{X}\sim N(\boldsymbol{\mu}(\boldsymbol{\theta}),\boldsymbol{C}(\boldsymbol{\theta}))$，其中，$\boldsymbol{\mu}(\boldsymbol{\theta})$、$\boldsymbol{C}(\boldsymbol{\theta})$ 可能是 $\boldsymbol{\theta}$（$\boldsymbol{\theta}$ 是 p 维矢量）的函数。$\boldsymbol{\mu}(\boldsymbol{\theta})$ 是 $N\times 1$ 维矢量，$\boldsymbol{C}(\boldsymbol{\theta})$ 是 $N\times N$ 维矩阵，则 Fisher 信息矩阵为

$$[J(\boldsymbol{\theta})]_{i,j}=\left[\frac{\partial \boldsymbol{\mu}(\boldsymbol{\theta})}{\partial \theta_i}\right]^{\mathrm{T}}\boldsymbol{C}^{-1}(\boldsymbol{\theta})\left[\frac{\partial \boldsymbol{\mu}(\boldsymbol{\theta})}{\partial \theta_j}\right]+\frac{1}{2}\mathrm{tr}\left[\boldsymbol{C}^{-1}(\boldsymbol{\theta})\frac{\partial \boldsymbol{C}(\boldsymbol{\theta})}{\partial \theta_i}\boldsymbol{C}^{-1}(\boldsymbol{\theta})\frac{\partial \boldsymbol{C}(\boldsymbol{\theta})}{\partial \theta_j}\right] \tag{1-8}$$

其中，$\frac{\partial \boldsymbol{\mu}(\boldsymbol{\theta})}{\partial \theta_i}=\left[\frac{\partial[\boldsymbol{\mu}(\boldsymbol{\theta})]_1}{\partial \theta_i},\cdots,\frac{\partial[\boldsymbol{\mu}(\boldsymbol{\theta})]_N}{\partial \theta_i}\right]^{\mathrm{T}}$

$$\frac{\partial \boldsymbol{C}(\boldsymbol{\theta})}{\partial \theta_i}=\begin{bmatrix}\frac{\partial[\boldsymbol{C}(\boldsymbol{\theta})]_{11}}{\partial \theta_i} & \cdots & \frac{\partial[\boldsymbol{C}(\boldsymbol{\theta})]_{1N}}{\partial \theta_i}\\ \vdots & & \vdots\\ \frac{\partial[\boldsymbol{C}(\boldsymbol{\theta})]_{N1}}{\partial \theta_i} & \cdots & \frac{\partial[\boldsymbol{C}(\boldsymbol{\theta})]_{NN}}{\partial \theta_i}\end{bmatrix} \tag{1-9}$$

对于 θ 是标量的情况，$\boldsymbol{X}\sim N(\boldsymbol{\mu}(\theta),\boldsymbol{C}(\theta))$

$$J(\theta)=\left[\frac{\partial \boldsymbol{\mu}(\theta)}{\partial \theta}\right]^{\mathrm{T}}\boldsymbol{C}^{-1}(\theta)\left[\frac{\partial \boldsymbol{\mu}(\theta)}{\partial \theta}\right]+\frac{1}{2}\mathrm{tr}\left[(\boldsymbol{C}^{-1}(\theta)\frac{\partial \boldsymbol{C}(\theta)}{\partial \theta})^2\right] \tag{1-10}$$

6. 有多余未知参数的情况

假定 $\boldsymbol{\theta}=\begin{bmatrix}\boldsymbol{\theta}_w\\ \boldsymbol{\theta}_u\end{bmatrix}$，$\boldsymbol{\theta}_w$ 是 D_w 维感兴趣的参数，$\boldsymbol{\theta}_u$ 是 D_u 维不感兴趣的参数(多余)，则 $\boldsymbol{J}=\begin{bmatrix}\boldsymbol{J}_{w,w}, \boldsymbol{J}_{w,u}\\ \boldsymbol{J}_{u,w}, \boldsymbol{J}_{u,u}\end{bmatrix}$，$\boldsymbol{J}_{w,u}^{\mathrm{H}}=\boldsymbol{J}_{u,w}$；$\mathrm{CRLB}(\boldsymbol{\theta})=\begin{bmatrix}\mathrm{CRLB}(\boldsymbol{\theta}_w),\text{"}\boldsymbol{X}\text{"}\\ \text{"}\boldsymbol{Y}\text{"},\ \mathrm{CRLB}(\boldsymbol{\theta}_u)\end{bmatrix}=\boldsymbol{J}^{-1}$；利用矩阵逆公式，则

$$\mathrm{CRLB}(\boldsymbol{\theta}_w)=[\boldsymbol{J}_{w,w}-\boldsymbol{J}_{w,u}\boldsymbol{J}_{u,u}^{-1}\boldsymbol{J}_{u,w}]^{-1}\geqslant 0 \tag{1-11}$$

其中，$\boldsymbol{J}_{w,u}\boldsymbol{J}_{u,u}^{-1}\boldsymbol{J}_{u,w}$ 表示多余未知参数对感兴趣参数的估计误差的影响，若 $\boldsymbol{J}_{w,u}=0, \boldsymbol{J}_{w,u}\boldsymbol{J}_{u,u}^{-1}\boldsymbol{J}_{u,w}=0$，则 $\boldsymbol{\theta}_w$、$\boldsymbol{\theta}_u$ 是完全解耦的。

1.2　最小均方误差滤波器

1.2.1　维纳滤波器

基于一组不同的但相关的信号序列$\{x(n), n=N_1,\cdots,N_2\}$，估计期望信号序列$d(m)$，使估计的均方误差(Mean Square Error，MSE)最小。即目标函数为

$$\xi=\min\left\{|e(m)|^2\right\}=\min\left\{E\left[\left|d(m)-\hat{d}(m)\right|^2\right]\right\} \tag{1-12}$$

其中，$m\in Z$，N_1和N_2是有限的。

如果$x(n)=d(n)+v(n)$，$N_1\leqslant n\leqslant N_2$，估计信号为$d(m)$。当$m=N_2$时，称为滤波；当$N_1<m<N_2$时，称为平滑；当$m>N_2$时，称为预测。如果$x(n)=d(n)*h(n)+v(n)$, $N_1\leqslant n\leqslant N_2$，估计信号为$\{d(m), N_1\leqslant m\leqslant N_2\}$，称为解卷积。其中，$h(n)$是一个线性时不变系统的冲激响应。

维纳滤波器的解如图 1-1 所示。

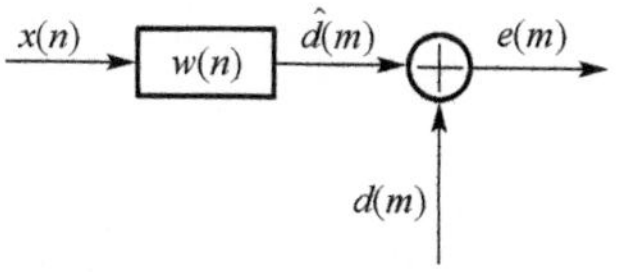

图 1-1　维纳滤波器

当$\{w(n)\}$是有限脉冲响应(Finite Length Impulse Response，FIR)滤波器的脉冲响应时，称为FIR 滤波器。当$\{w(n)\}$是无限脉冲响应(Infinite Length Impulse Response，IIR)滤波器的脉冲响应时，称为IIR 滤波器。

1.2.2　FIR 维纳滤波器

假设$\{x(n)\}$与$\{d(n)\}$是联合平稳的，它具有已知的自相关函数$r_x(k)$和已知的互相关函数$r_{dx}(k)$，令$N_1=n-P+1, N_2=n$，则信号估计

$$\hat{d}(m)=\sum_{p=0}^{P-1}w(p)x(n-p) \tag{1-13}$$

对于给定的整数m，确定使 MSE 最小的$w(p)(p=0,\cdots,P-1)$，即

$$\begin{aligned}\xi&=\min\left\{E\left[|e(m)|^2\right]\right\}=\min\left\{E\left[\left|d(m)-\hat{d}(m)\right|^2\right]\right\}\\&=\min\left\{E\left[\left|d(m)-\left[\sum_{p=0}^{P-1}w(p)x(n-p)\right]\right|^2\right]\right\}\end{aligned}$$

由于

$$\frac{\partial \xi}{\partial w^*(p)}=\frac{\partial E\left[e(m)e^*(m)\right]}{\partial w^*(p)}$$
$$=E\left[e(m)\frac{\partial\left[d(m)-\sum_{p=0}^{P-1}w(p)x(n-p)\right]^*}{\partial w^*(p)}\right]$$
$$=-E\left\{e(m)x^*(n-p)\right\}=0$$

所以，$e(m)$和$\{x^*(n-p),\ p=0,\cdots,P-1\}$是正交的。因为$E\{[d(m)-\hat{d}(m)]x^*(n-p)\}=E\left\{\left[d(m)-\sum_{q=0}^{P-1}w^{\mathrm{o}}(q)x(n-q)\right]x^*(n-p)\right\}=0$，进一步，有$E\left\{d(m)x^*(n-p)\right\}=\sum_{q=0}^{P-1}w^{\mathrm{o}}(q)E\left\{x(n-q)x^*(n-p)\right\}$，所以

$$r_{dx}(m-n+p)=\sum_{q=0}^{P-1}r_x(p-q)w^{\mathrm{o}}(q) \tag{1-14}$$

其中，$p=0,\cdots,P-1$。式(1-14)称为维纳-霍夫等式，它的矩阵形式为

$$\underbrace{\begin{bmatrix} r_{dx}(m-n) \\ r_{dx}(m-n+1) \\ \vdots \\ r_{dx}(m-n+P-1)\end{bmatrix}}_{\boldsymbol{r}_{dx}}=\underbrace{\begin{bmatrix} r_x(0) & rx^*(1) & \cdots & r_x^*(P-1) \\ r_x(1) & r_x(0) & \cdots & r_x^*(P-2) \\ \vdots & \vdots & & \vdots \\ r_x(P-1) & r_x(P-2) & \cdots & r_x(0)\end{bmatrix}}_{\boldsymbol{R}_x}\underbrace{\begin{bmatrix} w^{\mathrm{o}}(0) \\ w^{\mathrm{o}}(1) \\ \vdots \\ w^{\mathrm{o}}(P-1)\end{bmatrix}}_{\boldsymbol{w}^{\mathrm{o}}} \tag{1-15}$$

其中，$r_x(-k)=r_x^*(k)$。从$\boldsymbol{r}_{dx}=\boldsymbol{R}_x\boldsymbol{w}^{\mathrm{o}}$，得到维纳滤波器的系数为

$$\boldsymbol{w}^{\mathrm{o}}=\boldsymbol{R}_x^{-1}\boldsymbol{r}_{dx} \tag{1-16}$$

其中，$\boldsymbol{r}_{dx}$是事先已知的互相关函数矢量。$\boldsymbol{R}_x$是$P\times P$的Hermitian Toeplitz矩阵，它是事先已知的自相关矩阵。$\boldsymbol{w}^{\mathrm{o}}$是维纳滤波器的最优权矢量。此时，维纳滤波器的最小均方误差(Minimum Mean Square Error，MMSE)为

$$\xi_{\min}=E\left\{e(m)e^*(m)\right\}=E\left\{e(m)d^*(m)\right\}-\sum_{p=0}^{P-1}w^{\mathrm{o}*}(p)E\left\{e(m)x^*(n-p)\right\}$$
$$=E\left\{\left(d(m)-\left[\sum_{p=0}^{P-1}w^{\mathrm{o}}(p)x(n-p)\right]\right)d^*(m)\right\}=r_d(0)-\sum_{p=0}^{P-1}w^{\mathrm{o}}(p)r_{dx}^*(n-p-m) \tag{1-17}$$
$$=r_d(0)-\boldsymbol{r}_{dx}^{\mathrm{H}}\boldsymbol{w}^{\mathrm{o}}=r_d(0)-\boldsymbol{r}_{dx}^{\mathrm{H}}\boldsymbol{R}_x^{-1}\boldsymbol{r}_{dx}$$

对于线性模型，$x(n)=d(n)+v(n)$，$m=n$，$\{v(n)\}$ 是零均值，并且与 $\{d(n)\}$ 是统计不相关的。因为

$$r_{dx}(k)=E\left\{d(n)x^*(n-k)\right\}=E\left\{d(n)\left[d^*(n-k)+v^*(n-k)\right]\right\}=r_d(k)$$

$$r_x(k)=E\left\{x(n)x^*(n-k)\right\}=E\left\{\left[d(n)+v(n)\right]\left[d^*(n-k)+v^*(n-k)\right]\right\}=r_d(k)+r_v(k)$$

所以，FIR 维纳滤波器的系数为

$$\boldsymbol{w}^{\mathrm{o}}=\boldsymbol{R}_x^{-1}\boldsymbol{r}_{dx}=(\boldsymbol{R}_d+\boldsymbol{R}_v)^{-1}\boldsymbol{r}_d \tag{1-18}$$

$$\xi_{\min}=r_d(0)-\boldsymbol{r}_{dx}^{\mathrm{H}}\boldsymbol{R}_x^{-1}\boldsymbol{r}_{dx}=r_d(0)-\boldsymbol{r}_d^{\mathrm{H}}(\boldsymbol{R}_d+\boldsymbol{R}_v)^{-1}\boldsymbol{r}_d \tag{1-19}$$

1.2.3　非因果 IIR 维纳滤波器

为了确定 $\{w(p),-\infty<p<\infty\}$，可对 MSE 进行最小化处理，即信号估计和目标函数为

$$\hat{d}(n)=\sum_{p=-\infty}^{\infty}w(p)x(n-p) \tag{1-20}$$

$$\xi=E\left\{\left|e(n)\right|^2\right\}=E\left\{\left|d(n)-\hat{d}(n)\right|^2\right\}=E\left\{\left|d(n)-\left[\sum_{p=-\infty}^{\infty}w(p)x(n-p)\right]\right|^2\right\} \tag{1-21}$$

因为 $\dfrac{\partial\xi}{\partial w^*(p)}=-E\left\{e(n)x^*(n-p)\right\}=0(-\infty<p<\infty)$，从此得到 $\sum\limits_{q=-\infty}^{\infty}w(q)E\left\{x(n-q)x^*(n-p)\right\}=E\left\{d(n)x^*(n-p)\right\}\Rightarrow\sum\limits_{q=-\infty}^{\infty}w(q)r_x(p-q)=r_{dx}(p)\Rightarrow w(p)*r_x(p)=r_{dx}(p)\Rightarrow$ $W(\mathrm{e}^{\mathrm{j}\omega})P_x(\mathrm{e}^{\mathrm{j}\omega})=P_{dx}(\mathrm{e}^{\mathrm{j}\omega})(-\pi<\omega<\pi)$。

由上面推导，可得到 IIR 维纳滤波器系数的傅里叶变换为

$$W(\mathrm{e}^{\mathrm{j}\omega})=\frac{P_{dx}(\mathrm{e}^{\mathrm{j}\omega})}{P_x(\mathrm{e}^{\mathrm{j}\omega})} \tag{1-22}$$

此时，IIR 维纳滤波器的最小均方误差为

$$\xi_{\min}=r_d(0)-\sum_{p=-\infty}^{\infty}w^{\mathrm{o}}(p)r_{dx}^*(p)=\frac{1}{2\pi}\int_{-\infty}^{\infty}P_d(\mathrm{e}^{\mathrm{j}\omega})\mathrm{d}\omega-\frac{1}{2\pi}\int_{-\infty}^{\infty}W^{\mathrm{o}}(\mathrm{e}^{\mathrm{j}\omega})P_{dx}^*(\mathrm{e}^{\mathrm{j}\omega})\mathrm{d}\omega$$

即

$$\xi_{\min}=\frac{1}{2\pi}\int_{-\pi}^{\pi}[P_d(\mathrm{e}^{\mathrm{j}\omega})-W^{\mathrm{o}}(\mathrm{e}^{\mathrm{j}\omega})P_{dx}^*(\mathrm{e}^{\mathrm{j}\omega})]\mathrm{d}\omega \tag{1-23}$$

假设 $x(n)=d(n)+v(n)$，$\{v(n)\}$ 是零均值、与 $\{d(n)\}$ 统计不相关的加性噪声。从

观测数据$\{x(n)\}$中，确立期望信号$\{d(n)\}$。对于$r_{dx}(k)=r_d(k)$和$r_x(k)=r_d(k)+r_v(k)$，其傅里叶变换为$P_{dx}(\mathrm{e}^{\mathrm{j}\omega})=P_d(\mathrm{e}^{\mathrm{j}\omega})$和$P_x(\mathrm{e}^{\mathrm{j}\omega})=P_d(\mathrm{e}^{\mathrm{j}\omega})+P_v(\mathrm{e}^{\mathrm{j}\omega})$。所以，对于含有噪声的数据，IIR 维纳滤波器为

$$W^{\circ}(\mathrm{e}^{\mathrm{j}\omega})=\frac{P_d(\mathrm{e}^{\mathrm{j}\omega})}{P_d(\mathrm{e}^{\mathrm{j}\omega})+P_v(\mathrm{e}^{\mathrm{j}\omega})},\quad -\pi<\omega<\pi \tag{1-24}$$

在高信噪比时，$P_d(\mathrm{e}^{\mathrm{j}\omega})\gg P_v(\mathrm{e}^{\mathrm{j}\omega})\Rightarrow\left|W^{\circ}(\mathrm{e}^{\mathrm{j}\omega})\right|\approx 1$；在低信噪比时，$P_d(\mathrm{e}^{\mathrm{j}\omega})\ll P_v(\mathrm{e}^{\mathrm{j}\omega})\Rightarrow\left|W^{\circ}(\mathrm{e}^{\mathrm{j}\omega})\right|\approx 0$。滤波后，可得最小均方误差为

$$\begin{aligned}\xi_{\min}&=\frac{1}{2\pi}\int_{-\pi}^{\pi}\left[P_d(\mathrm{e}^{\mathrm{j}\omega})-W^{\circ}(\mathrm{e}^{\mathrm{j}\omega})P_{dx}^{*}(\mathrm{e}^{\mathrm{j}\omega})\right]\mathrm{d}\omega=\frac{1}{2\pi}\int_{-\pi}^{\pi}P_d(\mathrm{e}^{\mathrm{j}\omega})\left[1-W^{\circ}(\mathrm{e}^{\mathrm{j}\omega})\right]\mathrm{d}\omega\\&=\frac{1}{2\pi}\int_{-\pi}^{\pi}P_d(\mathrm{e}^{\mathrm{j}\omega})\frac{P_v(\mathrm{e}^{\mathrm{j}\omega})}{P_d(\mathrm{e}^{\mathrm{j}\omega})+P_v(\mathrm{e}^{\mathrm{j}\omega})}\mathrm{d}\omega=\frac{1}{2\pi}\int_{-\pi}^{\pi}P_v(\mathrm{e}^{\mathrm{j}\omega})W^{\circ}(\mathrm{e}^{\mathrm{j}\omega})\mathrm{d}\omega\end{aligned} \tag{1-25}$$

1.2.4 因果 IIR 维纳滤波器

对于非因果 IIR 维纳滤波器$W(z)=\dfrac{P_{dx}(z)}{P_x(z)}$，一个实规则随机信号的功率谱可以分解为

$$P_x(z)=\sigma_0^2\theta(z)\theta^{*}(1/z^{*}) \tag{1-26}$$

其中，$\theta(z)$是由$P_x(z)$中位于单位圆内的极点和零点组成，$\theta^{*}(1/z^{*})$是由$P_x(z)$中位于单位圆外的极点和零点组成。所以，因果 IIR 维纳滤波器为

$$W(z)=\frac{1}{\sigma_0^2\theta(z)}\left[\frac{P_{dx}(z)}{\theta^{*}(1/z^{*})}\right]_{+} \tag{1-27}$$

其中，$[*]_+$表示$*$中的因果序列部分的z变换。此时，最小均方误差为

$$\xi_{\min}=r_d(0)-\sum_{p=0}^{\infty}w(p)r_{dx}^{*}(p)=\int_{-\pi}^{\pi}\left[P_d(\mathrm{e}^{\mathrm{j}\omega})-W^{\circ}(\mathrm{e}^{\mathrm{j}\omega})P_{dx}^{*}(\mathrm{e}^{\mathrm{j}\omega})\right]\mathrm{d}\omega \tag{1-28}$$

证明：对于非因果 IIR 维纳滤波器，有

$$\frac{\partial\xi}{\partial w^{*}(p)}=-E\left\{e(n)x^{*}(n-p)\right\}=0,\ 0\leqslant p<\infty$$

$$\Rightarrow\sum_{q=0}^{\infty}w^{\circ}(q)r_x(p-q)=r_{dx}(p)$$

①滤波：考虑一个单位方差白噪声输入到滤波器$\{g(p),0\leqslant p<\infty\}$

$$\sum_{q=0}^{\infty}g(q)r_{\varepsilon}(p-q)=\sum_{q=0}^{\infty}g(q)\delta(p-q)=g(p)=r_{d\varepsilon}(p),\quad 0\leqslant p<\infty$$

其中，白噪声相关函数为 $\delta(p)$。于是，$g(p)=r_{d\varepsilon}(p)u(p)\Leftrightarrow G(z)=\left[P_{d\varepsilon}(z)\right]_+$。

②白化：谱分解定理

$$P_x(z)=\sigma_0^2\theta(z)\theta^*(1/z^*)=\frac{1}{F(z)F^*(1/z^*)}$$

说明 $\{x(n)\}$ 可以通过白化滤波器 $F(z)=\dfrac{1}{\sigma_0\theta(z)}$ 来输出白噪声 $\{\varepsilon(n)\}$，白化滤波器输出的功率谱为 $P_\varepsilon(z)=P_x(z)F(z)F^*(1/z^*)=1$，即 $\varepsilon(n)=\sum\limits_{p=-\infty}^{\infty}f(p)x(n-p)$，$f(p)$ 是 $F(z)$ 的逆 z 变换。由于

$$r_{d\varepsilon}(k)=E\left\{d(n)\varepsilon^*(n-k)\right\}=E\left\{d(n)\left[\sum_{p=-\infty}^{\infty}f(p)x(n-k-p)\right]^*\right\}=\sum_{p=-\infty}^{\infty}f^*(p)r_{dx}(k+p)$$

其傅里叶变换为 $P_{d\varepsilon}(z)=P_{dx}(z)F^*(1/z^*)=\dfrac{P_{dx}(z)}{\sigma_0\theta^*(1/z^*)}$。所以，因果 IIR 维纳滤波器为

$$W^{\circ}(z)=F(z)G(z)=\frac{1}{\sigma_0\theta(z)}\left[P_{d\varepsilon}(z)\right]_+=\frac{1}{\sigma_0^2\theta(z)}\left[\frac{P_{dx}(z)}{\theta^*(1/z^*)}\right]_+$$

证毕。

1.3　最小二乘估计方法

1.3.1　最小二乘估计

最小二乘估计方法[1]对观测数据没有做任意概率假设，只需假设一个信号模型。但是，其估计值不是最佳的，只有当观测数据满足高斯分布时，它才是最佳的。另外，如果没有对数据的概率结构做某些假设，那么统计性能无法评估。

假定信号 $s(n)$ 是完全确定性信号。最小二乘(Least Square，LS)的误差指标为

$$J(\theta)=\sum_{n=0}^{N-1}\left[x(n)-s(n)\right]^2 \tag{1-29}$$

使 $J(\theta)$ 达到最小的 θ 值，就是 θ 的最小二乘估计(Least Square Estimation，LSE)。

注意：①对于高斯和非高斯噪声是同样有效的。②性能取决于噪声和模型误差的特性。LSE 的应用场合是：数据的精确统计特性未知；最佳估计量根本无法求得，或在实际应用时，求取最佳估计量太复杂而不能应用。

1. 标量情况

假设

$$s(n)=\theta h(n) \tag{1-30}$$

其中，$h(n)$ 是一个已知序列。LS 误差指标为

$$J(\theta)=\sum_{n=0}^{N-1}\left[x(n)-s(n)\right]^2=\sum_{n=0}^{N-1}[x(n)-\theta h(n)]^2 \tag{1-31}$$

通过 $\dfrac{\mathrm{d}J(\theta)}{\mathrm{d}\theta}=0$，可得到 θ 的最小二乘估计为

$$\hat{\theta}=\sum_{n=0}^{N-1}x(n)\,h(n)\Big/\sum_{n=0}^{N-1}h^2(n) \tag{1-32}$$

最小 LS 误差为

$$\begin{aligned}J_{\min}&=J(\hat{\theta})\\&=\sum_{n=0}^{N-1}[x(n)-\hat{\theta}h(n)][x(n)-\hat{\theta}h(n)]\\&=\sum_{n=0}^{N-1}x(n)[x(n)-\hat{\theta}h(n)]-\hat{\theta}\sum_{n=0}^{N-1}h(n)[x(n)-\hat{\theta}h(n)]\\&=\sum_{n=0}^{N-1}x^2(n)-\hat{\theta}\sum_{n=0}^{N-1}x(n)\,h(n)\\&=\sum_{n=0}^{N-1}x^2(n)-\left[\sum_{n=0}^{N-1}x(n)\,h(n)\right]^2\Big/\sum_{n=0}^{N-1}h^2(n)\end{aligned} \tag{1-33}$$

其中，$\sum_{n=0}^{N-1}x^2(n)$ 为数据的原始能量。因此，$0\leqslant J_{\min}\leqslant\sum_{n=0}^{N-1}x^2(n)$。

2. 矢量情况

假定

$$\boldsymbol{S}=\boldsymbol{H\theta} \tag{1-34}$$

其中，$\boldsymbol{S}=[s(1),s(2),\cdots,s(N-1)]^{\mathrm{T}}$，$\boldsymbol{H}$ 是一个秩为 P 的 $N\times P$ $(N>P)$ 观测矩阵，$\boldsymbol{\theta}=[\theta_1,\cdots,\theta_p]^{\mathrm{T}}$ 是未知参数矢量。LS 误差指标为

$$\begin{aligned}J(\boldsymbol{\theta})&=\sum_{n=0}^{N-1}[x(n)-s(n)]^2\\&=(\boldsymbol{x}-\boldsymbol{H\theta})^{\mathrm{T}}(\boldsymbol{x}-\boldsymbol{H\theta})\\&=\boldsymbol{x}^{\mathrm{T}}\boldsymbol{x}-\boldsymbol{x}^{\mathrm{T}}\boldsymbol{H\theta}-\boldsymbol{\theta}^{\mathrm{T}}\boldsymbol{H}^{\mathrm{T}}\boldsymbol{x}+\boldsymbol{\theta}^{\mathrm{T}}\boldsymbol{H}^{\mathrm{T}}\boldsymbol{H\theta}\\&=\boldsymbol{x}^{\mathrm{T}}\boldsymbol{x}-2\boldsymbol{\theta}^{\mathrm{T}}\boldsymbol{H}^{\mathrm{T}}\boldsymbol{x}+\boldsymbol{\theta}^{\mathrm{T}}\boldsymbol{H}^{\mathrm{T}}\boldsymbol{H\theta}\end{aligned} \tag{1-35}$$

因为 $\boldsymbol{x}^{\mathrm{T}}\boldsymbol{H\theta}$ 是一个标量，所以 $(\boldsymbol{x}^{\mathrm{T}}\boldsymbol{H\theta})^{\mathrm{T}}=\boldsymbol{x}^{\mathrm{T}}\boldsymbol{H\theta}$ 。进一步，由于

$$\frac{\partial J(\boldsymbol{\theta})}{\partial \boldsymbol{\theta}^{\mathrm{T}}}=-2\boldsymbol{H}^{\mathrm{T}}\boldsymbol{x}+2\boldsymbol{H}^{\mathrm{T}}\boldsymbol{H\theta}=0 \tag{1-36}$$

可得到 $\boldsymbol{\theta}$ 的最小二乘估计为

$$\hat{\boldsymbol{\theta}}=(\boldsymbol{H}^{\mathrm{T}}\boldsymbol{H})^{-1}\boldsymbol{H}^{\mathrm{T}}\boldsymbol{x} \tag{1-37}$$

其中，$\boldsymbol{H}^{\mathrm{T}}\boldsymbol{H\theta}=\boldsymbol{H}^{\mathrm{T}}\boldsymbol{x}$ 称为正则方程。$\boldsymbol{H}$ 是满秩的，假定可确保 $\boldsymbol{H}^{\mathrm{T}}\boldsymbol{H}$ 是可逆的。最小 LS 误差为

$$\begin{aligned}J_{\min}&=(\boldsymbol{x}-\boldsymbol{H}\hat{\boldsymbol{\theta}})^{\mathrm{T}}(\boldsymbol{x}-\boldsymbol{H}\hat{\boldsymbol{\theta}})\\&=(\boldsymbol{x}-\boldsymbol{H}(\boldsymbol{H}^{\mathrm{T}}\boldsymbol{H})^{-1}\boldsymbol{H}^{\mathrm{T}}\boldsymbol{x})^{\mathrm{T}}(\boldsymbol{x}-\boldsymbol{H}(\boldsymbol{H}^{\mathrm{T}}\boldsymbol{H})^{-1}\boldsymbol{H}^{\mathrm{T}}\boldsymbol{x})\\&=\boldsymbol{x}^{\mathrm{T}}(1-\boldsymbol{H}(\boldsymbol{H}^{\mathrm{T}}\boldsymbol{H})^{-1}\boldsymbol{H}^{\mathrm{T}})(1-\boldsymbol{H}(\boldsymbol{H}^{\mathrm{T}}\boldsymbol{H})^{-1}\boldsymbol{H}^{\mathrm{T}})\boldsymbol{x}\\&=\boldsymbol{x}^{\mathrm{T}}(1-\boldsymbol{H}(\boldsymbol{H}^{\mathrm{T}}\boldsymbol{H})^{-1}\boldsymbol{H}^{\mathrm{T}})\boldsymbol{x}\end{aligned} \tag{1-38}$$

其中，$(1-\boldsymbol{H}(\boldsymbol{H}^{\mathrm{T}}\boldsymbol{H})^{-1}\boldsymbol{H}^{\mathrm{T}})$ 是等幂矩阵。

3. 加权最小二乘估计

令

$$J(\boldsymbol{\theta})=(\boldsymbol{x}-\boldsymbol{H\theta})^{\mathrm{T}}\boldsymbol{W}(\boldsymbol{x}-\boldsymbol{H\theta}) \tag{1-39}$$

其中，加权矩阵 $\boldsymbol{W}$ 是一个 $N\times N$ 正定对称矩阵。它是强调那些被认为是更加可靠的数据样本的贡献。$\boldsymbol{\theta}$ 的加权最小二乘估计为

$$\hat{\boldsymbol{\theta}}=(\boldsymbol{H}^{\mathrm{T}}\boldsymbol{WH})^{-1}\boldsymbol{H}^{\mathrm{T}}\boldsymbol{Wx} \tag{1-40}$$

最小 LS 误差为

$$J_{\min}=\boldsymbol{x}^{\mathrm{T}}(\boldsymbol{W}-\boldsymbol{WH}(\boldsymbol{H}^{\mathrm{T}}\boldsymbol{WH})^{-1}\boldsymbol{H}^{\mathrm{T}}\boldsymbol{W})\boldsymbol{x} \tag{1-41}$$

4. 最小二乘估计的性质

若含噪测量数据为 $\boldsymbol{x}=\boldsymbol{H\theta}+\boldsymbol{n}$ ，其中，$\boldsymbol{n}$ 表示零均值、方差为 σ_n^2 的加性白噪声矢量。最小二乘估计的正则方程为

$$\boldsymbol{H}^{\mathrm{T}}\boldsymbol{H\theta}=\boldsymbol{H}^{\mathrm{T}}\boldsymbol{x}=\boldsymbol{H}^{\mathrm{T}}(\boldsymbol{H\theta}+\boldsymbol{n}) \tag{1-42}$$

则 $\boldsymbol{\theta}$ 的最小二乘估计为

$$\hat{\boldsymbol{\theta}}=(\boldsymbol{H}^{\mathrm{T}}\boldsymbol{H})^{-1}\boldsymbol{H}^{\mathrm{T}}\boldsymbol{H\theta}+(\boldsymbol{H}^{\mathrm{T}}\boldsymbol{H})^{-1}\boldsymbol{H}^{\mathrm{T}}\boldsymbol{n} \tag{1-43}$$

最小二乘估计的性质：①$\hat{\boldsymbol{\theta}}$ 是无偏估计，$E[\hat{\boldsymbol{\theta}}]=\boldsymbol{\theta}$ 。②$\hat{\boldsymbol{\theta}}$ 的协方差矩阵 $\boldsymbol{C}=\sigma_n^2(\boldsymbol{H}^{\mathrm{T}}\boldsymbol{H})^{-1}$ 。③$\hat{\boldsymbol{\theta}}$ 是最小方差无偏估计。④如果 $\boldsymbol{n}$ 是高斯分布的，$\hat{\boldsymbol{\theta}}$ 是有效估计，同时，$\hat{\boldsymbol{\theta}}$ 也是最大似然估计。

1.3.2 总体最小二乘估计

1. 矩阵的奇异值分解(Singular Value Decomposition，SVD)定理

给定 $k\times m$ 维数据矩阵 $\boldsymbol{A}$，存在一个 $m\times m$ 维酉矩阵 $\boldsymbol{V}$ 和一个 $k\times k$ 维的酉矩阵 $\boldsymbol{U}$，使得

$$\boldsymbol{U}^{\mathrm{H}}\boldsymbol{A}\boldsymbol{V}=\begin{bmatrix}\boldsymbol{\Sigma} & 0\\ 0 & 0\end{bmatrix}\tag{1-44}$$

其中，$\boldsymbol{\Sigma}=\mathrm{diag}(\delta_1,\delta_2,\cdots,\delta_w)$ 且 $\delta_1\geqslant\delta_2\geqslant\cdots\geqslant\delta_w>0$，$w\leqslant\min(k,m)$。式(1-44)的另一种形式为

$$\boldsymbol{A}=\boldsymbol{U}\begin{bmatrix}\boldsymbol{\Sigma} & 0\\ 0 & 0\end{bmatrix}\boldsymbol{V}^{\mathrm{H}}=\boldsymbol{U}_1\boldsymbol{\Sigma}\boldsymbol{V}_1^{\mathrm{H}}=\sum_{i=1}^{w}\delta_i\boldsymbol{u}_i\boldsymbol{v}_i^{\mathrm{H}}\tag{1-45}$$

数据矩阵 $\boldsymbol{A}$ 的伪逆矩阵为

$$\boldsymbol{A}^{+}=(\boldsymbol{A}^{\mathrm{H}}\boldsymbol{A})^{-1}\boldsymbol{A}^{\mathrm{H}}=\boldsymbol{V}\begin{bmatrix}\boldsymbol{\Sigma}^{-1} & 0\\ 0 & 0\end{bmatrix}\boldsymbol{U}^{\mathrm{H}}=\boldsymbol{V}_1\boldsymbol{\Sigma}^{-1}\boldsymbol{U}_1^{\mathrm{H}}=\sum_{i=1}^{w}\frac{1}{\delta_i}\boldsymbol{v}_i\boldsymbol{u}_i^{\mathrm{H}}\tag{1-46}$$

其中，$\boldsymbol{V}_1$ 是 $m\times w$ 维矩阵，$\boldsymbol{U}_1$ 是 $k\times w$ 维矩阵，$\boldsymbol{A}^{+}$ 是 $m\times k$ 维矩阵。

2. 总体最小二乘(Total Least Square，TLS)

最小二乘估计 $\boldsymbol{A}\boldsymbol{x}=\boldsymbol{b}+\Delta\boldsymbol{b}$，若 $\Delta\boldsymbol{b}$ 是 $\boldsymbol{b}$ 上的扰动，求使得 $J=\|\boldsymbol{A}\boldsymbol{x}-\boldsymbol{b}\|=\|\Delta\boldsymbol{b}\|$ 最小的 $\boldsymbol{x}$。而总体最小二乘估计 $(\boldsymbol{A}+\Delta\boldsymbol{A})\boldsymbol{x}=\boldsymbol{b}+\Delta\boldsymbol{b}$，$\Delta\boldsymbol{A}$ 是 $\boldsymbol{A}$ 上的扰动(或称为误差)，求使得代价函数 $J=\|[\Delta\boldsymbol{A}\vdots\Delta\boldsymbol{b}]\|$ 最小的 $\boldsymbol{x}$，这个解称为 TLS 解，即 $\boldsymbol{x}_{\mathrm{TLS}}$。

(1) $\boldsymbol{b}$ 是矢量的情况。假定 $\boldsymbol{A}\in\mathbf{C}^{m\times n},\boldsymbol{b}\in\mathbf{C}^{m\times 1},\boldsymbol{x}\in\mathbf{C}^{n\times 1}$，执行下列操作

①计算 $[\boldsymbol{A}\vdots\boldsymbol{b}]$ 的 SVD。即 $[\boldsymbol{A}\vdots\boldsymbol{b}]=\boldsymbol{U}\boldsymbol{\Sigma}\boldsymbol{V}^{\mathrm{H}}$，其中，$\boldsymbol{V}\in\mathbf{C}^{(n+1)\times(n+1)}$；$\boldsymbol{U}\in\mathbf{C}^{m\times(n+1)}$，且 $\boldsymbol{U}^{\mathrm{H}}\boldsymbol{U}=\boldsymbol{I}$；$\boldsymbol{\Sigma}=\mathrm{diag}(\delta_1,\delta_2,\cdots,\delta_{n+1})$ 且 $\delta_1\geqslant\delta_2\geqslant\cdots\geqslant\delta_{n+1}>0$。

②如果 $\delta_n(\boldsymbol{A})>\delta_{n+1}(\boldsymbol{A}\vdots\boldsymbol{b})$，则

$$\boldsymbol{x}_{\mathrm{TLS}}=-\frac{1}{V_{n+1,n+1}}[V_{1,n+1},\cdots,V_{n,n+1}]^{\mathrm{T}}\tag{1-47}$$

其中，$V_{i,j}$ 表示矩阵 $\boldsymbol{V}$ 的第 i 行、第 j 列元素。

(2) $\boldsymbol{b}$ 是矩阵的情况。假定 $\boldsymbol{A}\in\mathbf{C}^{m\times n},\boldsymbol{b}\in\mathbf{C}^{m\times k},\boldsymbol{x}\in\mathbf{C}^{n\times k}$，执行下列操作

①计算 $[\boldsymbol{A}\vdots\boldsymbol{b}]$ 的 SVD。即 $[\boldsymbol{A}\vdots\boldsymbol{b}]=\boldsymbol{U}\boldsymbol{\Sigma}\boldsymbol{V}^{\mathrm{H}}$，其中，$\boldsymbol{U}=[\boldsymbol{U}_1,\boldsymbol{U}_2]$，$\boldsymbol{U}^{\mathrm{H}}\boldsymbol{U}=\boldsymbol{I}$，$\boldsymbol{V}=\begin{bmatrix}\boldsymbol{V}_{11} & \boldsymbol{V}_{12}\\ \boldsymbol{V}_{21} & \boldsymbol{V}_{22}\end{bmatrix}$，$\boldsymbol{\Sigma}=\begin{bmatrix}\boldsymbol{\Sigma}_1 & 0\\ 0 & \boldsymbol{\Sigma}_2\end{bmatrix}$。并且 $\boldsymbol{U}_1\in\mathbf{C}^{m\times n}$，$\boldsymbol{U}_2\in\mathbf{C}^{m\times k}$，$\boldsymbol{V}_{11}\in\mathbf{C}^{n\times n}$，$\boldsymbol{V}_{12}\in\mathbf{C}^{n\times k}$，$\boldsymbol{V}_{21}\in\mathbf{C}^{k\times n}$，$\boldsymbol{V}_{22}\in\mathbf{C}^{k\times k}$，$\boldsymbol{\Sigma}_1=\mathbf{R}^{n\times n}$，$\boldsymbol{\Sigma}_2\in\mathbf{R}^{k\times k}$，$\boldsymbol{\Sigma}_1$ 和 $\boldsymbol{\Sigma}_2$ 是具有正实数对角元素的对角矩阵。

②如果 $\delta_n(\boldsymbol{A}) > \delta_{n+1}(\boldsymbol{A}\vdots\boldsymbol{B})$，则

$$\boldsymbol{x}_{\text{TLS}} = -\boldsymbol{V}_{12}\boldsymbol{V}_{22}^{-1} \tag{1-48}$$

1.4　基于特征分解的频谱估计

1.4.1　谐波信号模型

任意任何信号都可以表示为各种谐波之和，因此，任何信号估计问题都可以等效为谐波估计问题。另外，许多参数估计问题都可以表示为频谱估计问题，例如，信号波达方向估计为空间频率估计问题。

1. 基本谐波过程

(1) 单谐波信号为 $y(n) = A\sin(n\omega_0 + \phi)$，其中，$A$ 是一个标量常数，ϕ 是均匀分布的随机变量，$\phi \in [-\pi, \pi]$，则信号的自相关函数和功率谱分别为

$$r_y(k) = \frac{A^2}{2}\cos(k\omega_0), \quad P_y(\mathrm{e}^{\mathrm{j}\omega}) = \frac{\pi A^2}{2}[\delta(\omega - \omega_0) + \delta(\omega + \omega_0)] \tag{1-49}$$

(2) 对于单谐波信号，如果 A 也是一个与 ϕ 不相关的随机变量，则信号的自相关函数和功率谱分别为

$$r_y(k) = \frac{E[A^2]}{2}\cos(k\omega_0), \quad P_y(\mathrm{e}^{\mathrm{j}\omega}) = \frac{\pi E[A^2]}{2}[\delta(\omega - \omega_0) + \delta(\omega + \omega_0)] \tag{1-50}$$

(3) 多谐波信号为 $y(n) = \sum_{l=1}^{L} A_l \sin(n\omega_l + \phi_l)$，如果 $\{A_l, \phi_l, l = 1, 2, \cdots, L\}$ 是一组互不相关的随机变量，并且如果 ϕ_l 满足均匀分布，即 $\phi_l \in [-\pi, \pi]$ 对于所有 l 都成立，则信号的自相关函数和功率谱分别为

$$r_y(k) = \sum_{l=1}^{L} \frac{E[A_l^2]}{2}\cos(k\omega_l), \quad P_y(\mathrm{e}^{\mathrm{j}\omega}) = \frac{\pi}{2}\sum_{l=1}^{L} E[A_l^2][\delta(\omega - \omega_l) + \delta(\omega + \omega_l)] \tag{1-51}$$

(4) 如果 $y(n) = A\mathrm{e}^{\mathrm{j}(n\omega_0 + \phi)}$，$A$、$\omega_0$、$\phi$ 的假设如上，则信号的自相关函数和功率谱分别为

$$r_y(k) = E[A^2]\mathrm{e}^{\mathrm{j}k\omega_0}, \quad P_y(\mathrm{e}^{\mathrm{j}\omega}) = 2\pi E[A^2]\delta(\omega - \omega_0) \tag{1-52}$$

(5) 如果 $y(n) = \sum_{l=1}^{L} A_l \mathrm{e}^{\mathrm{j}(n\omega_l + \phi_l)}$，则信号的自相关函数和功率谱分别为

$$r_y(k) = \sum_{l=1}^{L} E[A_l^2]\mathrm{e}^{\mathrm{j}k\omega_l}, \quad P_y(\mathrm{e}^{\mathrm{j}\omega}) = \sum_{l=1}^{L} 2\pi E[A_l^2]\delta(\omega - \omega_l) \tag{1-53}$$

2. 含噪声谐波过程的特征分析

含噪声谐波信号可表示为

$$x(n)=\sum_{p=1}^{P}A_p\mathrm{e}^{\mathrm{j}(\omega_p n+\phi_p)}+w(n)=\sum_{p=1}^{P}A_p\mathrm{e}^{\mathrm{j}\phi_p}\mathrm{e}^{\mathrm{j}2\pi nf_p}+w(n)=\sum_{p=1}^{P}\alpha_p\mathrm{e}^{\mathrm{j}2\pi nf_p}+w(n) \quad (1\text{-}54)$$

其中，A_p 是一个确定的模型常数，它可以是已知的，也可以是未知的；ω_p 是未知的待估计确定参数；ϕ_p 是一个均匀分布的随机变量，ϕ_p 与 ϕ_j 不相关，$\forall p\neq j$；$w(n)$ 是零均值加性白噪声，它与 ϕ 不相关，$\sigma_w^2=E\{|w(n)|^2\}$。$f_p=\dfrac{\omega_p}{2\pi},-0.5<f_p\leqslant 0.5$，$\alpha_p=A_p\mathrm{e}^{\mathrm{j}\phi_p}$。取长度为 M 的时间窗，窗内信号 $\{x(n),n=n,n+1,\cdots,n+M-1\}$ 可表示为矢量的形式，即

$$\boldsymbol{X}(n)=[x(n),x(n+1),\cdots,x(n+M-1)]^{\mathrm{T}} \quad (1\text{-}55)$$

因此，此信号矢量可表示为

$$\boldsymbol{X}(n)=\sum_{p=1}^{P}\alpha_p\boldsymbol{V}(f_p)\mathrm{e}^{\mathrm{j}2\pi nf_p}+\boldsymbol{w}(n)=\boldsymbol{S}(n)+\boldsymbol{w}(n) \quad (1\text{-}56)$$

其中，$\boldsymbol{w}(n)=[w(n),w(n+1),\cdots,w(n+M-1)]^{\mathrm{T}}$，$\boldsymbol{V}(f_p)=[1,\mathrm{e}^{\mathrm{j}2\pi f_p},\cdots,\mathrm{e}^{\mathrm{j}2\pi(M-1)f_p}]^{\mathrm{T}}$。

$\boldsymbol{X}(n)$ 的自相关矩阵为

$$\begin{aligned}\boldsymbol{R}_X&=E[\boldsymbol{X}(n)\boldsymbol{X}^{\mathrm{H}}(n)]\\&=\sum_{p=1}^{P}A_p^2\boldsymbol{V}(f_p)\boldsymbol{V}^{\mathrm{H}}(f_p)+\sigma_w^2\boldsymbol{I}\\&=\boldsymbol{V}\boldsymbol{A}\boldsymbol{V}^{\mathrm{H}}+\sigma_w^2\boldsymbol{I}\\&=\boldsymbol{R}_s+\boldsymbol{R}_w\end{aligned} \quad (1\text{-}57)$$

其中，$\boldsymbol{V}=[\boldsymbol{V}(f_1),\boldsymbol{V}(f_2),\cdots,\boldsymbol{V}(f_P)]_{M\times P}$，$\boldsymbol{A}=\begin{bmatrix}A_1^2 & & & 0\\ & A_2^2 & & \\ & & \ddots & \\ 0 & & & A_P^2\end{bmatrix}_{P\times P}$ 是信号的功率矩阵。

白噪声的自相关矩阵 $\boldsymbol{R}_w=\sigma_w^2\boldsymbol{I}_{M\times M}$ 是满秩的，而信号的自相关矩阵 $\boldsymbol{R}_{\mathrm{s}}=\boldsymbol{V}\boldsymbol{A}\boldsymbol{V}^{\mathrm{H}}$ 可能是非满秩的（$P<M$），若 P 个谐波信号是互不相关的，则 $\boldsymbol{R}_{\mathrm{s}}$ 的秩是 P。

自相关矩阵 $\boldsymbol{R}_X$ 可以表示为

$$\boldsymbol{R}_X=\sum_{m=1}^{M}\lambda_m\boldsymbol{q}_m\boldsymbol{q}_m^{\mathrm{H}}=\boldsymbol{Q}\boldsymbol{\Lambda}\boldsymbol{Q}^{\mathrm{H}} \quad (1\text{-}58)$$

其中，λ_m 是以降序排列的 $\boldsymbol{R}_X$ 的特征值，$\lambda_1\geqslant\lambda_2\geqslant\cdots\geqslant\lambda_M$，$\boldsymbol{q}_m$ 是相应的特征向量，而

$$\boldsymbol{\Lambda}=\begin{bmatrix}\lambda_1 & & & 0\\ & \lambda_2 & & \\ & & \ddots & \\ 0 & & & \lambda_M\end{bmatrix},\quad \boldsymbol{Q}=[\boldsymbol{q}_1,\boldsymbol{q}_2,\cdots,\boldsymbol{q}_M]_{M\times M} \tag{1-59}$$

对于 $m\leqslant P$，$\lambda_m=MA_m^2+\sigma_w^2$，由信号和噪声形成；对于 $m>P$，$\lambda_m=\sigma_w^2$，仅由噪声形成。于是，可以将 $\boldsymbol{R}_X$ 分成两部分，即信号子空间和噪声子空间

$$\boldsymbol{R}_X=\sum_{m=1}^{P}(MA_m^2+\sigma_w^2)\boldsymbol{q}_m\boldsymbol{q}_m^{\mathrm{H}}+\sum_{m=P+1}^{M}\sigma_w^2\boldsymbol{q}_m\boldsymbol{q}_m^{\mathrm{H}}=\boldsymbol{Q}_s\boldsymbol{\Lambda}\boldsymbol{Q}_s^{\mathrm{H}}+\sigma_w^2\boldsymbol{Q}_w\boldsymbol{Q}_w^{\mathrm{H}} \tag{1-60}$$

其中，$\boldsymbol{Q}_s=[\boldsymbol{q}_1,\boldsymbol{q}_2,\cdots,\boldsymbol{q}_P]_{M\times P}$，$\boldsymbol{Q}_w=[\boldsymbol{q}_{P+1},\boldsymbol{q}_{P+2},\cdots,\boldsymbol{q}_M]_{M\times(M-P)}$。因为 $\boldsymbol{R}_X$ 是 Hermitian 矩阵，即 $\boldsymbol{A}^{\mathrm{H}}=\boldsymbol{A}$，所以，信号子空间和噪声子空间是正交的，即 $\boldsymbol{Q}_s\perp\boldsymbol{Q}_w$，或者，对于任意矢量 $\boldsymbol{g}\in\operatorname{span}\{\boldsymbol{q}_1,\boldsymbol{q}_2,\cdots,\boldsymbol{q}_P\}$ 和 $\boldsymbol{z}\in\operatorname{span}\{\boldsymbol{q}_{P+1},\boldsymbol{q}_{P+2},\cdots,\boldsymbol{q}_M\}$，有 $\boldsymbol{g}^{\mathrm{H}}\boldsymbol{z}=0$。

假设 $n=0,1,\cdots,N-1$，其中，N 是快拍数，则自相关矩阵 $\boldsymbol{R}_X$ 的估计 $\hat{\boldsymbol{R}}_X$ 为

$$\hat{\boldsymbol{R}}_X=\frac{1}{N}\boldsymbol{X}^{\mathrm{T}}\boldsymbol{X} \tag{1-61}$$

其中，$\boldsymbol{X}=\begin{bmatrix}\boldsymbol{X}^{\mathrm{T}}(0)\\ \boldsymbol{X}^{\mathrm{T}}(1)\\ \vdots\\ \boldsymbol{X}^{\mathrm{T}}(n)\\ \vdots\\ \boldsymbol{X}^{\mathrm{T}}(N-2)\\ \boldsymbol{X}^{\mathrm{T}}(N-1)\end{bmatrix}=\begin{bmatrix}x(0) & x(1) & \cdots & x(M-1)\\ x(1) & x(2) & \cdots & x(M)\\ \vdots & \vdots & & \vdots\\ x(n) & x(n+1) & \cdots & x(n+M-1)\\ \vdots & \vdots & & \vdots\\ x(N-2) & x(N-1) & \cdots & x(N+M-3)\\ x(N-1) & x(N) & \cdots & x(N+M-2)\end{bmatrix}_{N\times M}$。

当 N 很小时，$\hat{\boldsymbol{R}}_X$ 只是 $\boldsymbol{R}_X$ 的粗略估计，另外，$\hat{\boldsymbol{R}}_X$ 的特征值也没有明显的阈值。

1.4.2 多重信号分类算法

1. 多重信号分类(Multiple Signal Classification，MUSIC)算法[2]

定义

$$P^{\mathrm{MUSIC}}(f)=\frac{1}{\sum_{m=P+1}^{M}|\boldsymbol{V}^{\mathrm{H}}(f)\boldsymbol{q}_m|^2}=\frac{1}{\sum_{m=P+1}^{M}|Q_m(\mathrm{e}^{\mathrm{j}2\pi f})|^2} \tag{1-62}$$

或

$$P^{\mathrm{MUSIC}}(\omega)=\frac{1}{\sum_{m=P+1}^{M}|\boldsymbol{V}^{\mathrm{H}}(\omega)\boldsymbol{q}_m|^2},\quad \omega=2\pi f \tag{1-63}$$

频率的 MUSIC 估计为

$$\{\hat{\omega}_{\mathrm{MUSIC},m}, m=1,2,\cdots,P\} = \underset{\omega}{\arg\max}\{P^{\mathrm{MUSIC}}(\omega)\}, \quad -\pi \leqslant \omega \leqslant \pi \tag{1-64}$$

其中，假设 P 是已知的，或可以由其他算法估计的。另外

$$Q_m(\mathrm{e}^{\mathrm{j}2\pi f}) = \boldsymbol{V}^{\mathrm{H}}(f_p)\boldsymbol{q}_m = \sum_{k=1}^{M}\boldsymbol{q}_m(k)\mathrm{e}^{-\mathrm{j}2\pi f_p(k-1)} = 0 \tag{1-65}$$

注意：①因为 $P^{\mathrm{MUSIC}}(\omega)$ 不含有信号功率和噪声功率的信息，所以称它为“伪谱”。②多项式 $Q_m(\mathrm{e}^{\mathrm{j}2\pi f})$ 有 M–1 个根，其中 P 个根对应于信号的频率，它们将产生 P 个峰值，另外，$M-P-1$ 个根对应于噪声子空间的特征向量。在不同频率，它们也将产生 $M-P-1$ 个虚假峰值。③为了减小虚假峰值，将所有的 $Q_m(\mathrm{e}^{\mathrm{j}2\pi f})$ 进行平均，得到 $P^{\mathrm{MUSIC}}(\omega)$。因为，对于所有的 $Q_m(\mathrm{e}^{\mathrm{j}2\pi f})$，对应于信号的频率的 P 个主峰值的位置是相同的，而对应于噪声子空间特征向量的 $M-P-1$ 个虚假峰值的位置是不同的，所以平均后，P 个主峰值将因叠加而增大，而其他的虚假峰值将减小。故 $P^{\mathrm{MUSIC}}(\omega)$ 有 P 个峰值。

2. MUSIC 算法的其他形式

(1) Pisarenko 谐波分解。

$$P^{\mathrm{PHD}} = \frac{1}{|\boldsymbol{V}^{\mathrm{H}}(f)\boldsymbol{q}_M|^2} = \frac{1}{|Q_M(\mathrm{e}^{\mathrm{j}2\pi f})|^2} = \frac{1}{|Q_M(\omega)|^2} \tag{1-66}$$

其中，$M=P+1$，P 是信源数，M 是 $\boldsymbol{R}_X$ 的维数，$\boldsymbol{q}_M$ 是 $\boldsymbol{R}_X$ 的最小特征值所对应的特征向量。信号频率的估计为

$$\{\hat{\omega}_{\mathrm{PHD},m}, m=1,2,\cdots,P\} = \underset{\omega}{\arg\max}\{P^{\mathrm{PHD}}(\omega)\} \tag{1-67}$$

其中，$-\pi \leqslant \omega \leqslant \pi$。另外

$$Q_M(\mathrm{e}^{\mathrm{j}2\pi f}) = \boldsymbol{V}^{\mathrm{H}}(f)\boldsymbol{q}_M = \sum_{k=1}^{M}\boldsymbol{q}_M(k)\mathrm{e}^{-\mathrm{j}2\pi f(k-1)} = \mathrm{FFT}(\boldsymbol{q}_M) \tag{1-68}$$

此方法因为只使用噪声子空间的一个特征向量，其鲁棒性差，对于估计自相关矩阵的误差十分敏感。

(2) 特征向量法。

在 MUSIC 伪谱中，所有噪声的特征值都假定是相同的，即 $\lambda_m = \sigma_w^2$，也就是说，噪声是白的，而实际的估计自相关矩阵 $\hat{\boldsymbol{R}}_X$，其噪声特征值并不是相等的，尤其是当数据的采样数很小时，噪声特征值差别更大。因此，定义“特征向量谱”

$$P^{\mathrm{EV}}(\omega) = \frac{1}{\sum\limits_{m=P+1}^{M}\frac{1}{\lambda_m}|\boldsymbol{V}^{\mathrm{H}}(\omega)\boldsymbol{q}_m|^2} = \frac{1}{\sum\limits_{m=P+1}^{M}\frac{1}{\lambda_m}|Q_m(\mathrm{e}^{\mathrm{j}\omega})|^2} \tag{1-69}$$

其中，λ_m 是对应于特征向量 $\boldsymbol{q}_m$ 的特征值。信号频率的估计为

$$\{\hat{\omega}_{\mathrm{EV},m}, m=1,2,\cdots,P\}=\underset{\omega}{\operatorname{argmax}}\{P^{\mathrm{EV}}(\omega)\}, \quad -\pi \leqslant \omega \leqslant \pi \tag{1-70}$$

通常特征向量法比 MUSIC 算法可以提供更小的虚假峰值，适应于采样数很小的场合。

(3) 求根 MUSIC 方法。

因为 $\boldsymbol{V}(\omega)=[1,\mathrm{e}^{\mathrm{j}\omega},\mathrm{e}^{\mathrm{j}\omega 2},\cdots,\mathrm{e}^{\mathrm{j}\omega(M-1)}]^{\mathrm{T}}=[1,z,z^2\cdots,z^{M-1}]^{\mathrm{T}}$，其中，$z=\mathrm{e}^{\mathrm{j}\omega}$，$Q_m(\mathrm{e}^{\mathrm{j}\omega})=Q_m(z)=\boldsymbol{V}^{\mathrm{H}}(\omega)\boldsymbol{q}_m=\sum_{k=0}^{M-1}\boldsymbol{q}_m(k)z^k$。而 $|Q_m(z)|^2$ 是 z 的 $2(M-1)$ 阶多项式。MUSIC 伪谱可以重新定义为

$$P^{\mathrm{RM}}(z)=\frac{1}{\sum_{m=P+1}^{M}|Q_m(z)|^2}=\frac{1}{\sum_{m=P+1}^{M}Q_m(z)Q_m^*\left(\frac{1}{z^*}\right)} \tag{1-71}$$

因此，信号的频率估计为

$$\hat{\omega}_{\mathrm{RM},m}=\angle\hat{z}_{\mathrm{RM},m}, \quad m=1,2,\cdots,P \tag{1-72}$$

其中，$\{\hat{z}_{\mathrm{RM},m}, m=1,2,\cdots,P\}=\underset{z\in\text{复平面}}{\operatorname{argmax}}\{P^{\mathrm{RM}}(z)\}$。$2(M-1)$ 阶多项式 $\sum_{m=P+1}^{M}|Q_m(z)|^2$ 有 $M-1$ 个对根，$M-1$ 个根在单位圆内，而另 $M-1$ 个根在单位圆外。因为复指数信号被假定为没有阻尼（$z=\mathrm{e}^{\mathrm{j}\omega}$），所以信号对应的根应位于单位圆上，于是，如果求出在单位圆内的 $M-1$ 个根，那么紧靠着单位圆的 P 个根就对应于 P 个信号。这些根的相位便是信号的频率。

求根 MUSIC 方法的优点：①不需要进行非线性搜索，仅需要求 $2(M-1)$ 阶多项式的根，有许多计算有效的数值方法可以利用。②求根 MUSIC 比 MUSIC 的估计精度高。因为仅有 $\hat{z}_m$ 的角度估计误差 $\Delta\omega_m$ 可以影响估计频率，而幅度误差 $1-|\hat{z}_m|$ 并不影响 $\hat{\omega}_m$。

(4) 最小模方法。

从 MUSIC 方法可知，扩大噪声子空间的维数可以提高频率估计的鲁棒性。MUSIC 方法利用平均所有噪声子空间特征向量的伪谱，来降低“虚假”谱峰的高度，提高估计的准确性。而最小模方法是利用寻找噪声子空间内具有最小模(范数)矢量，来降低“虚假”谱峰的高度。

假设一个位于 M 维噪声子空间的任意矢量 $\boldsymbol{u}$，则这个矢量的伪谱为

$$\bar{R}(\mathrm{e}^{\mathrm{j}\omega})=\frac{1}{|\boldsymbol{V}^{\mathrm{H}}\boldsymbol{u}|^2} \tag{1-73}$$

$\bar{R}(\mathrm{e}^{\mathrm{j}\omega})$ 有 P 个对应于信号频率的谱峰和 $M-P-1$ 个“虚假”谱峰。因为 $\boldsymbol{P}_{\mathrm{w}}=\boldsymbol{Q}_{\mathrm{w}}\boldsymbol{Q}_{\mathrm{w}}^{\mathrm{H}}$，

其中，$\boldsymbol{Q}_{\mathrm{w}}$ 噪声特征向量矩阵，于是，对于位于噪声子空间的任意矢量 $\boldsymbol{u}=[u(1),u(2),\cdots,u(M)]^{\mathrm{T}}$，有 $\boldsymbol{P}_{\mathrm{w}}\boldsymbol{u}=\boldsymbol{u}$，对 $\boldsymbol{u}$ 进行 z 变换得

$$V(z)=\sum_{k=0}^{M-1}u(k)z^{-k}=\prod_{k=1}^{P}(1-\mathrm{e}^{\mathrm{j}\omega_k}z^{-1})\prod_{k=P+1}^{M-1}(1-z_kz^{-1}) \tag{1-74}$$

其中，$\mathrm{e}^{\mathrm{j}\omega_k}(k=1,2,\cdots,P)$ 对应于信号位于单位圆上的 P 个根，而 $z_k(k=P+1,P+2,\cdots,M-1)$ 是不位于单位圆上的，造成“虚假”谱峰的 $M-P-1$ 个根。为了避免“虚假”谱峰，将试用最小化 $\|\boldsymbol{u}\|$，即 $\|\boldsymbol{u}\|=\boldsymbol{u}^{\mathrm{H}}\boldsymbol{u}=\boldsymbol{u}^{\mathrm{H}}\boldsymbol{P}_{\mathrm{w}}\boldsymbol{u}$。由于无约束最小化会使得 $\boldsymbol{u}$ 变成零矢量，所以，加入约束条件 $\boldsymbol{\delta}_1^{\mathrm{H}}\boldsymbol{u}=1$，其中，$\boldsymbol{\delta}_1=[1,0,\cdots,0]^{\mathrm{T}}$，于是形成有约束最小化问题，$\min\|\boldsymbol{u}\|^2=\min\{\boldsymbol{u}^{\mathrm{H}}\boldsymbol{P}_{\mathrm{w}}\boldsymbol{u}\}$。在 $\boldsymbol{\delta}_1^{\mathrm{H}}\boldsymbol{u}=1$ 的条件下，利用拉格朗日乘数法来求解这个问题，得

$$\boldsymbol{U}_{mn}=\frac{\boldsymbol{P}_{\mathrm{w}}\boldsymbol{\delta}_1}{\boldsymbol{\delta}_1^{\mathrm{H}}\boldsymbol{P}_{\mathrm{w}}\boldsymbol{\delta}_1} \tag{1-75}$$

所以，最小模法的伪谱定义为

$$P^{\mathrm{MN}}(\omega)=\frac{1}{|\boldsymbol{V}^{\mathrm{H}}(\omega)\boldsymbol{U}_{mn}|^2} \tag{1-76}$$

而信号的频率估计为

$$\{\hat{\omega}_{\mathrm{MN},m},m=1,2,\cdots,P\}=\underset{\omega}{\arg\max}\{P^{\mathrm{MN}}(\omega)\} \tag{1-77}$$

最小模方法的性能与MUSIC方法相似，它可以由求多项式根的方法来代替搜索方法。

1.4.3 旋转不变技术信号参数估计算法

考虑一个单谐波信号 $s_0(n)=\alpha\mathrm{e}^{\mathrm{j}2\pi fn}$，其中，$\alpha$ 是复的增益。这个信号有如下特性

$$s_0(n+1)=\alpha\mathrm{e}^{\mathrm{j}2\pi f(n+1)}=s_0(n)\cdot\mathrm{e}^{\mathrm{j}2\pi f} \tag{1-78}$$

即下一个时刻的采样值是当前时刻采样值的相位移动，这个相移可以表示为单位圆上的一个相位旋转因子 $\mathrm{e}^{\mathrm{j}2\pi f}$。假设时间窗为 M 的测量信号为

$$\boldsymbol{X}(n)=\sum_{p=1}^{P}\alpha_p\boldsymbol{V}(f_p)\mathrm{e}^{\mathrm{j}2\pi nf_p}+\boldsymbol{w}(n)=\boldsymbol{V}\boldsymbol{\Phi}^n\boldsymbol{\alpha}+\boldsymbol{w}(n)=\boldsymbol{S}(n)+\boldsymbol{w}(n) \tag{1-79}$$

其中，$\boldsymbol{w}(n)$ 是加性噪声，$\boldsymbol{X}(n)=[x(n),x(n+1),\cdots,x(n+M-1)]^{\mathrm{T}}$

$$\boldsymbol{V}=[V(f_1),V(f_2),\cdots,V(f_P)]^{\mathrm{T}}=\begin{bmatrix}1 & 1 & \cdots & 1\\ \mathrm{e}^{\mathrm{j}2\pi f_1} & \mathrm{e}^{\mathrm{j}2\pi f_2} & \cdots & \mathrm{e}^{\mathrm{j}2\pi f_p}\\ \vdots & \vdots & & \vdots\\ \mathrm{e}^{\mathrm{j}2\pi f_1(M-1)} & \mathrm{e}^{\mathrm{j}2\pi f_2(M-1)} & \cdots & \mathrm{e}^{\mathrm{j}2\pi f_p(M-1)}\end{bmatrix}_{M\times P} \tag{1-80}$$

是信号的频率矩阵，$\boldsymbol{\alpha}=[\alpha_1,\alpha_2,\cdots,\alpha_P]^{\mathrm{T}}$ 是信号的复幅值矢量。

$$\boldsymbol{\Phi}=\mathrm{diag}\{\phi_1,\phi_2,\cdots,\phi_P\}=\begin{bmatrix} \mathrm{e}^{\mathrm{j}2\pi f_1} & 0 & \cdots & 0 \\ 0 & \mathrm{e}^{\mathrm{j}2\pi f_2} & \cdots & 0 \\ \vdots & \vdots & & \vdots \\ 0 & 0 & \cdots & \mathrm{e}^{\mathrm{j}2\pi f_P} \end{bmatrix}_{P\times P} \tag{1-81}$$

是信号的相位旋转矩阵，$\phi_i=\mathrm{e}^{\mathrm{j}2\pi f_i}$。由于信号的频率完全包含在旋转矩阵中，所以，频率估计可以由旋转矩阵来求得。

下面将 M 维的信号矢量分成两个重叠的 $M-1$ 维的信号子矢量。即

$$\boldsymbol{S}(n)=\begin{bmatrix} \boldsymbol{S}_{M-1}(n) \\ s(n+M-1) \end{bmatrix}=\begin{bmatrix} s(n) \\ \boldsymbol{S}_{M-1}(n+1) \end{bmatrix}=\begin{bmatrix} s(n) \\ s(n+1) \\ \vdots \\ s(n+M-2) \\ s(n+M-1) \end{bmatrix} \tag{1-82}$$

其中，$\boldsymbol{S}_{M-1}(n)$ 是 $M-1$ 维信号子矢量，即

$$\boldsymbol{S}_{M-1}(n)=\boldsymbol{V}_{M-1}\boldsymbol{\Phi}^{n}\boldsymbol{\alpha}，\quad \boldsymbol{S}_{M-1}(n+1)=\boldsymbol{V}_{M-1}\boldsymbol{\Phi}^{n+1}\boldsymbol{\alpha} \tag{1-83}$$

其中，$\boldsymbol{V}_{M-1}$ 是信号频率矩阵 $\boldsymbol{V}$ 的上 $(M-1)\times P$ 维子矩阵。定义

$$\boldsymbol{V}_1=\boldsymbol{V}_{M-1}\boldsymbol{\Phi}^{n},\quad \boldsymbol{V}_2=\boldsymbol{V}_{M-1}\boldsymbol{\Phi}^{n+1} \tag{1-84}$$

$\boldsymbol{V}_1$ 和 $\boldsymbol{V}_2$ 是信号子空间特征向量矩阵 $\boldsymbol{V}$ 的上下两个重叠子矩阵，即

$$\boldsymbol{V}=\begin{bmatrix} \boldsymbol{V}_1 \\ \times\times\cdots\times \end{bmatrix}=\begin{bmatrix} \times\times\cdots\times \\ \boldsymbol{V}_2 \end{bmatrix} \tag{1-85}$$

根据式(1-84)，可以得到

$$\boldsymbol{V}_2=\boldsymbol{V}_1\boldsymbol{\Phi} \tag{1-86}$$

现在假设数据矩阵 $\boldsymbol{X}$ 是由 $\boldsymbol{X}(n)$ 的 N 次快拍组成，即

$$\boldsymbol{X}=[\boldsymbol{X}(0),\boldsymbol{X}(1),\cdots,\boldsymbol{X}(n),\cdots,\boldsymbol{X}(N-2),\boldsymbol{X}(N-1)]^{\mathrm{T}} \tag{1-87}$$

对数据矩阵 $\boldsymbol{X}$ 进行奇异值分解，得

$$\boldsymbol{X}=\boldsymbol{L}\boldsymbol{\Sigma}\boldsymbol{U}^{\mathrm{H}} \tag{1-88}$$

其中，$\boldsymbol{L}$ 是 $N\times N$ 维左奇异值矢量组成的矩阵，$\boldsymbol{U}$ 是 $M\times M$ 的右奇异值矢量组成的矩阵，这两个矩阵都是归一化的，即 $\boldsymbol{L}^{\mathrm{H}}\boldsymbol{L}=\boldsymbol{I},\boldsymbol{U}^{\mathrm{H}}\boldsymbol{U}=\boldsymbol{I}$，$\boldsymbol{\Sigma}$ 是 $N\times M$ 维奇异值矩阵，由于

$$\hat{\boldsymbol{R}}=\frac{1}{N}\boldsymbol{X}^{\mathrm{H}}\boldsymbol{X}=\boldsymbol{U}\boldsymbol{\Sigma}^{\mathrm{H}}\boldsymbol{L}^{\mathrm{H}}\boldsymbol{L}\boldsymbol{\Sigma}\boldsymbol{U}^{\mathrm{H}}=\boldsymbol{U}(\boldsymbol{\Sigma}^{\mathrm{H}}\boldsymbol{\Sigma})\boldsymbol{U}^{\mathrm{H}} \tag{1-89}$$

所以，奇异值的平方是 $\hat{\boldsymbol{R}}$ 的特征值，$\boldsymbol{U}$ 的列是 $\hat{\boldsymbol{R}}$ 的特征向量。于是，$\boldsymbol{U}$ 形成 M 维矢量空间的正交基。这个矢量空间可以分成信号子空间和噪声子空间，即 $\boldsymbol{U}$ 被分成两部分 $\boldsymbol{U}=[\boldsymbol{U}_s \vdots \boldsymbol{U}_w]$，$\boldsymbol{U}_s$ 是由对应于 P 个最大奇异值的右奇异值矢量组成的矩阵。因为 $\boldsymbol{V}$ 和 $\boldsymbol{U}_s$ 都是信号子空间的特征向量矩阵，故存在一个非奇异矩阵 $\boldsymbol{T}$，使得

$$\boldsymbol{V}=\boldsymbol{U}_s\boldsymbol{T} \tag{1-90}$$

与式(1-85)相似，$\boldsymbol{U}_s$ 也可以分成两个 M–1 维子空间，即

$$\boldsymbol{U}_s=\begin{bmatrix}\boldsymbol{U}_1\\ \times\times\cdots\times\end{bmatrix}=\begin{bmatrix}\times\times\cdots\times\\ \boldsymbol{U}_2\end{bmatrix} \tag{1-91}$$

其中，$\boldsymbol{U}_1$ 和 $\boldsymbol{U}_2$ 分别对应于 $\boldsymbol{U}_s$ 的上下两个重叠子矩阵。由式(1-85)、式(1-90)和式(1-91)可得

$$\boldsymbol{V}_1=\boldsymbol{U}_1\boldsymbol{T},\quad \boldsymbol{V}_2=\boldsymbol{U}_2\boldsymbol{T} \tag{1-92}$$

$\boldsymbol{V}_1$ 和 $\boldsymbol{V}_2$ 由相位旋转矩阵 $\boldsymbol{\Phi}$ 相联系，通常 $\boldsymbol{U}_1$ 和 $\boldsymbol{U}_2$ 也存在一个旋转矩阵 $\boldsymbol{\varphi}$ 来联系，即

$$\boldsymbol{U}_2=\boldsymbol{U}_1\boldsymbol{\varphi} \tag{1-93}$$

将式(1-93)代入式(1-92)得

$$\boldsymbol{V}_2=\boldsymbol{U}_2\boldsymbol{T}=\boldsymbol{U}_1\boldsymbol{\varphi}\boldsymbol{T} \tag{1-94}$$

与上类似，将式(1-92)代入式(1-86)得

$$\boldsymbol{V}_2=\boldsymbol{V}_1\boldsymbol{\Phi}=\boldsymbol{U}_1\boldsymbol{T}\boldsymbol{\Phi} \tag{1-95}$$

由于式(1-94)和式(1-95)的右侧相等，所以

$$\boldsymbol{\varphi}\boldsymbol{T}=\boldsymbol{T}\boldsymbol{\Phi}\quad\text{或}\quad \boldsymbol{\varphi}=\boldsymbol{T}\boldsymbol{\Phi}\boldsymbol{T}^{-1} \tag{1-96}$$

因此，相位旋转矩阵 $\boldsymbol{\Phi}$ 是矩阵 $\boldsymbol{\varphi}$ 的特征值矩阵，而 $\boldsymbol{T}$ 是对应的特征向量矩阵，故对矩阵 $\boldsymbol{\varphi}$ 进行特征值分解，就可以得到 $\boldsymbol{\Phi}$ 的估计，进而得到信号频率估计

$$\hat{f}_p=\frac{\angle\phi_p}{2\pi},\quad p=1,2,\cdots,P \tag{1-97}$$

其中，$\angle\phi_p$ 是 ϕ_p 的相位。由 $\boldsymbol{U}_s$ 可以从数据矩阵 $\boldsymbol{X}$ 的 SVD 得到，故 $\boldsymbol{U}_2$ 和 $\boldsymbol{U}_1$ 从 $\boldsymbol{U}_s$ 得到，根据式(1-93)，通过最小二乘法或整体最小二乘法来求出矩阵 $\boldsymbol{\varphi}$，即式(1-93)的最小二乘解为

$$\hat{\boldsymbol{\varphi}}_{\text{LS}}=(\boldsymbol{U}_1^{\text{H}}\boldsymbol{U}_1)^{-1}\boldsymbol{U}_1^{\text{H}}\boldsymbol{U}_2 \tag{1-98}$$

由于最小二乘解仅考虑了 $\boldsymbol{U}_2$ 中的误差，即

$$\boldsymbol{U}_2+\boldsymbol{E}_2=\boldsymbol{U}_1\boldsymbol{\varphi} \tag{1-99}$$

其中，$\boldsymbol{E}_2$ 是 $\boldsymbol{U}_2$ 与 $\boldsymbol{V}_1$ 之间的误差矩阵，但它没有考虑 $\boldsymbol{U}_1$ 和 $\boldsymbol{V}_1$ 之间的误差。若同时考虑这两个误差，则

$$\boldsymbol{U}_2 + \boldsymbol{E}_2 = (\boldsymbol{U}_1 + \boldsymbol{E}_1)\boldsymbol{\varphi} \tag{1-100}$$

其中，$\boldsymbol{E}_1$ 是 $\boldsymbol{U}_1$ 和 $\boldsymbol{V}_1$ 之间的误差矩阵，式(1-93)必须采用 TLS 法来解，其步骤如下：首先，进行矩阵奇异值分解，即 $[\boldsymbol{U}_1 \quad \boldsymbol{U}_2] = \tilde{\boldsymbol{L}}\tilde{\boldsymbol{\Sigma}}\tilde{\boldsymbol{U}}^{\mathrm{H}}$ 。然后，将 $2P\times 2P$ 维矩阵 $\tilde{\boldsymbol{U}}$ 写成 $P\times P$ 维分块矩阵，即 $\tilde{\boldsymbol{U}} = \begin{bmatrix} \tilde{\boldsymbol{U}}_{11} & \tilde{\boldsymbol{U}}_{12} \\ \tilde{\boldsymbol{U}}_{21} & \tilde{\boldsymbol{U}}_{22} \end{bmatrix}$。其中，$\tilde{\boldsymbol{U}}_{11}$、$\tilde{\boldsymbol{U}}_{12}$、$\tilde{\boldsymbol{U}}_{21}$ 和 $\tilde{\boldsymbol{U}}_{22}$ 都是 $P\times P$ 维矩阵，故子空间旋转矩阵的整体最小二乘解为

$$\hat{\boldsymbol{\varphi}}_{\mathrm{TLS}} = -\tilde{\boldsymbol{U}}_{12}\tilde{\boldsymbol{U}}_{22}^{-1} \tag{1-101}$$

整体最小二乘解的性能优于最小二乘法，但其计算量要稍微大些。

旋转不变技术信号参数估计(Estimation of Signal Parameters via Invariance Techniques，ESPRIT)方法[3]是利用信号子空间来估计信号的频率，算法简单，不用频谱搜索，计算效率高。但是，需要一个旋转矩阵。

参考文献

[1] Kay S M. Fundamentals of Statistical Signal Processing: Estimation Theory. New York: Prentice-Hall, 1993.

[2] Hayes M H. Statistical Digital Signal Processing and Modeling. New York: Wiley, 1996.

[3] Manolakis D G, Ingle V K, Kogon S M. Statistical and Adaptive Signal Processing: Spectral Estimation, Signal Modeling, Adaptive Filtering and Array Processing. New York: McGraw-Hill, 2000.

第 2 章　基于水声矢量传感器阵列的相干声波信号波达方向估计与跟踪

2.1　圆柱形阵列的情况

2.1.1　估计算法

水声矢量传感器一般是由三个相同的且正交放置的声波质点速度传感器和一个声波压力传感器复合而成的，作为一种新型的水声测量设备，它能够空间共点、时间同步测得声场中某点处的声压和质点速度矢量，充分利用了声场质点速度所具备的矢量特性。四分量水声矢量传感器的 4×1 维阵列流形表达式为

$$\boldsymbol{a}^{(4)}(\theta_k,\phi_k)\overset{\text{def}}{=}\begin{bmatrix}u(\theta_k,\phi_k)\\ v(\theta_k,\phi_k)\\ w(\theta_k)\\ 1\end{bmatrix}=\begin{bmatrix}\sin\theta_k\cos\phi_k\\ \sin\theta_k\sin\phi_k\\ \cos\theta_k\\ 1\end{bmatrix} \tag{2-1}$$

其中，$-\pi/2\leqslant\theta_k<\pi/2$ 表示第 k 个信号源的俯仰角，$0\leqslant\phi_k<2\pi$ 表示第 k 个信号源的方位角。通常，一个标准的指向性频率分析与记录(Directional Frequency Analysis and Recording，DIFAR)传感器由两个质点速度传感器和一个声压传感器构成，此时标准的 DIFAR 传感器对应的是一个 3×1 维阵列流形，即 $\boldsymbol{a}^{(3)}(\theta_k,\phi_k)\overset{\text{def}}{=}[u(\theta_k,\phi_k),v(\theta_k,\phi_k),1]^{\mathrm{T}}$ 。目前，水声矢量传感器已经可以通过商业途径得到，并经常用于水下声源定位领域，其水下声源定位方法主要适用于独立信号情形。然而，在相干信号情形时，由于阵列接收数据协方差矩阵出现秩亏现象，其定位方法面临失效的困境。

均匀圆柱阵列是一种典型的非平面阵列，可由若干个平面圆子阵构成，或由若干个竖直均匀线阵构成。均匀线阵具有简单的阵列方向图，而且采样协方差矩阵很容易形成某种不变结构。相比而言，均匀圆阵具有 360° 的方位覆盖范围，而且在各个方位上的方向图几乎相同。即使构成均匀圆阵的传感器阵元数是较少的，阵列方向图上的扰动也是很小的。均匀圆柱阵结合了均匀线阵和均匀圆阵的优点，并成功用于信号源定位。

1．圆柱形水声矢量传感器阵列数据模型

1) 圆柱形水声矢量传感器阵列流形

如图 2-1 所示，考虑由 L（$L=P\times M$）个水声矢量传感器构成的一个均匀圆柱阵，其中，P 表示半径为 R 的圆环个数，圆环间距为 d，并以 z 轴为中心，每个圆环由 M 个水声矢量传感器以角度 $2\pi/M$ 为间距均匀布置而成。假设所有圆环结构是相同的，且各水声矢量传感器都具有相同的指向性，则第 (p,m) 个水声矢量传感器（对应空间坐标 (x_m,y_m,z_p)）的空间相位因子为

$$q_{p,m}(\theta_k,\phi_k)=\mathrm{e}^{\mathrm{j}2\pi[x_m u(\theta_k,\phi_k)+y_m v(\theta_k,\phi_k)+z_p w(\theta_k)]/\lambda},\quad \forall 1\leqslant p\leqslant P,\quad \forall 1\leqslant m\leqslant M \tag{2-2}$$

其中，$x_m=R\cos[2\pi(m-1)/M]$，$y_m=R\sin[2\pi(m-1)/M]$，$z_p=d(p-(P+1)/2)$。

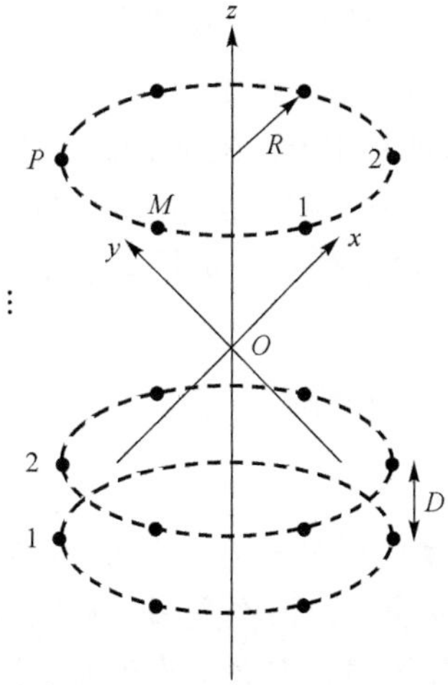

图 2-1　圆柱形水声矢量传感器阵列示意图

于是，圆柱形水声矢量传感器阵列的空间相位因子表示如下

$$\boldsymbol{q}(\theta_k,\phi_k)\overset{\text{def}}{=}\begin{bmatrix}\boldsymbol{q}^{(1)}(\theta_k,\phi_k)\\ \vdots\\ \boldsymbol{q}^{(P)}(\theta_k,\phi_k)\end{bmatrix} \tag{2-3}$$

其中，$\boldsymbol{q}^{(p)}(\theta_k,\phi_k)\overset{\text{def}}{=}[q_{p,1}(\theta_k,\phi_k),\cdots,q_{p,M}(\theta_k,\phi_k)]^{\mathrm{T}}$，$p=1,\cdots,P$。

2) 数据模型

假定 K 个窄带水声信号入射到上述的均匀圆柱阵列，则该圆柱形阵列的导向矢量为

$$\boldsymbol{a}(\theta_k,\phi_k)\overset{\text{def}}{=}\boldsymbol{a}^{(J)}(\theta_k,\phi_k)\otimes\boldsymbol{q}(\theta_k,\phi_k) \tag{2-4}$$

其中，对于标准 DIFAR 传感器而言有 $J=3$，对于水声矢量传感器而言有 $J=4$，$\otimes$ 表示矩阵的 Kronecker 积运算。

于是，整个阵列在 t 时刻的 $JL\times 1$ 维测量数据矢量 $\boldsymbol{z}(t)$ 可表示为

$$\boldsymbol{z}(t)=\sum_{k=1}^{K}\boldsymbol{a}(\theta_k,\phi_k)s_k(t)+\boldsymbol{n}(t)=\boldsymbol{A}\boldsymbol{s}(t)+\boldsymbol{n}(t) \tag{2-5}$$

$$s_k(t)\overset{\text{def}}{=}\sqrt{P_k}\,\sigma_k(t)\mathrm{e}^{\mathrm{j}\left(2\pi\frac{c}{\lambda}t\right)} \tag{2-6}$$

$$\boldsymbol{A}\overset{\text{def}}{=}[\boldsymbol{a}(\theta_1,\phi_1),\cdots,\boldsymbol{a}(\theta_K,\phi_K)] \tag{2-7}$$

$$\boldsymbol{s}(t)\overset{\text{def}}{=}\begin{bmatrix}s_1(t)\\ \vdots\\ s_K(t)\end{bmatrix},\quad \boldsymbol{n}(t)=\begin{bmatrix}n_1(t)\\ \vdots\\ n_{JL}(t)\end{bmatrix} \tag{2-8}$$

其中，$\boldsymbol{n}(t)$ 是 $JL\times 1$ 维零均值、加性空时白噪声向量，$s_k(t)$ 是第 k 个窄带信号的解析表示，P_k 表示第 k 个信号的功率，$\sigma_k(t)$ 表示一个零均值、单位方差的复高斯随机过程，且当 $i\neq j$ 时，$\sigma_i(t)$ 和 $\sigma_j(t)$ 可能是相干，λ 表示信号波长，c 为声波传播速度。

由此，水声矢量传感器阵列的信号源定位问题的本质就是通过时间 $\{t_n,n=1,\cdots,N_1\}$ 得到的 $N_1(N_1>K)$ 次采样快拍数据 $\boldsymbol{Z}=\left[\boldsymbol{z}(t_1),\cdots,\boldsymbol{z}(t_{N_1})\right]\in\mathbf{C}^{JL\times N_1}$ 来确定 $\{\theta_k,\phi_k,k=1,\cdots,K\}$。

2. 质点速度域秩恢复和空间平滑

1) 子阵数据协方差矩阵

$JL\times K$ 维阵列流形矩阵 $\boldsymbol{A}$ 可以分解为 J 个 $L\times K$ 维子阵列流形矩阵，这些子阵列流形矩阵之间具有一个不变因子，该不变因子只跟目标信号的方向余弦有关，而与水声矢量传感器的空间位置无关。定义子阵列流形矩阵

$$\boldsymbol{A}_j\overset{\text{def}}{=}\boldsymbol{J}_j\boldsymbol{A},\quad j=1,\cdots,J \tag{2-9}$$

其中，$\boldsymbol{J}_j$ 为一个 $L\times JL$ 维子阵列选择矩阵

$$\boldsymbol{J}_j\overset{\text{def}}{=}\left[\boldsymbol{O}_{L,L(j-1)}\,\vdots\,\boldsymbol{I}_{L,L}\,\vdots\,\boldsymbol{O}_{L,L(J-j)}\right] \tag{2-10}$$

其中，$\boldsymbol{O}_{m,n}$ 表示一个 $m\times n$ 维全零阵，$\boldsymbol{I}_{m,m}$ 为一个 m 维单位阵。子阵列流形矩阵 $\boldsymbol{A}_1,\cdots,\boldsymbol{A}_J$ 之间的关系如下

$$\boldsymbol{A}_j=\boldsymbol{A}_J\boldsymbol{\Phi}_j,\quad j=1,\cdots,J \tag{2-11}$$

其中，矩阵 $\boldsymbol{A}_J=[\boldsymbol{q}(\theta_1,\phi_1),\cdots,\boldsymbol{q}(\theta_K,\phi_K)]$。对于水声矢量传感器（$J=4$）有

$$\left[\boldsymbol{\Phi}_j\right]_{k,k}=\begin{cases}u(\theta_k,\phi_k), & j=1\\ v(\theta_k,\phi_k), & j=2\\ w(\theta_k), & j=3\\ 1, & j=4\end{cases} \tag{2-12}$$

而对于标准 DIFAR 传感器（$J=3$）有

$$\left[\boldsymbol{\Phi}_j\right]_{k,k}=\begin{cases}u(\theta_k,\phi_k), & j=1\\ v(\theta_k,\phi_k), & j=2\\ 1, & j=3\end{cases} \tag{2-13}$$

其中，$\boldsymbol{\Phi}_j$ 是一个对角矩阵，其对角元素为 $\left\{[\boldsymbol{\Phi}_j]_{k,k},k=1,\cdots,K\right\}$，显然对角元素不依赖于阵元的空间位置 $\left\{(x_l,y_l,z_l),l=1,\cdots,L\right\}$。

由 J 个子阵在 t 时刻可得到 J 个 $L\times 1$ 维子阵测量数据 $\boldsymbol{z}_j(t)$

$$\boldsymbol{z}_j(t)=\boldsymbol{A}_j\boldsymbol{s}(t)+\underbrace{\boldsymbol{J}_j\boldsymbol{n}(t)}_{\overset{\text{def}}{=}\boldsymbol{n}_j(t)} \tag{2-14}$$

对于 N_1 次时间采样，可得如下采样协方差矩阵

$$\boldsymbol{R}_j=\frac{1}{N_1}\sum_{i=1}^{N_1}\boldsymbol{z}_j(t_i)\left(\boldsymbol{z}_j(t_i)\right)^{\mathrm{H}}=\boldsymbol{A}_j\boldsymbol{R}_s(\boldsymbol{A}_j)^{\mathrm{H}}+\boldsymbol{R}_n^{(j)} \tag{2-15}$$

其中，$R_n^{(j)}=\dfrac{1}{N_1}\sum_{i=1}^{N_1}\boldsymbol{n}_j(t_i)(\boldsymbol{n}_j(t_i))^{\mathrm{H}}$ 表示第 j 个子阵上的加性测量噪声矢量的采样协方差矩阵；$\boldsymbol{R}_s=\dfrac{1}{N_1}\sum_{i=1}^{N_1}\boldsymbol{s}(t_i)(\boldsymbol{s}(t_i))^{\mathrm{H}}$ 表示信号采样协方差矩阵。显然，如果 K 个水声信号之间是互不相关的，则信号采样协方差矩阵 $\boldsymbol{R}_s$ 的秩为 K。但如果 $Q_1(Q_1\leqslant K)$ 个信号是完全相关（即相干）的，则 $\boldsymbol{R}_s$ 的秩将降为 $K-Q_1$。

2）质点速度域平滑算法（Particle Velocity Field Smoothing，PVFS）

考虑极端情形，即所有 K 个入射信号均完全相关，则有

$$s_k(t)=g_k s_1(t),\quad k=1,\cdots,K \tag{2-16}$$

其中，g_k 表示第 k 个信号对第 1 个信号的相对幅度和相位，它是一个非零的复常数，且 $g_1=1$。定义向量 $\boldsymbol{g}=[g_1,\cdots,g_K]^{\mathrm{T}}$，这时，信号采样协方差矩阵 $\boldsymbol{R}_s$ 可重写为

$$\boldsymbol{R}_s=\boldsymbol{g}\underbrace{\left(\frac{1}{N_1}\sum_{i=1}^{N_1}s_1(t_i)s_1^*(t_i)\right)}_{\overset{\text{def}}{=}P_1}\boldsymbol{g}^{\mathrm{H}}=P_1\boldsymbol{g}\boldsymbol{g}^{\mathrm{H}} \tag{2-17}$$

因为向量 $\boldsymbol{g}$ 的秩是 1，所以 $\boldsymbol{R}_s$ 的秩也为 1。对 J 个采样协方差矩阵 $\boldsymbol{R}_j$ 取平均得到

$$\bar{\boldsymbol{R}}=\frac{1}{J}\sum_{j=1}^{J}\boldsymbol{R}_j=\boldsymbol{A}_J\bar{\boldsymbol{R}}_s\boldsymbol{A}_J^{\mathrm{H}}+\underbrace{\frac{1}{J}\sum_{j=1}^{J}\boldsymbol{R}_n^{(j)}}_{\overset{\text{def}}{=}\bar{\boldsymbol{R}}_n} \tag{2-18}$$

其中，$\bar{\boldsymbol{R}}$ 为质点速度域平滑采样协方差矩阵，$\bar{\boldsymbol{R}}_n$ 为加性噪声平均矩阵，$\bar{\boldsymbol{R}}_s$ 为平滑后的入射信号采样协方差矩阵，具有如下形式

$$\bar{\boldsymbol{R}}_s=\frac{P_1}{J}\sum_{j=1}^{J}\boldsymbol{\varPhi}_j\boldsymbol{g}\boldsymbol{g}^{\mathrm{H}}\boldsymbol{\varPhi}_j^{\mathrm{H}}=\frac{P_1}{J}\boldsymbol{C}\boldsymbol{C}^{\mathrm{H}} \tag{2-19}$$

其中，$\boldsymbol{C}$ 是一个 $K\times J$ 维矩阵

$$\boldsymbol{C}=\begin{cases}[\boldsymbol{\varPhi}_1\boldsymbol{g},\boldsymbol{\varPhi}_2\boldsymbol{g},\boldsymbol{\varPhi}_3\boldsymbol{g},\boldsymbol{I}\boldsymbol{g}], & J=4\\ [\boldsymbol{\varPhi}_1\boldsymbol{g},\boldsymbol{\varPhi}_2\boldsymbol{g},\boldsymbol{I}\boldsymbol{g}], & J=3\end{cases} \tag{2-20}$$

而且

$$\boldsymbol{\varPhi}_1\boldsymbol{g}=\underbrace{\begin{bmatrix}g_1 & & 0\\ & \ddots & \\ 0 & & g_K\end{bmatrix}}_{\stackrel{\text{def}}{=}\boldsymbol{G}}\underbrace{\begin{bmatrix}u(\theta_1,\phi_1)\\ \vdots\\ u(\theta_K,\phi_K)\end{bmatrix}}_{\stackrel{\text{def}}{=}\boldsymbol{u}},\quad \boldsymbol{\varPhi}_2\boldsymbol{g}=G\underbrace{[v(\theta_1,\phi_1),\cdots,v(\theta_K,\phi_K)]^{\mathrm{T}}}_{=\boldsymbol{v}}$$

$$\boldsymbol{\varPhi}_3\boldsymbol{g}=G\underbrace{[w(\theta_1),\cdots,w(\theta_K)]^{\mathrm{T}}}_{=\boldsymbol{w}},\quad \boldsymbol{I}\boldsymbol{g}=G\boldsymbol{1}$$

其中，$\boldsymbol{1}$ 为 $K\times 1$ 维全 1 向量。因此有 $\boldsymbol{C}=\boldsymbol{G}\boldsymbol{D}$，且

$$\boldsymbol{D}=\begin{cases}[\boldsymbol{u},\boldsymbol{v},\boldsymbol{w},\boldsymbol{1}], & J=4\\ [\boldsymbol{u},\boldsymbol{v},\boldsymbol{1}], & J=3\end{cases} \tag{2-21}$$

显然，$\bar{\boldsymbol{R}}_s$ 的秩等于矩阵 $\boldsymbol{C}$ 的秩，可以证明 $\boldsymbol{C}$ 的秩为 $\min\{K,J\}$。由 $\boldsymbol{G}$ 是一个 $K\times K$ 的对角阵可知，矩阵 $\boldsymbol{G}$ 的秩为 K，于是矩阵 $\boldsymbol{C}$ 的秩等于矩阵 $\boldsymbol{D}$ 的秩。依据方向余弦向量 $\boldsymbol{u}$、$\boldsymbol{v}$ 和 $\boldsymbol{w}$ 可得如下结论：对于 $k=1,\cdots,K$，当 $\theta_k\neq\frac{n\pi}{2}(n=0,1)$ 且 $\phi_k\neq\frac{n\pi}{2}(n=0,1,2,3)$ 时，向量 $\{\boldsymbol{u},\boldsymbol{v},\boldsymbol{w},\boldsymbol{1}\}$ 或 $\{\boldsymbol{u},\boldsymbol{v},\boldsymbol{1}\}$ 是线性独立的，使得矩阵 $\boldsymbol{D}$ 是列满秩的。因此，对于 K 个相干信号，有 $\operatorname{rank}\{\boldsymbol{D}\}=\min\{K,J\}$。值得注意的是，PVFS 算法最大可解相关的相干信号个数局限于 J，即 $K\leqslant J$，而 $J\leqslant 4$。

3) 质点速度域与空间平滑算法 (Particle Velocity Field and Spatial Smoothing, PVFSS)

由质点速度域平滑算法 (PVFS) 与空间平滑算法 (Spatial Smoothing, SS) 联合处理，得到质点速度域与空间平滑算法 (PVFSS)，它有望增加最大可解相关的相干信号个数。首先，将 $L(L=P\times M)$ 个水声矢量传感器阵列构成的均匀圆柱阵沿着 z 轴划分为 N 个大小为 $Q\times M(Q=P-N+1)$ 的圆柱形子阵，其中 $N\leqslant P$。这些子阵允许部分重叠，例如，第 1 个圆柱形子阵包括圆环 $\{1,\cdots,Q\}$，而第 2 个圆柱形子阵包括圆环 $\{2,\cdots,Q+1\}$ 等。这些子阵也可以是完全不重叠的，例如，第 1 个圆柱形子阵包括

圆环 $\{1,\cdots,Q\}$，而第 2 个圆柱形子阵包括圆环 $\{Q+1,\cdots,2Q\}$ 等。这些圆柱形子阵具有相同的指向性，并且构成均匀圆柱阵的每个圆环均由 M 个水声矢量传感器构成。需要注意，如果一个阵列被划分为相同数量的两个子阵，那么重叠子阵的有效孔径大于非重叠子阵。其次，质点速度域平滑算法应用于这些划分的子阵。因此，利用第 n 个圆柱形子阵接收数据可得出一个采样协方差矩阵 $\bar{\boldsymbol{R}}^n (n=1,\cdots,N)$。于是，质点速度域与空间平滑算法的采样协方差矩阵定义为

$$\bar{\boldsymbol{R}}^{P,S}=\frac{1}{N}\sum_{n=1}^{N}\bar{\boldsymbol{R}}^n=\frac{1}{N}\sum_{n=1}^{N}\boldsymbol{A}_J^n\bar{\boldsymbol{R}}_s(\boldsymbol{A}_J^n)^{\mathrm{H}}+\underbrace{\frac{1}{N}\sum_{n=1}^{N}\bar{\boldsymbol{R}}_n^n}_{\bar{\boldsymbol{R}}_n^{P,S}} \tag{2-22}$$

其中

$$\boldsymbol{A}_J^n=[\boldsymbol{a}_J^n(\theta_1,\phi_1),\cdots,\boldsymbol{a}_J^n(\theta_K,\phi_K)] \tag{2-23}$$

第 n 个子阵具有方向矩阵 $\boldsymbol{A}_J^n=\boldsymbol{A}_J^1\boldsymbol{\Psi}_n(n=1,\cdots,N)$，这里 $\boldsymbol{\Psi}_n$ 是一个对角元素为 $\left\{[\boldsymbol{\Psi}_n]_{k,k}=\mathrm{e}^{\mathrm{j}\frac{2\pi d_n}{\lambda}w(\theta_k)}\right\}$ 的对角矩阵，且 $\boldsymbol{\Psi}_1=\boldsymbol{I}$。$d_n$ 为相邻子阵沿着 z 轴方向之间的间距。因此有

$$\bar{\boldsymbol{R}}^{P,S}=\boldsymbol{A}_J^1\underbrace{\left(\frac{1}{N}\sum_{n=1}^{N}\boldsymbol{\Psi}_n\bar{\boldsymbol{R}}_s\boldsymbol{\Psi}_n^{\mathrm{H}}\right)}_{\bar{\boldsymbol{R}}_s^{P,S}}(\boldsymbol{A}_J^1)^{\mathrm{H}}+\bar{\boldsymbol{R}}_n^{P,S} \tag{2-24}$$

由式(2-19)，可将 $\bar{\boldsymbol{R}}_s^{P,S}$ 重新表示为

$$\bar{\boldsymbol{R}}_s^{P,S}=\frac{P_1}{JN}(\boldsymbol{G\Theta})(\boldsymbol{G\Theta})^{\mathrm{H}} \tag{2-25}$$

其中

$$\boldsymbol{\Theta}=[\boldsymbol{D},\boldsymbol{\Psi}_2\boldsymbol{D},\cdots,\boldsymbol{\Psi}_N\boldsymbol{D}] \tag{2-26}$$

显然，矩阵 $\bar{\boldsymbol{R}}_s^{P,S}$ 的秩与矩阵 $\boldsymbol{\Theta}$ 的秩相等。可以证明矩阵 $\boldsymbol{\Theta}$ 的秩为 $\min\{K,J\times N\}$，这样 PVFSS 算法的最大可解相关的相干信号个数增加到 $J\times N$。

3. 相干信号测向

1) 方向余弦估计(Direction Cosine Estimation，DCE)

将采样协方差矩阵 $\bar{\boldsymbol{R}}$ 分解为一个 K 维信号子空间和一个 $(L-K)$ 维噪声子空间

$$\bar{\boldsymbol{R}}=\hat{\boldsymbol{E}}_s\hat{\boldsymbol{\Lambda}}_s\hat{\boldsymbol{E}}_s^{\mathrm{H}}+\hat{\boldsymbol{E}}_n\hat{\boldsymbol{\Lambda}}_n\hat{\boldsymbol{E}}_n^{\mathrm{H}} \tag{2-27}$$

其中，当快拍数趋于无穷时，$\hat{\boldsymbol{E}}_s$ 渐近趋于 $\boldsymbol{E}_s$，$\boldsymbol{E}_s$ 由协方差矩阵 $\boldsymbol{R}(\boldsymbol{R}=E\{\bar{\boldsymbol{R}}\})$ 的 K 个最大特征值对应的特征向量构成。于是有 $\boldsymbol{E}_s=\boldsymbol{A}_J\boldsymbol{T}^{-1}$，这里 $\boldsymbol{T}$ 是一个未知非奇异的 $K\times K$ 维矩阵。

圆柱形水声矢量传感器阵列中，第 p 个圆环的声压分量方向矩阵可表示为

$$\boldsymbol{A}_J^{(p)}=[\boldsymbol{q}^{(p)}(\theta_1,\phi_1),\cdots,\boldsymbol{q}^{(p)}(\theta_K,\phi_K)] \tag{2-28}$$

由这些圆环之间的均匀垂直间隔可得

$$\boldsymbol{A}_J^{(p+1)}=\boldsymbol{A}_J^{(p)}\underbrace{\begin{bmatrix} \mathrm{e}^{\mathrm{j}2\pi\left(\frac{d}{\lambda}\right)w(\theta_1)} & & 0 \\ & \ddots & \\ 0 & & \mathrm{e}^{\mathrm{j}2\pi\left(\frac{d}{\lambda}\right)w(\theta_K)} \end{bmatrix}}_{\overset{\text{def}}{=}\boldsymbol{\Phi}} \tag{2-29}$$

其中，$p=1,\cdots,P-1$。上述旋转不变特性适用于 LS-ESPRIT 或者 TLS-ESPRIT 算法。定义矩阵

$$\boldsymbol{E}_{s1}=\left[\boldsymbol{I}_{(P-1)M}\vdots\boldsymbol{O}_{(P-1)M,M}\right]\boldsymbol{E}_s=\underbrace{\begin{bmatrix}\boldsymbol{A}_J^{(1)}\\ \vdots \\ \boldsymbol{A}_J^{(P-1)}\end{bmatrix}}_{\overset{\text{def}}{=}\boldsymbol{A}_J^u}\boldsymbol{T}^{-1} \tag{2-30}$$

$$\boldsymbol{E}_{s2}=\left[\boldsymbol{O}_{(P-1)M,M}\vdots\boldsymbol{I}_{(P-1)M}\right]\boldsymbol{E}_s=\underbrace{\begin{bmatrix}\boldsymbol{A}_J^{(2)}\\ \vdots \\ \boldsymbol{A}_J^{(P)}\end{bmatrix}}_{\overset{\text{def}}{=}\boldsymbol{A}_J^d}\boldsymbol{T}^{-1} \tag{2-31}$$

其中，$\boldsymbol{I}_{(P-1)M}$ 为一个 $(P-1)M\times(P-1)M$ 维单位阵，$\boldsymbol{O}_{(P-1)M,M}$ 是一个 $(P-1)M\times M$ 维全零阵。为了确保分离，子阵 $\boldsymbol{E}_{s1}$ 和 $\boldsymbol{E}_{s2}$ 必须有满秩 K。如果所有信号源具有完全不同的俯仰角且 $(P-1)M\geqslant K+1$，那么矩阵 $\boldsymbol{A}_J$ 的结构可保证子阵 $\boldsymbol{E}_{s1}$ 和 $\boldsymbol{E}_{s2}$ 的秩为 K。由式(2-29)可得 $\boldsymbol{A}_J^d=\boldsymbol{A}_J^u\boldsymbol{\Phi}$。

两个 $(P-1)M\times K$ 维满秩的矩阵 $\boldsymbol{E}_{s1}$ 和 $\boldsymbol{E}_{s2}$ 可通过一个 K 维非奇异矩阵 $\boldsymbol{\Psi}$ 联系起来

$$\boldsymbol{E}_{s2}=\boldsymbol{E}_{s1}\boldsymbol{\Psi} \tag{2-32}$$

$$\boldsymbol{A}_J^d\boldsymbol{T}^{-1}=\boldsymbol{A}_J^u\boldsymbol{T}^{-1}\boldsymbol{\Psi}\Rightarrow\boldsymbol{\Psi}=\boldsymbol{T}\boldsymbol{\Phi}\boldsymbol{T}^{-1} \tag{2-33}$$

矩阵 $\boldsymbol{\Phi}$ 的对角元素等于矩阵 $\boldsymbol{\Psi}$ 的特征值，矩阵 $\boldsymbol{T}$ 的列为相应的特征向量。

在有限快拍数情况下，通过最小二乘法或总体最小二乘法，以及关系式 $\hat{\boldsymbol{\Psi}}=\hat{\boldsymbol{T}}\hat{\boldsymbol{\Phi}}\hat{\boldsymbol{T}}^{-1}$ 可求出 $\hat{\boldsymbol{E}}_{s1}$ 和 $\hat{\boldsymbol{E}}_{s2}$，由此得到 $\hat{\boldsymbol{\Psi}}$。因此，方向矩阵的估计为

$$\hat{\boldsymbol{A}}_J^u=\frac{1}{2}\left(\hat{\boldsymbol{E}}_{s1}\hat{\boldsymbol{T}}+\hat{\boldsymbol{E}}_{s2}\hat{\boldsymbol{T}}\hat{\boldsymbol{\Phi}}^{-1}\right)=\left[\hat{\boldsymbol{a}}_J^u(\theta_1,\phi_1),\cdots,\hat{\boldsymbol{a}}_J^u(\theta_K,\phi_K)\right] \tag{2-34}$$

由 $\hat{\boldsymbol{a}}_J^u(\theta_k,\phi_k)$，可得方向余弦 $\{u(\theta_k,\phi_k),v(\theta_k,\phi_k),w(\theta_k),k=1,\cdots,K\}$ 的估计。又因为

导向矢量 $\boldsymbol{a}_J^u(\theta_k,\phi_k)$ 可表示为

$$\boldsymbol{a}_J^u(\theta_k,\phi_k)=\begin{bmatrix}\boldsymbol{q}^{(1)}(\theta_k,\phi_k)\\ \vdots \\ \boldsymbol{q}^{(P-1)}(\theta_k,\phi_k)\end{bmatrix} \tag{2-35}$$

由式(2-2)可得

$$\angle[\boldsymbol{a}_J^u(\theta_k,\phi_k)]=\frac{2\pi}{\lambda}\underbrace{\begin{bmatrix}x_1 & y_1 & z_1\\ \vdots & \vdots & \vdots\\ x_M & y_M & z_1\\ \vdots & \vdots & \vdots\\ x_1 & y_1 & z_{(P-1)}\\ \vdots & \vdots & \vdots\\ x_M & y_M & z_{(P-1)}\end{bmatrix}}_{\overset{\text{def}}{=}\boldsymbol{P}}\begin{bmatrix}u(\theta_k,\phi_k)\\ v(\theta_k,\phi_k)\\ w(\theta_k)\end{bmatrix}=\frac{2\pi}{\lambda}\boldsymbol{P}\begin{bmatrix}u(\theta_k,\phi_k)\\ v(\theta_k,\phi_k)\\ w(\theta_k)\end{bmatrix} \tag{2-36}$$

其中，$\angle[\bullet]$ 表示求相位运算。因此，第 k 个信号源方向余弦的最小二乘估计为

$$\begin{bmatrix}\hat{u}(\theta_k,\phi_k)\\ \hat{v}(\theta_k,\phi_k)\\ \hat{w}(\theta_k)\end{bmatrix}=\frac{\lambda}{2\pi}\underbrace{(\boldsymbol{P}^{\mathrm{T}}\boldsymbol{P})^{-1}\boldsymbol{P}^{\mathrm{T}}}_{\boldsymbol{\Pi}}(\angle[\boldsymbol{a}_J^u(\theta_k,\phi_k)]) \tag{2-37}$$

类似地，通过 $\hat{\boldsymbol{\Phi}}$ 也可以得出 $w(\theta_k)$ 的估计

$$\hat{w}(\theta_k)=\angle[\hat{\boldsymbol{\Phi}}]_{k,k}\big/(2\pi d/\lambda),\quad k=1,\cdots,K \tag{2-38}$$

通过式(2-37)，可以依次得到第 k 个信号源的三个笛卡儿方向余弦。本算法估计具有闭合表达式，因此计算效率是很高的。

另一个方法是首先通过式(2-38)得到方向余弦估计 $\hat{w}(\theta_k)$，然后将 $\hat{w}(\theta_k)$ 代入式(2-36)，最后利用式(2-37)估计另两个方向余弦。这种方式的优点在于减少了式(2-36)中的未知参数。

2)解周期模糊

假定 $d\leqslant\lambda/2$，则式(2-38)中的方向余弦估计 $\hat{w}(\theta_k)$ 是无周期模糊的。但是，第 (p,m) 个水声矢量传感器的空间相位可能超过 $[-\pi,\pi]$ (见式(2-2))，导致方向余弦估计 $\hat{u}(\theta_k)$ 和 $\hat{v}(\theta_k)$ 仍然存在周期模糊。

①对于第 p 个圆环有

$$\angle[\hat{q}_{p,m+1}(\theta_k,\phi_k)]-\angle[\hat{q}_{p,m}(\theta_k,\phi_k)]=2\pi N_{p,m}+\varphi_{p,m} \tag{2-39}$$

其中，$m=1,\cdots,M-1$，$N_{p,m}$ 是一个整数，$\varphi_{p,m}=\angle[q_{p,m+1}(\theta_k,\phi_k)]-\angle[q_{p,m}(\theta_k,\phi_k)]$。

②考虑到水声矢量传感器的间距不超过半波长，$\varphi_{p,m}\in[-\pi,\pi]$，因此整数 $N_{p,m}$ 的

取值可通过下式确定

$$-\pi \leqslant \angle[\hat{q}_{p,m+1}(\theta_k,\phi_k)] - \angle[\hat{q}_{p,m}(\theta_k,\phi_k)] - 2\pi N_{p,m} \leqslant \pi \tag{2-40}$$

③空间相位的周期模糊可通过下式得到

$$\angle[\hat{q}_{p,m+1}(\theta_k,\phi_k)]_{NA} = \angle[\hat{q}_{p,m+1}(\theta_k,\phi_k)] - 2\pi N_{p,m} \tag{2-41}$$

其中，$\angle[\hat{q}_{p,m+1}(\theta_k,\phi_k)]_{NA}$ 表示第 $(p,m+1)$ 个水声矢量传感器无周期模糊时的空间相位。这种解模糊方法充分利用了阵列的结构信息。

如用 $\bar{\boldsymbol{R}}^{P,S}$ 替换 $\bar{\boldsymbol{R}}$，得到的测向方法也适用。但为了确保辨识，必须保证所有信号源具有不同的俯仰角，且 $(P-N+1)M \geqslant K+1$ 成立。

2.1.2　性能分析

在数据快拍足够多的假设条件下，估计器的扰动分析经常被用于求取估计误差的协方差表达式。

1. $\bar{\boldsymbol{R}}_{zz}$ 的特征向量扰动分析

为了分析 PVFSS 算法协方差矩阵特征向量的扰动性，可将 PVFSS 算法数据模型写成如下形式

$$\boldsymbol{Z}_{J,N} = P\boldsymbol{A}_J^1(\boldsymbol{G\Theta}) + \boldsymbol{W}_{J,N} \tag{2-42}$$

其中，$P=\sqrt{N_1 P_1}$，$\boldsymbol{W}_{J,N}$ 是噪声项。由于采用了 PVFSS 处理，该噪声项不再是白噪声，除非使用白化滤波器。令 $\boldsymbol{Y}_{J,N}=\boldsymbol{Z}_{J,N}-\boldsymbol{W}_{J,N}$ 为无噪数据，则

$$\bar{\boldsymbol{R}}_{zz} = \frac{1}{JNN_1}\boldsymbol{Z}_{J,N}\boldsymbol{Z}_{J,N}^{\mathrm{H}} \tag{2-43}$$

下面给出 PVFSS 算法采样协方差矩阵 $\bar{\boldsymbol{R}}_{zz}$ 特征向量扰动的互相关函数。假设无噪数据 $\boldsymbol{Y}_{J,N}$ 是正定的。定义扰动 $\boldsymbol{V}=\bar{\boldsymbol{R}}_{zz}-\boldsymbol{R}_{zz}$，这里 $\boldsymbol{R}_{zz}=E\{\bar{\boldsymbol{R}}_{zz}\}$。通过定义可知，$\boldsymbol{V}$ 是 Hermitian 矩阵且 $E\{\boldsymbol{V}\}=0$。设 $\boldsymbol{R}_{zz}=\boldsymbol{E\Lambda E}^{\mathrm{H}}=\boldsymbol{E}_s\boldsymbol{\Lambda}_s\boldsymbol{E}_s^{\mathrm{H}}+\boldsymbol{E}_n\boldsymbol{\Lambda}_n\boldsymbol{E}_n^{\mathrm{H}}$ 为矩阵 $\boldsymbol{R}_{zz}$ 的特征值分解，$\boldsymbol{e}_v$ 为矩阵 $\boldsymbol{R}_{zz}$ 的第 v 个特征向量，σ_v^2 为 $\boldsymbol{R}_{zz}$ 的第 v 个特征值，Δe_v 为 $\boldsymbol{V}$ 引起的 $\boldsymbol{e}_v$ 上的扰动。假设 $\boldsymbol{R}_{zz}$ 具有各不相同的特征值，则 Δe_v（$v \leqslant K$，K 是信号个数）的互相关的一阶近似为

$$E\{\Delta\boldsymbol{e}_v\Delta\boldsymbol{e}_w^{\mathrm{H}}\} = \sum_{j=1,j\neq v}^{Q\times M}\sum_{i=1,i\neq w}^{Q\times M}\frac{E\{\boldsymbol{e}_j^{\mathrm{H}}\bar{\boldsymbol{R}}_{zz}\boldsymbol{e}_v\boldsymbol{e}_w^{\mathrm{H}}\bar{\boldsymbol{R}}_{zz}\boldsymbol{e}_i\}}{(\sigma_v^2-\sigma_j^2)(\sigma_w^2-\sigma_i^2)}\boldsymbol{e}_j\boldsymbol{e}_i^{\mathrm{H}} \tag{2-44}$$

设 $\boldsymbol{z}_k$ 为矩阵 $\boldsymbol{Z}_{J,N}$ 的第 k 列，则有

$$\bar{\boldsymbol{R}}_{zz} = \frac{1}{JNN_1}\sum_{k=1}^{JN}\boldsymbol{z}_k\boldsymbol{z}_k^{\mathrm{H}} \tag{2-45}$$

于是，式(2-44)中的分子项可表示为

$$E\{\boldsymbol{e}_j^{\mathrm{H}}\overline{\boldsymbol{R}}_{zz}\boldsymbol{e}_v\boldsymbol{e}_w^{\mathrm{H}}\overline{\boldsymbol{R}}_{zz}\boldsymbol{e}_i\}=\frac{1}{(JNN_1)^2}\sum_{k,n=1}^{JN}E\{\boldsymbol{e}_j^{\mathrm{H}}\boldsymbol{z}_k\boldsymbol{z}_k^{\mathrm{H}}\boldsymbol{e}_v\boldsymbol{e}_w^{\mathrm{H}}\boldsymbol{z}_n\boldsymbol{z}_n^{\mathrm{H}}\boldsymbol{e}_i\} \tag{2-46}$$

上式可进一步简化为

$$\begin{aligned}\sum_{k,n=1}^{JN}E\{\boldsymbol{e}_j^{\mathrm{H}}\boldsymbol{z}_k\boldsymbol{z}_k^{\mathrm{H}}\boldsymbol{e}_v\boldsymbol{e}_w^{\mathrm{H}}\boldsymbol{z}_n\boldsymbol{z}_n^{\mathrm{H}}\boldsymbol{e}_i\}&=\sum_{k,n=1}^{JN}\boldsymbol{e}_j^{\mathrm{H}}\boldsymbol{y}_k\boldsymbol{y}_n^{\mathrm{H}}\boldsymbol{e}_iE\{\boldsymbol{e}_w^{\mathrm{H}}\boldsymbol{w}_n\boldsymbol{w}_k^{\mathrm{H}}\boldsymbol{e}_v\}\\&\quad+\sum_{k,n=1}^{JN}E\{\boldsymbol{e}_j^{\mathrm{H}}\boldsymbol{w}_k\boldsymbol{w}_n^{\mathrm{H}}\boldsymbol{e}_i\}\boldsymbol{e}_w^{\mathrm{H}}\boldsymbol{y}_n\boldsymbol{y}_k^{\mathrm{H}}\boldsymbol{e}_v\\&\quad+\sum_{k,n=1}^{JN}E\{\boldsymbol{e}_j^{\mathrm{H}}\boldsymbol{w}_k\boldsymbol{w}_n^{\mathrm{H}}\boldsymbol{e}_i\}E\{\boldsymbol{e}_w^{\mathrm{H}}\boldsymbol{w}_n\boldsymbol{w}_k^{\mathrm{H}}\boldsymbol{e}_v\}\end{aligned} \tag{2-47}$$

其中，$\boldsymbol{z}_k=\boldsymbol{y}_k+\boldsymbol{w}_k$。首先，聚焦第1项中的$\boldsymbol{e}_j^{\mathrm{H}}\boldsymbol{y}_k\boldsymbol{y}_n^{\mathrm{H}}\boldsymbol{e}_i$。无噪数据模型可表示为

$$\begin{aligned}\boldsymbol{Y}_{J,N}&=P\boldsymbol{A}_J^1\boldsymbol{G}[\boldsymbol{D},\boldsymbol{\Psi}_2\boldsymbol{D},\cdots,\boldsymbol{\Psi}_N\boldsymbol{D}]\\&=P\boldsymbol{A}_J^1[\boldsymbol{C},\boldsymbol{\Psi}_2\boldsymbol{C},\cdots,\boldsymbol{\Psi}_N\boldsymbol{C}]\end{aligned} \tag{2-48}$$

定义$p,q\in[0,N-1]$和$k',n'\in[1,J]$，令$k=pJ+k'$，$n=qJ+n'$。由于相邻圆柱形子阵之间是均匀间隔的，可得$\boldsymbol{\Psi}_{p+1}=\boldsymbol{\Psi}^p$，这里$\boldsymbol{\Psi}$是一个由对角元素$[\boldsymbol{\Psi}]_{i,i}=\mathrm{e}^{\mathrm{j}\frac{2\pi d}{\lambda}w(\theta_i)}(i=1,\cdots,K)$构成的对角矩阵，$\boldsymbol{\Psi}^p$表示矩阵$\boldsymbol{\Psi}$的$p$次幂。于是，矩阵$\boldsymbol{Y}_{J,N}$的第$k$列$\boldsymbol{y}_k$和第$n$列$\boldsymbol{y}_n$为

$$\boldsymbol{y}_k=\boldsymbol{A}_J^1\boldsymbol{\Psi}^p\boldsymbol{\Phi}_{k'}\boldsymbol{g}P,\quad \boldsymbol{y}_n=\boldsymbol{A}_J^1\boldsymbol{\Psi}^q\boldsymbol{\Phi}_{n'}\boldsymbol{g}P \tag{2-49}$$

其中，$\boldsymbol{\Phi}_j$已在式(2-12)或式(2-13)中定义。令$\boldsymbol{D}_g=\boldsymbol{g}P(\boldsymbol{g}P)^{\mathrm{H}}$，则有

$$\boldsymbol{e}_j^{\mathrm{H}}\boldsymbol{y}_k\boldsymbol{y}_n^{\mathrm{H}}\boldsymbol{e}_i=\boldsymbol{e}_j^{\mathrm{H}}\boldsymbol{A}_J^1\boldsymbol{\Psi}^p\boldsymbol{\Phi}_{k'}\boldsymbol{D}_g\boldsymbol{\Phi}_{n'}^{\mathrm{H}}\boldsymbol{\Psi}^{-q}(\boldsymbol{A}_J^1)^{\mathrm{H}}\boldsymbol{e}_i \tag{2-50}$$

接着，聚焦到$E\{\boldsymbol{e}_w^{\mathrm{H}}\boldsymbol{w}_n\boldsymbol{w}_k^{\mathrm{H}}\boldsymbol{e}_v\}$项。令$N_0=\min(N,Q)$，则

$$E\{\boldsymbol{e}_w^{\mathrm{H}}\boldsymbol{w}_n\boldsymbol{w}_k^{\mathrm{H}}\boldsymbol{e}_v\}=\begin{cases}\sigma_n^2\boldsymbol{e}_w^{\mathrm{H}}\boldsymbol{Z}^{(p-q)M}\boldsymbol{e}_v, & k'=n'\text{ 且 }|p-q|<N_0\\0, & \text{其他}\end{cases} \tag{2-51}$$

其中，$\boldsymbol{Z}^h$是一个$QM\times QM$维 Toeplitz 矩阵，该矩阵除第h条主对角线上的元素为单位值之外，其他元素均为零，σ_n^2为噪声方差。对$r\in[-N_0,N_0]$，令$q=p-r$。因此式(2-47)中的第1项重新写为

$$\begin{aligned}t_1&=\sigma_n^2\sum_{k',p,r}\boldsymbol{e}_j^{\mathrm{H}}\boldsymbol{A}_J^1\boldsymbol{\Psi}^p\boldsymbol{\Phi}_{k'}\boldsymbol{D}_g\boldsymbol{\Phi}_{k'}^{\mathrm{H}}\boldsymbol{\Psi}^{r-p}(\boldsymbol{A}_J^1)^{\mathrm{H}}\boldsymbol{e}_i\boldsymbol{e}_w^{\mathrm{H}}\boldsymbol{Z}^{rM}\boldsymbol{e}_v\\&=\sigma_n^2\sum_r\boldsymbol{e}_w^{\mathrm{H}}\boldsymbol{Z}^{rM}\boldsymbol{e}_v\boldsymbol{e}_j^{\mathrm{H}}\boldsymbol{A}_J^1\left[\sum_{k',p}\boldsymbol{\Psi}^p\boldsymbol{\Phi}_{k'}\boldsymbol{D}_g\boldsymbol{\Phi}_{k'}^{\mathrm{H}}\boldsymbol{\Psi}^{-p}\right]\boldsymbol{\Psi}^r(\boldsymbol{A}_J^1)^{\mathrm{H}}\boldsymbol{e}_i\end{aligned} \tag{2-52}$$

注意到

$$\sum_{k',p}\boldsymbol{\Psi}^{p}\boldsymbol{\Phi}_{k'}\boldsymbol{D}_{g}\boldsymbol{\Phi}_{k'}^{\mathrm{H}}\boldsymbol{\Psi}^{-p}=JNN_{1}\overline{\boldsymbol{R}}_{s}^{P,S} \tag{2-53}$$

其中，$\overline{\boldsymbol{R}}_{s}^{P,S}$ 表示经过 PVFSS 算法处理后的采样信号协方差矩阵，则有

$$t_{1}=JNN_{1}\sigma_{n}^{2}\sum_{r}\boldsymbol{e}_{w}^{\mathrm{H}}\boldsymbol{Z}^{rM}\boldsymbol{e}_{v}\boldsymbol{e}_{j}^{\mathrm{H}}\boldsymbol{A}_{J}^{1}\overline{\boldsymbol{R}}_{s}^{P,S}\boldsymbol{\Psi}^{r}(\boldsymbol{A}_{J}^{1})^{\mathrm{H}}\boldsymbol{e}_{i} \tag{2-54}$$

令 $\boldsymbol{E}_{s}$ 为矩阵 $\boldsymbol{E}$ 的前 K 列。存在一个可逆矩阵 $\boldsymbol{T}$，使得 $\boldsymbol{E}_{s}=\boldsymbol{A}_{J}^{1}\boldsymbol{T}^{-1}$ 成立。由于 $\overline{\boldsymbol{R}}_{s}^{P,S}\approx\boldsymbol{T}^{-1}\boldsymbol{\Lambda}_{s}\boldsymbol{T}^{-\mathrm{H}}$，可得

$$\begin{aligned}\boldsymbol{e}_{j}^{\mathrm{H}}\boldsymbol{A}_{J}^{1}\overline{\boldsymbol{R}}_{s}^{P,S}\boldsymbol{\Psi}^{r}(\boldsymbol{A}_{J}^{1})^{\mathrm{H}}\boldsymbol{e}_{i}&\approx\boldsymbol{e}_{j}^{\mathrm{H}}\boldsymbol{E}_{s}\boldsymbol{T}\boldsymbol{T}^{-1}\boldsymbol{\Lambda}_{s}\boldsymbol{T}^{-\mathrm{H}}\boldsymbol{\Psi}^{r}(\boldsymbol{E}_{s}\boldsymbol{T})^{\mathrm{H}}\boldsymbol{e}_{i}\\&=\boldsymbol{e}_{j}^{\mathrm{H}}\boldsymbol{E}_{s}\boldsymbol{\Lambda}_{s}\boldsymbol{T}^{-\mathrm{H}}\boldsymbol{\Psi}^{r}\boldsymbol{T}^{\mathrm{H}}\boldsymbol{E}_{s}^{\mathrm{H}}\boldsymbol{e}_{i}\\&=\begin{cases}\bar{\sigma}_{j}^{2}\boldsymbol{q}_{j}^{\mathrm{H}}\boldsymbol{\Psi}^{r}\boldsymbol{t}_{i}, & i,j\leqslant K\\0, & i,j>K\end{cases}\end{aligned} \tag{2-55}$$

其中，$\bar{\sigma}_{j}^{2}$ 为第 j 个无噪特征值，$\boldsymbol{q}_{j}$ 是 $\boldsymbol{Q}=\boldsymbol{T}^{-1}$ 的第 j 列，$\boldsymbol{t}_{i}$ 是 $\boldsymbol{T}^{\mathrm{H}}$ 的第 i 列。对于 $i,j\leqslant K$，有

$$t_{1}\approx JNN_{1}\bar{\sigma}_{j}^{2}\sigma_{n}^{2}\sum_{r}\boldsymbol{e}_{w}^{\mathrm{H}}\boldsymbol{Z}^{rM}\boldsymbol{e}_{v}\boldsymbol{q}_{j}^{\mathrm{H}}\boldsymbol{\Psi}^{r}\boldsymbol{t}_{i} \tag{2-56}$$

类似地，式(2-47)中的第 2 项可写为

$$t_{2}\approx JNN_{1}\bar{\sigma}_{w}^{2}\sigma_{n}^{2}\sum_{r}\boldsymbol{e}_{j}^{\mathrm{H}}\boldsymbol{Z}^{-rM}\boldsymbol{e}_{i}\boldsymbol{q}_{w}^{\mathrm{H}}\boldsymbol{\Psi}^{-r}\boldsymbol{t}_{v} \tag{2-57}$$

式(2-47)中的第 3 项可写为

$$t_{3}=JNN_{1}\sigma_{n}^{4}\sum_{r}\boldsymbol{e}_{j}^{\mathrm{H}}\boldsymbol{Z}^{-rM}\boldsymbol{e}_{j}\boldsymbol{e}_{w}^{\mathrm{H}}\boldsymbol{Z}^{rM}\boldsymbol{e}_{v} \tag{2-58}$$

联合上述三项，可得

$$\begin{aligned}E\{\boldsymbol{e}_{j}^{\mathrm{H}}\overline{\boldsymbol{R}}_{zz}\boldsymbol{e}_{v}\boldsymbol{e}_{w}^{\mathrm{H}}\overline{\boldsymbol{R}}_{zz}\boldsymbol{e}_{i}\}\approx&\frac{1}{JNN_{1}}\sum_{r=-N_{0}}^{N_{0}}(\bar{\sigma}_{j}^{2}\sigma_{n}^{2}(\boldsymbol{e}_{w}^{\mathrm{H}}\boldsymbol{Z}^{rM}\boldsymbol{e}_{v}\boldsymbol{q}_{j}^{\mathrm{H}}\boldsymbol{\Psi}^{r}\boldsymbol{t}_{i})+\bar{\sigma}_{w}^{2}\sigma_{n}^{2}(\boldsymbol{e}_{j}^{\mathrm{H}}\boldsymbol{Z}^{-rM}\boldsymbol{e}_{i}\boldsymbol{q}_{w}^{\mathrm{H}}\boldsymbol{\Psi}^{-r}\boldsymbol{t}_{v}))\\&+\frac{1}{JNN_{1}}\sum_{r=-N_{0}}^{N_{0}}\sigma_{n}^{4}(\boldsymbol{e}_{j}^{\mathrm{H}}\boldsymbol{Z}^{-rM}\boldsymbol{e}_{i}\boldsymbol{e}_{w}^{\mathrm{H}}\boldsymbol{Z}^{rM}\boldsymbol{e}_{v})\end{aligned} \tag{2-59}$$

将该式代入式(2-44)，同时注意到 t_{1} 仅当 $i,j\leqslant K$ 时才不为零，可得 $\overline{\boldsymbol{R}}_{zz}$ 特征向量扰动的互相关表达式为

$$E\{\Delta\boldsymbol{e}_v\Delta\boldsymbol{e}_w^{\mathrm{H}}\}\approx\frac{\sigma_n^2}{JNN_1}\sum_{j=1,j\neq v}^{Q\times M}\sum_{i=1,i\neq w}^{Q\times M}\frac{\bar{\sigma}_w^2}{(\sigma_v^2-\sigma_j^2)(\sigma_w^2-\sigma_i^2)}\times\sum_{r=-N_0}^{N_0}(\boldsymbol{e}_j^{\mathrm{H}}\boldsymbol{Z}^{-rM}\boldsymbol{e}_i\boldsymbol{q}_w^{\mathrm{H}}\boldsymbol{\Psi}^{-r}\boldsymbol{t}_v)\boldsymbol{e}_j\boldsymbol{e}_i^{\mathrm{H}}$$
$$+\frac{\sigma_n^2}{JNN_1}\sum_{j=1,j\neq v}^{Q\times M}\sum_{i=1,i\neq w}^{Q\times M}\frac{\bar{\sigma}_n^2}{(\sigma_v^2-\sigma_j^2)(\sigma_w^2-\sigma_i^2)}\times\sum_{r=-N_0}^{N_0}(\boldsymbol{e}_j^{\mathrm{H}}\boldsymbol{Z}^{-rM}\boldsymbol{e}_i\boldsymbol{e}_w^{\mathrm{H}}\boldsymbol{Z}^{rM}\boldsymbol{e}_v)\boldsymbol{e}_j\boldsymbol{e}_i^{\mathrm{H}}$$
$$+\frac{\sigma_n^2}{JNN_1}\sum_{j=1,j\neq v}^{K}\sum_{i=1,i\neq w}^{K}\frac{\bar{\sigma}_j^2}{(\sigma_v^2-\sigma_j^2)(\sigma_w^2-\sigma_i^2)}\times\sum_{r=-N_0}^{N_0}(\boldsymbol{e}_w^{\mathrm{H}}\boldsymbol{Z}^{rM}\boldsymbol{e}_v\boldsymbol{q}_j^{\mathrm{H}}\boldsymbol{\Psi}^{r}\boldsymbol{t}_i)\boldsymbol{e}_j\boldsymbol{e}_i^{\mathrm{H}}\tag{2-60}$$

上式的近似运算的复杂度为$O(N_1^{-1})$。

2．*方向余弦估计误差的协方差分析*

1)导向矢量估计误差的协方差

因为$\boldsymbol{A}_J^1=\boldsymbol{E}_s\boldsymbol{T}$，则由$\boldsymbol{E}_s$的扰动导致的$\boldsymbol{A}_J^1$的扰动表达式为

$$\Delta\boldsymbol{A}_J^1=\Delta\boldsymbol{E}_s\boldsymbol{T}\tag{2-61}$$

其中，$\Delta\boldsymbol{E}_s=[\Delta\boldsymbol{e}_1,\Delta\boldsymbol{e}_2,\cdots,\Delta\boldsymbol{e}_K]$表示信号子空间中特征向量的扰动矩阵，这里假设矩阵$\boldsymbol{T}$是无扰动的。由$\Delta\boldsymbol{A}_J^1=[\Delta\boldsymbol{a}_1^1,\Delta\boldsymbol{a}_2^1,\cdots,\Delta\boldsymbol{a}_K^1]$可知导向矢量$\boldsymbol{a}_k^1$的扰动为

$$\Delta\boldsymbol{a}_k^1=\Delta\boldsymbol{E}_s\boldsymbol{t}_k'\tag{2-62}$$

其中，$\boldsymbol{t}_k'$是矩阵$\boldsymbol{T}$的第k列。设$\Delta\boldsymbol{a}_k^u=\boldsymbol{J}_u\Delta\boldsymbol{a}_k^1$，这里$\boldsymbol{J}_u=[\boldsymbol{I}_{(P-N)M,(P-N)M}\vdots\boldsymbol{O}_{(P-N)M,M}]$是一个选择矩阵。

因此，$\Delta\boldsymbol{a}_k^u$的协方差矩阵为

$$E\{\Delta\boldsymbol{a}_k^u(\Delta\boldsymbol{a}_k^u)^{\mathrm{H}}\}=\boldsymbol{J}_uE\{\Delta\boldsymbol{E}_s\boldsymbol{t}_k'\boldsymbol{t}_k'^{\mathrm{H}}\Delta\boldsymbol{E}_s^{\mathrm{H}}\}\boldsymbol{J}_u^{\mathrm{H}}=\boldsymbol{J}_u\underbrace{\left(\sum_{i=1}^{K}\left|\boldsymbol{t}_{i,k}'\right|^2E\{\Delta\boldsymbol{e}_i\Delta\boldsymbol{e}_i^{\mathrm{H}}\}\right)}_{\boldsymbol{\Xi}}\boldsymbol{J}_u^{\mathrm{H}}\tag{2-63}$$

其中，$|\boldsymbol{t}_{i,k}'|$表示向量$\boldsymbol{t}_k'$的第i个元素的模。

类似地，令$\Delta\boldsymbol{a}_k^d=\boldsymbol{J}_d\Delta\boldsymbol{a}_k^1$，这里$\boldsymbol{J}_d=[\boldsymbol{O}_{(P-N)M,M}\vdots\boldsymbol{I}_{(P-N)M,(P-N)M}]$也是一个选择矩阵，则$\Delta\boldsymbol{a}_k^d$的协方差矩阵为

$$E\{\Delta\boldsymbol{a}_k^d(\Delta\boldsymbol{a}_k^d)^{\mathrm{H}}\}=\boldsymbol{J}_d\boldsymbol{\Xi}\boldsymbol{J}_d^{\mathrm{H}}\tag{2-64}$$

由$\Delta\boldsymbol{a}_k^d=\Delta\boldsymbol{a}_k^u\mathrm{e}^{\mathrm{j}2\pi\left(\frac{d}{\lambda}\right)w(\theta_k)}$可得

$$E\{\Delta\boldsymbol{a}_k^d(\Delta\boldsymbol{a}_k^d)^{\mathrm{H}}\}=E\{\Delta\boldsymbol{a}_k^u(\Delta\boldsymbol{a}_k^u)^{\mathrm{H}}\}\tag{2-65}$$

进一步，协方差矩阵$E\{\Delta\boldsymbol{a}_k^u(\Delta\boldsymbol{a}_k^u)^{\mathrm{H}}\}$可重写为

$$E\{\Delta\boldsymbol{a}_k^u(\Delta\boldsymbol{a}_k^u)^{\mathrm{H}}\}=\frac{1}{2}(\boldsymbol{J}_u\boldsymbol{\Xi}\boldsymbol{J}_u^{\mathrm{H}}+\boldsymbol{J}_d\boldsymbol{\Xi}\boldsymbol{J}_d^{\mathrm{H}})\tag{2-66}$$

2) 相位估计误差的协方差

设 $\boldsymbol{\Omega}_k = \angle \boldsymbol{a}_k^u$ 为 $\boldsymbol{a}_k^u$ 在 $[-\pi,\pi]$ 内的相角。由于 $\angle$ 是一个非线性算子，所以相位估计的有限样本误差分析是不可行的。因此，采用一阶泰勒级数展开式进行小误差分析。

由 $a_{i,k}^u = \mathrm{e}^{\mathrm{j}\omega_{i,k}}$ ，这里 $a_{i,k}^u$ 表示向量 $\boldsymbol{a}_k^u$ 的第 i 个元素，$\omega_{i,k}$ 表示向量 $\boldsymbol{\Omega}_k$ 的第 i 个元素，取 $a_{i,k}^u = \mathrm{e}^{\mathrm{j}\omega_{i,k}}$ 的对数形式可得 $\ln a_{i,k}^u = \mathrm{j}\omega_{i,k}$ ，将该等式两端同时取微分得到

$$\Delta\omega_{i,k} = -\mathrm{j}\frac{\Delta a_{i,k}^u}{a_{i,k}^u} \tag{2-67}$$

其中，$\Delta\omega_{i,k}$ 为 $\omega_{i,k}$ 的扰动。由 $\Delta\omega_{i,k}$ 是实数可得

$$\Delta\omega_{i,k} = \mathrm{Im}\left[\frac{\Delta a_{i,k}^u}{a_{i,k}^u}\right] \tag{2-68}$$

从 $2(\mathrm{Im}[x])^2 = \left|x^2\right| - \mathrm{Re}[x^2]$ ，得出

$$\Delta\omega_{i,k}\Delta\omega_{j,k} = \frac{1}{2}\left[\left|\frac{\Delta a_{i,k}^u \Delta a_{j,k}^u}{a_{i,k}^u a_{j,k}^u}\right| - \mathrm{Re}\left(\frac{\Delta a_{i,k}^u \Delta a_{j,k}^u}{a_{i,k}^u a_{j,k}^u}\right)\right] \tag{2-69}$$

于是，相位估计的协方差由下式给出

$$E\{\Delta\omega_{i,k}\Delta\omega_{j,k}\} = \frac{1}{2}\left[\left|\frac{E\{\Delta a_{i,k}^u \Delta a_{j,k}^u\}}{a_{i,k}^u a_{j,k}^u}\right| - \mathrm{Re}\left(\frac{E\{\Delta a_{i,k}^u \Delta a_{j,k}^u\}}{a_{i,k}^u a_{j,k}^u}\right)\right] \tag{2-70}$$

设 $\Delta\boldsymbol{\Omega}_k$ 为相位向量 $\boldsymbol{\Omega}_k$ 的扰动向量，则通过 (2-70) 可得到协方差矩阵 $E\{\Delta\boldsymbol{\Omega}_k \Delta\boldsymbol{\Omega}_k^{\mathrm{T}}\}$ 。

3) 方向余弦估计误差的协方差

由式 (2-37)，可得因相位误差引起的方向余弦估计的误差为

$$\Delta\boldsymbol{d}_k = \begin{bmatrix} \Delta u(\theta_k,\phi_k) \\ \Delta v(\theta_k,\phi_k) \\ \Delta w(\theta_k) \end{bmatrix} = \frac{\lambda}{2\pi}\boldsymbol{\Pi}\Delta\boldsymbol{\Omega}_k \tag{2-71}$$

则方向余弦估计误差的协方差矩阵为

$$E\{\Delta\boldsymbol{d}_k \Delta\boldsymbol{d}_k^{\mathrm{T}}\} = \left(\frac{\lambda}{2\pi}\right)^2 \boldsymbol{\Pi} E\{\Delta\boldsymbol{\Omega}_k \Delta\boldsymbol{\Omega}_k^{\mathrm{T}}\}\boldsymbol{\Pi}^{\mathrm{T}} \tag{2-72}$$

2.1.3 仿真验证

考虑六个等功率的窄带相干信号参数分别为 $\theta_1 = -25^\circ, \phi_1 = 10^\circ, g_1 = 1$ ； $\theta_2 = 15^\circ, \phi_2 = 30^\circ, g_2 = \mathrm{e}^{\mathrm{j}\pi/7}$ ； $\theta_3 = -30^\circ, \phi_3 = 50^\circ, g_3 = \mathrm{e}^{\mathrm{j}\pi/6}$ ； $\theta_4 = 45^\circ, \phi_4 = 70^\circ, g_4 = \mathrm{e}^{\mathrm{j}\pi/5}, \theta_5 = -60^\circ, \phi_5 = 90^\circ, g_5 = \mathrm{e}^{\mathrm{j}\pi/4}$ ； $\theta_6 = 80^\circ, \phi_6 = 110^\circ, g_6 = \mathrm{e}^{\mathrm{j}\pi/3}$ 。考虑均匀圆柱阵传感器阵列由 20 个四分量水声矢量传感器构成，该圆柱阵包括四个由五个阵元组成的均匀圆阵，均匀圆阵的半径为 $R = \lambda/[2\sin(\pi/5)]$，相邻圆阵的间距 $d = \lambda/2$ 。选择两个重叠子阵（$N = 2$）

以得到更大的阵列孔径，则每个圆柱形子阵包含三个连续的均匀圆阵。实验中使用 200 次快拍数据。

图 2-2 给出了方向余弦估计的均方根误差(Root Mean Square Error，RMSE)随信噪比(Signal to Noise Ratio，SNR)的变化曲线。从图 2-2 可以看出，在高信噪比($\mathrm{SNR} \geqslant 15\mathrm{dB}$)时，基于 PVFSS 的方向余弦估计的 RMSE 曲线接近 CRB 和理论误差(PVFSS-ERROR)，而基于 ML 的估计方向余弦的 RMSE 离 CRB 较远，基于 SS 的方向余弦估计的 RMSE 曲线没有随信噪比增大而下降的趋势，原因是圆柱形子阵的数量少于相干信号个数($N<K$)，使得空间平滑算法失效。更多的仿真验证结果见参考文献[1]和[2]。

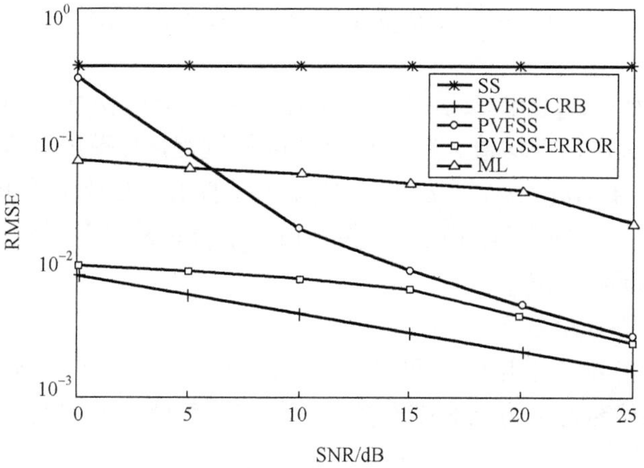

图 2-2　方向余弦估计的均方根误差随信噪比的变化曲线

2.2　阵列位于反射边界的情况

2.2.1　矢量平滑算法

在实际应用中，水声矢量传感器阵列经常布置于一个反射界面或其附近位置。例如，一个由水声矢量传感器构成的平面阵列安装于潜艇的壳体上，或者部署在浅海的海床上。安装于反射界面或其附近的一个四分量水声矢量传感器具有如下阵列流形

$$\boldsymbol{h}(\theta_k,\phi_k)=\begin{bmatrix}(1+\Re(\theta_k)\mathrm{e}^{-\mathrm{j}\vartheta_k})u(\theta_k,\phi_k)\\(1+\Re(\theta_k)\mathrm{e}^{-\mathrm{j}\vartheta_k})v(\theta_k,\phi_k)\\(1-\Re(\theta_k)\mathrm{e}^{-\mathrm{j}\vartheta_k})w(\theta_k)\\(1+\Re(\theta_k)\mathrm{e}^{-\mathrm{j}\vartheta_k})\end{bmatrix} \tag{2-73}$$

其中，$\vartheta_k = 4\pi d \sin\theta_k$，$d$ 为水声矢量传感器阵列与反射边界之间的垂直距离，通常以波长为单位。$\Re$ 为反射系数，它描述了反射波的衰减和相位变化。通过坐标系的选取，可使入射角 γ 恰为 $\pi/2-\theta$，对于给定信号频率，$\Re$ 仅为 θ 的函数(而与 ϕ 无关)。

1. 矢量平滑算法(Vector Smoothing Algorithm，VSA)

考虑 K 个远场的、窄带平面波信号从不同的俯仰角 θ_k 和方位角 ϕ_k 入射到带有 L 个水声矢量传感器的一个平面阵列。此阵列位于 $z=0$ 的平面，每个水声矢量传感器的位置坐标为 $\boldsymbol{r}_1=[x_1,y_1]^{\mathrm{T}},\cdots,\boldsymbol{r}_L=[x_L,y_L]^{\mathrm{T}}$。反射界面位于 $z=-d$ 的平面。在 t 时刻，整个阵列的 $4L\times 1$ 维输出矢量为

$$
\boldsymbol{z}(t)=\sum_{k=1}^{K}\boldsymbol{a}(\theta_k,\phi_k)s_k(t)+\boldsymbol{n}(t)=\boldsymbol{A}\boldsymbol{s}(t)+\boldsymbol{n}(t) \tag{2-74}
$$

其中，$\boldsymbol{s}(t)=[s_1(t),\cdots,s_K(t)]^{\mathrm{T}}$ 表示信号的复值矢量，$\boldsymbol{n}(t)=[n_1(t),\cdots,n_{4L}(t)]^{\mathrm{T}}$ 表示加性噪声矢量。假设噪声是零均值、方差为 σ^2 的随机过程，且噪声与信号以及各噪声之间是不相关的。$\boldsymbol{A}=[\boldsymbol{a}(\theta_1,\phi_1),\cdots,\boldsymbol{a}(\theta_K,\phi_K)]$ 为阵列的 $4L\times K$ 维方向矩阵。$\boldsymbol{a}(\theta_k,\phi_k)=\boldsymbol{q}(\theta_k,\phi_k)\otimes\boldsymbol{h}(\theta_k,\phi_k)$ 为方向矢量；而空间相移因子 $\boldsymbol{q}(\theta_k,\phi_k)=[\mathrm{e}^{\mathrm{j}2\pi\cos\theta_k\boldsymbol{r}_1^{\mathrm{T}}\tilde{\boldsymbol{u}}(\phi_k)},\cdots,\mathrm{e}^{\mathrm{j}2\pi\cos\theta_k\boldsymbol{r}_L^{\mathrm{T}}\tilde{\boldsymbol{u}}(\phi_k)}]^{\mathrm{T}}$，其中，$\tilde{\boldsymbol{u}}(\phi_k)=[\cos\phi_k,\sin\phi_k]^{\mathrm{T}}$。

1) 子阵数据协方差矩阵

阵列的 $4L\times K$ 维流形矩阵 $\boldsymbol{A}$ 可以划分为四个 $L\times K$ 维子阵流形，这些子阵之间的不变因子只与信号源的方向余弦有关，而与矢量传感器的空间位置无关，则有

$$
\boldsymbol{A}_j \overset{\text{def}}{=} \boldsymbol{J}_j\boldsymbol{A},\quad j=1,\cdots,4 \tag{2-75}
$$

其中，$\boldsymbol{J}_j \overset{\text{def}}{=} \left[\boldsymbol{O}_{L,L\times(j-1)} \vdots \boldsymbol{I}_L \vdots \boldsymbol{O}_{L,L\times(4-j)}\right]$ 表示一个 $L\times 4L$ 维子阵选择矩阵，则子阵 $\boldsymbol{A}_1,\cdots,\boldsymbol{A}_4$ 之间的关系如下

$$
\boldsymbol{A}_j=\boldsymbol{Q}\boldsymbol{\Phi}_j,\quad j=1,\cdots,4
$$

$$
[\boldsymbol{\Phi}_j]_{k,k}=\begin{cases}(1+\Re(\theta_k)\mathrm{e}^{-\mathrm{j}\vartheta_k})u(\theta_k,\phi_k), & j=1\\(1+\Re(\theta_k)\mathrm{e}^{-\mathrm{j}\vartheta_k})v(\theta_k,\phi_k), & j=2\\(1-\Re(\theta_k)\mathrm{e}^{-\mathrm{j}\vartheta_k})w(\theta_k), & j=3\\(1+\Re(\theta_k)\mathrm{e}^{-\mathrm{j}\vartheta_k}), & j=4\end{cases}
$$

$$
\boldsymbol{Q}\overset{\text{def}}{=}[\boldsymbol{q}(\theta_1,\phi_1),\cdots,\boldsymbol{q}(\theta_K,\phi_K)] \tag{2-76}
$$

其中，$\boldsymbol{\Phi}_j$ 是以 $\{[\boldsymbol{\Phi}_j]_{k,k},k=1,\cdots,K\}$ 为对角元素构成的对角阵。

这样，在 t 时刻，四个子阵对应的四个 $L\times 1$ 维子阵测量矢量 $\boldsymbol{z}_j(t)$ 为

$$
\boldsymbol{z}_j(t)=\boldsymbol{A}_j\boldsymbol{s}(t)+\underbrace{\boldsymbol{J}_j\boldsymbol{n}(t)}_{\overset{\text{def}}{=}\boldsymbol{n}_j(t)} \tag{2-77}
$$

对于 N 次时间采样，则有

$$\boldsymbol{R}_j=\frac{1}{N}\sum_{i=1}^{N}\boldsymbol{z}_j(t_i)[\boldsymbol{z}_j(t_i)]^{\mathrm{H}}=\boldsymbol{A}_j\boldsymbol{R}_s\boldsymbol{A}_j^{\mathrm{H}}+\boldsymbol{R}_n^{(j)} \tag{2-78}$$

其中，$\boldsymbol{R}_s=(1/N)\sum_{i=1}^{N}\boldsymbol{s}(t_i)[\boldsymbol{s}(t_i)]^{\mathrm{H}}$ 为信号协方差矩阵，$\boldsymbol{R}_n^{(j)}=(1/N)\sum_{i=1}^{N}\boldsymbol{n}_j(t_i)[\boldsymbol{n}_j(t_i)]^{\mathrm{H}}$ 为第 j 个子阵的噪声协方差矩阵。显然，如果水下的 K 个信号互不相关，则信号协方差矩阵 $\boldsymbol{R}_s$ 具有秩 K。然而，如果有 P 个相干信号，这里 $P\leqslant K$，那么 $\boldsymbol{R}_s$ 的秩降至 $K-P$。

2) 矢量平滑

若 K 个窄带水声信号是相干的，即 $\boldsymbol{s}(t)=[g_1,\cdots,g_K]^{\mathrm{T}}s_1(t)=\boldsymbol{g}s_1(t)$（$g_k$ 为一个复数），则信号协方差矩阵 $\boldsymbol{R}_s$ 可重新写为

$$\boldsymbol{R}_s=\boldsymbol{g}\underbrace{\left(\frac{1}{N}\sum_{i=1}^{N}s_1(t_i)s_1(t_i)^*\right)}_{\overset{\text{def}}{=}P_1}\boldsymbol{g}^{\mathrm{H}}=P_1\boldsymbol{g}\boldsymbol{g}^{\mathrm{H}} \tag{2-79}$$

由于向量 $\boldsymbol{g}$ 的维数等于 1，故 $\boldsymbol{R}_s$ 的秩也为 1。因此，对由式(2-78)得到的四个协方差矩阵 $\boldsymbol{R}_j$ 取平均，可得

$$\bar{\boldsymbol{R}}=\frac{1}{4}\sum_{j=1}^{4}\boldsymbol{R}_j=\boldsymbol{Q}\bar{\boldsymbol{R}}_s\boldsymbol{Q}^{\mathrm{H}}+\underbrace{\frac{1}{4}\sum_{j=1}^{4}\boldsymbol{R}_n^{(j)}}_{\overset{\text{def}}{=}\bar{\boldsymbol{R}}_n} \tag{2-80}$$

其中，矩阵 $\bar{\boldsymbol{R}}$ 称为矢量平滑协方差矩阵，$\bar{\boldsymbol{R}}_n$ 为噪声平均矩阵，$\bar{\boldsymbol{R}}_s$ 为入射信号的平滑协方差矩阵

$$\bar{\boldsymbol{R}}_s=\frac{1}{4}\sum_{j=1}^{4}\boldsymbol{\Phi}_j\boldsymbol{R}_s(\boldsymbol{\Phi}_j)^{\mathrm{H}}=\frac{P_1}{4}\sum_{j=1}^{4}\boldsymbol{\Phi}_j\boldsymbol{g}\boldsymbol{g}^{\mathrm{H}}(\boldsymbol{\Phi}_j)^{\mathrm{H}}=\frac{P_1}{4}\boldsymbol{C}\boldsymbol{C}^{\mathrm{H}} \tag{2-81}$$

其中，$\boldsymbol{C}$ 是一个 $K\times 4$ 维矩阵

$$\boldsymbol{C}=[\boldsymbol{\Phi}_1\boldsymbol{g},\boldsymbol{\Phi}_2\boldsymbol{g},\boldsymbol{\Phi}_3\boldsymbol{g},\boldsymbol{\Phi}_4\boldsymbol{g}] \tag{2-82}$$

且有

$$\boldsymbol{\Phi}_1\boldsymbol{g}=\boldsymbol{G}\underbrace{\begin{bmatrix}(1+\Re(\theta_1)\mathrm{e}^{-\mathrm{j}\vartheta_1})u(\theta_1,\phi_1)\\ \vdots\\ (1+\Re(\theta_K)\mathrm{e}^{-\mathrm{j}\vartheta_K})u(\theta_K,\phi_K)\end{bmatrix}}_{\overset{\text{def}}{=}\boldsymbol{u}} \tag{2-83}$$

$$\boldsymbol{\Phi}_2\boldsymbol{g}=\boldsymbol{G}\underbrace{\begin{bmatrix}(1+\Re(\theta_1)\mathrm{e}^{-\mathrm{j}\vartheta_1})v(\theta_1,\phi_1)\\ \vdots\\ (1+\Re(\theta_K)\mathrm{e}^{-\mathrm{j}\vartheta_K})v(\theta_K,\phi_K)\end{bmatrix}}_{\overset{\text{def}}{=}\boldsymbol{v}} \tag{2-84}$$

$$\boldsymbol{\Phi}_3\boldsymbol{g}=\boldsymbol{G}\underbrace{\begin{bmatrix}(1-\Re(\theta_1)\mathrm{e}^{-\mathrm{j}\vartheta_1})w(\theta_1)\\ \vdots \\ (1-\Re(\theta_K)\mathrm{e}^{-\mathrm{j}\vartheta_K})w(\theta_K)\end{bmatrix}}_{\overset{\text{def}}{=}\boldsymbol{w}} \tag{2-85}$$

$$\boldsymbol{\Phi}_4\boldsymbol{g}=\boldsymbol{G}\underbrace{\begin{bmatrix}1+\Re(\theta_1)\mathrm{e}^{-\mathrm{j}\vartheta_1}\\ \vdots \\ 1+\Re(\theta_K)\mathrm{e}^{-\mathrm{j}\vartheta_K}\end{bmatrix}}_{\overset{\text{def}}{=}\boldsymbol{p}} \tag{2-86}$$

其中，$\boldsymbol{G}\overset{\text{def}}{=}\mathrm{diag}\{g_1,\cdots,g_K\}$，因此 $\boldsymbol{C}=\boldsymbol{G}\boldsymbol{D}$

$$\boldsymbol{D}=[\boldsymbol{u},\boldsymbol{v},\boldsymbol{w},\boldsymbol{p}] \tag{2-87}$$

其中，$\boldsymbol{D}$ 是一个 $K\times 4$ 维矢量平滑矩阵。显然，矩阵 $\bar{\boldsymbol{R}}_s$ 的秩等于矩阵 $\boldsymbol{C}$ 的秩，可以证明矩阵 $\boldsymbol{C}$ 的秩等于 $\min\{K,4\}$。又因为矩阵 $\boldsymbol{G}$ 是一个 $K\times K$ 维对角矩阵，则 $\boldsymbol{G}$ 的秩为 K。所以，矩阵 $\boldsymbol{C}$ 的秩等于矩阵 $\boldsymbol{D}$ 的秩。根据式(2-87)可得结论：对 $k=1,\cdots,K$，当 $\theta_k\neq(n\pi/2)(n=0,1)$、$\phi_k\neq(n\pi/2)(n=0,1,2,3)$ 且 $|\Re(\theta_k)|\neq\pm1$ 时，向量组合 $\{\boldsymbol{u},\boldsymbol{v},\boldsymbol{w},\boldsymbol{p}\}$ 是线性独立的，则矩阵 $\boldsymbol{D}$ 是列满秩的。这样，对于 K 个相干信号有 $\mathrm{rank}\{\boldsymbol{D}\}=\min\{K,4\}$ 成立。值得注意的是，矢量平滑矩阵 $\boldsymbol{D}$ 仅与信号源的方向角、反射系数和界面到阵列的距离有关，而与阵列几何结构无关。因而，矢量平滑算法适用于任意阵型的水声矢量传感器阵列，而且平滑之后，阵列的总体空间孔径并没有下降。然而，最大可解相干的信号个数限制在四个，通过利用前向/后向平滑技术可使解相干信号的个数增加。

2. 算法性能分析

1) 刚性边界或压力释放边界

对于刚性边界有 $\Re=1$，这是在高频时对舰船壳体界面的恰当近似。令式(2-87)中的 $\Re=1$，则在 $d=0$ 时，由于法向质点速度分量变为 0，故 $\mathrm{rank}\{\boldsymbol{D}\}$ 下降至 $\min\{K,3\}$。

对于压力释放边界有 $\Re=-1$，这是在低频时对舰船壳体界面的很好近似，也是对空气-水界面的常用近似。令式(2-87)中 $\Re=-1$，则在 $d=0$ 时，边界处声压和界面质点速度分量变为 0，故 $\mathrm{rank}\{\boldsymbol{D}\}$ 下降至 $\min\{K,1\}$，导致矢量平滑算法失效。

2) 海床模型

海水和海底沉积层之间的界面可以近似为两层流体之间的边界，其中海底沉积层会导致声传播的吸收损失。此时反射系数为

$$\Re(\gamma)=\frac{\eta\cos\gamma-\mathrm{j}(\sin^2\gamma-n^2)^{1/2}}{\eta\cos\gamma+\mathrm{j}(\sin^2\gamma-n^2)^{1/2}} \tag{2-88}$$

其中，γ 表示入射角，η 为沉积层与海水的密度比，n 为散射系数。为表征吸收损失的存在，假设散射系数为复数，即 $n = n_0(1 + \mathrm{j}\alpha)(\alpha > 0)$。对于砂质海底，其典型取值为 $n_0 = 0.83$，$\eta = 2.7$，$\alpha = 0.1$。注意到式(2-88)中反射系数 $\Re$ 与频率无关，则质点速度的三个分量和声压一般均不为 0，因此有 $\mathrm{rank}\{\boldsymbol{D}\} = \min\{K, 4\}$。

3. CRB 推导

假设所有入射信号均为统计相干的、零均值、复高斯随机时间序列，定义未知参数向量 $\boldsymbol{\alpha} = [\boldsymbol{\psi}^{\mathrm{T}}, \bar{\boldsymbol{\xi}}^{\mathrm{T}}, \tilde{\boldsymbol{\xi}}^{\mathrm{T}}, P_1, \sigma^2]^{\mathrm{T}}$

$$\boldsymbol{\psi} = [\theta_1, \cdots, \theta_K, \phi_1, \cdots, \phi_K]^{\mathrm{T}} \tag{2-89}$$

$$\bar{\boldsymbol{\xi}} = [\mathrm{Re}\{g_2\}, \cdots, \mathrm{Re}\{g_K\}]^{\mathrm{T}} \tag{2-90}$$

$$\tilde{\boldsymbol{\xi}} = [\mathrm{Im}\{g_2\}, \cdots, \mathrm{Im}(g_K)]^{\mathrm{T}} \tag{2-91}$$

经过矢量平滑处理后，快拍数据满足如下随机模型

$$\bar{\boldsymbol{z}}(t) \sim \mathcal{N}\{\boldsymbol{0}, \bar{\boldsymbol{R}}\} \tag{2-92}$$

其中，$\bar{\boldsymbol{R}}$ 由式(2-80)给出。

Fisher 信息矩阵的元素为

$$\boldsymbol{J}_{i,j}(\boldsymbol{\alpha}) = N\mathrm{tr}\left[\bar{\boldsymbol{R}}^{-1}\frac{\partial \bar{\boldsymbol{R}}}{\partial \boldsymbol{\alpha}_i}\bar{\boldsymbol{R}}^{-1}\frac{\partial \bar{\boldsymbol{R}}}{\partial \boldsymbol{\alpha}_j}\right] \tag{2-93}$$

考虑到平滑后的信号相关矩阵 $\bar{\boldsymbol{R}}_s$ 是 $\boldsymbol{\psi}$、$\boldsymbol{g}$ 和 P_1 的函数，取 $\bar{\boldsymbol{R}}_s$ 对这些量的偏导数得

$$\frac{\partial \bar{\boldsymbol{R}}_s}{\partial \boldsymbol{\psi}} = \frac{P_1}{4}\left(\boldsymbol{G}\frac{\partial \boldsymbol{D}}{\partial \boldsymbol{\psi}}(\boldsymbol{GD})^{\mathrm{H}} + \boldsymbol{GD}\left(\boldsymbol{G}\left(\frac{\partial \boldsymbol{D}}{\partial \boldsymbol{\psi}}\right)\right)^{\mathrm{H}}\right) \tag{2-94}$$

$$\frac{\partial \bar{\boldsymbol{R}}_s}{\partial \bar{\boldsymbol{\xi}}} = \frac{P_1}{4}((\boldsymbol{E}_k^{\mathrm{T}}\boldsymbol{E}_k)\boldsymbol{D}(\boldsymbol{GD})^{\mathrm{H}} + \boldsymbol{GD}((\boldsymbol{E}_k^{\mathrm{T}}\boldsymbol{E}_k)\boldsymbol{D})^{\mathrm{H}}) \tag{2-95}$$

$$\frac{\partial \bar{\boldsymbol{R}}_s}{\partial \tilde{\boldsymbol{\xi}}} = \mathrm{i}\frac{\partial \bar{\boldsymbol{R}}_s}{\partial \bar{\boldsymbol{\xi}}} \tag{2-96}$$

$$\frac{\partial \bar{\boldsymbol{R}}_s}{\partial P_1} = \frac{1}{4}(\boldsymbol{GD}(\boldsymbol{GD})^{\mathrm{H}}) \tag{2-97}$$

其中，$\boldsymbol{E}_k$ 是一个 K 维的行向量，除了第 k 个元素为 1 外，其他元素都为 0。

矩阵 $\bar{\boldsymbol{R}}$ 关于未知参数向量 $\boldsymbol{\alpha}$ 中各分量的偏导表达式如下

$$\frac{\partial \bar{\boldsymbol{R}}}{\partial \boldsymbol{\psi}} = \boldsymbol{U}\bar{\boldsymbol{R}}_s\boldsymbol{Q}^{\mathrm{H}} + \boldsymbol{Q}\frac{\partial \bar{\boldsymbol{R}}_s}{\partial \boldsymbol{\psi}}\boldsymbol{Q}^{\mathrm{H}} + \boldsymbol{Q}\bar{\boldsymbol{R}}_s\boldsymbol{U}^{\mathrm{H}} \tag{2-98}$$

$$\frac{\partial \bar{\boldsymbol{R}}}{\partial \bar{\xi}} = \boldsymbol{Q} \frac{\partial \bar{\boldsymbol{R}}_s}{\partial \bar{\xi}} \boldsymbol{Q}^{\mathrm{H}} \tag{2-99}$$

$$\frac{\partial \bar{\boldsymbol{R}}}{\partial \tilde{\xi}} = \boldsymbol{Q} \frac{\partial \bar{\boldsymbol{R}}_s}{\partial \tilde{\xi}} \boldsymbol{Q}^{\mathrm{H}} \tag{2-100}$$

$$\frac{\partial \bar{\boldsymbol{R}}}{\partial P_1} = \boldsymbol{Q} \frac{\partial \bar{\boldsymbol{R}}_s}{\partial P_1} \boldsymbol{Q}^{\mathrm{H}} \tag{2-101}$$

$$\frac{\partial \bar{\boldsymbol{R}}}{\partial \sigma^2} = \boldsymbol{I} \tag{2-102}$$

其中，$\boldsymbol{U} = (\partial \boldsymbol{Q} / \partial \boldsymbol{\psi})$。因此，经过矢量平滑处理后的 CRB 表达式为

$$\mathrm{CRB}(\boldsymbol{\alpha}) = \frac{\boldsymbol{J}^{-1}(\boldsymbol{\alpha})}{N} \tag{2-103}$$

2.2.2 矢量与空间平滑算法

1．矢量与空间平滑算法

考虑 2.1.1 节中水声矢量传感器构成的一个三维均匀圆柱形阵列，此阵列分成 P 个半径为 R 的平面圆形子阵列，这 P 个圆形子阵列以 z 轴为中心均匀放置，其间隔为 D，在每个圆形子阵列的圆周上，均匀放置 M 个水声矢量传感器，其位置坐标为 $x_m = R\cos[2\pi(m-1)/M]$，$y_m = R\sin[2\pi(m-1)/M]$，$z_p = D(p-1)$，其中，$1 \leqslant p \leqslant P$，$1 \leqslant m \leqslant M$。此均匀圆柱形阵列被放置在反射界面附近，其阵列的各个平面圆形子阵列与反射界面相互平行，而反射界面位于 $z=-d$ 处。假设 K 个入射波是相干的，即 $\boldsymbol{s}(t) = \boldsymbol{g}s_1(t), \boldsymbol{g} = [g_1, \cdots, g_K]^{\mathrm{T}}$（$g_k$ 是一个复数），将第 p 级圆阵的 $4M \times K$ 阵列流形 $\boldsymbol{A}^{(p)}$ 分成四个 $M \times K$ 的子阵流形

$$\boldsymbol{A}_j^{(p)} = \boldsymbol{Q}^{(p)} \boldsymbol{\Phi}_j^{(p)}, \quad j = 1, \cdots, 4 \tag{2-104}$$

$$\boldsymbol{Q}^{(p)} = [\boldsymbol{q}^{(p)}(\theta_1, \phi_1), \cdots, \boldsymbol{q}^{(p)}(\theta_K, \phi_K)] \tag{2-105}$$

其中，$\boldsymbol{\Phi}_j^{(p)}$ 是一个 $K \times K$ 维对角矩阵，其对角元素为

$$[\boldsymbol{\Phi}_j^{(p)}]_{k,k} = \begin{cases} (1 + \Re \mathrm{e}^{-\mathrm{j}\vartheta_k^{(p)}}) u(\theta_k, \phi_k), & j = 1 \\ (1 + \Re \mathrm{e}^{-\mathrm{j}\vartheta_k^{(p)}}) v(\theta_k, \phi_k), & j = 2 \\ (1 - \Re \mathrm{e}^{-\mathrm{j}\vartheta_k^{(p)}}) w(\theta_k), & j = 3 \\ (1 + \Re \mathrm{e}^{-\mathrm{j}\vartheta_k^{(p)}}), & j = 4 \end{cases} \tag{2-106}$$

其中，$\Re$ 为复数反射系数，它描述了反射波的幅值衰减和相位变化，$\vartheta_k^{(p)} = 4\pi((p-1)D + d)\sin\theta_k / \lambda_k$，$\lambda_k$ 是第 k 个入射波的波长。而 $\boldsymbol{\Phi}_j^{(p)}$ 不依赖于坐标

$\{(x_m, y_m), m=1,\cdots,M\}$。将这四个子阵列输出的采样协方差矩阵取平均

$$\bar{\boldsymbol{R}}^{(p)}=\frac{1}{4}\sum_{j=1}^{4}\boldsymbol{R}_j^{(p)}=\boldsymbol{Q}^{(p)}\bar{\boldsymbol{R}}_s^{(p)}(\boldsymbol{Q}^{(p)})^{\mathrm{H}}+\bar{\boldsymbol{R}}_n^{(p)} \tag{2-107}$$

$$\bar{\boldsymbol{R}}_s^{(p)}=\frac{1}{4}\sum_{j=1}^{4}\boldsymbol{\varPhi}_j^{(p)}\boldsymbol{R}_s(\boldsymbol{\varPhi}_j^{(p)})^{\mathrm{H}}=\frac{\sigma_1^2}{4}\sum_{j=1}^{4}\boldsymbol{\varPhi}_j^{(p)}\boldsymbol{g}\boldsymbol{g}^{\mathrm{H}}(\boldsymbol{\varPhi}_j^{(p)})^{\mathrm{H}}=\frac{\sigma_1^2}{4}(\boldsymbol{G}\boldsymbol{D}^{(p)})(\boldsymbol{G}\boldsymbol{D}^{(p)})^{\mathrm{H}} \tag{2-108}$$

其中，$\sigma_1^2\overset{\text{def}}{=}\frac{1}{N}\sum_{t=1}^{N}s_1(t)s_1^*(t)$，$N$是快拍数。

$$\boldsymbol{G}\overset{\text{def}}{=}\operatorname{diag}\{g_1,\cdots,g_K\} \tag{2-109}$$

$$\boldsymbol{D}^{(p)}=[\boldsymbol{h}^{(p)}(\theta_1,\phi_1),\cdots,\boldsymbol{h}^{(p)}(\theta_K,\phi_K)]^{\mathrm{T}} \tag{2-110}$$

其中，$\boldsymbol{h}^{(p)}(\theta_k,\phi_k)=[[\boldsymbol{\varPhi}_1^{(p)}]_{k,k},[\boldsymbol{\varPhi}_2^{(p)}]_{k,k},[\boldsymbol{\varPhi}_3^{(p)}]_{k,k},[\boldsymbol{\varPhi}_4^{(p)}]_{k,k}]^{\mathrm{T}}$。因为$\boldsymbol{Q}^{(p)}=\boldsymbol{Q}^{(1)}\boldsymbol{\varPsi}^{(p-1)}$，$\boldsymbol{\varPsi}^{(p-1)}$是一个$K\times K$维对角矩阵，对角元素为

$$[\boldsymbol{\varPsi}^{(p-1)}]_{k,k}=\mathrm{e}^{\mathrm{j}2\pi D(p-1)w(\theta_k)/\lambda},\quad k=1,\cdots,K \tag{2-111}$$

若再将P个圆阵的平滑协方差矩阵$\bar{\boldsymbol{R}}^{(p)}$取平均

$$\bar{\boldsymbol{R}}=\frac{1}{P}\sum_{p=1}^{P}\bar{\boldsymbol{R}}^{(p)}=\boldsymbol{Q}^{(1)}\bar{\boldsymbol{R}}_s(\boldsymbol{Q}^{(1)})^{\mathrm{H}}+\bar{\boldsymbol{R}}_n \tag{2-112}$$

$$\bar{\boldsymbol{R}}_s=\frac{1}{P}\sum_{p=1}^{P}\boldsymbol{\varPsi}^{(p-1)}\bar{\boldsymbol{R}}_s^{(p)}(\boldsymbol{\varPsi}^{(p-1)})^{\mathrm{H}}=\frac{\sigma_1^2}{4P}(\boldsymbol{G}\boldsymbol{\varTheta})(\boldsymbol{G}\boldsymbol{\varTheta})^{\mathrm{H}} \tag{2-113}$$

其中

$$\boldsymbol{\varTheta}=[\boldsymbol{D}^{(1)},\boldsymbol{\varPsi}^{(1)}\boldsymbol{D}^{(2)},\cdots,\boldsymbol{\varPsi}^{(P-1)}\boldsymbol{D}^{(P)}] \tag{2-114}$$

因为$\operatorname{rank}\{\boldsymbol{G}\}=K$，所以$\operatorname{rank}\{\bar{\boldsymbol{R}}_s\}=\operatorname{rank}\{\boldsymbol{\varTheta}\}$。对于$\forall k\in\{1,\cdots,K\}$，当$\theta_k\neq n\pi/2,\phi_k\neq n\pi/2$（$n$是整数）和$\Re\neq\pm1$时，矩阵$\boldsymbol{D}^{(p)}$的列是线性独立的。由于$\boldsymbol{\varPsi}^{(p-1)}(p=2,\cdots,P)$是满秩的，且$\boldsymbol{D}^{(1)},\boldsymbol{D}^{(2)},\cdots,\boldsymbol{D}^{(P)}$是互不相关的，于是$\operatorname{rank}\{\boldsymbol{\varTheta}\}=\min\{K,4P\}$。从上面推导可知，该算法没有减少圆形子阵的空间孔径尺寸，并且能够平滑$K(K<4P)$个相干信号。另外，该算法并不仅限于三维圆柱形阵列，可以很容易地被推广到其他无模糊结构的中心阵列。

2．算法性能

从式(2-114)可知，$\operatorname{rank}\{\boldsymbol{\varTheta}\}$由信号的方向角和反射系数$\Re$决定，下面讨论在不同的方向角和反射界面情况下算法的性能。

1）方向角的影响

假设$|\Re|\neq\pm1$，对于所有信号$k=1,\cdots,K$，当$\phi_k\neq n\pi/2(n=0,1,2,3)$时，如果$\theta_k=0$，

则 $u(\theta_k,\phi_k)=0$，$v(\theta_k,\phi_k)=0$，$\vartheta_k^{(p)}=0$ 和 $[\boldsymbol{\Psi}^{(p-1)}]_{k,k}=\mathrm{e}^{\mathrm{j}2\pi D(p-1)w(\theta_k)/\lambda_k}$ $(k=1,\cdots,K)$。因此，$\mathrm{rank}\{\boldsymbol{\Theta}\}=\min\{K,1\}$，算法失效；如果 $\theta_k=\pi/2$ 和 $\phi_k\neq\phi_j$ $(j=1,\cdots,k-1,k+1,\cdots,K)$，则 $w(\theta_k)=0$ 和 $[\boldsymbol{\Psi}^{(p-1)}]_{k,k}=1$ $(k=1,\cdots,K)$。因此，$\mathrm{rank}\{\boldsymbol{\Theta}\}=\min\{K,3\}$，矢量与空间平滑算法退化为矢量平滑算法。当 $\theta_k\neq n\pi/2(n=0,1)$ 和 $\theta_k\neq\theta_j$ $(j=1,\cdots,k-1,k+1,\cdots,K)$ 时，如果 $\phi_k=0$ 或 $\phi_k=\pi$，则 $v(\theta_k,\phi_k)=0$，$\mathrm{rank}\{\boldsymbol{\Theta}\}$ 减少到 $\min\{K,3P\}$；如果 $\phi_k=\pi/2$ 或 $\phi_k=3\pi/2$，则 $u(\theta_k,\phi_k)=0$，$\mathrm{rank}\{\boldsymbol{\Theta}\}$ 减少到 $\min\{K,3P\}$。如果所有信号的方向角 (θ,ϕ) 都相同，并且 $\theta\neq n\pi/2,\phi\neq n\pi/2$（$n$ 是整数），则 $\mathrm{rank}\{\boldsymbol{\Theta}\}=\min\{K,2P\}$，能够平滑的相干信号数减少。

2) 反射界面的影响

假设 $\theta\neq n\pi/2,\phi\neq n\pi/2$（$n$ 是整数），对于所有信号 $k=1,\cdots,K$，在刚性界面和疏松界面情况下，如果 $\vartheta_k^{(p)}\neq n\pi$（$n$ 是整数，$p=1,\cdots,P$），那么 $\mathrm{rank}\{\boldsymbol{\Theta}\}=\min\{K,4P\}$。而在海底界面情况下，如果 $\angle\mathfrak{R}=\vartheta_k^{(p)}\neq n\pi$（$n$ 是整数，$p=1,\cdots,P$），那么 $\mathrm{rank}\{\boldsymbol{\Theta}\}=\min\{K,4P\}$。当 $\vartheta_k^{(p)}=n\pi$（n 是不为零的整数，$p=1,\cdots,P$）且 $\theta\neq n\pi/2,\phi\neq n\pi/2$（$n$ 是整数）时，在 $\mathfrak{R}=1$ 情况下，因为 $1+\mathfrak{R}\mathrm{e}^{-\mathrm{j}\vartheta_k^{(p)}}=0$，于是 $\mathrm{rank}\{\boldsymbol{\Theta}\}=\min\{K,P\}$，矢量与空间平滑算法退化为空间平滑算法；而在 $\mathfrak{R}=-1$ 情况下，因为 $(1-\mathfrak{R}\mathrm{e}^{-\mathrm{j}\vartheta_k^{(p)}}=0)$，于是 $\mathrm{rank}\{\boldsymbol{\Theta}\}=\min\{K,3P\}$，能够平滑的相干信号数减少。

2.2.3 仿真验证

假设两个等功率窄带相干信号入射到一个方形平面阵列，其中相干信号参数为 $\theta_1=50^\circ,\phi_1=40^\circ,g_1=1$；$\theta_2=20^\circ,\phi_2=70^\circ,g_2=\mathrm{e}^{\mathrm{j}\pi/6}$，四个水声矢量传感器分别布置在阵列的四个端点上，阵元间距取半波长。方形阵列置于平面 $z=0$ 处，反射界面位于平面 $z=-d$（以波长为单位）。在 100 次独立的 Monte Carlo 实验中，每次实验采用 100 次快拍数据。将均方角度误差(Mean Square Angular Error，MSAE)的边界值 MSAE_B 作为算法的性能指标，对于 K 个信源来说，MSAE_B 可以表示为

$$\mathrm{MSAE}_B=\frac{N}{K}\sum_{k=1}^{K}[\mathrm{CRB}(\phi_k)\cos^2\theta_k+\mathrm{CRB}(\theta_k)] \tag{2-115}$$

其中，$\mathrm{CRB}(\phi_k)$ 和 $\mathrm{CRB}(\theta_k)$ 分别是第 k 个信号方位角和俯仰角的 CRB。

图 2-3 给出了 d 在不同取值条件下，矢量平滑算法(VSA)和空间平滑算法(SSA)的 $\sqrt{\mathrm{MSAE}_B}$ 性能随信噪比(SNR)的变化曲线。从图 2-3(a)可以看出，当 $d=0.05$ 时，各个算法的 $\sqrt{\mathrm{MSAE}_B}$ 较低。从图 2-3(b)看出，当 $d=0.10$ 时，各算法的 $\sqrt{\mathrm{MSAE}_B}$ 较低。由图 2-3(a)～(c)可知，矢量平滑算法的 $\sqrt{\mathrm{MSAE}_B}$ 在任何情况下都低于空间平滑算法，这意味着矢量平滑算法具有更高的角度估计分辨率和估计精度，这源于前者没有损失阵列有效孔径。更多的仿真验证结果见参考文献[3]和[4]。

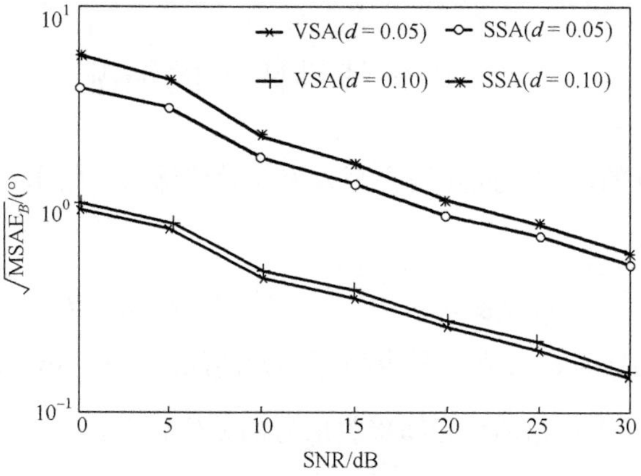

(a) 刚性边界

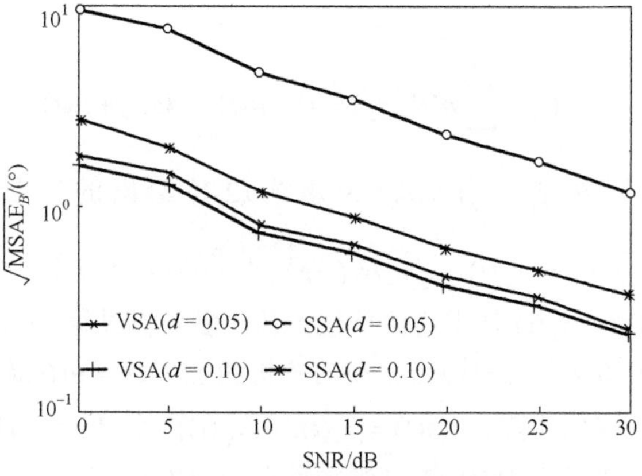

(b) 压力释放边界

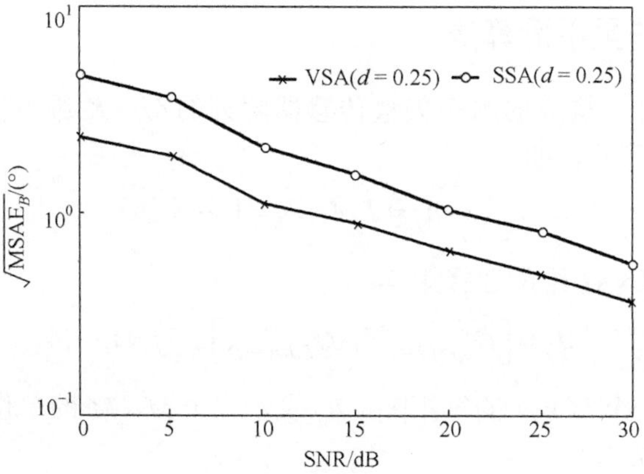

(c) 海床模型

图 2-3 算法估计的 $\sqrt{\mathrm{MSAE}_B}$ 性能随信噪比的变化曲线

2.3 均匀线性阵列的情况

一个中心对称的均匀线性阵列含有 L 个矢量传感器，则第 l 个阵元的空间相移因子为

$$q_l(\theta,\phi)=\mathrm{e}^{\mathrm{j}\frac{2\pi(l-1)\varDelta}{\lambda}u}=\mathrm{e}^{\mathrm{j}(l-1)\mu},\quad l=1,\cdots,L \tag{2-116}$$

其中，λ 是信号的波长，$\varDelta$ 表示两个相邻阵元的间距，$u=\sin\theta\cos\phi$ 表示信号的方向余弦，$\mu=\dfrac{2\pi\varDelta}{\lambda}u$ 表示相邻阵元间接收信号的相位延迟。

考虑 K 个远场、窄带平面波信号从不同方向入射到此阵列。在 t 时刻，整个阵列的 $4L\times1$ 维输出矢量为

$$\boldsymbol{z}(t)=\sum_{k=1}^{K}\boldsymbol{a}(\theta_k,\phi_k)s_k(t)+\boldsymbol{n}(t)=\boldsymbol{A}\boldsymbol{s}(t)+\boldsymbol{n}(t) \tag{2-117}$$

其中，$\boldsymbol{a}(\theta_k,\phi_k)=\boldsymbol{a}^{(4)}(\theta_k,\phi_k)\otimes\boldsymbol{q}(\theta_k,\phi_k)$ 为由式(2-1)给出的方向矢量，$\boldsymbol{q}(\theta_k,\phi_k)=[q_1(\theta_k,\phi_k),\cdots,q_L(\theta_k,\phi_k)]^{\mathrm{T}}$。$s_k(t)=\sqrt{p_k}\sigma_k(t)\mathrm{e}^{\mathrm{j}\left(2\pi\frac{c}{\lambda}t+\varphi_k\right)}$ 表示第 k 个信号的复包络，p_k 表示第 k 个信号的功率，$\sigma_k(t)$ 是零均值单位方差的复随机过程，c 表示波的传播速度，φ_k 是第 k 个信号在 $[0,2\pi)$ 之间均匀分布的随机相位。$\boldsymbol{A}=[\boldsymbol{a}(\theta_1,\phi_1),\cdots,\boldsymbol{a}(\theta_K,\phi_K)]$ 为阵列的 $4L\times K$ 维方向矩阵，$\boldsymbol{s}(t)=[s_1(t),\cdots,s_K(t)]^{\mathrm{T}}$ 为信号的 $K\times1$ 维矢量，$\boldsymbol{n}(t)=[n_1(t),\cdots,n_{4L}(t)]^{\mathrm{T}}$ 为阵列的 $4L\times1$ 维加性白噪声矢量。

2.3.1 单快拍矢量平滑算法

L 个四分量阵元构成的水声矢量传感器阵列的 $4L\times K$ 维方向矩阵 $\boldsymbol{A}$ 可以划分为四个 $L\times K$ 维的子阵，即

$$\boldsymbol{A}_j=\boldsymbol{J}_j\boldsymbol{A},\quad j=1,\cdots,4 \tag{2-118}$$

其中，$\boldsymbol{J}_j$ 是一个 $L\times4L$ 维的选择矩阵

$$\boldsymbol{J}_j=\left[\boldsymbol{O}_{L,L\times(j-1)}\vdots\boldsymbol{I}_L\vdots\boldsymbol{O}_{L,L\times(4-j)}\right],\quad j=1,\cdots,4 \tag{2-119}$$

这里，$\boldsymbol{O}_{M,N}$ 表示一个 $M\times N$ 的零矩阵，$\boldsymbol{I}_M$ 表示一个 $M\times M$ 的单位阵。$\boldsymbol{A}_1$、$\boldsymbol{A}_2$、$\boldsymbol{A}_3$、$\boldsymbol{A}_4$ 块子阵的相互关系为

$$\boldsymbol{A}_j=\boldsymbol{A}_4\boldsymbol{\varPhi}_j,\quad j=1,\cdots,4 \tag{2-120}$$

其中

$$\boldsymbol{A}_4=[\boldsymbol{q}(\theta_1,\phi_1),\ \cdots,\ \boldsymbol{q}(\theta_K,\phi_K)] \tag{2-121}$$

$$[\boldsymbol{\Phi}_j]_{k,k}=\begin{cases}u(\theta_k,\phi_k), & j=1\\ v(\theta_k,\phi_k), & j=2\\ w(\theta_k), & j=3\\ 1, & j=4\end{cases} \tag{2-122}$$

这里，$\boldsymbol{\Phi}_j$ 是对角元素为 $\{[\boldsymbol{\Phi}_j]_{k,k},k=1,\cdots,K\}$ 的对角矩阵，且 $\boldsymbol{\Phi}_j$ 与阵元空间位置 $\{(x_l,y_l,z_l),l=1,\cdots,L\}$ 无关。定义接收数据矩阵

$$\boldsymbol{Z}_{ss}=[\boldsymbol{J}_1\boldsymbol{z},\boldsymbol{J}_2\boldsymbol{z},\boldsymbol{J}_3\boldsymbol{z},\boldsymbol{J}_4\boldsymbol{z}]\in\mathbf{C}^{L\times 4} \tag{2-123}$$

为了书写方便，这里省略了符号“(t)”。将式(2-117)、式(2-118)和式(2-120)代入上式可得

$$\begin{aligned}\boldsymbol{Z}_{ss}&=[\boldsymbol{J}_1\boldsymbol{z},\boldsymbol{J}_2\boldsymbol{z},\boldsymbol{J}_3\boldsymbol{z},\boldsymbol{J}_4\boldsymbol{z}]\\&=\boldsymbol{A}_4[\boldsymbol{\Lambda}\mathrm{Vec}(\boldsymbol{\Phi}_1),\boldsymbol{\Lambda}\mathrm{Vec}(\boldsymbol{\Phi}_2),\boldsymbol{\Lambda}\mathrm{Vec}(\boldsymbol{\Phi}_3),\boldsymbol{\Lambda}\mathrm{Vec}(\boldsymbol{\Phi}_4)]+\boldsymbol{N}_s\\&=\boldsymbol{A}_4\boldsymbol{\Lambda}\boldsymbol{B}+\boldsymbol{N}_s\end{aligned} \tag{2-124}$$

其中，$\boldsymbol{\Lambda}=\begin{bmatrix}s_1 & & 0\\ & s_2 & \\ & & \ddots & \\ 0 & & & s_K\end{bmatrix}$，$\boldsymbol{B}=\begin{bmatrix}u(\theta_1,\phi_1) & v(\theta_1,\phi_1) & w(\theta_1) & 1\\ u(\theta_2,\phi_2) & v(\theta_2,\phi_2) & w(\theta_2) & 1\\ \vdots & \vdots & \vdots & \vdots\\ u(\theta_K,\phi_K) & v(\theta_K,\phi_K) & w(\theta_K) & 1\end{bmatrix}$，$\boldsymbol{N}_s=[\boldsymbol{J}_1\boldsymbol{n},\boldsymbol{J}_2\boldsymbol{n},\boldsymbol{J}_3\boldsymbol{n},\boldsymbol{J}_4\boldsymbol{n}]$，$\mathrm{Vec}(\bullet)$ 为矩阵的向量化算子。

等距均匀线阵是中心对称阵列，因此阵列方向矩阵 $\boldsymbol{A}_4$ 满足

$$\boldsymbol{\Pi}_L\boldsymbol{A}_4^*=\boldsymbol{A}_4\boldsymbol{\Lambda}_1,\quad \boldsymbol{\Lambda}_1=\boldsymbol{\Phi}^{-(L-1)} \tag{2-125}$$

其中，$\boldsymbol{\Pi}_L$ 为 $L\times L$ 维的置换矩阵，其反对角元素均为 1，其他为 0，式中的阵列流形以第一个阵元为参考点，$(\bullet)^*$ 表示复共轭运算，$\boldsymbol{\Phi}=\mathrm{diag}[\mathrm{e}^{\mathrm{j}\mu_1},\mathrm{e}^{\mathrm{j}\mu_2},\cdots,\mathrm{e}^{\mathrm{j}\mu_K}]$，所以

$$\begin{aligned}\boldsymbol{\Pi}_L\boldsymbol{Z}_{ss}^*&=\boldsymbol{\Pi}_L\boldsymbol{A}_4^*\boldsymbol{\Lambda}^*\boldsymbol{B}^*+\boldsymbol{\Pi}_L\boldsymbol{N}_s^*\\&=\boldsymbol{A}_4\boldsymbol{\Lambda}_1\boldsymbol{\Lambda}^*\boldsymbol{B}^*+\boldsymbol{\Pi}_L\boldsymbol{N}_s^*\end{aligned} \tag{2-126}$$

由于 $\boldsymbol{B}$ 是实数矩阵，所以 $\boldsymbol{B}^*=\boldsymbol{B}$。构造一个增广矩阵 $\boldsymbol{Z}_{\mathrm{aug}}$

$$\boldsymbol{Z}_{\mathrm{aug}}=\begin{bmatrix}\boldsymbol{Z}_{\mathrm{ss}}\\ \boldsymbol{\Pi}_L\boldsymbol{Z}_{\mathrm{ss}}^*\end{bmatrix}=\begin{bmatrix}\boldsymbol{A}_4\boldsymbol{\Lambda}\\ \boldsymbol{A}_4\boldsymbol{\Lambda}_1\boldsymbol{\Lambda}^*\end{bmatrix}\boldsymbol{B}+\begin{bmatrix}\boldsymbol{N}_s\\ \boldsymbol{\Pi}_L\boldsymbol{N}_s^*\end{bmatrix}=\boldsymbol{A}_{\mathrm{aug}}\boldsymbol{B}+\boldsymbol{N}_{\mathrm{aug}} \tag{2-127}$$

其中，$\boldsymbol{A}_{\mathrm{aug}}\in\mathbf{C}^{2L\times K}$ 是中心对称阵列的方向矩阵。换句话说，构造了一个虚拟增广阵列，其阵元个数是构造前的两倍。增广阵列方向矩阵 $\boldsymbol{A}_{\mathrm{aug}}$ 的行数是方向矩阵 $\boldsymbol{A}_4$ 行数的两倍，相当于增大了阵列的有效孔径，从而提高了阵列的分辨率和 DOA 估计的精度。增广阵列方向矩阵 $\boldsymbol{A}_{\mathrm{aug}}$ 满足平移不变特性，即

$$\boldsymbol{J}_{\mathrm{aug}}^{(1)}\cdot\boldsymbol{A}_{\mathrm{aug}}\cdot\boldsymbol{\Phi}=\boldsymbol{J}_{\mathrm{aug}}^{(2)}\cdot\boldsymbol{A}_{\mathrm{aug}} \tag{2-128}$$

其中，$\boldsymbol{J}_{\text{aug}}^{(i)} = \boldsymbol{I}_2 \otimes \boldsymbol{J}_i, \ i=1,2$，$\boldsymbol{J}_1 = [\boldsymbol{I}_l, \boldsymbol{0}_{l\times1}]$，$\boldsymbol{J}_2 = [\boldsymbol{0}_{l\times1}, \boldsymbol{I}_l]$，$l = L-1$。

对矩阵 $\boldsymbol{Z}_{\text{aug}}$ 进行奇异值分解，其 K 个最大奇异值所对应的左奇异向量可构造成矩阵 $\boldsymbol{U}_{\text{aug}}$，根据信号子空间原理可得，$\boldsymbol{U}_{\text{aug}}\boldsymbol{T} = \boldsymbol{A}_{\text{aug}}$，$\boldsymbol{T}$ 是一个非奇异矩阵，将其代入式(2-128)得到

$$\boldsymbol{J}_{\text{aug}}^{(1)} \cdot \boldsymbol{U}_{\text{aug}} \cdot \boldsymbol{\varPsi} = \boldsymbol{J}_{\text{aug}}^{(2)} \cdot \boldsymbol{U}_{\text{aug}} \tag{2-129}$$

其中，$\boldsymbol{\varPsi} = \boldsymbol{T\varPhi T}^{-1}$。通过最小二乘法或总体最小二乘方法，求出矩阵 $\boldsymbol{\varPsi}$，进而得到 $\{\mu_k\}_{k=1}^{K} = \arg(\text{eig}(\boldsymbol{\varPsi}))$。

由上述分析可以看出，与传统的空间平滑算法相比，单快拍矢量平滑估计算法的一个显著特点是，根据中心对称阵列的方向矩阵满足等式(2-125)，并由此出发最终构造了一个虚拟增广阵列，此增广阵列的方向矩阵 $\boldsymbol{A}_{\text{aug}}$ 行数是构造前的两倍，使得阵列的有效孔径翻了一倍，从而提高了阵列的分辨率和 DOA 估计的精度。另外，该算法仅使用一次采样数据，因此实时性好，适用于快变相干信号的 DOA 跟踪。

2.3.2 跟踪算法

对相干信号进行动态跟踪时，若想得到很好的跟踪效果，要求解相干预处理算法的计算量尽可能小。

1. 批处理跟踪算法

对于 K ($K \leqslant 4$) 个远场窄带相干信号，考虑方向余弦估计 $\hat{u}(t)$ 随时间 t 变化的跟踪情况。

①利用 t 时刻的测量数据 $\boldsymbol{z}(t)$，构造接收数据矩阵

$$\boldsymbol{Z}_{ss} = [\boldsymbol{J}_1\boldsymbol{z}, \boldsymbol{J}_2\boldsymbol{z}, \boldsymbol{J}_3\boldsymbol{z}, \boldsymbol{J}_4\boldsymbol{z}]$$

②构造时刻 t 的增广矩阵 $\boldsymbol{Z}_{\text{aug}}(t) = \begin{bmatrix} \boldsymbol{Z}_{ss}(t) \\ \boldsymbol{\varPi}_L \boldsymbol{Z}_{ss}^*(t) \end{bmatrix}$。

③对 $\boldsymbol{Z}_{\text{aug}}(t)$ 进行奇异值分解，取其由 K 个最大奇异值对应的左奇异矩阵的 K 列，构成矩阵 $\boldsymbol{U}_{\text{aug}}(t)$。

④令 $\boldsymbol{U}_1(t) = \boldsymbol{J}_{\text{aug}}^{(1)} \cdot \boldsymbol{U}_{\text{aug}}(t)$，$\boldsymbol{U}_2(t) = \boldsymbol{J}_{\text{aug}}^{(2)} \cdot \boldsymbol{U}_{\text{aug}}(t)$，计算出最小二乘解

$$\hat{\boldsymbol{\varPsi}}_{\text{LS}}(t) = [\boldsymbol{U}_1^{\text{H}}(t)\boldsymbol{U}_1(t)]^{-1}\boldsymbol{U}_1^{\text{H}}(t)\boldsymbol{U}_2(t)$$

⑤对 $\boldsymbol{\varPsi}(t)$ 进行特征值分解，求出其全部特征值，取特征值的相位，即 $\{\hat{\mu}_k(t)\}_{k=1}^{K} = \arg(\text{eig}(\hat{\boldsymbol{\varPsi}}(t)))$，从而求出 t 时刻各个信号方向余弦的估计值。

循环计算以上步骤，可以求出各个时刻的动态目标方向余弦估计值，进而可以得到信号 DOA 的估计值。

2. 迭代跟踪算法

考虑到批处理算法中每次循环时都要进行计算量较大的奇异值分解和求逆运

算。为了增强算法实时性，提出一种基于迭代的跟踪算法，从而避免奇异值分解和矩阵求逆运算。

因为批处理跟踪算法的第③步需要对 $\boldsymbol{Z}_{\text{aug}}(t)$ 进行奇异值分解，计算量较大。为了减小计算量，可采用基于幂方法[5]的增广矩阵 $\boldsymbol{Z}_{\text{aug}}(t)$ 奇异值分解的迭代算法。

① $\boldsymbol{A}(t)=[\boldsymbol{Z}_{\text{aug}}(t)\boldsymbol{Z}_{\text{aug}}^{\text{H}}(t)]/4$。

② $\tilde{\boldsymbol{W}}(t)=\boldsymbol{A}(t)\bar{\boldsymbol{W}}(t-1)$。

③ $\tilde{\boldsymbol{W}}(t)\Rightarrow\boldsymbol{Q}(t)\boldsymbol{R}(t)$。

④ $\bar{\boldsymbol{W}}(t)=\boldsymbol{Q}(t)$ 的前 K 列。

⑤ $\boldsymbol{U}_{\text{aug}}(t)=\bar{\boldsymbol{W}}(t)$。

初始化：$\bar{\boldsymbol{W}}(0)=[\boldsymbol{e}_1,\cdots,\boldsymbol{e}_K]$，其中，$\boldsymbol{e}_i$ 表示单位矢量，除第 i 个元素为 1 外，其他都为 0。

批处理跟踪算法的第④步需要进行矩阵求逆运算。采用正则方程组方法求解 $\boldsymbol{\Psi}$，避免了矩阵求逆运算。

通过上述改进，基于迭代的跟踪算法步骤如下。

当 $t=0$ 时，初始化 $\bar{\boldsymbol{W}}(0)=[\boldsymbol{e}_1,\cdots,\boldsymbol{e}_K]$。

当 $t>0$ 时：

①根据 t 时刻的测量数据 $\boldsymbol{z}(t)$，构造接收数据矩阵

$$\boldsymbol{Z}_{ss}=[\boldsymbol{J}_1\boldsymbol{z},\boldsymbol{J}_2\boldsymbol{z},\boldsymbol{J}_3\boldsymbol{z},\boldsymbol{J}_4\boldsymbol{z}]$$

②构造增广矩阵 $\boldsymbol{Z}_{\text{aug}}(t)=\begin{bmatrix}\boldsymbol{Z}_{ss}(t)\\ \boldsymbol{\Pi}_L\boldsymbol{Z}_{ss}^*(t)\end{bmatrix}$。

③令 $\boldsymbol{A}(t)=[\boldsymbol{Z}_{\text{aug}}(t)\boldsymbol{Z}_{\text{aug}}^{\text{H}}(t)]/4$，计算 $\tilde{\boldsymbol{W}}(t)=\boldsymbol{A}(t)\bar{\boldsymbol{W}}(t-1)$。

④ $\tilde{\boldsymbol{W}}(t)\Rightarrow\boldsymbol{Q}(t)\boldsymbol{R}(t)$，然后取 $\bar{\boldsymbol{W}}(t)=\boldsymbol{Q}(t)$ 的前 K 列，则 $\boldsymbol{U}_{\text{aug}}(t)=\bar{\boldsymbol{W}}(t)$。

⑤令 $\boldsymbol{U}_1(t)=\boldsymbol{J}_{\text{aug}}^{(1)}\cdot\boldsymbol{U}_{\text{aug}}(t)$，$\boldsymbol{U}_2(t)=\boldsymbol{J}_{\text{aug}}^{(2)}\cdot\boldsymbol{U}_{\text{aug}}(t)$。设 $\boldsymbol{U}_2(t)=[\boldsymbol{b}_1(t),\boldsymbol{b}_2(t),\cdots,\boldsymbol{b}_K(t)]$，对于 $i=1,\cdots,K$，进行如下运算

$\boldsymbol{C}(t)=\boldsymbol{U}_1^{\text{H}}(t)\boldsymbol{U}_1(t)$；

$\boldsymbol{d}(t)=\boldsymbol{U}_1^{\text{H}}(t)\boldsymbol{b}_i(t)$；

$\boldsymbol{C}(t)\overset{\text{chol}}{=}\boldsymbol{G}(t)\boldsymbol{G}^{\text{H}}(t)$（符号“chol”表示矩阵的 cholesky 分解）；

求解 $\boldsymbol{G}(t)\boldsymbol{y}(t)=\boldsymbol{d}(t)$ 和 $\boldsymbol{G}^{\text{H}}(t)\hat{\boldsymbol{x}}_{\text{LS}i}(t)=\boldsymbol{y}(t)$；

最终，求得 $\hat{\boldsymbol{\Psi}}_{\text{LS}}(t)=[\hat{\boldsymbol{x}}_{\text{LS}1}(t),\cdots,\hat{\boldsymbol{x}}_{\text{LS}K}(t)]$。

⑥对 $\hat{\boldsymbol{\Psi}}_{\text{LS}}(t)$ 进行特征值分解，求出其全部特征值，取特征值的相位，即 $\{\hat{\mu}_k(t)\}_{k=1}^{K}=\arg(\text{eig}(\hat{\boldsymbol{\Psi}}_{\text{LS}}(t)))$，从而求出 t 时刻各个信号方向余弦的估计值。

循环以上步骤，可以求出各个时刻的动态目标的方向余弦估计值。

2.3.3　仿真验证

考虑一个中心对称矢量传感器阵列由五个均匀排列在 x 轴上的矢量传感器构成，

相邻两个阵元的间距取为波长的一半，即 $\varDelta=\lambda/2$ ，则第 k 个信号的方向余弦估计为 $\hat{u}_k=\hat{\mu}_k/\pi$ 。假设两个相干的窄带信号，其初始俯仰角为 $\theta=[45°,-60°]$ ，初始方位角为 $\phi=[30°,60°]$ 。信号移动的角度变化律分别为 $\theta_1=45°-t\times0.05°$ ，$\theta_2=-60°+t\times0.05°$ ，$\phi_1=30°-t\times0.05°$ ，$\phi_2=60°+t\times0.05°$ 。采样次数(快拍数)为 300 次。相干系数取 $g=\exp(\mathrm{j}\pi/6)$ ，信噪比 SNR=15dB。批处理跟踪算法和迭代跟踪算法分别进行 10 次 Monte Carlo 仿真实验。图 2-4 给出了方向余弦估计的平均值随快拍数的变化曲线。

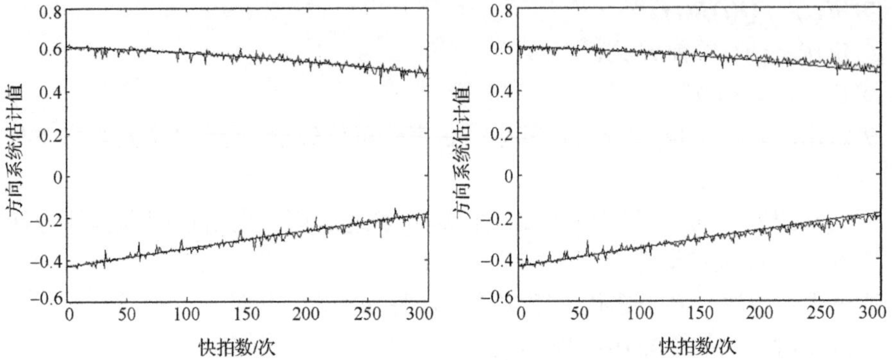

(a) 批处理跟踪算法　　(b) 迭代跟踪算法

图 2-4　相干信号的方向余弦的跟踪情况

从图 2-4 可以看出，当信噪比一定时，批处理跟踪算法和迭代跟踪算法的跟踪性能都很好，跟踪过程非常稳定，跟踪估计值的精度都非常高。更多的仿真验证结果见参考文献[6]。

参 考 文 献

[1] Tao J W, Chang W X, Cui W. Direction-finding of coherent signals based on cylindrical vector-hydrophones array. Signal, Image and Video Processing, 2010, 4(2): 421-232.

[2] Tao J W, Chang W X, Shi Y W. Direction-finding of coherent sources via particle-velocity-field smoothing. IET Radar Sonar Navigation, 2008, 2(2): 127-134.

[3] Tao J W, Chang W X, Cui W. Vector field smoothing for DOA estimation of coherent underwater acoustic signals in presence of a reflecting boundary. IEEE Sensors Journal, 2007, 7(8): 1152-1158.

[4] 常文秀，陶建武，崔伟. 基于矢量传感器阵列的“矢量-空间”预处理算法. 系统工程与电子技术, 2010, 32(8): 1562-1566.

[5] Tanaka T. Fast generalized eigenvector tracking based on the power method. IEEE Signal Processing Letters, 2009, 16(11): 969-972.

[6] 虞飞，陶建武，李京书. 相干声波信号 DOA 单快拍矢量平滑估计与跟踪算法. 电子学报, 2011, 39(12): 2733-2740.

第 3 章　基于声传感器阵列的气流速度估计

3.1　有效声速法

3.1.1　有效声速的声波传播模型

如图 3-1 所示，考虑声波在各向同性的稳定流动空气中传播。图中 S 表示一连续振动的单频点状声源，$\boldsymbol{r}$ 表示声源 S 到坐标原点 O 之间的径向矢量，$\boldsymbol{v}_r$ 表示气流速度 $\boldsymbol{v}$ 在 $\boldsymbol{r}$ 方向上的投影，θ 和 ϕ 分别为声源 S 相对于坐标原点 O 的俯仰角和方位角。

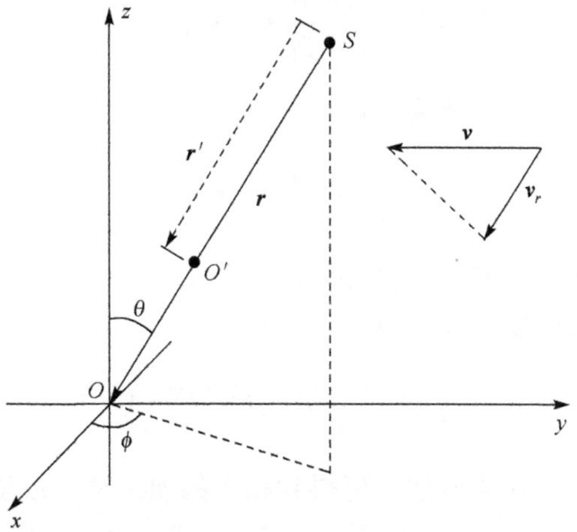

图 3-1　声波在气流作用下的传播示意图

那么，声源 S 发射的声波信号满足如下线性声学方程

$$\left(\frac{\partial}{\partial t}+\boldsymbol{v}\cdot\nabla\right)p+\rho c^2\nabla\cdot\boldsymbol{u}=0 \tag{3-1}$$

$$\rho\left(\frac{\partial}{\partial t}+\boldsymbol{v}\cdot\nabla\right)\boldsymbol{u}=-\nabla p \tag{3-2}$$

其中，p 表示声压，$\boldsymbol{u}$ 表示质点速度矢量，ρ 表示密度增量；∇ 称为梯度算子，$\boldsymbol{v}\cdot\nabla$ 表示无向算子，即 $\boldsymbol{v}\cdot\nabla=v_x\dfrac{\partial}{\partial x}+v_y\dfrac{\partial}{\partial y}+v_z\dfrac{\partial}{\partial z}$，这里，$v_x$、$v_y$、$v_z$ 分别为气流速度 $\boldsymbol{v}$ 在 x、y、z 三个方向上的投影分量。

证明：由三维空间中大气运动的流体动力方程组

$$\frac{\partial \boldsymbol{V}}{\partial t}+(\boldsymbol{V}\cdot\nabla)\boldsymbol{V}=-\frac{1}{\rho}\nabla p$$

$$\frac{\partial p}{\partial t}+\boldsymbol{V}\cdot\nabla p+\rho c^2\nabla\cdot\boldsymbol{V}=0$$

考虑稳定气流速度 $\boldsymbol{v}$，在线性化过程中 $\boldsymbol{V}=\boldsymbol{v}+\boldsymbol{u}$，则

$$\frac{\partial \boldsymbol{u}}{\partial t}+\left[(\boldsymbol{v}+\boldsymbol{u})\cdot\nabla\right]\boldsymbol{u}=-\frac{1}{\rho}\nabla p$$

$$\frac{\partial p}{\partial t}+(\boldsymbol{v}+\boldsymbol{u})\cdot\nabla p+\rho c^2\nabla\cdot\boldsymbol{u}=0$$

其中，$(\boldsymbol{u}\cdot\nabla)\boldsymbol{u}$ 、 $\boldsymbol{u}\cdot\nabla p$ 均是二阶小量，忽略不计，则式(3-1)和式(3-2)得证。

由式(3-1)和式(3-2)可得如下声压波动方程

$$\nabla^2 p-\frac{1}{c^2}\left(\frac{\partial}{\partial t}+\boldsymbol{v}\cdot\nabla\right)^2 p=0 \tag{3-3}$$

证明：对式(3-2)两边求散度可得

$$\rho\left(\frac{\partial}{\partial t}+\boldsymbol{v}\cdot\nabla\right)\nabla\cdot\boldsymbol{u}=-\nabla^2 p$$

再将式(3-1)代入上式并整理可得证式(3-3)。

对式(3-1)两边取梯度运算可得

$$\left(\frac{\partial}{\partial t}+\boldsymbol{v}\cdot\nabla\right)\nabla p+\rho c^2\nabla(\nabla\cdot\boldsymbol{u})=0$$

再将式(3-2)代入上式并整理，可得到相应的质点速度波动方程为

$$\frac{1}{c^2}\left(\frac{\partial}{\partial t}+\boldsymbol{v}\cdot\nabla\right)^2\boldsymbol{u}=\nabla(\nabla\cdot\boldsymbol{u}) \tag{3-4}$$

考虑到球面声波更适合于利用球坐标系来描述，则有

$$\nabla=\boldsymbol{h}_r\frac{\partial}{\partial r}+\boldsymbol{h}_\theta\frac{\partial}{r\partial\theta}+\boldsymbol{h}_\phi\frac{\partial}{r\sin\theta\partial\phi} \tag{3-5}$$

$$\boldsymbol{v}\cdot\nabla=v_r\frac{\partial}{\partial r}+v_\theta\frac{\partial}{r\partial\theta}+v_\phi\frac{\partial}{r\sin\theta\partial\phi} \tag{3-6}$$

$$\nabla^2=\frac{1}{r^2}\frac{\partial}{\partial r}\left(r^2\frac{\partial}{\partial r}\right)+\frac{1}{r^2\sin\theta}\frac{\partial}{\partial\theta}\left(\sin\theta\frac{\partial}{\partial\theta}\right)+\frac{1}{r^2\sin^2\theta}\frac{\partial^2}{\partial\phi^2} \tag{3-7}$$

其中，v_r、v_θ、v_ϕ 分别表示气流速度矢量 $\boldsymbol{v}$ 在球坐标系中径向距离 r、俯仰角 θ、方

位角 ϕ 上的三个投影分量。令 $\boldsymbol{h}_r=[\sin\theta\cos\phi,\sin\theta\sin\phi,\cos\theta]^{\mathrm{T}}$，$\boldsymbol{h}_\theta=[\cos\theta\cos\phi,\cos\theta\sin\phi,-\sin\theta]^{\mathrm{T}}$，$\boldsymbol{h}_\phi=[-\sin\phi,\cos\phi,\cos(\pi/2)]^{\mathrm{T}}$。

当 $\boldsymbol{v}=0$ 时，声压波动方程(3-3)可以化简为

$$\frac{\partial^2 p}{\partial t^2}=c^2\nabla^2 p \tag{3-8}$$

此时，声源发射的声波以声速 c 向各个方向传播，在波阵面上各点声振动的振幅和相位均相等，因此，在各向同性均匀球面声场中声压 p 仅是 r 和 t 的函数，而与 θ 和 ϕ 无关，即 $\frac{\partial p}{\partial\theta}=\frac{\partial p}{\partial\phi}=0$，故 $\nabla p=\boldsymbol{h}_r\frac{\partial p}{\partial r}$，$\nabla^2 p=\frac{\partial^2 p}{\partial r^2}+\frac{2}{r}\frac{\partial p}{\partial r}$。设声源发射信号的时间函数取如下指数形式：$p(r,t)=p(r)\mathrm{e}^{\mathrm{j}\omega t}$，$\boldsymbol{u}(r,t)=\boldsymbol{u}(r)\mathrm{e}^{\mathrm{j}\omega t}$，则 $\frac{\partial p}{\partial t}=\mathrm{j}\omega p$，$\frac{\partial \boldsymbol{u}}{\partial t}=\mathrm{j}\omega\boldsymbol{u}$，则式(3-8)可以整理为

$$\frac{\partial^2(rp)}{\partial r^2}+\left(\frac{\omega}{c}\right)^2(rp)=0 \tag{3-9}$$

求解上式，可得点状声源所致声场的声压表达式为

$$p=\frac{A}{r}\mathrm{e}^{\mathrm{j}\left(\omega t-\omega\frac{r}{c}\right)} \tag{3-10}$$

其中，A 为声源 S 发射的声波信号的幅值。

接着将式(3-10)代入式(3-2)（$\boldsymbol{v}=0$ 时），并整理，可得质点速度表达式为

$$\boldsymbol{u}=-\frac{\nabla p}{\mathrm{j}\omega\rho}=\frac{A}{\mathrm{j}\omega\rho r^2}\left(1+\mathrm{j}\omega\frac{r}{c}\right)\mathrm{e}^{\mathrm{j}\left(\omega t-\omega\frac{r}{c}\right)}\boldsymbol{h}_r \tag{3-11}$$

当 $\boldsymbol{v}=\mathrm{const}\neq 0$ 时，在气流运动的影响下，各时刻的声波波阵面不可能再构成简单的同心球面，换句话说，声波传播的绝对速度在不同方向上的大小是各不相同的。显然，在顺流方向传播的波阵面上的绝对速度要比逆流方向快。为了仍能满足 $\frac{\partial p}{\partial\theta}=\frac{\partial p}{\partial\phi}=0$ 的条件，这里引入有效声速的概念，以有效声速反映气流的影响。作为一种近似，以具有有效声速的不运动空气来替换运动空气。设气流速度为 $\boldsymbol{v}$，则在此气流作用下，声波传播的绝对速度(即有效声速)为 $c+\|\boldsymbol{v}\|$，同理，$\boldsymbol{r}$ 方向上的有效声速为 $c_r=c+v_r$。

当空气以速度 $\boldsymbol{v}$ 运动时，声波传播路径上的每一点均可看成声源，并且每一点的移动和空气流动保持一致，则在 O 点处的质点速度等于当 $\boldsymbol{v}=0$ 时 O' 点处(如图 3-1 所示)的质点速度。由式(3-10)可得，当 $\boldsymbol{v}=0$ 时，O' 处的声压为

$$p_{O'}=\frac{A}{r'}\mathrm{e}^{\mathrm{j}\left(\omega t-\omega\frac{r'}{c}\right)} \tag{3-12}$$

由式(3-11)得，当$\boldsymbol{v}=0$时，O'处的质点速度为

$$\boldsymbol{u}_{O'}=\frac{A}{\mathrm{j}\omega\rho r'^{2}}\left(1+\mathrm{j}\omega\frac{r'}{c}\right)\mathrm{e}^{\mathrm{j}\left(\omega t-\omega\frac{r'}{c}\right)}\boldsymbol{h}_{r'} \tag{3-13}$$

其中，$r'=\|\boldsymbol{r}'\|$，$\boldsymbol{h}_{r'}=\boldsymbol{h}_{r}$。当$\boldsymbol{v}=0$时，声波波阵面传播到达$O'$处的时间为$\frac{r'}{c}$；而当$\boldsymbol{v}=\text{const}\neq 0$时，波阵面到达$O$处的时间为$\frac{r}{c_r}$。又因为$\frac{r'}{c}=\frac{r}{c_r}$，故有$r'=\frac{c}{c_r}r$，将此结果代入式(3-12)中，则可得到当$\boldsymbol{v}=\text{const}\neq 0$时，$O$点处的声压近似表达式为

$$p\approx\frac{Ac_r}{rc}\mathrm{e}^{\mathrm{j}\left(\omega t-\omega\frac{r}{c_r}\right)} \tag{3-14}$$

同理，可得当$\boldsymbol{v}=\text{const}\neq 0$时，$O$处的质点速度近似为

$$\boldsymbol{u}\approx\frac{Ac_r^2}{\mathrm{j}\omega\rho r^2c^2}\left(1+\mathrm{j}\omega\frac{r}{c_r}\right)\mathrm{e}^{\mathrm{j}\left(\omega t-\omega\frac{r}{c_r}\right)}\boldsymbol{h}_r \tag{3-15}$$

由式(3-14)和式(3-15)可知，在稳定气流作用下，声场中某一点的声压和质点速度不仅与距离r有关，还与有效声速c_r有关。当$\boldsymbol{v}=0$时，式(3-14)和式(3-15)分别退化为式(3-12)和式(3-13)。应当注意的是，这种基于有效声速概念建立的声波传播模型是一种近似处理方法，并且声压和质点速度数学模型(3-14)和(3-15)只能适用于描述亚声速情形。因为在超声速气流作用下，声波波阵面必然产生叠加，所有波阵面被挤压而聚集在一个称为马赫锥的圆锥面内，此时，基于球面波近似处理得到的式(3-14)和式(3-15)将失去意义，后面章节将对这个问题进行具体研究。

3.1.2　声压标量传感器阵列及估计算法

1．阵列输出模型

气流速度测量装置是一个内径为D的圆柱形管路，声源和声压标量传感器阵列分别固定在管路内壁的正上方和正下方，管路剖面如图3-2(a)所示。显然，声源位于声压传感器阵列的近场区域，则声源发射到各个阵元的声波波阵面为球面波。

考虑由L个声压标量传感器构成的均匀线性阵列，如图3-2(b)所示，阵元间距为d，阵元沿着y轴正方向排列，并对各阵元依次编号为$1,\cdots,L$。为简化模型，设气流以稳定速度$\boldsymbol{v}$沿着管路从$-y$方向吹来。为了分析气流运动对声波传播的影响，这里引入大气声学中的有效声速的概念，以有效声速来考虑气流流动的影响。由

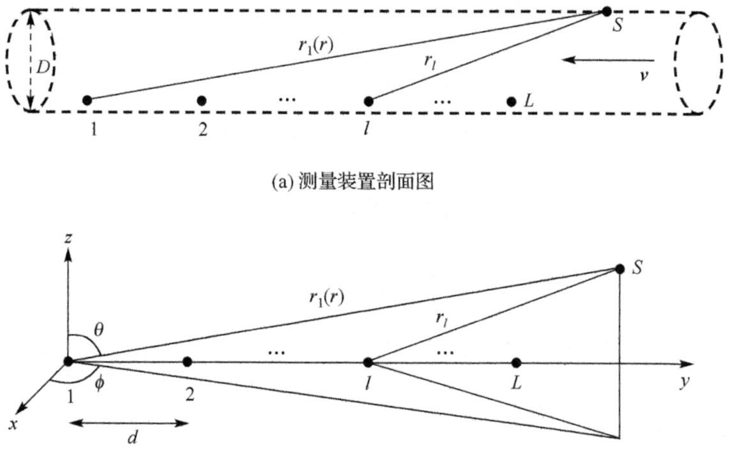

(a) 测量装置剖面图

(b) 均匀线性阵列几何示意图

图 3-2　气流速度测量原理示意图

式(3-14)可得，第 l 个阵元处的声压大小为

$$p_l(t)=\frac{Ac_{r_l}}{r_l c}\mathrm{e}^{\mathrm{j}\left(\omega t-\omega\frac{r_l}{c_{r_l}}\right)} \tag{3-16}$$

其中，$A\mathrm{e}^{\mathrm{j}\omega t}$ 表示声源信号模型，它是一连续振动的单频声源，ω 为声源信号的角频率，A 为声源信号的幅值。r_l 表示声源 S 到第 l 个阵元之间的径向距离，设声源 S 的位置坐标为 (x_s,y_s,z_s)，则 $r_l=\sqrt{x_s^2+[y_s-(l-1)d]^2+z_s^2}$。$c_{r_l}$ 为 r_l 方向上的有效声速，且有

$$c_{r_l}=c+v\sin\theta_l\sin\phi_l \tag{3-17}$$

其中，θ_l 和 ϕ_l 分别为声源 S 相对于第 l 个阵元的俯仰角和方位角。令 $\tau_l=\frac{r_l}{c_{r_l}}$ 表示声源发射的声波信号到达第 l 个声传感器的传播时间，它与气流速度有关，将其代入式(3-16)可得

$$p_l(t)=\frac{A}{c\tau_l}\mathrm{e}^{\mathrm{j}(\omega t-\omega\tau_l)} \tag{3-18}$$

需要说明的是，由于声源和声传感器阵列均固定于管路的内壁，在速度为 $\boldsymbol{v}$ 的气流作用下，声源和接收阵元之间并未产生任何相对运动，所以，在声波传播过程中是不会发生多普勒效应的。

以第 1 个声传感器为参考阵元，则整个声压标量传感器阵列的输出信号可以表示为

$$
\boldsymbol{x}(t)=\begin{bmatrix} 1 \\ \dfrac{\tau_1}{\tau_2}\mathrm{e}^{\mathrm{j}\omega(\tau_1-\tau_2)} \\ \vdots \\ \dfrac{\tau_1}{\tau_L}\mathrm{e}^{\mathrm{j}\omega(\tau_1-\tau_L)} \end{bmatrix} s(t)+\boldsymbol{n}(t) \\ =\boldsymbol{a}_v s(t)+\boldsymbol{n}(t) \tag{3-19}
$$

其中，$s(t)$ 表示参考阵元所在位置的声压信号，即 $s(t)=\dfrac{A}{c\tau_1}\mathrm{e}^{\mathrm{j}(\omega t-\omega\tau_1)}$，$\boldsymbol{a}_v=\left[1,\dfrac{\tau_1}{\tau_2}\mathrm{e}^{\mathrm{j}\omega(\tau_1-\tau_2)},\cdots,\dfrac{\tau_1}{\tau_L}\mathrm{e}^{\mathrm{j}\omega(\tau_1-\tau_L)}\right]^{\mathrm{T}}$ 为 $L\times1$ 维阵列流形矢量，它是由各个阵元相对于参考阵元接收的声压信号的幅值比和相位差构成的，其中包含了待估计的气流速度信息，$\boldsymbol{n}(t)=[n_1(t),\cdots,n_L(t)]^{\mathrm{T}}$ 表示传感器阵列的 $L\times1$ 维加性高斯白噪声矢量。

2．气流速度估计算法

(1) 基于多重信号分类(Multiple Signal Classification，MUSIC)的气流速度估计算法。

根据式(3-19)可得声压传感器阵列输出数据的协方差矩阵如下

$$
\boldsymbol{R}_{\boldsymbol{x}}=E\{\boldsymbol{x}(t)\boldsymbol{x}^{\mathrm{H}}(t)\}=\sigma_s^2\boldsymbol{a}_v\boldsymbol{a}_v^{\mathrm{H}}+\sigma_n^2\boldsymbol{I} \tag{3-20}
$$

其中，$\sigma_s^2=E\{s(t)s^*(t)\}$ 表示参考阵元接收信号的功率，σ_n^2 表示单个声压传感器上的测量噪声功率，$\boldsymbol{I}$ 表示 $L\times L$ 维单位矩阵。对 $\boldsymbol{R}_{\boldsymbol{x}}$ 进行特征值分解(Eigenvalue Decomposition，EVD)，则得如下关系

$$
\boldsymbol{R}_{\boldsymbol{x}}=\lambda_s\boldsymbol{u}_s\boldsymbol{u}_s^{\mathrm{H}}+\boldsymbol{U}_n\boldsymbol{\Lambda}_n\boldsymbol{U}_n^{\mathrm{H}} \tag{3-21}
$$

其中，λ_s 为协方差矩阵 $\boldsymbol{R}_{\boldsymbol{x}}$ 的最大特征值，$\boldsymbol{u}_s\in\mathbf{C}^{L\times1}$ 为特征值 λ_s 所对应的特征向量，且 $\boldsymbol{u}_s$ 所张成的子空间称为 $\boldsymbol{R}_{\boldsymbol{x}}$ 的信号子空间；$\boldsymbol{\Lambda}_n$ 为 $\boldsymbol{R}_{\boldsymbol{x}}$ 的剩余 $L-1$ 个特征值所构成的对角阵，而 $\boldsymbol{U}_n\in\mathbf{C}^{L\times(L-1)}$ 是与对角阵 $\boldsymbol{\Lambda}_n$ 各对角元素相对应的特征向量依次排列构成的矩阵，且其张成的子空间称为 $\boldsymbol{R}_{\boldsymbol{x}}$ 的噪声子空间。由子空间正交原理可得

$$
\boldsymbol{a}_v^{\mathrm{H}}\boldsymbol{U}_n\boldsymbol{U}_n^{\mathrm{H}}\boldsymbol{a}_v=0 \tag{3-22}
$$

事实上，协方差矩阵 $\boldsymbol{R}_{\boldsymbol{x}}$ 一般通过有限快拍采样数据得到的采样协方差矩阵来代替，即

$$
\hat{\boldsymbol{R}}_{\boldsymbol{x}}=\frac{1}{N}\sum_{t=1}^{N}\boldsymbol{x}(t)\boldsymbol{x}^{\mathrm{H}}(t) \tag{3-23}
$$

其中，N 为快拍数。对 $\hat{\boldsymbol{R}}_{\boldsymbol{x}}$ 进行特征值分解，同样可得

$$\hat{\boldsymbol{R}}_{\boldsymbol{x}} = \hat{\lambda}_s \hat{\boldsymbol{u}}_s \hat{\boldsymbol{u}}_s^{\mathrm{H}} + \hat{\boldsymbol{U}}_n \hat{\boldsymbol{\Lambda}}_n \hat{\boldsymbol{U}}_n^{\mathrm{H}} \tag{3-24}$$

其中，$\hat{\boldsymbol{u}}_s$ 和 $\hat{\lambda}_s$ 分别为估计的信号子空间及其对应的最大特征值，$\hat{\boldsymbol{U}}_n$ 和 $\hat{\boldsymbol{\Lambda}}_n$ 分别为估计的噪声子空间及其对应的特征值构成的对角阵，气流速度估计的 MUSIC 伪谱函数可以表达如下

$$P_{\mathrm{MUSIC}}(v) = \frac{1}{\mathrm{abs}[\boldsymbol{a}_v^{\mathrm{H}} \hat{\boldsymbol{U}}_n \hat{\boldsymbol{U}}_n^{\mathrm{H}} \boldsymbol{a}_v]} \tag{3-25}$$

其中，MUSIC 谱峰值所对应的 v，即为气流速度的估计值

$$\hat{v} = \underset{0<v<c}{\arg\max}[P_{\mathrm{MUSIC}}(v)] \tag{3-26}$$

值得注意的是，本节中要求 $v<c$，即所估计的气流速度应小于声速 c（亚声速情形）。

(2) 一种快速的气流速度估计算法。

考虑到基于 MUSIC 的气流速度估计算法需要在整个亚声速域内进行一维谱搜索，其运算量很大。接下来提出一种快速的气流速度估计算法(Fast Air Velocity Estimation，FAVE)，该算法无需谱搜索，具有较小的运算量，而且最终可以得到气流速度估计的闭合表达式。

由子空间原理可知，阵列流形矢量 $\boldsymbol{a}_v$ 与信号子空间 $\boldsymbol{u}_s$ 所张成的是同一子空间，那么必然存在一个复常数 C，使得 $\boldsymbol{a}_v = C\cdot \boldsymbol{u}_s$ 成立。结合式(3-19)可得阵列流形矢量的估计为

$$\hat{\boldsymbol{a}}_v = \frac{\hat{\boldsymbol{u}}_s}{\hat{\boldsymbol{u}}_s(1)} \tag{3-27}$$

其中，$\hat{\boldsymbol{u}}_s(1)$ 表示取向量 $\hat{\boldsymbol{u}}_s$ 中的第 1 个元素。又由

$$\boldsymbol{a}_v = \begin{bmatrix} 1 \\ \dfrac{\tau_1}{\tau_2} \mathrm{e}^{\mathrm{j}\omega(\tau_1-\tau_2)} \\ \vdots \\ \dfrac{\tau_1}{\tau_L} \mathrm{e}^{\mathrm{j}\omega(\tau_1-\tau_L)} \end{bmatrix} \tag{3-28}$$

可得

$$\tau_1 = \tau_l \,\mathrm{abs}\left[\hat{\boldsymbol{a}}_v(l)\right], \quad l = 2,\cdots,L \tag{3-29}$$

在这里注意，一般情况下，$\omega(\tau_1-\tau_l) = \angle \hat{\boldsymbol{a}}_v(l)$ 是不成立的，因为对于非零复数 $\hat{\boldsymbol{a}}_v(l)$，其相角不是唯一的，有无穷多个。

将 $\tau_l = \dfrac{r_l}{c_{r_l}}$ 和式(3-17)代入式(3-29)并整理，可得气流速度估计值为

$$\hat{v}_l = \frac{\left(\text{abs}\left[\hat{\boldsymbol{a}}_v(l)\right]r_l - r_1\right)c}{r_1 \sin\theta_l \sin\phi_l - \text{abs}\left[\hat{\boldsymbol{a}}_v(l)\right]r_l \sin\theta_1 \sin\phi_1}, \quad l = 2,\cdots,L \tag{3-30}$$

对上述 $L-1$ 个速度估计值取平均可得气流速度估计的最终表达式为

$$\hat{v} = \frac{1}{L-1}\sum_{l=2}^{L}\hat{v}_l = \frac{1}{L-1}\sum_{l=2}^{L}\frac{\left(\text{abs}\left[\hat{\boldsymbol{a}}_v(l)\right]r_l - r_1\right)c}{r_1 \sin\theta_l \sin\phi_l - \text{abs}\left[\hat{\boldsymbol{a}}_v(l)\right]r_l \sin\theta_1 \sin\phi_1} \tag{3-31}$$

3．估计性能分析

下面推导气流速度估计的 CRB 表达式。CRB 给出了对气流速度的无偏估计的最优性能，因而可用于从理论上评价估计算法的性能。

由给出的阵列输出模型式(3-19)，定义未知参数矢量 $\boldsymbol{\eta} = [v, \sigma_s^2, \sigma_n^2]^{\mathrm{T}}$，则声传感器阵列 N 次观测构成的矢量 $\boldsymbol{\chi} = [\boldsymbol{x}^{\mathrm{T}}(1),\cdots,\boldsymbol{x}^{\mathrm{T}}(N)]^{\mathrm{T}}$ 的联合概率密度函数为

$$p(\boldsymbol{\chi}|\boldsymbol{\eta}) = \prod_{t=1}^{N} p(\boldsymbol{x}(t)|\boldsymbol{\eta}) = \frac{1}{\pi^{LN}\det\{\boldsymbol{R}\}}\mathrm{e}^{-(\boldsymbol{\chi}-\boldsymbol{\mu})^{\mathrm{H}}\boldsymbol{R}^{-1}(\boldsymbol{\chi}-\boldsymbol{\mu})} \tag{3-32}$$

其中，$\boldsymbol{R}$ 和 $\boldsymbol{\mu}$ 分别表示 $LN\times 1$ 维观测矢量 $\boldsymbol{\chi}$ 的协方差矩阵和均值矢量。

对于复高斯随机观测信号模型，关于参数矢量 $\boldsymbol{\eta}$ 的 Fisher 信息矩阵的第 (i,j) 个元素可表示为

$$\left[\text{FIM}(\boldsymbol{\eta})\right]_{i,j} = \text{tr}\left\{\boldsymbol{R}^{-1}\frac{\partial \boldsymbol{R}}{\partial \eta_i}\boldsymbol{R}^{-1}\frac{\partial \boldsymbol{R}}{\partial \eta_j}\right\} + 2\,\text{Re}\left\{\frac{\partial \boldsymbol{\mu}^{\mathrm{H}}}{\partial \eta_i}\boldsymbol{R}^{-1}\frac{\partial \boldsymbol{\mu}}{\partial \eta_j}\right\} \tag{3-33}$$

其中，η_i 表示矢量 $\boldsymbol{\eta}$ 的第 i 个元素。又因为 $s(t)$ 为单频声波信号，则 $s(t)$ 为确定性信号模型，故 $\boldsymbol{R} = \sigma_n^2 \boldsymbol{I}_{LN}$，$\boldsymbol{I}_{LN}$ 表示 LN 维单位阵，且 $\boldsymbol{\mu} = [\boldsymbol{a}_M^{\mathrm{T}} s(1),\cdots,\boldsymbol{a}_M^{\mathrm{T}} s(N)]^{\mathrm{T}}$，式(3-33)变为

$$\left[\text{FIM}(\boldsymbol{\eta})\right]_{i,j} = \frac{LN}{\sigma_n^4}\frac{\partial \sigma_n^2}{\partial \eta_i}\frac{\partial \sigma_n^2}{\partial \eta_j} + \frac{2}{\sigma_n^2}\text{Re}\left\{\frac{\partial \boldsymbol{\mu}^{\mathrm{H}}}{\partial \eta_i}\frac{\partial \boldsymbol{\mu}}{\partial \eta_j}\right\} \tag{3-34}$$

在实际应用中，一般只关注气流速度参数 v，其他参数为多余参数，假定气流速度参数 v 与其他参数不是互耦的，则有

$$\left[\text{FIM}(\boldsymbol{\eta})\right]_{1,1} = \frac{2}{\sigma_n^2}\text{Re}\left\{\frac{\partial \boldsymbol{\mu}^{\mathrm{H}}}{\partial v}\frac{\partial \boldsymbol{\mu}}{\partial v}\right\} \tag{3-35}$$

故相对于气流速度参数 v 的 CRB 为

$$\text{CRB}(v) = \frac{1}{\left[\text{FIM}(\boldsymbol{\eta})\right]_{1,1}} = \frac{\sigma_n^2}{2\,\text{Re}\left\{\dfrac{\partial \boldsymbol{\mu}^{\mathrm{H}}}{\partial v}\dfrac{\partial \boldsymbol{\mu}}{\partial v}\right\}} \tag{3-36}$$

3.1.3　声矢量传感器阵列及估计算法

声矢量传感器是由三个相互正交放置的声波质点速度传感器和一个可选择的声压传感器结合而成的新型传感器，它能够同步测得声场中某一点处的声波质点速度和声压。与声压传感器相比，声矢量传感器的优势更加明显。一方面，声矢量传感器测得的是矢量，输出信号更加丰富，因而在研究新的信号处理方法方面更具灵活性；另一方面，在同等测量精度的要求下，声矢量传感器更适合于物理空间受限的场合。因此，在实际应用中声矢量传感器具有更广阔的应用前景。声矢量传感器的测量数据具有矢量特性，必然导致基于声压标量传感器阵列的气流速度估计算法无法直接用于声矢量传感器阵列情形。因而，有必要对声矢量传感器阵列情形的气流速度估计问题进行单独讨论。

1．阵列输出模型

声矢量传感器由三个质点速度传感器组合而成，它们在空间同一点处正交放置，同时接收空间中三个正交方向的声波质点速度分量。考虑气流速度测量装置是一内径为 D 的圆柱形测量管路，声源和声矢量传感器阵列分别固定在管路内壁的正上方和正下方，管路剖面示意图如图 3-2(a)所示。

显然，声源位于声矢量传感器阵列的近场区域，则声源发射到各个阵元的声波波阵面为球面波。单个声矢量传感器的近场阵列流形矢量为

$$\boldsymbol{h}=\begin{bmatrix}\sin\theta\cos\phi\\ \sin\theta\sin\phi\\ \cos\theta\end{bmatrix} \tag{3-37}$$

其中，$\theta\in(-\pi/2,\pi/2]$（从 z 轴测量）和 $\phi\in[0,2\pi)$ 分别表示入射波的俯仰角和方位角。

考虑由 L 个上述声矢量传感器构成的均匀线性阵列，阵元间距为 d，如图 3-2(b)所示，阵元沿着 y 轴正方向排列，并对各阵元依次编号为 $1,\cdots,L$。为简化模型，设理想气流以恒定速度 $\boldsymbol{v}$ 顺着管路从 $-y$ 方向吹来。为了分析气流运动对声波传播的影响，将利用有效声速的概念。由式(3-15)可得，第 l 个阵元处的声波质点速度为

$$\boldsymbol{u}_l(t)=\frac{Ac_{r_l}^2}{\mathrm{j}\omega\rho r_l^2c^2}\left(1+\mathrm{j}\omega\frac{r_l}{c_{r_l}}\right)\mathrm{e}^{\mathrm{j}\left(\omega t-\omega\frac{r_l}{c_{r_l}}\right)}\boldsymbol{h}_{r_l} \tag{3-38}$$

其中，$A\mathrm{e}^{\mathrm{j}\omega t}$ 表示声源信号模型，它是一连续振动的单频声源，其中，$\omega=2\pi f$，f 为声源信号的频率，A 为声源信号的幅值。ρ 为均匀空气的密度，$\boldsymbol{h}_{r_l}=\left[\sin\theta_l\cos\phi_l,\sin\theta_l\sin\phi_l,\cos\theta_l\right]^{\mathrm{T}}$ 为第 l 个阵元的方向余弦向量，θ_l 和 ϕ_l 分别为声源 S 相对于第 l 个阵元的俯仰角和方位角。r_l 表示声源 S 到第 l 个矢量阵元的径向距离，

设声源 S 的位置坐标为 (x_s,y_s,z_s)，则 $r_l=\sqrt{x_s^2+[y_s-(l-1)d]^2+z_s^2}$，相应的，第 l 个阵元的方向余弦向量还可以表示为 $\boldsymbol{h}_{r_l}=\left[\frac{x_s}{r_l},\frac{y_s-(l-1)d}{r_l},\frac{z_s}{r_l}\right]^{\mathrm{T}}$。$c_{r_l}$ 为 r_l 方向上的有效声速，且

$$c_{r_l}=c+v\sin\theta_l\sin\phi_l \tag{3-39}$$

令 $\tau_l=\dfrac{r_l}{c_{r_l}}$ 表示声源发射的声波信号到达第 l 个声矢量传感器的传播时间，它与气流速度 v 有关，将其代入式(3-38)可得

$$\boldsymbol{u}_l(t)=\frac{A}{\mathrm{j}\omega\rho\tau_l^2c^2}(1+\mathrm{j}\omega\tau_l)\mathrm{e}^{\mathrm{j}(\omega t-\omega\tau_l)}\boldsymbol{h}_{r_l} \tag{3-40}$$

以第一个声矢量传感器为参考阵元，则将各个阵元处的声波质点速度表达式写成向量形式为

$$\begin{bmatrix}\boldsymbol{u}_1(t)\\ \boldsymbol{u}_2(t)\\ \vdots\\ \boldsymbol{u}_L(t)\end{bmatrix}=\begin{bmatrix}\boldsymbol{h}_{r_1}\\ \dfrac{1+\mathrm{j}\omega\tau_2}{1+\mathrm{j}\omega\tau_1}\mathrm{e}^{\mathrm{j}\omega(\tau_1-\tau_2)}\boldsymbol{h}_{r_2}\\ \vdots\\ \dfrac{1+\mathrm{j}\omega\tau_L}{1+\mathrm{j}\omega\tau_1}\mathrm{e}^{\mathrm{j}\omega(\tau_1-\tau_L)}\boldsymbol{h}_{r_L}\end{bmatrix}s(t)\overset{\mathrm{def}}{=}\boldsymbol{a}_v s(t) \tag{3-41}$$

其中，$\boldsymbol{a}_v$ 为 $3L\times1$ 维阵列流形矢量，其中包含了待估计的气流速度信息。$s(t)$ 表示参考阵元(即第一个声矢量传感器)的接收信号，且有 $s(t)=\dfrac{A}{\mathrm{j}\omega\rho\tau_1^2c^2}(1+\mathrm{j}\omega\tau_1)\mathrm{e}^{\mathrm{j}(\omega t-\omega\tau_1)}$。

考虑测量噪声的影响，则整个声矢量传感器阵列的输出信号可以表示为

$$\boldsymbol{x}(t)=\boldsymbol{a}_v s(t)+\boldsymbol{n}(t) \tag{3-42}$$

其中，$\boldsymbol{n}(t)=[\boldsymbol{n}_1^{\mathrm{T}}(t),\cdots,\boldsymbol{n}_L^{\mathrm{T}}(t)]^{\mathrm{T}}$ 表示矢量传感器阵列的 $3L\times1$ 维加性复高斯白噪声矢量，$\boldsymbol{n}_l(t)(l=1,\cdots,L)$ 表示第 l 个矢量阵元上的 3×1 维噪声矢量，$\boldsymbol{n}_l(t)=[n_{lx}(t),n_{ly}(t),n_{lz}(t)]^{\mathrm{T}}$，且 $n_{lx}(t)$、$n_{ly}(t)$ 和 $n_{lz}(t)$ 三个分量相互独立。

2．气流速度估计算法

(1)基于 MUSIC 的气流速度估计算法。

根据式(3-42)可得如下阵列输出数据的协方差矩阵

$$\boldsymbol{R}_{\boldsymbol{x}}=E\{\boldsymbol{x}(t)\boldsymbol{x}^{\mathrm{H}}(t)\}=\sigma_s^2\boldsymbol{a}_v\boldsymbol{a}_v^{\mathrm{H}}+\sigma_n^2\boldsymbol{I} \tag{3-43}$$

其中，$\sigma_s^2=E\{s(t)s^*(t)\}$ 表示单个矢量阵元接收信号的功率，σ_n^2 表示单个声矢量传

感器上的噪声功率(或方差)， $\boldsymbol{I}$ 表示 $3L\times 3L$ 维单位矩阵。对 $\boldsymbol{R}_{\boldsymbol{x}}$ 进行特征值分解，可以得到如下关系

$$\boldsymbol{R}_{\boldsymbol{x}}=\lambda_s\boldsymbol{u}_s\boldsymbol{u}_s^{\mathrm{H}}+\boldsymbol{U}_n\boldsymbol{\Lambda}_n\boldsymbol{U}_n^{\mathrm{H}} \tag{3-44}$$

由子空间正交原理可得

$$\boldsymbol{a}_v^{\mathrm{H}}\boldsymbol{U}_n\boldsymbol{U}_n^{\mathrm{H}}\boldsymbol{a}_v=0 \tag{3-45}$$

事实上，阵列输出数据的协方差矩阵 $\boldsymbol{R}_{\boldsymbol{x}}$ 一般由有限快拍的采样数据估计得到的，即用

$$\hat{\boldsymbol{R}}_{\boldsymbol{x}}=\frac{1}{N}\sum_{t=1}^{N}\boldsymbol{x}(t)\boldsymbol{x}^{\mathrm{H}}(t) \tag{3-46}$$

来代替 $\boldsymbol{R}_{\boldsymbol{x}}$。其中， N 表示快拍数。对 $\hat{\boldsymbol{R}}_{\boldsymbol{x}}$ 进行特征值分解，可得

$$\hat{\boldsymbol{R}}_{\boldsymbol{x}}=\hat{\lambda}_s\hat{\boldsymbol{u}}_s\hat{\boldsymbol{u}}_s^{\mathrm{H}}+\hat{\boldsymbol{U}}_n\hat{\boldsymbol{\Lambda}}_n\hat{\boldsymbol{U}}_n^{\mathrm{H}} \tag{3-47}$$

其中， $\hat{\boldsymbol{u}}_s$ 和 $\hat{\lambda}_s$ 分别表示估计的信号子空间及其对应的最大特征值，而 $\hat{\boldsymbol{U}}_n$ 和 $\hat{\boldsymbol{\Lambda}}_n$ 各表示估计的噪声子空间及其对应的特征值所构成的对角阵，则气流速度估计的 MUSIC 伪谱函数可以表述如下

$$P_{\mathrm{MUSIC}}(v)=\frac{1}{\mathrm{abs}[\boldsymbol{a}_v^{\mathrm{H}}\hat{\boldsymbol{U}}_n\hat{\boldsymbol{U}}_n^{\mathrm{H}}\boldsymbol{a}_v]} \tag{3-48}$$

MUSIC 谱峰对应的 v，即为气流速度估计值

$$\hat{v}=\underset{0<v<c}{\arg\max}[P_{\mathrm{MUSIC}}(v)] \tag{3-49}$$

值得注意的是，本节中要求 $v<c$，即所估计的气流速度应小于声速 c (亚声速情形)。

(2) 一种快速的气流速度估计算法。

由子空间原理可得，阵列流形矢量 $\boldsymbol{a}_v$ 与信号子空间 $\boldsymbol{u}_s$ 所张成的 $3L\times 1$ 维空间同为信号子空间，其中， $\|\boldsymbol{h}_{r_l}\|_2=1$， $l=1,\cdots L$，且

$$\boldsymbol{a}_v=\begin{bmatrix}\boldsymbol{h}_{r_1}\\ \dfrac{1+\mathrm{j}\omega\tau_2}{1+\mathrm{j}\omega\tau_1}\mathrm{e}^{\mathrm{j}\omega(\tau_1-\tau_2)}\boldsymbol{h}_{r_2}\\ \vdots\\ \dfrac{1+\mathrm{j}\omega\tau_L}{1+\mathrm{j}\omega\tau_1}\mathrm{e}^{\mathrm{j}\omega(\tau_1-\tau_L)}\boldsymbol{h}_{r_L}\end{bmatrix} \tag{3-50}$$

则通过 $\boldsymbol{u}_s$ 可以得到阵列流形矢量 $\boldsymbol{a}_v$ 的估计值为

$$\hat{\boldsymbol{a}}_v=\frac{\boldsymbol{u}_s\,\mathrm{e}^{-\mathrm{j}\frac{1}{3}\sum_{i=1}^{3}\angle\boldsymbol{u}_s(i)}}{\|\boldsymbol{u}_s(1:3)\|} \tag{3-51}$$

其中，$\boldsymbol{u}_s(i)$表示取向量$\boldsymbol{u}_s$的第i个元素，$\boldsymbol{u}_s(i:j)$表示取向量的第i到第j个元素所构成的新向量，“$\|\bullet\|$”表示向量的2-范数。又由式(3-50)可得，对于$l=2,\cdots,L$，有

$$\|\hat{\boldsymbol{a}}_v(3l-2:3l)\|=\left\|\frac{1+\mathrm{j}\omega\tau_l}{1+\mathrm{j}\omega\tau_1}\mathrm{e}^{\mathrm{j}\omega(\tau_1-\tau_l)}\boldsymbol{h}_{r_l}\right\| \tag{3-52}$$

根据向量范数的齐次性有

$$\left\|\frac{1+\mathrm{j}\omega\tau_l}{1+\mathrm{j}\omega\tau_1}\mathrm{e}^{\mathrm{j}\omega(\tau_1-\tau_l)}\boldsymbol{h}_{r_l}\right\|=\left|\frac{1+\mathrm{j}\omega\tau_l}{1+\mathrm{j}\omega\tau_1}\mathrm{e}^{\mathrm{j}\omega(\tau_1-\tau_l)}\right|\cdot\|\boldsymbol{h}_{r_l}\|=\sqrt{\frac{1+\omega^2\tau_l^2}{1+\omega^2\tau_1^2}} \tag{3-53}$$

其中，“$|\bullet|$”表示取复数的模值。将式(3-53)代入式(3-52)可得

$$\|\hat{\boldsymbol{a}}_v(3l-2:3l)\|^2=\frac{1+\omega^2\tau_l^2}{1+\omega^2\tau_1^2} \tag{3-54}$$

将$\tau_l=\dfrac{r_l}{c_{r_l}}$和式(3-39)代入式(3-54)，并整理得到如下结果

$$\begin{aligned}&\|\hat{\boldsymbol{a}}_v(3l-2:3l)\|^2+\|\hat{\boldsymbol{a}}_v(3l-2:3l)\|^2\frac{\omega^2r_1^2}{(c+v\sin\theta_1\sin\phi_1)^2}\\&=1+\frac{\omega^2r_l^2}{(c+v\sin\theta_l\sin\phi_l)^2},\quad l=2,\cdots,L\end{aligned} \tag{3-55}$$

式(3-55)是一个关于气流速度v的一元四次方程，且其各项系数由高次到低次分别为

v^4: $\left(1-\|\hat{\boldsymbol{a}}_v(3l-2:3l)\|^2\right)(\sin\theta_l\sin\phi_l)^2(\sin\theta_1\sin\phi_1)^2$

v^3: $2c\left(1-\|\hat{\boldsymbol{a}}_v(3l-2:3l)\|^2\right)\left[(\sin\theta_l\sin\phi_l)^2\sin\theta_1\sin\phi_1+\sin\theta_l\sin\phi_l(\sin\theta_1\sin\phi_1)^2\right]$

v^2: $\left(1-\|\hat{\boldsymbol{a}}_v(3l-2:3l)\|^2\right)c^2\left[(\sin\theta_1\sin\phi_1)^2+(\sin\theta_l\sin\phi_l)^2+4\sin\theta_1\sin\phi_1\sin\theta_l\sin\phi_l\right]$

$\quad+\omega^2r_l^2(\sin\theta_1\sin\phi_1)^2-\|\hat{\boldsymbol{a}}_v(3l-2:3l)\|_2^2\,\omega^2r_1^2(\sin\theta_l\sin\phi_l)^2$

v: $2\left(1-\|\hat{\boldsymbol{a}}_v(3l-2:3l)\|^2\right)c^3(\sin\theta_1\sin\phi_1+\sin\theta_l\sin\phi_l)+2\omega^2r_l^2c\sin\theta_1\sin\phi_1$

$\quad-2\|\hat{\boldsymbol{a}}_v(3l-2:3l)\|^2\,\omega^2r_1^2c\sin\theta_l\sin\phi_l$

v^0: $\left(1-\|\hat{\boldsymbol{a}}_v(3l-2:3l)\|^2\right)c^4+\omega^2r_l^2c^2-\|\hat{\boldsymbol{a}}_v(3l-2:3l)\|_2^2\,\omega^2r_1^2c^2$

求解该方程可得出其四个根，舍去无意义的根(如根大于c、复共轭根和负根等)，

剩下的根即为气流速度的估计值 $\hat{v}_l$（$l=2,\cdots,L$）。

对上述 $L-1$ 个气流速度估计值取平均可得气流速度估计的最终表达式为

$$\hat{v}=\frac{1}{L-1}\sum_{l=2}^{L}\hat{v}_l \tag{3-56}$$

3. 估计性能分析

1）CRB 推导

由给出的阵列输出模型式(3-42)，定义未知参数矢量 $\boldsymbol{\eta}=[v,\sigma_s^2,\sigma_n^2]^{\mathrm{T}}$，则矢量传感器阵列 N 次观测构成的矢量 $\boldsymbol{\chi}=[\boldsymbol{x}^{\mathrm{T}}(1),\cdots,\boldsymbol{x}^{\mathrm{T}}(N)]^{\mathrm{T}}$ 的联合概率密度函数为

$$p(\boldsymbol{\chi}|\boldsymbol{\eta})=\prod_{t=1}^{N}p(\boldsymbol{x}(t)|\boldsymbol{\eta})=\frac{1}{\pi^{3LN}\det\{\boldsymbol{R}\}}\mathrm{e}^{-(\boldsymbol{\chi}-\boldsymbol{\mu})^{\mathrm{H}}\boldsymbol{R}^{-1}(\boldsymbol{\chi}-\boldsymbol{\mu})} \tag{3-57}$$

其中，$\boldsymbol{R}$ 和 $\boldsymbol{\mu}$ 分别表示 $3LN\times1$ 维观测矢量 $\boldsymbol{\chi}$ 的协方差矩阵和均值矢量。

对于复高斯随机观测信号模型，关于参数矢量 $\boldsymbol{\eta}$ 的 Fisher 信息矩阵的第 (i,j) 个元素可表示为

$$[\mathrm{FIM}(\boldsymbol{\eta})]_{i,j}=\mathrm{tr}\left\{\boldsymbol{R}^{-1}\frac{\partial\boldsymbol{R}}{\partial\eta_i}\boldsymbol{R}^{-1}\frac{\partial\boldsymbol{R}}{\partial\eta_j}\right\}+2\,\mathrm{Re}\left\{\frac{\partial\boldsymbol{\mu}^{\mathrm{H}}}{\partial\eta_i}\boldsymbol{R}^{-1}\frac{\partial\boldsymbol{\mu}}{\partial\eta_j}\right\} \tag{3-58}$$

其中，η_i 为参数矢量 $\boldsymbol{\eta}$ 的第 i 个元素。又因为 $s(t)$ 为单频声波信号，则 $s(t)$ 为确定性信号模型，故 $\boldsymbol{R}=\sigma_n^2\boldsymbol{I}_{3LN}$，$\boldsymbol{I}_{3LN}$ 表示 $3LN$ 维单位阵，且 $\boldsymbol{\mu}=[\boldsymbol{a}_v^{\mathrm{T}}s(1),\cdots,\boldsymbol{a}_v^{\mathrm{T}}s(N)]^{\mathrm{T}}$，式(3-58)变为如下形式

$$[\mathrm{FIM}(\boldsymbol{\eta})]_{i,j}=\frac{3LN}{\sigma_n^4}\frac{\partial\sigma_n^2}{\partial\eta_i}\frac{\partial\sigma_n^2}{\partial\eta_j}+\frac{2}{\sigma_n^2}\mathrm{Re}\left\{\frac{\partial\boldsymbol{\mu}^{\mathrm{H}}}{\partial\eta_i}\frac{\partial\boldsymbol{\mu}}{\partial\eta_j}\right\} \tag{3-59}$$

在实际应用中，一般只关注气流速度参数 v，其他参数为多余参数，假定气流速度参数 v 与其他参数不是互耦的，则有

$$[\mathrm{FIM}(\boldsymbol{\eta})]_{1,1}=\frac{2}{\sigma_n^2}\mathrm{Re}\left\{\frac{\partial\boldsymbol{\mu}^{\mathrm{H}}}{\partial v}\frac{\partial\boldsymbol{\mu}}{\partial v}\right\} \tag{3-60}$$

故相对于气流速度参数 v 的 CRB 为

$$\mathrm{CRB}(v)=\frac{1}{[\mathrm{FIM}(\boldsymbol{\eta})]_{1,1}}=\frac{\sigma_n^2}{2\,\mathrm{Re}\left\{\dfrac{\partial\boldsymbol{\mu}^{\mathrm{H}}}{\partial v}\dfrac{\partial\boldsymbol{\mu}}{\partial v}\right\}} \tag{3-61}$$

2）算法计算复杂度分析

在进行子空间分离之前，基于 MUSIC 的气流速度估计算法(MUSIC-AVE)和快速的气流速度估计算法(FAVE)都需要计算采样协方差矩阵 $\hat{\boldsymbol{R}}_x$，并对 $\hat{\boldsymbol{R}}_x$ 进行特征值

分解，这部分运算的计算复杂度同为$O(9L^2N+27L^3)$。

用 MDN(Multiplication and Division Numbers)表示复数乘和除的次数。对于 MUSIC-AVE 算法，设拟搜索的谱点数为J，显然算法需要计算每个谱点的$\text{abs}[\boldsymbol{a}_M^{\text{H}}\hat{\boldsymbol{U}}_n\hat{\boldsymbol{U}}_n^{\text{H}}\boldsymbol{a}_M]$取值。由于$\boldsymbol{a}_M\in\mathbf{C}^{3L\times1}$，$\hat{\boldsymbol{U}}_n\in\mathbf{C}^{3L\times(3L-1)}$，则计算$\boldsymbol{a}_M^{\text{H}}\hat{\boldsymbol{U}}_n$需要$3L\times(3L-1)$次 MDN，接着计算$\boldsymbol{a}_M^{\text{H}}\hat{\boldsymbol{U}}_n\hat{\boldsymbol{U}}_n^{\text{H}}\boldsymbol{a}_M$需要$3L-1$次 MDN。故在$J$个谱点上计算$\text{abs}[\boldsymbol{a}_M^{\text{H}}\hat{\boldsymbol{U}}_n\hat{\boldsymbol{U}}_n^{\text{H}}\boldsymbol{a}_M]$所需要的 MDN 总次数为

$$J(9L^2-1) \tag{3-62}$$

对于 FAVE 算法，根据分离出的信号子空间估计出阵列流形矢量$\hat{\boldsymbol{a}}_M$之后，需要求解$L-1$个四次多项式，其计算复杂度仅为

$$O(L-1) \tag{3-63}$$

在实际应用中，通常有$J\gg L$，则比较式(3-62)和式(3-63)可以很容易看出 FAVE 算法的计算复杂度比 MUSIC-AVE 算法低得多。

3.1.4 仿真验证

1．声压标量传感器阵列情形

考虑在稳定流动的空气中，有一个单频声波信号入射到由 20 个声压标量传感器构成的均匀线性阵列，相邻两个阵元的间距取为声波波长的一半，即$d=\lambda/2$。设声波信号的频率为 6800Hz，则可计算出声波的波长$\lambda=0.05\text{m}$，气流速度$v=187\text{m/s}$，声源的空间位置设为$S(\lambda,8\lambda,\lambda)$，那么声源的方位$(\theta,\phi)$和到原点的距离$r$分别是$(82.9294°,82.8750°)$和$8.124\lambda$。信噪比定义为$\text{SNR}=10\lg(\sigma_s^2/\sigma_n^2)$。如无明确说明，在以下实验中，取$\text{SNR}=10\text{dB}$。

设声传感器阵列对稳定气流中的声波信号进行了 500 次采样，对 MUSIC-AVE 算法和 FAVE 算法分别进行 200 次 Monte Carlo 仿真实验。图 3-3 给出了气流速度估计$\hat{v}$的均方根误差(RMSE)与信噪比的关系曲线，并绘出了相应的 CRB 曲线。可以看出，随着信噪比的逐渐提高，气流速度估计$\hat{v}$的 RMSE 是逐渐减小的。但是 MUSIC-AVE 算法的估计精度明显高于 FAVE 算法，尤其在低信噪比时，MUSIC-AVE 算法的这一优势更加明显。随着信噪比的提高，MUSIC-AVE 算法的 RMSE 与 CRB 逐渐趋于重合，表明气流速度估计趋近于最优。

图 3-4 给出了气流速度估计$\hat{v}$的 RMSE 随着气流速度的变化曲线。可以看出，随着速度的增加，气流速度估计值$\hat{v}$的 RMSE 有所增加，但均保持在一定的误差范围内波动。其原因是基于有效声速概念建立的声波传播模型是以具有有效声速的不运动空气近似替换实际的运动空气，使得各个时刻的声波波阵面仍构成同心球面。因此，气流速度越大，波阵面构成同心球面的误差也越大，通过此模型解算的气流速度误差也越大。显然 MUSIC-AVE 算法的估计精度更高。

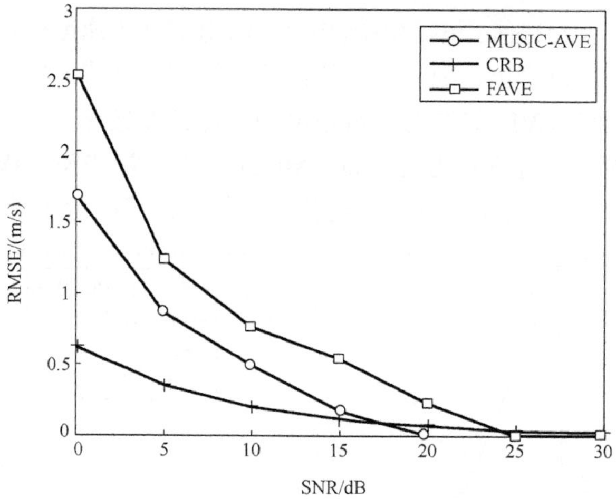

图 3-3　气流速度估计的均方根误差与信噪比关系曲线

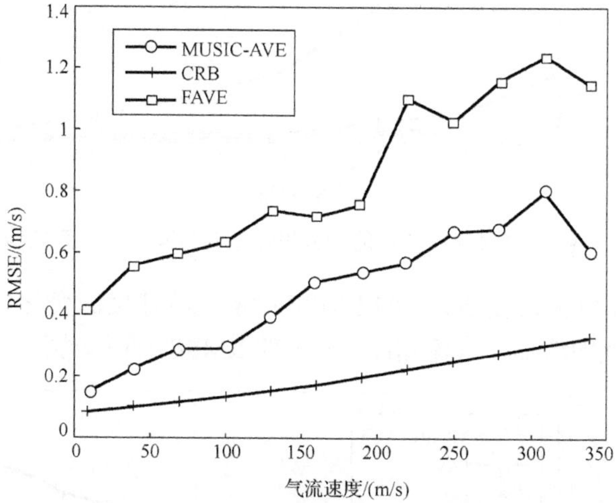

图 3-4　气流速度估计的均方根误差与气流速度的关系曲线

2. 声矢量传感器阵列情形

考虑在稳定流动的空气中，有一个单频声波信号入射到由六个完全相同的声矢量传感器构成的均匀线性阵列，相邻两个矢量阵元的间距取为声波波长的一半，即 $d=\lambda/2$。设声波信号的频率是 6800Hz，则可计算出声波的波长为 $\lambda=0.05\text{m}$，气流速度为 $v=255\text{m/s}$，声源的空间位置设为 $S(\lambda,8\lambda,\lambda)$，则声源的方位 (θ,ϕ) 和到参考阵元的距离 r 分别是 $(82.9294°,82.8750°)$ 和 8.124λ。信噪比定义为 $\text{SNR}=10\lg(\sigma_s^2/\sigma_n^2)$。在以下实验中，如无明确说明，取 $\text{SNR}=10\text{dB}$。

设声矢量传感器阵列对稳定气流中的声波信号进行了 $N=500$ 次采样，对 MUSIC-AVE 算法、FAVE 算法和气流速度估计的直接法(Direct Approach，DA)[1]

分别进行 200 次 Monte Carlo 仿真实验。图 3-5 给出了气流速度估计 $\hat{v}$ 的 RMSE 与信噪比的变化曲线。可以看出，随着信噪比的逐渐提高，气流速度 $\hat{v}$ 的 RMSE 逐渐减小的。其中，MUSIC-AVE 算法对气流速度的估计精度最高，尤其在低信噪比时，这一优势更加明显。随着信噪比的提高，MUSIC-AVE 算法和 FAVE 算法的 RMSE 与 CRB 逐渐趋于重合，意味着气流速度估计误差的方差趋近于最小值。

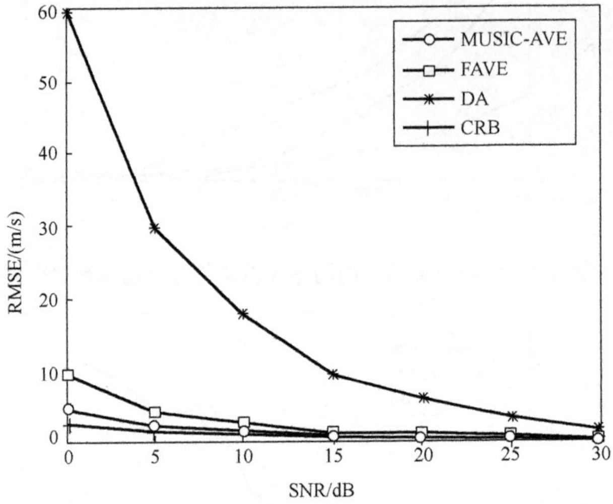

图 3-5　气流速度估计的均方根误差与信噪比的关系曲线

图 3-6 给出了气流速度估计 $\hat{v}$ 的 RMSE 随着气流速度的变化曲线。可以看出，随着待测气流速度的增加，气流速度估计 $\hat{v}$ 的 RMSE 有所增加。显然 MUSIC-AVE

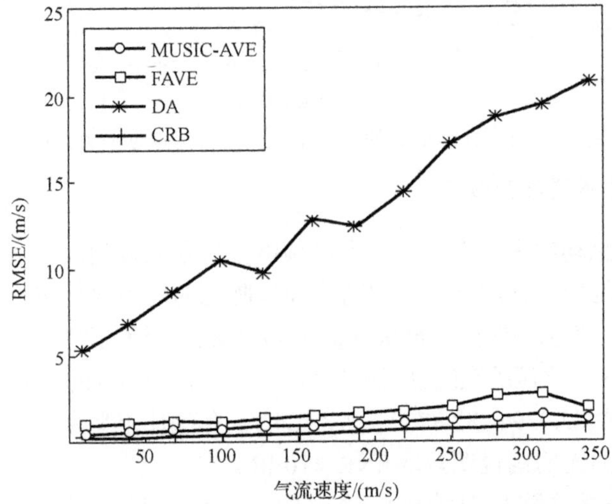

图 3-6　气流速度估计的均方根误差与气流速度的关系曲线

算法的估计精度最高，并且其估计的 RMSE 与 CRB 十分接近。更多的仿真验证结果见参考文献[2]～[5]。

3.2　等效声源分析法

3.2.1　等效声源原理

1. 理论分析

如图 3-7 所示，假定气流以一定速度 $\boldsymbol{v}$ 沿着 SO 轴线方向，即 $-y$ 方向流动，且流场稳定。现取声场内任一点 A 进行分析，设声源 S 与 A 点的径向距离是 r，SA 与 $-y$ 轴的夹角是 γ（$0<\gamma<\pi/2$）。在气流作用下，声源 S 导致声场内某一波阵面 $\overline{s}$ 作用于 A 点，设此时波阵面的球心为 O，且 OA 与 OS 的长度分别为 r_k 和 l_k。设声波波前由 S 到达 E 点的传播时间为 t，SE 长度为 l，则 $l=(c+v)t=ct+vt$，其中，c 为静止空气中的声速。又由于 $l=r_k+l_k$，则有 $r_k=ct$ 和 $l_k=vt$。定义气流马赫数（简称 M 数）$M=v/c$，则 $l_k=Mr_k$。当 $M=1$ 时，有 $r_k=l_k=r/(2\cos\gamma)$。因此，在运动气流作用下，声源 S 对 A 点处的作用相当于气流静止时 O 点处有一等效声源产生的波阵面对 A 点处的作用，这里，r_k 是等效声源 O 与 A 点的径向距离，可称为等效声源对应的等效半径。

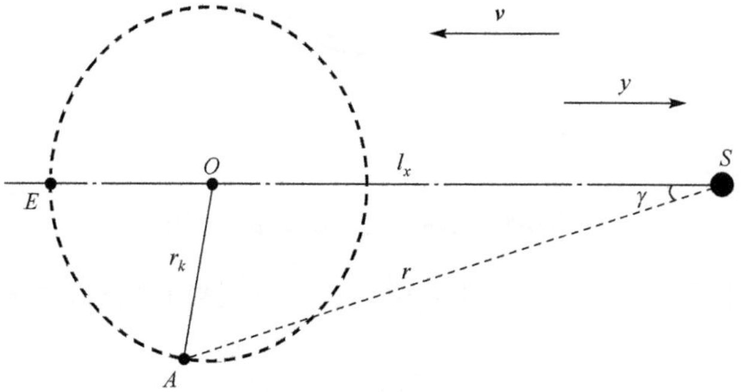

图 3-7　等效声源模型

对△OAS 运用余弦定理可得

$$\cos\gamma=\frac{r^2+l_k^2-r_k^2}{2rl_k} \tag{3-64}$$

将 $l_k=Mr_k$ 代入式(3-64)得

$$\cos\gamma=\frac{r^2+M^2r_k^2-r_k^2}{2rMr_k} \tag{3-65}$$

整理得

$$(M^2-1)r_k^2-2Mr\cos\gamma r_k+r^2=0 \tag{3-66}$$

式(3-66)为关于r_k的一元二次方程。现根据式(3-66)对不同M数情况下的等效半径进行具体分析。

1)当$M>1$时，对应超声速气流情形

因为在超声速气流作用下，急速运动的气流使声源S的来流方向，即图3-7中声源S的右侧，不可能有任何波动产生，所有的波前将被挤压而聚集在一个被称为马赫锥的圆锥面上。假定A点处于马赫锥内，如图3-8所示，马赫锥的半顶角$\psi(0<\psi<\pi/4)$满足如下关系

$$\sin\psi=\frac{c}{v}=\frac{1}{M} \tag{3-67}$$

由式(3-67)易知，M数越大，马赫锥的半顶角ψ反而越小。

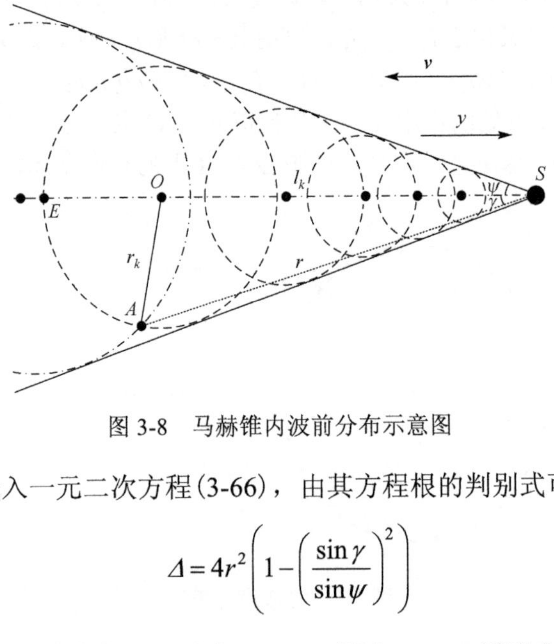

图3-8　马赫锥内波前分布示意图

将式(3-67)代入一元二次方程(3-66)，由其方程根的判别式可得

$$\Delta=4r^2\left(1-\left(\frac{\sin\gamma}{\sin\psi}\right)^2\right) \tag{3-68}$$

由于A点位于马赫锥内，即要求$\psi>\gamma$，所以$\Delta>0$。说明方程(3-66)有两个不等的实根，换句话说，可以求得两个等效半径，对应有两个等效声源，即

$$r_k=\frac{r\left(M\cos\gamma\pm\sqrt{1-M^2\sin^2\gamma}\right)}{M^2-1},\quad k=1,2 \tag{3-69}$$

这里假设$1<M<1/\sin\gamma$。在式(3-69)中，r_1又可以表示为

$$r_1=\frac{r\left(\sqrt{M^2-M^2\sin^2\gamma}-\sqrt{1-M^2\sin^2\gamma}\right)}{M^2-1} \tag{3-70}$$

又因为 $M>1$，所以 $r_1>0$。对于

$$r_2=\frac{r\left(M\cos\gamma+\sqrt{1-M^2\sin^2\gamma}\right)}{M^2-1} \tag{3-71}$$

因为 $1<M<1/\sin\gamma$，且 $0<\gamma<\psi<\pi/4$，则有 $M^2-1>0$，$\cos\gamma>0$，所以 $r_2>0$。而当 $1<M<1/\sin\gamma$ 时，必有 $\Delta>0$，使得 $r_1\neq r_2$。

综上分析可得，$r_1>0$，$r_2>0$，且 $r_1\neq r_2$。因此，在超声速气流（$1<M<1/\sin\gamma$）作用阶段，声源 S 对 A 点的作用，相当于静止气流中两个等效声源的波阵面在 A 点叠加作用的结果，两个等效声源均位于 SO 轴上，且到 A 点的距离分别为 r_1 和 r_2。

当 $M=1$ 时，一元二次方程(3-66)的二次项系数变为 0，经整理得

$$2r_k\cos\gamma=r \tag{3-72}$$

得到唯一的等效声源半径

$$r_1=\frac{r}{2\cos\gamma}=l \tag{3-73}$$

应注意，此时逆流方向的波阵面始终彼此相切，但各个波前不再被挤压在马赫锥面上。

2）当 $0\leqslant M<1$ 时，对应亚声速情形

此时一元二次方程(3-66)也有两个不等实根，其形式与式(3-69)相同。又因为 $0\leqslant M<1$，使得 $M^2-1<0$，结合式(3-70)可得 $r_1>0$；而因为 $0\leqslant M<1$，且 $0<\gamma<\pi/2$，使得 $M^2-1<0$，且 $\cos\gamma>0$，结合式(3-71)可得 $r_2<0$。由于在声波传播过程中，径向距离 r 不可能为负值，因而方程(3-66)只有一个具有明确物理意义的根，即

$$r_1=\frac{r\left(M\cos\gamma-\sqrt{1-M^2\sin^2\gamma}\right)}{M^2-1} \tag{3-74}$$

这说明，在亚声速气流情形下，作用在 A 点的等效声源仅有一个。

综上分析可知，当 $0\leqslant M\leqslant 1$ 时，声源 S 对 A 点的作用相当于气流静止时，有且仅有一个等效声源的波阵面在 A 点作用的结果，该等效声源位于 SO 轴，且到 A 点的距离为 r_1。图 3-9 为各个阶段等效声源的位置示意图，横轴上箭头指向表示随着 M 数的增加，等效声源的移动方向。

2．算例分析

以图 3-9 中的 A 点为坐标原点，y 方向作为 y 轴，建立右手坐标系 xyz，令真实声源的位置坐标为 $S(x_s,y_s,z_s)$，则有

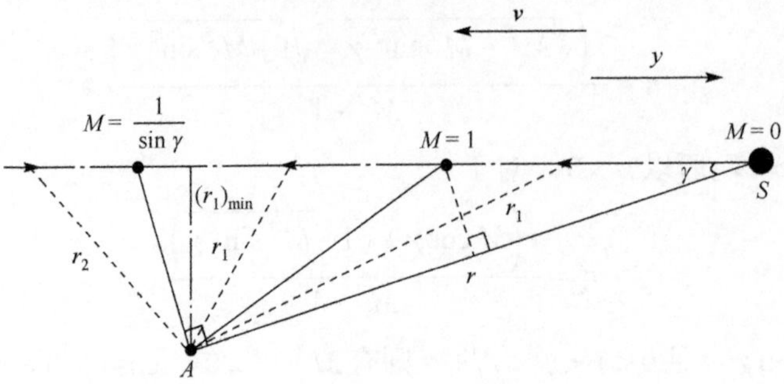

图 3-9　等效声源位置变化示意图

$$r=\sqrt{x_s^2+y_s^2+z_s^2},\quad \gamma=\arctan\frac{\sqrt{x_s^2+z_s^2}}{y_s}$$

图 3-10 为等效声源半径随 M 数的变化曲线，这里取声源的位置坐标为 $S(0.1\lambda,0.8\lambda,0.1\lambda)$，其中，$\lambda$ 为声波信号的波长。

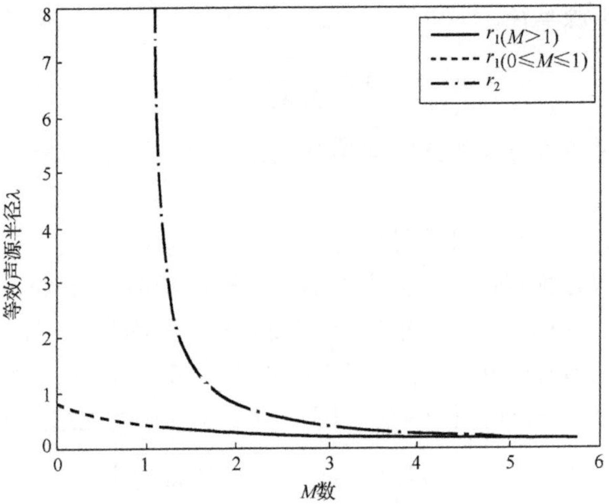

图 3-10　等效声源半径随 M 数的变化曲线

现结合图 3-10，对等效声源的半径 r_k 随 M 数变化趋势进行分析。

当 $0\leqslant M\leqslant 1$ 时，可以看出，当 $M=0$ 时，$r_1=r$；随着 M 数的逐渐增加，等效声源的半径 r_1 是逐渐减小的。又因为

$$\lim_{M\to 1^-} r_1=\lim_{M\to 1^-}\frac{r\left(M\cos\gamma-\sqrt{1-M^2\sin^2\gamma}\right)}{M^2-1}=\frac{r}{2\cos\gamma}\tag{3-75}$$

所以，r_1 在 $M=1$ 处是左连续的，且当 $M=1$ 时，$r_1=r/(2\cos\gamma)$。应当注意，当 $0\leqslant M<1$ 时，r_2 为负根。

当$1<M<1/\sin\gamma$时，由图 3-10 曲线可以看出，随着 M 数的逐渐增加，两个等效声源的半径中，r_2是逐渐减小的，而r_1是先逐渐减小，然后又逐渐增大的，其局部图如图 3-11 所示，故当$1<M<1/\sin\gamma$时，r_1有极小值，由图 3-9 易知，$(r_1)_{\min}=r\sin\gamma$，代入式(3-66)可得，此时对应的 M 数为$M=\cot\gamma$，将 M 数代入式(3-69)可得r_1最小时，对应的另一个等效半径$r_2=r\sin\gamma/\cos2\gamma$。又因为

$$\lim_{M\to1^+} r_1=\frac{r}{2\cos\gamma} \tag{3-76}$$

$$\lim_{M\to1^+} r_2=\lim_{M\to1^+}\frac{r\left(M\cos\gamma+\sqrt{1-M^2\sin^2\gamma}\right)}{M^2-1}=+\infty \tag{3-77}$$

所以，r_1在$M=1$处是右连续的。结合式(3-75)和式(3-76)可知，r_1在$M=1$处是连续的。而$M=1$，则是r_2的无穷间断点。另外，还应当注意到，随着M数的逐渐增大，r_1和r_2的大小越来越接近，直至相等。显然，此时$M=1/\sin\gamma$，即$\gamma=\psi$，A点处于马赫锥面上，等效声源半径$r_1=r_2=\dfrac{Mr\cos\gamma}{M^2-1}=r\tan\gamma$。

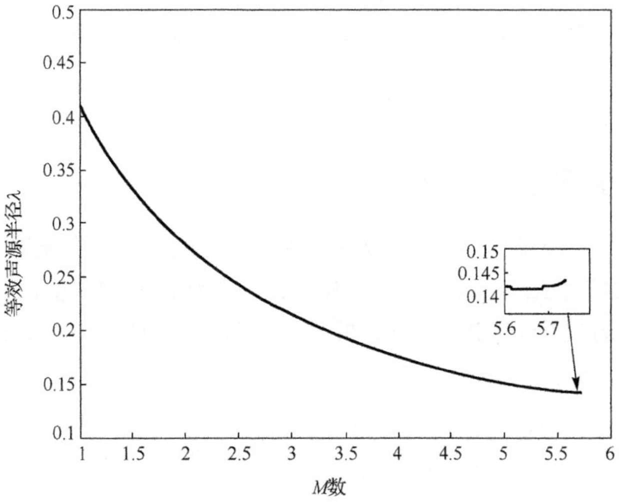

图 3-11　$M>1$时，半径r_1随M数的变化曲线

当M数变化时，等效半径r_1和r_2的关系曲线，如图 3-12 所示。

参数r和γ的取值同图 3-10。图 3-12 中曲线上箭头方向表示随着M数的增大，等效声源半径r_1和r_2的变化趋势。其中，虚线表示亚声速阶段，实线表示超声速阶段。由图 3-12 可以看出，亚声速阶段等效声源半径的关系曲线始终在r_1-r_2平面的第四象限，而超声速阶段等效声源半径的关系曲线始终在r_1-r_2平面的第一象限。只要声源S与测试点A位置固定，就可以得到一组如图 3-12 所示的曲线，曲线上的每一

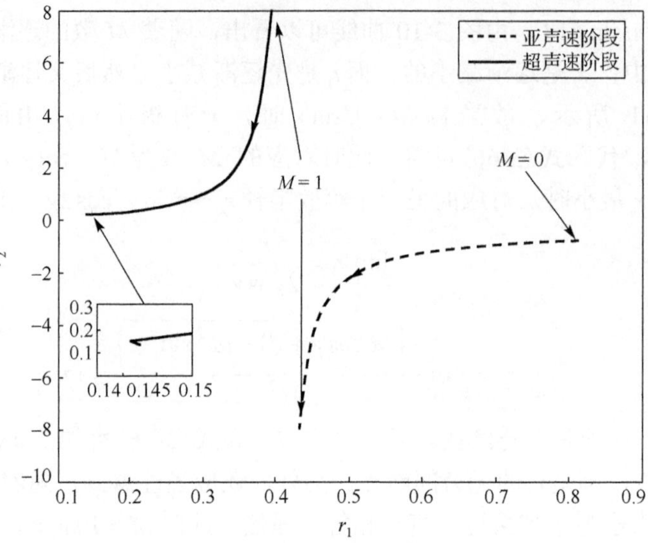

图 3-12　等效声源半径的关系曲线

个点对应唯一的 M 数。因此，无论是亚声速还是超声速气流作用，如果能设法估计出等效声源半径 r_1 和 r_2，便可以在图 3-12 所示的曲线上找到唯一的一点，也就能换算出当前的气流流动的 M 数。应当注意，虽然在亚声速阶段，等效声源半径 r_2 没有明确物理意义，但却在区别于超声速阶段的数学分析中很重要。

3.2.2　声波质点速度测量模型

如图 3-13 所示，设真实声源的位置为 $S(x_s, y_s, z_s)$，且声源发射的声波信号为一连续振动的单频信号 $s(t) = A\mathrm{e}^{\mathrm{j}(\omega t+\varphi)}$。其中，$A$ 为声波信号的幅值，ω 为声波角频率，φ 为信号在 $[0,2\pi)$ 之间均匀分布的随机相位。当 $v = 0$ 时，A 点处的声波质点速度

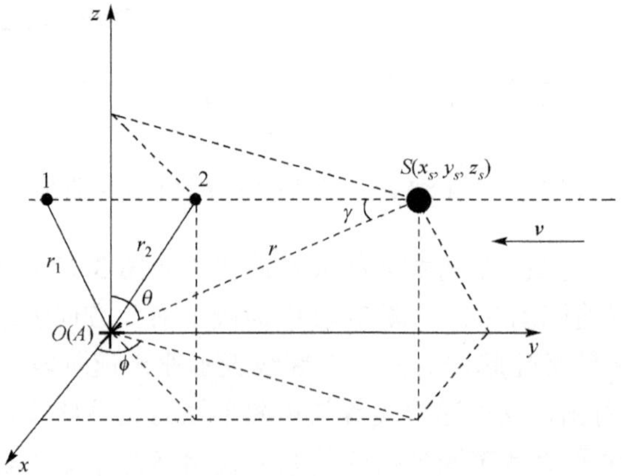

图 3-13　声矢量传感器测量模型示意图

矢量为

$$\boldsymbol{u}(t)=\boldsymbol{h}_r\frac{A}{\mathrm{j}\omega\rho r^2}\left(1+\mathrm{j}\omega\frac{r}{c}\right)\mathrm{e}^{\mathrm{j}\left(\omega t-\omega\frac{r}{c}+\varphi\right)} \tag{3-78}$$

其中，$\boldsymbol{h}_r=[\sin\theta\cos\phi,\sin\theta\sin\phi,\cos\theta]^{\mathrm{T}}$ 为真实声源 S 的径向单位向量。这里，$\theta\in(-\pi/2,\pi/2]$（从 z 轴测量）和 $\phi\in[0,2\pi)$ 分别表示声源 S 发射的声波传播到 A 点的俯仰角和方位角，ρ 表示空气的平均密度，r 表示声源 S 与 A 点的径向距离。

式(3-78)也可以表示为

$$\boldsymbol{u}(t)=\boldsymbol{h}_r\underbrace{\frac{1}{\mathrm{j}\omega\rho r^2}\left(1+\mathrm{j}\omega\frac{r}{c}\right)\mathrm{e}^{-\mathrm{j}\omega\frac{r}{c}}}_{s}A\mathrm{e}^{\mathrm{j}(\omega t+\varphi)}=\boldsymbol{h}_r s\cdot s(t)=\boldsymbol{a}(r)s(t) \tag{3-79}$$

由式(3-79)可以更清晰地解释 A 处的质点速度表达式的物理意义。事实上，$s(t)$ 为声源信号，经过了包含静止空气介质的传输通道到达 A 点。在理想情况下，A 点的声波质点速度为 $\boldsymbol{u}(t)$，而 $s=\frac{1}{\mathrm{j}\omega\rho r^2}\left(1+\mathrm{j}\omega\frac{r}{c}\right)\mathrm{e}^{-\mathrm{j}\omega\frac{r}{c}}$ 可以看成传输通道（包含传输距离、介质密度）的传递函数，它起到了对声源发射信号的调制作用。另外，$\boldsymbol{a}(r)=\boldsymbol{h}_r s$ 中包含了声源信号到 A 点的传播距离信息。

当 $v\neq 0$ 时，由于风（空气流动）的调制影响，A 处的质点速度表达式(3-78)和式(3-79)不再成立。这里，运用等效声源分析方法来建立 A 点的声波质点速度表达式。根据等效声源分析方法，在气流速度的作用下，原始声源发射的声波信号 $s(t)=A\mathrm{e}^{\mathrm{j}(\omega t+\varphi)}$ 传播了一段距离 l_k 成为所谓等效声源 $s_k(t)$ 的时间内，等效声源 $s_k(t)$ 发射的声波信号波前恰好以速度 c 传播到 A 点。因此，等效声源 $s_k(t)$ 的模型可以表示为

$$s_k(t)=\frac{A}{l_k}\mathrm{e}^{\mathrm{j}\left[\omega\left(t-\frac{l_k}{v}\right)+\varphi\right]} \tag{3-80}$$

又因为 $l_k=Mr_k$，传播时间 $\frac{l_k}{v}=\frac{r_k}{c}$，则

$$s_k(t)=\frac{A}{Mr_k}\mathrm{e}^{\mathrm{j}\left(\omega t-\omega\frac{r_k}{c}+\varphi\right)} \tag{3-81}$$

类似式(3-79)的处理方法，式(3-81)也可表示为

$$s_k(t)=\frac{1}{Mr_k}\mathrm{e}^{-\mathrm{j}\omega\frac{r_k}{c}}s(t) \tag{3-82}$$

其中，$u_k=\frac{1}{Mr_k}\mathrm{e}^{-\mathrm{j}\omega\frac{r_k}{c}}$ 为气流流动对原始声源发射信号 $s(t)$ 的调制影响。

当$0<M\leqslant 1$时，由于有且仅有一个等效声源的波阵面作用于 A 点，故结合式(3-79)和式(3-82)可得A点的声波质点速度表达式为

$$\begin{aligned}\boldsymbol{u}(t)&=\boldsymbol{h}_{r_1}\underbrace{\frac{1}{\mathrm{j}\omega\rho r_1^2}\left(1+\mathrm{j}\omega\frac{r_1}{c}\right)\mathrm{e}^{-\mathrm{j}\omega\frac{r_1}{c}}}_{s_1}\underbrace{\frac{1}{Mr_1}\mathrm{e}^{-\mathrm{j}\omega\frac{r_1}{c}}}_{u_1}A\mathrm{e}^{\mathrm{j}(\omega t+\varphi)}\\&=\boldsymbol{h}_{r_1}s_1u_1s(t)=\boldsymbol{a}(r_1)s(t)\end{aligned}\tag{3-83}$$

其中，$\boldsymbol{h}_{r_1}=[\sin\theta_1\cos\phi_1,\sin\theta_1\sin\phi_1,\cos\theta_1]^{\mathrm{T}}$为等效声源的径向单位向量。这里，$\theta_1\in(-\pi/2,\pi/2]$(从$z$轴测量)和$\phi_1\in[0,2\pi)$分别表示等效声源发射的声波传播到$A$点的俯仰角和方位角。又由图3-13易知，等效声源1的位置坐标为$(x_s,\sqrt{r_1^2-x_s^2-z_s^2},z_s)$，则式(3-83)中等效声源1的径向方向余弦向量$\boldsymbol{h}_{r_1}$也可以由真实声源位置参数和等效声源到传感器的距离参数表示为$\boldsymbol{h}_{r_1}=\left[\frac{x_s}{r_1},\frac{\sqrt{r_1^2-x_s^2-z_s^2}}{r_1},\frac{z_s}{r_1}\right]^{\mathrm{T}}$。$\boldsymbol{a}(r_1)=\boldsymbol{h}_{r_1}s_1u_1$，结合式(3-74)可知，$\boldsymbol{a}(r_1)$中包含了气流速度信息，且式(3-83)中只有气流速度信息是未知的。

当$1<M<1/\sin\gamma$时，由于对应有两个等效声源产生的波阵面在A点叠加，则A点的声质点速度矢量为

$$\begin{aligned}\boldsymbol{u}(t)&=\boldsymbol{u}_1(t)+\boldsymbol{u}_2(t)\\&=\boldsymbol{h}_{r_1}\underbrace{\frac{1}{\mathrm{j}\omega\rho r_1^2}\left(1+\mathrm{j}\omega\frac{r_1}{c}\right)\mathrm{e}^{-\mathrm{j}\omega\frac{r_1}{c}}}_{s_1}\underbrace{\frac{1}{Mr_1}\mathrm{e}^{-\mathrm{j}\omega\frac{r_1}{c}}}_{u_1}A\mathrm{e}^{\mathrm{j}(\omega t+\varphi)}\\&\quad+\boldsymbol{h}_{r_2}\underbrace{\frac{1}{\mathrm{j}\omega\rho r_2^2}\left(1+\mathrm{j}\omega\frac{r_2}{c}\right)\mathrm{e}^{-\mathrm{j}\omega\frac{r_2}{c}}}_{s_2}\underbrace{\frac{1}{Mr_2}\mathrm{e}^{-\mathrm{j}\omega\frac{r_2}{c}}}_{u_2}A\mathrm{e}^{\mathrm{j}(\omega t+\varphi)}\\&=(\boldsymbol{h}_{r_1}s_1u_1+\boldsymbol{h}_{r_2}s_2u_2)s(t)=\boldsymbol{a}(r_1,r_2)s(t)\end{aligned}\tag{3-84}$$

其中，$\boldsymbol{u}_k(t)(k=1,2)$为第$k$个等效声源产生的声波传到 A 点时的质点速度，$\boldsymbol{h}_{r_k}=[\sin\theta_k\cos\phi_k,\sin\theta_k\sin\phi_k,\cos\theta_k]^{\mathrm{T}}$ $(k=1,2)$为第k个等效声源的径向单位向量。这里，$\theta_k\in(-\pi/2,\pi/2]$(从 z 轴测量)和$\phi_k\in[0,2\pi)$分别表示第k个等效声源入射到传感器的俯仰角和方位角。又由图3-13可知，第k个等效声源的位置坐标为$(x_s,\sqrt{r_k^2-x_s^2-z_s^2},z_s)$，则式(3-84)中第$k$个等效声源的径向方向余弦向量$\boldsymbol{h}_{r_k}$也可以由真实声源位置参数和等效声源到传感器的距离参数表示为$\boldsymbol{h}_{r_k}=\left[\frac{x_s}{r_k},\frac{\sqrt{r_k^2-x_s^2-z_s^2}}{r_k},\frac{z_s}{r_k}\right]^{\mathrm{T}}$ $(k=1,2)$，再结合式(3-69)

发现，$\boldsymbol{a}(r_1,r_2)=\boldsymbol{h}_{r_1}s_1u_1+\boldsymbol{h}_{r_2}s_2u_2$ 中只有气流速度信息是待估计的。

基于上一节的分析可知，对不同位置的传感器，其对应的等效声源的位置实际上是各不相同的，因此无法根据各阵元间接收信号的相位延迟来构造传感器阵列接收模型。现在坐标原点 $O(A)$ 处放置一个声矢量传感器，则在马赫数为 M（对应速度为 v）的稳定气流作用下，声矢量传感器的输出模型为

$$\boldsymbol{x}(t)=\begin{cases}\boldsymbol{a}(r_1)s(t)+\boldsymbol{n}(t), & 0<M\leqslant 1\\ \boldsymbol{a}(r_1,r_2)s(t)+\boldsymbol{n}(t), & 1<M<1/\sin\gamma\end{cases} \tag{3-85}$$

其中，$\boldsymbol{n}(t)$ 表示矢量传感器上的 3×1 维的加性高斯白噪声矢量，$\boldsymbol{n}(t)=[n_x(t),n_y(t),n_z(t)]^{\mathrm{T}}$，且三个分量相互独立。

3.2.3　基于二维广义 MUSIC 的估计算法

由 3.2.1 节的分析可知，亚声速和超声速气流运动阶段声波的传播规律有着显著差别，虽然在亚声速阶段等效声源半径 $r_2<0$，没有明确的物理意义，但可以用来作为判断气流速度为亚声速还是超声速的一个重要依据。为此，根据声矢量传感器测量数据，利用此参数可实现对气流速度是处于亚声速还是超声速的准确判断，进而估计出当前的气流速度。

首先，无论真实的待测气流速度是否为超声速，声矢量传感器的输出数据 $\boldsymbol{x}(t)$ 均采用超声速模型来匹配，则结合式(3-84)和式(3-85)可得

$$\boldsymbol{x}(t)=(\boldsymbol{h}_{r_1}s_1u_1+\boldsymbol{h}_{r_2}s_2u_2)s(t)+\boldsymbol{n}(t)=\boldsymbol{A}(r_1,r_2)\begin{bmatrix}x_1(t)\\ x_2(t)\end{bmatrix}+\boldsymbol{n}(t) \tag{3-86}$$

其中，$\boldsymbol{A}(r_1,r_2)=[\boldsymbol{h}_{r_1},\boldsymbol{h}_{r_2}]$，$x_1(t)=s_1u_1s(t)$，$x_2(t)=s_2u_2s(t)$，由于 $x_1(t)$ 和 $x_2(t)$ 来自于同一真实声源 $s(t)$，故 $x_1(t)$ 与 $x_2(t)$ 是一对相干信号，则有 $x_2(t)=\mu x_1(t)$，这里 μ 为某一复常数。于是，式(3-86)可变为

$$\boldsymbol{x}(t)=\boldsymbol{A}(r_1,r_2)\boldsymbol{c}x_1(t)+\boldsymbol{n}(t) \tag{3-87}$$

其中，$\boldsymbol{c}=[1,\mu]^{\mathrm{T}}$。

此外，由式(3-85)可得单个声矢量传感器接收数据的协方差矩阵如下

$$\boldsymbol{R}_x=E\{\boldsymbol{x}(t)\boldsymbol{x}^{\mathrm{H}}(t)\}=\sigma_s^2\boldsymbol{a}(r_1,r_2)\boldsymbol{a}^{\mathrm{H}}(r_1,r_2)+\sigma_n^2\boldsymbol{I}_3 \tag{3-88}$$

其中，$\sigma_s^2=E\{s(t)s^*(t)\}$ 为声源发射的声波信号功率，而 σ_n^2 为声矢量传感器各个分量上的测量噪声功率。对 $\boldsymbol{R}_x$ 进行特征值分解，可以得到如下关系

$$\boldsymbol{R}_x=\lambda_s\boldsymbol{u}_s\boldsymbol{u}_s^{\mathrm{H}}+\boldsymbol{U}_n\boldsymbol{\Lambda}_n\boldsymbol{U}_n^{\mathrm{H}} \tag{3-89}$$

其中，λ_s 为协方差矩阵 $\boldsymbol{R}_x$ 的最大特征值，$\boldsymbol{u}_s\in\mathbf{C}^{3\times1}$ 为特征值 λ_s 所对应的特征向量，且 $\boldsymbol{u}_s$ 所张成的子空间称为 $\boldsymbol{R}_x$ 的信号子空间；$\boldsymbol{\Lambda}_n$ 为 $\boldsymbol{R}_x$ 的另外两个特征值组成的对角阵，

而 $\boldsymbol{U}_n \in \mathbf{C}^{3\times2}$ 是与特征对角阵 $\boldsymbol{\Lambda}_n$ 各对角元素相对应的特征向量依次排列而成的矩阵，且 $\boldsymbol{U}_n$ 的各列所张成的子空间称为 $\boldsymbol{R}_x$ 的噪声子空间。应注意，由于声矢量传感器接收到的两个等效声波信号是相干的，所以，在没有进行任何解相干预处理的情况下，$\boldsymbol{R}_x$ 只有一个显著大的特征值，即 λ_s，因此常规的 MUSIC 算法无法对这两个信号进行区分。

由式(3-87)可知

$$\boldsymbol{A}(r_1,r_2)\boldsymbol{c} = \boldsymbol{h}_{r_1} + \mu\boldsymbol{h}_{r_2} \tag{3-90}$$

则根据子空间正交原理有

$$(\boldsymbol{U}_n\boldsymbol{U}_n^{\mathrm{H}})\boldsymbol{A}(r_1,r_2)\boldsymbol{c} = 0 \tag{3-91}$$

注意，在式(3-91)中，将阵列流形矢量 $\boldsymbol{h}_{r_1}$ 和 $\boldsymbol{h}_{r_2}$ 单独投影到 $(\boldsymbol{U}_n\boldsymbol{U}_n^{\mathrm{H}})$ 上不是零向量。

事实上，声矢量传感器输出数据的协方差矩阵 $\boldsymbol{R}_x$，一般是利用有限快拍的采样数据得出的采样协方差矩阵来代替的，即

$$\hat{\boldsymbol{R}}_x = \frac{1}{T}\sum_{t=1}^{T}\boldsymbol{x}(t)\boldsymbol{x}^{\mathrm{H}}(t) \tag{3-92}$$

其中，T 为快拍数。对 $\hat{\boldsymbol{R}}_x$ 进行特征值分解，同样可得

$$\hat{\boldsymbol{R}}_x = \hat{\lambda}_s\hat{\boldsymbol{u}}_s\hat{\boldsymbol{u}}_s^{\mathrm{H}} + \hat{\boldsymbol{U}}_n\hat{\boldsymbol{\Lambda}}_n\hat{\boldsymbol{U}}_n^{\mathrm{H}} \tag{3-93}$$

关于等效半径 r_1、r_2 的二维广义 MUSIC(Generalized MUSIC，GMUSIC)伪谱函数可表述为

$$P_{\mathrm{GMUSIC}}(r_1,r_2) = \left[\min_{\boldsymbol{c}}\frac{\boldsymbol{c}^{\mathrm{H}}\boldsymbol{A}^{\mathrm{H}}(r_1,r_2)\hat{\boldsymbol{U}}_n\hat{\boldsymbol{U}}_n^{\mathrm{H}}\boldsymbol{A}(r_1,r_2)\boldsymbol{c}}{\boldsymbol{c}^{\mathrm{H}}\boldsymbol{A}^{\mathrm{H}}(r_1,r_2)\boldsymbol{A}(r_1,r_2)\boldsymbol{c}}\right]^{-1} \tag{3-94}$$

由式(3-94)可知，二维广义 MUSIC 谱的构成与 r_1、r_2 和 μ 这三个参数有关。要想得到关于 r_1 和 r_2 的二维 MUSIC 谱，应首先确定在某一参数对 (r_1,r_2) 下 μ 的取值。为此，定义矩阵束 $(\boldsymbol{A}^{\mathrm{H}}\hat{\boldsymbol{U}}_n\hat{\boldsymbol{U}}_n^{\mathrm{H}}\boldsymbol{A},\boldsymbol{A}^{\mathrm{H}}\boldsymbol{A})$ 的广义瑞利(Rayleigh)商

$$R(\boldsymbol{c}) = \frac{\boldsymbol{c}^{\mathrm{H}}\boldsymbol{A}^{\mathrm{H}}\hat{\boldsymbol{U}}_n\hat{\boldsymbol{U}}_n^{\mathrm{H}}\boldsymbol{A}\boldsymbol{c}}{\boldsymbol{c}^{\mathrm{H}}\boldsymbol{A}^{\mathrm{H}}\boldsymbol{A}\boldsymbol{c}} \tag{3-95}$$

若选择 $\boldsymbol{A}^{\mathrm{H}}\hat{\boldsymbol{U}}_n\hat{\boldsymbol{U}}_n^{\mathrm{H}}\boldsymbol{A}\boldsymbol{c} = \lambda_{\min}\boldsymbol{A}^{\mathrm{H}}\boldsymbol{A}\boldsymbol{c}$，则 $R(\boldsymbol{c})$ 取最小值，且 $\min\limits_{\boldsymbol{c}} R(\boldsymbol{c}) = \lambda_{\min}$，就是说，欲使广义瑞利商最小化，向量 $\boldsymbol{c}$ 必须选取与矩阵束 $(\boldsymbol{A}^{\mathrm{H}}\hat{\boldsymbol{U}}_n\hat{\boldsymbol{U}}_n^{\mathrm{H}}\boldsymbol{A},\boldsymbol{A}^{\mathrm{H}}\boldsymbol{A})$ 最小广义特征值对应的广义特征向量。再将求得的向量 $\boldsymbol{c}$ 相对于第一个元素进行归一化处理，所得的归一化向量的第二个元素即为 μ 的估计值。

在 μ 的所有可能取值情况下，可得到关于 r_1 和 r_2 的二维 MUSIC 谱，谱峰对应的两个坐标值即为对 r_1 和 r_2 的估计值 $\hat{r}_1$、$\hat{r}_2$。根据 $\hat{r}_2$ 的符号就可以确定当前气流速度是亚声速还是超声速：当 $\hat{r}_2 > 0$ 时，气流速度为超声速；当 $\hat{r}_2 < 0$ 时，气流速度为亚声速。再将 $\hat{r}_2$ 反代入到式(3-66)中，求解如下一元二次方程

$$\hat{r}_2^2M^2 - 2r\hat{r}_2\cos\gamma M + (r^2 - \hat{r}_2^2) = 0 \tag{3-96}$$

排除掉其中一个不合理的根(如负根、根不在期望的速度范围内等)，得到 M 数的估计值 $\hat{M}$，则待测气流速度的估计为 $\hat{v}=\hat{M}\cdot c$。应当注意的是，虽然通过等效半径的估计值 $\hat{r}_1$ 和 $\hat{r}_2$ 反代入式(3-66)都可以求出 M 数估计值，但只能选择了等效半径 $\hat{r}_2$，原因在于由图 3-11 和图 3-12 的分析结果可以看出，当 $M>1$ 时，有可能会出现一个 r_1 对应两个超声速估计值的情形，此时无法判断哪一个估计值为真实气流速度。换句话说，当 $\cot\gamma<M<1/\sin\gamma$ 时，会发生对 r_1 估计的模糊问题。

3.2.4　仿真验证

一内径为 D 的圆柱形管路，如图 3-14 所示，一个声矢量传感器固定在管路内壁，为了克服管壁黏滞性对声源发射声波信号的影响，考虑在垂直于管路母线方向上安装一根短细杆，声源安装于短杆末端，此处不考虑声波信号的反射与折射，忽略细短杆对气流扰动的影响。

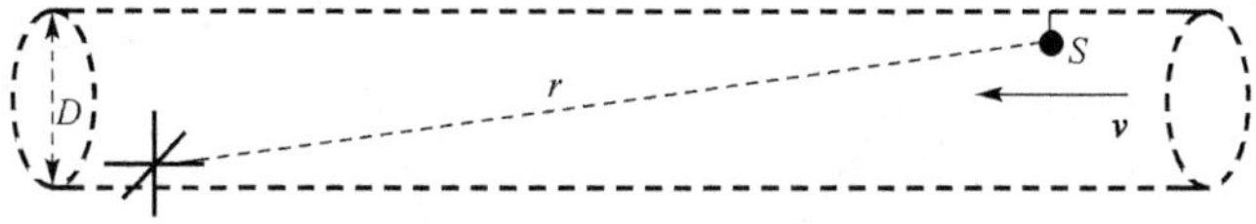

图 3-14　测量装置剖面图

设声源发射的声波信号频率为 680Hz，则可计算出声波波长为 $\lambda=0.5\text{m}$，声源的空间位置设为 $S(0.1\lambda,0.8\lambda,0.1\lambda)$，则声源的方位 (θ,ϕ) 为 $(82.9294°,82.8750°)$，声源到声矢量传感器之间的距离 $r=0.4062\text{m}$，矢量传感器各分量上的噪声假设为零均值复高斯白噪声，信噪比定义为 $\text{SNR}=10\lg(A^2/\sigma_n^2)$，快拍数 $T=500$。

为了评价 GMUSIC 算法的统计特性，进行 100 次 Monte Carlo 仿真实验。假定待测的稳定气流速度为 $v=900\text{m/s}$，图 3-15 给出了气流速度估计 $\hat{v}$ 的均方根误差与

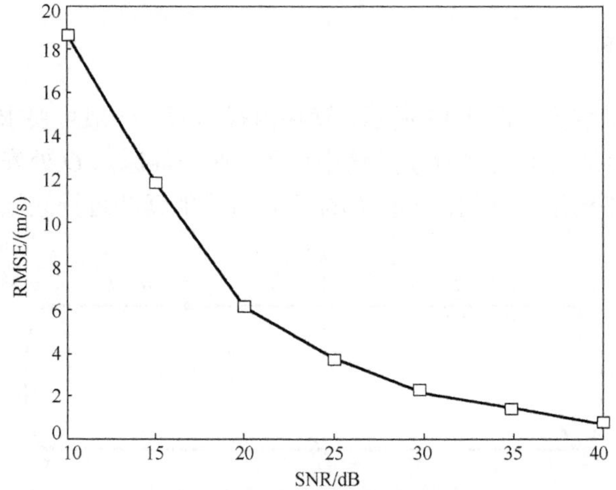

图 3-15　气流速度估计的均方根误差随信噪比的变化曲线

信噪比的关系曲线。可以看出，气流速度 $\hat{v}$ 的 RMSE 随着信噪比的逐渐提高而逐渐减小，这意味着算法对气流速度的估计精度是越来越高的。

假定信噪比 SNR=20dB，图 3-16 给出了气流速度估计 $\hat{v}$ 的均方根误差随着气流速度的变化曲线。可以看出，随着气流速度的逐渐增大，气流速度估计 $\hat{v}$ 的 RMSE 始终保持在一定的误差范围内波动。更多的仿真验证结果见参考文献[6]～[9]。

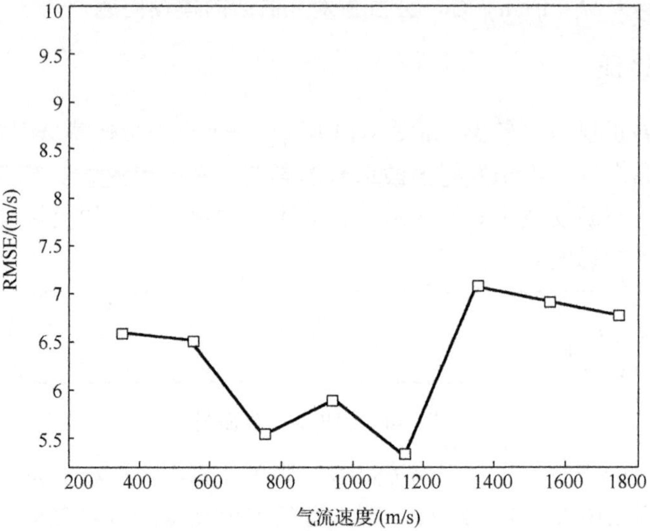

图 3-16　气流速度估计的均方根误差与气流速度的关系曲线

3.3　声波传播时间测量法

3.3.1　测量模型

气流速度测量装置如图 3-17 所示，管路内径为 D，一般可要求 D 在 1～2cm 范围内。在管路的内剖面上建立 xOy 直角坐标系。在坐标原点 O 处安装一个声波发射换能器，整个管路测量装置的内剖面都位于发射换能器的近场区域，即发射换能器

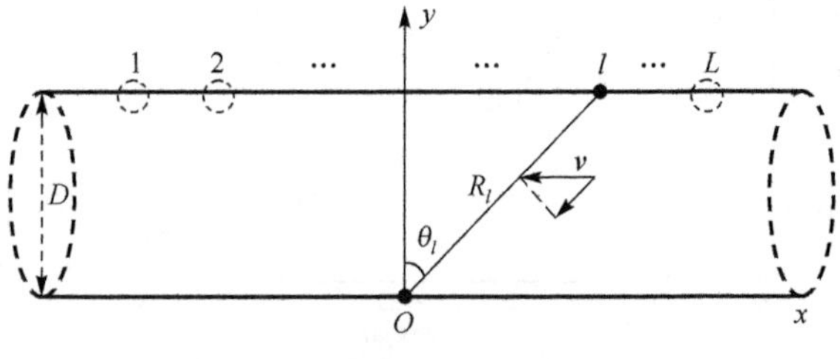

图 3-17　气流速度测量装置剖面图

发射的声波到各接收换能器的传播距离小于声波波长，则发射换能器发射到管路内各点的声波波阵面均为球面波。在管路内壁正上方平行于 x 轴的方向布置 L 个声波接收换能器，分别编号为 1,2,⋯,L，设第 l（$l=1,\cdots,L$）个接收换能器相对于发射换能器的方位角为 θ_l，则 $\theta_l \in (-\pi/2, \pi/2)$（从 y 轴测量）。

如图 3-17 所示，设声波波阵面由发射换能器发射到达第 l 个接收换能器的传播距离为 R_l，则

$$R_l = \frac{D}{\cos\theta_l} \tag{3-97}$$

为便于分析，假设气流从 x 轴正向吹来。若气流是从其他方向吹来的，则可通过坐标变换的方法将气流方向变换到 x 轴上来。当气流速度 $v=0$ 时，声波波阵面由发射换能器发射到达第 l 个接收换能器的传播时间为

$$\tau_{l_0} = \frac{R_l}{c} = \frac{D}{c \cdot \cos\theta_l} \tag{3-98}$$

其中，c 为声波传播速度。当 $0<v<c$ 时，对应亚声速气流情形，声波波阵面的传播时间变为

$$\tau_{l_{\text{sub}}} = \frac{R_l}{c - v\sin\theta_l} = \frac{D}{(c - v\sin\theta_l)\cos\theta_l},\ \theta_l \in \left(-\frac{\pi}{2}, \frac{\pi}{2}\right) \tag{3-99}$$

由式(3-99)可以看出，在亚声速气流情况下，即 $0<v<c$，若 $\theta_l \in (-\pi/2, 0)$，则传播时间 $\tau_{l_{\text{sub}}}$ 随 v 增加是单调递减的，而在 $\theta_l \in (0, \pi/2)$，传播时间 $\tau_{l_{\text{sub}}}$ 随 v 增加是单调递增的。特殊地，当 θ_l=0 时，有 $\tau_{l_{\text{sub}}} = \tau_{l_0} = D/c$，这说明对任意 $v \in [0, c)$，声波波阵面到达该接收换能器的传播时间始终保持不变。图 3-18 给出了当 $D=1.5\text{cm}$ 时，在整个亚声速域，不同方位角对应的声波传播时间曲线。这里取声波传播速度 $c=340\text{m/s}$。

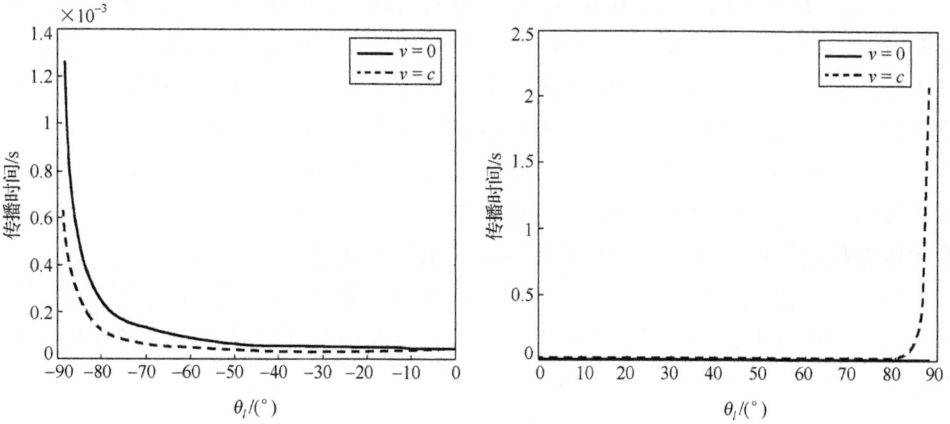

(a) θ_l<0°　　(b) θ_l>0°

图 3-18　亚声速情形下声波传播时间随方位角的变化曲线

当$v \geqslant c$时，对应于超声速气流情形，声波传播波阵面如图 3-19 所示。这时，波阵面一方面扩展，一方面顺流而下，所有波阵面被挤压而聚集在一个马赫锥的锥面内。在马赫锥内，波面必然会产生叠加，而在马赫锥外侧，没有任何波动产生。

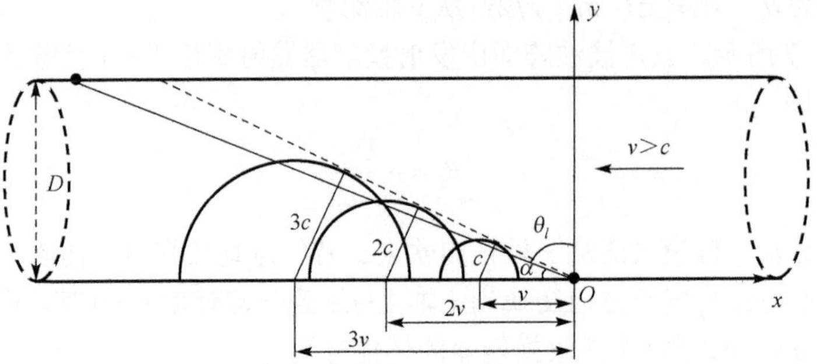

图 3-19　$v>c$ 时声波波阵面传播示意图

由图 3-19 可得

$$\sin\alpha = \frac{c}{v} \tag{3-100}$$

其中，$\alpha = \arcsin\dfrac{c}{v}$ 称为马赫角。只有当接收换能器位于y轴的左半平面且方位角满足$\pi/2+\theta_l<\alpha$时，换能器才能接收到声波信号，且声波波阵面由发射换能器传播到该接收换能器的时间为

$$\tau_{l_{\sup}} = \frac{D}{(c - v\sin\theta_l)\cos\theta_l},\ \theta_l \in \left(-\frac{\pi}{2}, -\frac{\pi}{2}+\alpha\right) \tag{3-101}$$

由式(3-101)可以看出，在$\theta_l \in (-\pi/2, 0)$的情况下，传播时间$\tau_{l_{\sup}}$随v增加而单调递减。此外，由$\pi/2+\theta_l<\alpha$，可得$\sin(\pi/2+\theta_l)<\sin\alpha$，即$\cos\theta_l<c/v$，则有$v<c/\cos\theta_l$。该不等式给出了方位角为$\theta_l$的接收换能器可测量到的超声速气流速度的上界。当待测气流速度$v \geqslant c/\cos\theta_l$时，该接收换能器将接收不到发射的声波。

值得一提的是，对超声速气流，方位角为$\theta_l=0$的接收换能器始终接收不到发射的声波信号。而对亚声速气流，此接收换能器可以接收到声波信号。这样，可以根据此接收换能器是否接收声波信号来判断当前气流速度是亚声速还是超声速。

另外，在研究管路内的气流流动时，必须进行分段处理。因为当气流流入管路时，气流的黏性剪切效应是由管壁开始逐渐向管路中心处扩展的。在这个过程中，管路内截面上的气流速度分布随着流动距离的增加不断变化，此时的气流流动称为起始段流动。只有当气流的黏性剪切效应完全扩展到整个管路内时，管路截面上的气流速度分布随着流动距离的增加不再变化，则流动进入充分发展流动阶段。对于紊流，在工程应用中起始段的长度约为$25D \sim 40D$。因此，在实际应用中，可将声波发射换能器和接收换能器基阵安装在管路内的充分发展流动段，换句话说，在测量管路前端应预留一段长度约为 $25D \sim 40D$ 的引气管路。

图 3-20 给出了当 $D = 1.5\text{cm}$ 时，在整个可测的超声速域，不同的方位角对应的声波传播时间曲线。这里取声波传播速度 $c = 340\text{m/s}$。

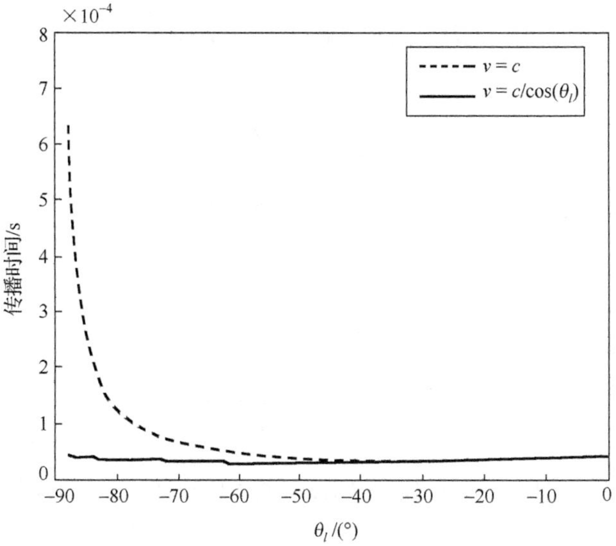

图 3-20　超声速情形下声波传播时间随方位角的变化曲线

下面从理论上解释当 $v \geqslant c$ 时，只有 y 轴左半平面产生波动的原因。如图 3-21 所示，令 $\boldsymbol{s}_p(t)$ 为 t 时刻波前上的一个移动点，则在速度为 $\boldsymbol{v}$ 的气流作用下，该移动点的瞬时速度为

$$\frac{\mathrm{d}\boldsymbol{s}_p}{\mathrm{d}t} = \boldsymbol{v}(\boldsymbol{s}_p, t) + \boldsymbol{n}(\boldsymbol{s}_p, t)c \tag{3-102}$$

其中，$\boldsymbol{n}$ 为波前法向单位矢量。如图 3-21 所示，设 t 时刻声波波阵面上该移动点到达接收换能器 l，则该波阵面的球心坐标为 $(-vt, 0)$。

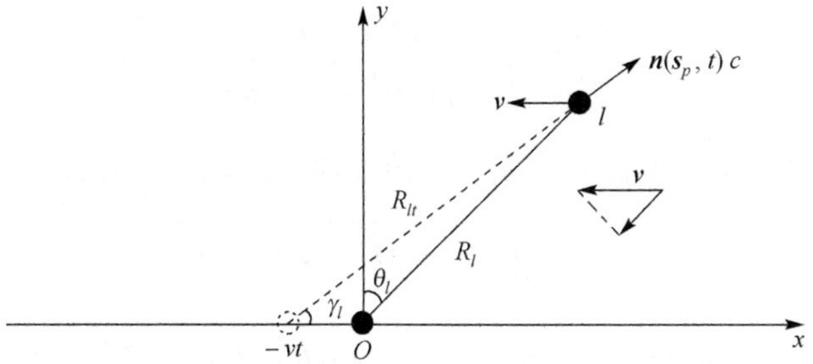

图 3-21　波阵面上某点的速度矢量

由余弦定理可得

$$R_{lt}^2 = R_l^2 + (vt)^2 - 2R_l vt\cos\left(\frac{\pi}{2} + \theta_l\right), \quad \theta_l \in \left(-\frac{\pi}{2}, \frac{\pi}{2}\right) \tag{3-103}$$

则有

$$R_{lt} = \sqrt{R_l^2 + (vt)^2 + 2R_l vt\sin\theta_l} \tag{3-104}$$

又由正弦定理得

$$\frac{R_l}{\sin\gamma_l} = \frac{R_{lt}}{\sin\left(\frac{\pi}{2} + \theta_l\right)} \tag{3-105}$$

解得

$$\sin\gamma_l = \frac{R_l}{R_{lt}}\cos\theta_l \tag{3-106}$$

$$\cos\gamma_l = \frac{R_l\sin\theta_l + vt}{R_{lt}} \tag{3-107}$$

由式(3-104)、式(3-106)和式(3-107)可将t时刻移动点$\boldsymbol{s}_p(t)$的波前法向矢量表示为

$$\boldsymbol{n}(\boldsymbol{s}_p, t) = \begin{bmatrix} \cos\gamma_l \\ \sin\gamma_l \end{bmatrix} = \begin{bmatrix} R_l\sin\theta_l + vt \\ R_l\cos\theta_l \end{bmatrix} \frac{1}{\sqrt{R_l^2 + (vt)^2 + 2R_l vt\sin\theta_l}} \tag{3-108}$$

显然，当$t = 0$时，波前法向矢量$\boldsymbol{n}(\boldsymbol{s}_p, 0) = \begin{bmatrix} \sin\theta_l \\ \cos\theta_l \end{bmatrix}$。令$\frac{\mathrm{d}x}{\mathrm{d}t}$、$\frac{\mathrm{d}y}{\mathrm{d}t}$分别为$t$时刻移动点瞬时速度$\frac{\mathrm{d}\boldsymbol{s}_p}{\mathrm{d}t}$在$x$和$y$轴上的投影分量，则有

$$\frac{\mathrm{d}x}{\mathrm{d}t} = -v + \frac{c(R_l\sin\theta_l + vt)}{\sqrt{R_l^2 + (vt)^2 + 2R_l vt\sin\theta_l}} \tag{3-109}$$

$$\frac{\mathrm{d}y}{\mathrm{d}t} = \frac{cR_l\cos\theta_l}{\sqrt{R_l^2 + (vt)^2 + 2R_l vt\sin\theta_l}} \tag{3-110}$$

求解式(3-109)和式(3-110)并代入初始条件$x(0) = 0$，$y(0) = 0$，可得

$$x(t) = -vt + \frac{c}{v}\left(\sqrt{R_l^2 + (vt)^2 + 2R_l vt\sin\theta_l} - R_l\right) \tag{3-111}$$

$$y(t) = \frac{cR_l\cos\theta_l}{v}\ln\left(\frac{R_l\sin\theta_l + vt + \sqrt{R_l^2 + (vt)^2 + 2R_l vt\sin\theta_l}}{R_l\sin\theta_l + R_l}\right) \tag{3-112}$$

应当注意的是，由于 v 与 t 之间存在耦合关系，即使给定 t 时刻波前上一点坐标 $(x(t),y(t))$，通过联立上述两个方程也无法求出 v 与 t 的解。

为了分析气流速度变化对波阵面横向位移的影响，可将式(3-111)转化为如下形式

$$x(t)=\sqrt{\left(\frac{c}{v}R_l\right)^2+(ct)^2+2R_l\frac{c^2}{v}t\sin\theta_l}-\sqrt{\left(\frac{c}{v}R_l\right)^2+(vt)^2+2R_lct} \tag{3-113}$$

令

$$\begin{aligned}\Delta x&=(ct)^2+2R_l\frac{c^2}{v}t\sin\theta_l-(vt)^2-2R_lct\\&=\left(1-\frac{v^2}{c^2}\right)(ct)^2+2R_l\frac{c^2}{v}t\left(\sin\theta_l-\frac{v}{c}\right)\end{aligned} \tag{3-114}$$

由上式可看出，一般情况下，随着 t 的增大，波阵面将向四周逐渐扩展，即 Δx 可正可负，但是，当 $\frac{v}{c}\geqslant 1$ 时，对任意 $t>0$ 和任意 $\theta_l\in(-\pi/2,\pi/2)$，都有 $\Delta x<0$，进而 $x(t)<0$，换句话说，当气流速度 v 大等于 c 时，声波波阵面上所有点都不可能传播到 y 轴右半平面。

3.3.2　测量方法

1．计时法

声波信号由发射换能器发射到达第 l 个接收阵元的传播时间 τ_l 的测量可由计时器来完成。声波发射瞬间计时器开始计时，当第 l 个接收换能器检测到声波信号时，计时结束，计时时间应为 τ_l。由于声波在介质传播过程中受到环境噪声的影响，在声波到达瞬间，接收换能器接收到的信号是由声波信号和噪声组成的，而声波未到达时，接收换能器只会接收到噪声信号。因此，为了较准确测得传播时间，需要对接收换能器的接收信号进行检测，通过判别接收信号中是否含有声波信号来决定计时是否结束。这是典型的基于单次观测的二元复确知信号检测问题

$$\begin{cases}H_0: & z_l(t)=n_l(t)\\H_1: & z_l(t)=s(t-\tau_l)+n_l(t)\end{cases} \tag{3-115}$$

其中，$z_l(t)$ 表示 t 时刻第 l 个接收换能器的接收信号，$n_l(t)$ 为第 l 个接收换能器上的零均值、方差为 σ_n^2 的加性复高斯白噪声，可表示为 $n_l(t)\sim\mathcal{CN}(0,\sigma_n^2)$。在计时法中，考虑发射换能器发射的声波信号为一串周期性的矩形脉冲信号，则 $s(t)=\sum_{p=0}^{P-1}A_sh(t-pT)$，其中，$0\leqslant t\leqslant PT$，$h(t)$ 是宽度有限的单位幅度脉冲，A_s 为矩形脉冲信号的幅值，T

为脉冲重复间隔。传播时间 τ_l 是未知的非随机参量，则假设 H_1 是参量情况下的复合假设。

考虑到一般既无法预知各假设 $H_j(j=0,1)$ 的先验概率，也不能对各种判决结果给出明确的代价因子，故可采用比较常用的 N-P(Neyman-Pearson)准则来解决上述的检测问题。N-P 准则是在给定错误判决概率 $P(H_1|H_0)=\alpha$ 的约束条件下，使正确判决概率 $P(H_1|H_1)$ 最大的准则。

由 $n_l(t)\sim\mathcal{CN}(0,\sigma_n^2)$ 可得，在 $t_0(0<t_0<T)$ 时刻，假设 H_0 和假设 H_1 下单次观测信号 $z_l(t_0)$ 的概率密度函数分别表示为

$$p(z_l(t_0)|H_0)=\frac{1}{\pi\sigma_n^2}\mathrm{e}^{-\frac{|z_l(t_0)|^2}{\sigma_n^2}} \tag{3-116}$$

$$p(z_l(t_0)|\tau_l;H_1)=\frac{1}{\pi\sigma_n^2}\mathrm{e}^{-\frac{|z_l(t_0)-A_s|^2}{\sigma_n^2}} \tag{3-117}$$

似然比检验为

$$\lambda(z_l(t_0))=\frac{p(z_l(t_0)|\tau_l;H_1)}{p(z_l(t_0)|H_0)}=\mathrm{e}^{-\frac{1}{\sigma_n^2}\left[|z_l(t_0)-A_s|^2-|z_l(t_0)|^2\right]}\underset{H_0}{\overset{H_1}{\gtrless}}\eta \tag{3-118}$$

其中，η 为似然比检测门限。对式(3-118)两边取自然对数并化简，得

$$\frac{2A_s}{\sigma_n^2}\mathrm{Re}\{z_l(t_0)\}-\frac{A_s^2}{\sigma_n^2}\underset{H_0}{\overset{H_1}{\gtrless}}\ln\eta \tag{3-119}$$

整理上式得到判决表达式

$$l(z_l(t_0))\overset{\mathrm{def}}{=}\mathrm{Re}\{z_l(t_0)\}\underset{H_0}{\overset{H_1}{\gtrless}}\frac{\sigma_n^2}{2A_s}\ln\eta+\frac{A_s}{2}\overset{\mathrm{def}}{=}\gamma(\eta) \tag{3-120}$$

该判决表达式对应的检验统计量为 $l(z_l(t_0))$，检测门限 $\gamma(\eta)$ 待求。另外，由 $z_l(t_0)$ 是复高斯随机变量可知

$$(z_l(t_0)|H_0)\sim\mathcal{CN}(0,\sigma_n^2) \tag{3-121}$$

$$(z_l(t_0)|H_1)\sim\mathcal{CN}(A_s,\sigma_n^2) \tag{3-122}$$

由于复高斯随机变量的实部和虚部均为实高斯随机变量，相互统计独立且方差均为复高斯随机变量方差的一半，所以

$$(l|H_0)\sim\mathcal{N}\left(0,\frac{\sigma_n^2}{2}\right) \tag{3-123}$$

$$(l|H_1) \sim \mathcal{N}\left(A_s, \frac{\sigma_n^2}{2}\right) \tag{3-124}$$

再根据判决表示式(3-120)和给定的错误判决概率 $P(H_1|H_0)=\alpha$ 的约束条件，有

$$P(H_1|H_0)=\int_{\gamma(\eta)}^{\infty} p(l|H_0)\mathrm{d}l=\alpha \tag{3-125}$$

进一步可将式(3-125)表述为

$$P(H_1|H_0)=\int_{\frac{\sqrt{2}\gamma(\eta)}{\sigma_n}}^{\infty}\left(\frac{1}{2\pi}\right)^{\frac{1}{2}} \mathrm{e}^{-\frac{u^2}{2}}\mathrm{d}u=\varPhi\left[\frac{\sqrt{2}\gamma(\eta)}{\sigma_n}\right]=\alpha \tag{3-126}$$

其中，$\varPhi[u_0]=\int_{u_0}^{\infty}\left(\frac{1}{2\pi}\right)^{\frac{1}{2}} \mathrm{e}^{-\frac{u^2}{2}}\mathrm{d}u$ 表示标准高斯分布从 u_0 到 $+\infty$ 的右尾积分，注意到 $\varPhi[u_0]$ 是关于 u_0 的单调递减函数。由该式可反求出检测门限 $\gamma(\eta)$，再根据式(3-120)可进一步求出似然比检测门限 η 和判决概率，即检测概率

$$P(H_1|H_1)=\int_{\gamma(\eta)}^{\infty} p(l|H_1)\mathrm{d}l=\int_{\frac{\sqrt{2}[\gamma(\eta)-A_s]}{\sigma_n}}^{\infty}\left(\frac{1}{2\pi}\right)^{\frac{1}{2}} \mathrm{e}^{-\frac{u^2}{2}}\mathrm{d}u=\varPhi\left[\frac{\sqrt{2}\gamma(\eta)}{\sigma_n}-\frac{\sqrt{2}A_s}{\sigma_n}\right] \tag{3-127}$$

定义 $\mathrm{SNR}=\frac{A_s^2}{\sigma_n^2}$，并结合式(3-126)可得

$$P(H_1|H_1)=\varPhi\left[\varPhi^{-1}\left[P(H_1|H_0)\right]-\frac{\sqrt{2}A_s}{\sigma_n}\right]=\varPhi\left[\varPhi^{-1}[\alpha]-\sqrt{2\mathrm{SNR}}\right] \tag{3-128}$$

其中，$\varPhi^{-1}[\bullet]$ 表示 $\varPhi[\bullet]$ 的反函数。由该式可以看出，在给定错误判决概率 $P(H_1|H_0)=\alpha$ 的约束条件下，检测概率 $P(H_1|H_1)$ 是随 SNR 单调增加的，通过增加发射脉冲的幅值 A_s 可以提高 SNR；而在 SNR 保持不变的情况下，增大检测概率 $P(H_1|H_1)$ 会导致错误判决概率 $P(H_1|H_0)$ 随之增大。

综上分析，利用计时法实现声波传播时间 τ_l 测量的系统框图如图 3-22 所示。

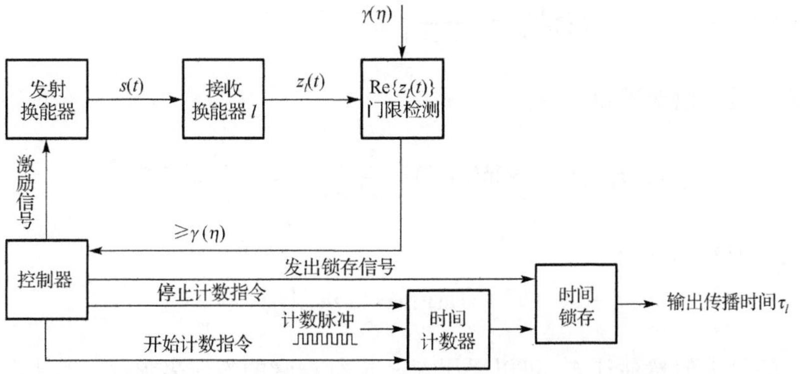

图 3-22　利用计时法测量声波传播时间的系统框图

可以看出，在控制器给发射换能器发出激励信号的同时，也给时间计数器发出“开始计数”指令。这时发射换能器开始发射声波信号 $s(t)$，时间计数器也开始计时。检测器开始对接收换能器的输出信号 $z_l(t)$ 进行检测，当 $\mathrm{Re}\{z_l(t)\}$ 大于检测门限 $\gamma(\eta)$ 时，控制器给时间计数器发出“停止计数”指令，同时向时间锁存器发出锁存信号，时间计数器的计数值进入时间锁存器，时间计数器的计数值经换算后，可输出声波传播时间 τ_l 的测量值。

计时法是对接收信号进行实时检测的，因此只需要单次测量数据就可以测出声波传播时间，这样不仅节省了数据存储空间，而且能实现对快变气流速度的跟踪测量。采用计时法的缺点在于，传播时间的测量精度由计时器的分辨率和环境噪声决定。要准确测得传播时间，就要求计时器有足够高的分辨率和精度，导致硬件成本很高。环境噪声不仅会引起计时误差，而且由此导致的错误判决概率 α 会随着检测概率的增大而增大，可能会引起对声波信号检测失败的风险。

2. *最大似然估计方法*

为了克服计时法的不足，本节提出一种基于多快拍接收数据的最大似然估计(Maximum Likelihood Estimation，MLE)方法，将它用于估计声波传播时间。该方法不需要计时器，节省了硬件成本，同时还避免了对声波信号检测失败的风险。

假设发射换能器发射一个连续单频声波信号 $s(t)=A\mathrm{e}^{\mathrm{j}\omega t}$，且接收换能器 l 在规定的时间范围内接收到了发射的声波信号，则式(3-115)中

$$s(t-\tau_l)=\frac{A}{R_l}\mathrm{e}^{\mathrm{j}(\omega t-\omega\tau_l)} \tag{3-129}$$

其中，A 为发射换能器发射的声波信号的幅值，$\omega=2\pi f$，f 为声波信号的频率。由 $n_l(t)\sim\mathcal{CN}(0,\sigma_n^2)$ 和式(3-127)可得，对于第 l 个接收换能器上的 N 次连续观测矢量 $\boldsymbol{z}_l=[z_l(1),\cdots,z_l(N)]^{\mathrm{T}}$，其联合概率密度函数(即似然函数)为

$$p(\boldsymbol{z}_l|\tau_l)=\left(\frac{1}{\pi\sigma_n^2}\right)^N\mathrm{e}^{-\frac{1}{\sigma_n^2}\sum_{t=1}^{N}\left|z_l(t)-\frac{A}{R_l}\mathrm{e}^{\mathrm{j}(\omega t-\omega\tau_l)}\right|^2} \tag{3-130}$$

对该式两端取对数得

$$\ln p(\boldsymbol{z}_l|\tau_l)=-N\ln(\pi\sigma_n^2)-\frac{1}{\sigma_n^2}\sum_{t=1}^{N}\left|z_l(t)-\frac{A}{R_l}\mathrm{e}^{\mathrm{j}(\omega t-\omega\tau_l)}\right|^2 \tag{3-131}$$

则 τ_l 的最大似然估计为

$$\hat{\tau}_{l_{\mathrm{ML}}}=\arg\max_{\tau_l}\ln p(\boldsymbol{z}_l|\tau_l) \tag{3-132}$$

这里，τ_l 的最大似然估计 $\hat{\tau}_{l_{\mathrm{ML}}}$ 可以采用对 τ_l 进行搜索的方法来求解，其中，当 $\theta_l<0$

时，搜索区间为$(\tau_{l_{\min}},\tau_{l_0}]$，当$\theta_l>0$时，搜索区间变为$[\tau_{l_0},\tau_{l_1})$。若采用求导法求$\tau_l$，则$\dfrac{\partial\ln p(z_l|\tau_l)}{\partial\tau_l}=0$后，得到的是一个关于$\tau_l$的三角函数方程，其求解十分复杂，且只能近似得到$\tau_l$的数值解。

应当说明的是，采用最大似然估计方法获得准确的传播时间估计值是需要多次连续采样快拍数据的，且算法计算量比较大，因此算法实时性不如计时法。

3．气流速度测量

根据测量原理可知，采用一个接收换能器可对气流速度进行有效测量，该接收换能器的方位角θ_1决定了整个装置可测的最大气流速度。如果待测气流速度是超声速，则选取$\theta_1<0$。由于在亚声速气流作用下，管路内各个位置都能接收到声波信号。接收换能器的方位角θ_1只需根据待测的超声速气流速度范围来确定。θ_1的取值确定了声波传播时间范围为$(\tau_{1_{\min}},\tau_{1_1}]$（超声速）和$(\tau_{1_1},\tau_{1_0}]$（亚声速），其中，$\tau_{1_{\min}}$、$\tau_{1_1}$、$\tau_{1_0}$分别表示$v=c/\cos\theta_1$、$v=c$、$v=0$时的声波传播时间，它们是预先已知的。设在某一气流作用下，接收换能器接收到声波的传播时间为τ_1，则由式(3-101)得待测气流速度的估计值为$\hat{v}=\dfrac{c\tau_1\cos\theta_1-D}{\tau_1\sin\theta_1\cos\theta_1}$。

虽然采用一个接收换能器可以实现对气流速度的测量，但是气流速度的测量精度可能得不到保证，因为不同方位角的气流速度测量精度是不同的。下面将研究在不同角度下，速度测量分辨率Δv与声波传播时间变化量$\Delta\tau_l$之间的关系。通常，传播时间变化量越大，其时间的测量精度越高，对应的速度测量精度也越高。

将声波传播时间与气流速度的关系式$\tau_l=\dfrac{D}{(c-v\sin\theta_l)\cos\theta_l}$两端对$v$求导，可得在给定$\theta_l$情况下，传播时间$\tau_l$随气流速度$v$的变化率，即传播时间变化率

$$\frac{\mathrm{d}\tau_l}{\mathrm{d}v}=\frac{D\tan\theta_l}{(c-v\sin\theta_l)^2} \tag{3-133}$$

则传播时间变化量$\Delta\tau_l$与Δv的关系为

$$\Delta\tau_l=\left|\frac{\mathrm{d}\tau_l}{\mathrm{d}v}\right|\cdot\Delta v \tag{3-134}$$

由式(3-133)和式(3-134)可以看出，即使在同一角度，相同速度测量分辨率Δv所对应的声波传播时间变化量$\Delta\tau_l$也是各不相同的，这时，它是气流速度v的函数，因此，在同一角度，气流速度测量精度随着气流速度的变化也各不相同。将式(3-133)两端对v求导得

$$\frac{d^2\tau_l}{dv^2}=\frac{2D\sin\theta_l\tan\theta_l}{(c-v\sin\theta_l)^3} \tag{3-135}$$

对位于 y 轴右半平面的接收换能器有 $\theta_l>0$，当气流速度由 0 逐渐增大到 c 时，根据式(3-135)始终有 $\frac{d^2\tau_l}{dv^2}>0$ 成立，说明传播时间变化率 $\frac{d\tau_l}{dv}$ 随着气流速度增加是单调递增的。而由式(3-133)可知，此时 $\frac{d\tau_l}{dv}>0$ 也始终成立，则说明传播时间 τ_l 随着气流速度增加也是单调递增的。图 3-23 给出了当 $\theta_l=60°,70°,80°$ 时，传播时间 τ_l

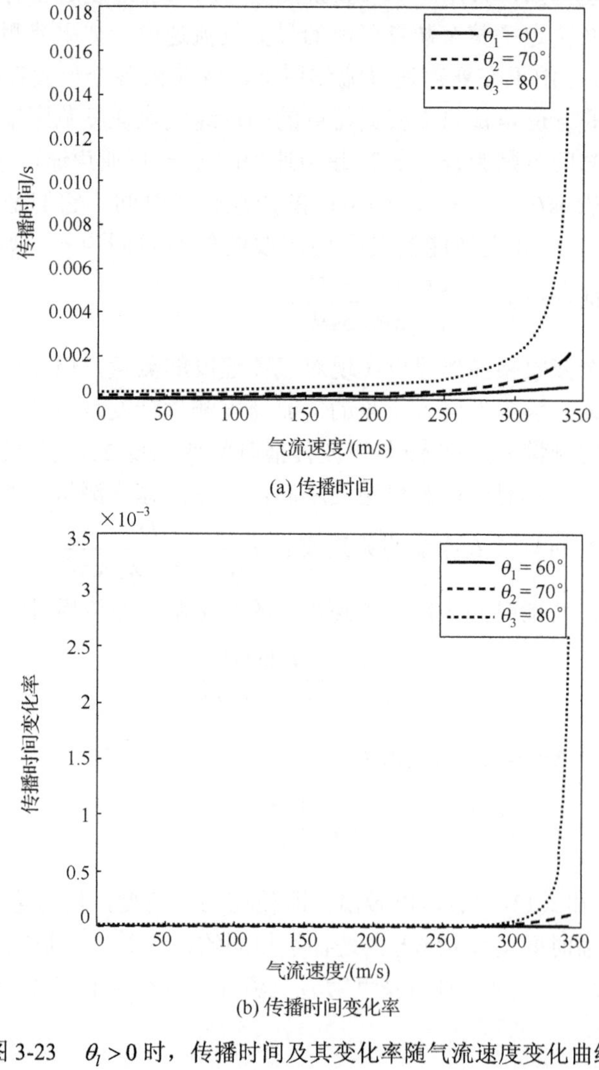

(a) 传播时间

(b) 传播时间变化率

图 3-23　$\theta_l>0$ 时，传播时间及其变化率随气流速度变化曲线

及其变化率 $\frac{\mathrm{d}\tau_l}{\mathrm{d}v}$ 随气流速度 v 的变化曲线。对位于 y 轴左半平面的接收换能器有 $\theta_l<0$，当气流速度由 0 逐渐增大到 $\frac{c}{\cos\theta_l}$ 时，根据式(3-133)始终有 $\frac{\mathrm{d}^2\tau_l}{\mathrm{d}v^2}>0$ 成立，说明传播时间变化率 $\frac{\mathrm{d}\tau_l}{\mathrm{d}v}$ 随着气流速度增加也是单调递增的。而由式(3-133)知，此时 $\frac{\mathrm{d}\tau_l}{\mathrm{d}v}<0$ 始终成立，则说明传播时间 τ_l 随着气流速度增加是单调递减的。

图 3-24 给出了当 $\theta_l=-80°,-70°,-60°$ 时，声波传播时间 τ_l 及其变化率 $\frac{\mathrm{d}\tau_l}{\mathrm{d}v}$ 随气流速度 v 的变化曲线。由图 3-23(b)和图 3-24(b)可以看出，$|\theta_l|$ 的数值越大，传播时间变化量 $\Delta\tau_l$ 越大，气流速度测量精度就越好。但是，θ_l 为正时所对应的传播时间变化量 $\Delta\tau_l$ 明显高于 θ_l 为负时的情形。因此，当测量超声速气流时，应选取接收换能器的方位角 $\theta_l<0$ 且绝对值尽可能大，这样可以获得较高的测量精度。同理，当测量亚声速气流时，显然应选取接收换能器的方位角 $\theta_l>0$ 且数值尽可能大。

综上分析可知，只采用一个接收换能器不能保证气流速度的高精度测量(尤其是亚声速气流)。为了增强测量装置工作的可靠性和提高气流速度测量精度，应采用至少两个接收换能器来构成测量装置。考虑到 θ_l 为负且绝对值越大，气流速度测量范围越大且测量精度越高，接收换能器 1 的方位角 θ_1 可基于这一原则来确定。根据 θ_l 为正且数值越大，亚声速气流速度测量精度越高的原则来确定接收换能器 2 的方位角 θ_2。在某一气流作用下，若声波到达接收换能器 1 的传播时间 τ_1 满足

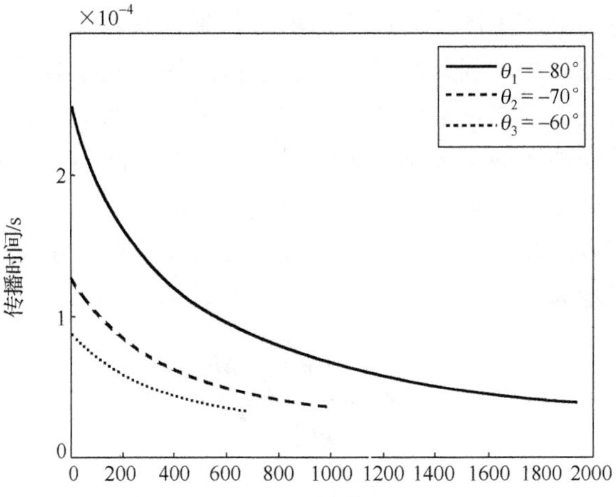

(a) 传播时间

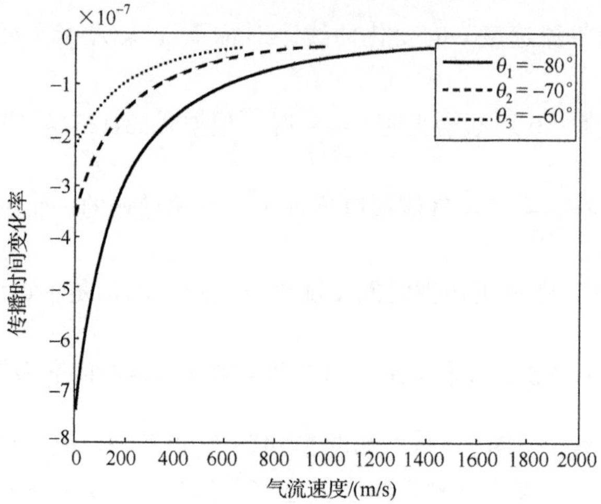

(b) 传播时间变化率

图 3-24　$\theta_l < 0$ 时，传播时间及其变化率随气流速度变化曲线

$\tau_1 \in (\tau_{1_{\min}}, \tau_{1_1}]$，则将 τ_1 代入式(3-101)可得待测气流速度的估计值为 $\hat{v} = \dfrac{c\tau_1 \cos\theta_1 - D}{\tau_1 \sin\theta_1 \cos\theta_1}$；若 τ_1 满足 $\tau_1 \in (\tau_{1_1}, \tau_{1_0}]$，则应考虑声波到达接收换能器 2 的传播时间 τ_2，并将 τ_2 代入式(3-99)可得待测气流速度的估计值为 $\hat{v} = \dfrac{c\tau_2 \cos\theta_2 - D}{\tau_2 \sin\theta_2 \cos\theta_2}$。这里，$\tau_{1_0}$ 与 τ_{2_0} 分别表示 $v = 0$ 时，声波到达接收换能器 1 和 2 的传播时间，其具体形式见式(3-98)。

若应用此方法测量飞机的空速时，应当注意如下问题。在超声速气流作用下，飞机机身和机翼前部会产生激波，而管路测量装置是嵌入式安装在飞机机头或机翼前缘的，与机体表面齐平，因此测量装置位于激波后。测量装置前方的激波是正激波还是斜激波主要取决于测量装置的安装位置和机体表面的形状。如钝头前机体，当测量装置嵌入式安装在钝头体顶端附近时，其前方激波为正激波，而当测量装置嵌入式安装在钝头体侧后位置时，其前方激波为斜激波。

当测量装置前方激波为正激波时，激波后必为亚声速。正激波前、后气流马赫数之间的关系可表示为

$$M_2^2 = \frac{1 + \dfrac{k-1}{2} M_1^2}{k M_1^2 - \dfrac{k-1}{2}} \tag{3-136}$$

其中，k 称为摩尔热容比，对空气而言，$k = 1.4$。M_1 和 M_2 分别为激波前、后的气流马赫数。利用式(3-136)可求出正激波前的气流马赫数，进而求得超声速气流速度。

当测量装置前方激波为斜激波时，由于激波角为锐角，激波后可能是亚声速，

也可能是超声速。因此，利用此方法测量斜激波后的超声速气流速度时，斜激波前、后气流马赫数之间的关系可表示为

$$M_2^2=\frac{M_1^2+\dfrac{2}{k-1}}{\dfrac{2k}{k-1}M_1^2\sin^2\beta-1}+\frac{\dfrac{2}{k-1}M_1^2\cos^2\beta}{M_1^2\sin^2\beta+\dfrac{2}{k-1}} \tag{3-137}$$

其中，β 为激波角，对于斜激波，激波角 $\beta<90^\circ$。同理，可求出斜激波前的超声速气流速度。

另外，当激波后气流速度仍为超声速时，管路内气流可能受阻而产生斜激波，斜激波会在管路内来回反射，从而对声源发射的声波产生干扰影响。针对这个实际问题，可以考虑采用滤波方法来减小激波干扰的影响，并在速度换算过程中进行误差修正以保证测量精度。

3.3.3　性能分析

1. 阵元位置的扰动性分析

在实际应用场合，由于安装误差、长时间使用等因素，接收换能器基阵各阵元的位置不可能与期望的阵元位置完全一致，从而出现了阵元位置误差，这将导致对气流速度的估计产生偏差。下面推导在阵元位置误差影响下的气流速度估计误差。

设第 i 个接收换能器的位置扰动为 δ_{θ_i}，则由式(3-99)或式(3-101)可得存在扰动时待测气流速度的估计值为

$$\tilde{v}_i=\frac{2c\tau_i\cos\tilde{\theta}_i-2D}{\tau_i\sin2\tilde{\theta}_i} \tag{3-138}$$

其中，$\tilde{\theta}_i=\theta_i+\delta_{\theta_i}$。假定 δ_{θ_i} 是零均值且方差很小的随机变量，取 $\tilde{v}_i$ 的一阶泰勒展开式

$$\tilde{v}_i=\frac{c\tau_i\cos\theta_i-D}{\tau_i\sin\theta_i\cos\theta_i}+\left.\frac{\partial\tilde{v}_i}{\partial\delta_{\theta_i}}\right|_{\delta_{\theta_i}=0}\cdot\delta_{\theta_i}=v_i-\frac{4c\tau_i\cos^3\theta_i+4D\cos2\theta_i}{\tau_i\sin^2(2\theta_i)}\cdot\delta_{\theta_i} \tag{3-139}$$

由上式可知，当存在位置误差时，气流速度的估计误差为

$$\delta_{v_i}=-\frac{4c\tau_i\cos^3\theta_i+4D\cos2\theta_i}{\tau_i\sin^2(2\theta_i)}\cdot\delta_{\theta_i} \tag{3-140}$$

2. 计时误差分析

在计时法中，计时误差主要是由计时器的计数周期 T_r 引起的，而计数周期 T_r 反映了计时器的分辨率，计时误差也会导致对气流速度的估计产生误差。设在稳定气流作用下，声波到达第 i 个接收换能器的真实传播时间为 τ_i，而计时器测得的传播

时间为 $\hat{\tau}_i = N_0 T_r$，其中，N_0 为计时脉冲个数，则计时误差为

$$\delta_{\tau_i} = \left| N_0 T_r - \tau_i \right| \tag{3-141}$$

将 δ_{τ_i} 代入式(3-134)得到气流速度估计误差为

$$\delta_{v_i} = \frac{\delta_{\tau_i}(c - v\sin\theta_i)^2}{D \cdot \left|\tan\theta_i\right|} \tag{3-142}$$

为了减小 δ_{τ_i} 引起的气流速度测量误差，可采用分辨率更高的计时器。但是计时器分辨率越高，成本也就越高，所以在实际工程应用中，应在满足工程条件所需测量精度和尽可能降低成本两者间寻求一个折中。

3. CRB 推导

下面推导 τ_l 估计的 CRB 表达式，CRB 给出了对 τ_l 的无偏估计的最优性能。将式(3-131)两端对 τ_l 求一阶和二阶导数得到

$$\frac{\partial \ln p(z_l|\tau_l)}{\partial \tau_l} = \frac{2A}{\sigma_n^2 R_l} \sum_{t=1}^{N} \mathrm{Re}\left\{ \mathrm{j}\omega z_l(t) \mathrm{e}^{\mathrm{j}(\omega\tau_l - \omega t)} \right\} \tag{3-143}$$

$$\frac{\partial^2 \ln p(z_l|\tau_l)}{\partial \tau_l^2} = -\frac{2A\omega^2}{\sigma_n^2 R_l} \sum_{t=1}^{N} \mathrm{Re}\left\{ z_l(t) \mathrm{e}^{\mathrm{j}(\omega\tau_l - \omega t)} \right\} \tag{3-144}$$

则参数 τ_l 的 Fisher 信息函数为

$$I(\tau_l) = -E\left[\frac{\partial^2 \ln p(z_l|\tau_l)}{\partial \tau_l^2} \right] = \frac{2A\omega^2}{\sigma_n^2 R_l} \sum_{t=1}^{N} \mathrm{Re}\left\{ E\left[z_l(t)\right] \mathrm{e}^{\mathrm{j}(\omega\tau_l - \omega t)} \right\} \tag{3-145}$$

其中，“$E[\bullet]$”表示求数学期望。又由 $z_l(t) = s(t-\tau_l) + n_l(t)$ 和式(3-129)可得

$$E\left[z_l(t)\right] = \frac{A}{R_l} \mathrm{e}^{\mathrm{j}(\omega t - \omega\tau_l)} \tag{3-146}$$

将其代入式(3-145)得到

$$I(\tau_l) = \frac{2NA^2\omega^2}{\sigma_n^2 R_l^2} \tag{3-147}$$

故关于 τ_l 估计的 CRB 表达式为

$$\mathrm{CRB}(\tau_l) = \frac{1}{I(\tau_l)} = \frac{\sigma_n^2 R_l^2}{2NA^2\omega^2} \tag{3-148}$$

将 $\sqrt{\mathrm{CRB}(\tau_l)}$ 代入式(3-134)并整理可得对气流速度 v 估计的 CRB 表达式为

$$\mathrm{CRB}(v) = \frac{(c - v\sin\theta_l)^4}{D^2 \tan^2\theta_l} \mathrm{CRB}(\tau_l) \tag{3-149}$$

3.3.4 仿真验证

设管路内径 $D=1.5\text{cm}$，静止声场中的声速 $c=340\text{m/s}$。

1) 实验 1：计时法测量性能实验

考虑在稳定流动的空气中，发射换能器发射的声波信号为一串周期性的矩形脉冲信号，脉冲周期为 5s。根据气流速度测量原理，能否准确测量管路中的气流速度取决于声波传播时间的测量准确度，而为了准确测量传播时间，需要对接收换能器端的信号进行实时检测。因此，气流速度测量性能取决于接收换能器端信号的检测性能。图 3-25 给出了类 N-P 检测方法的性能曲线。

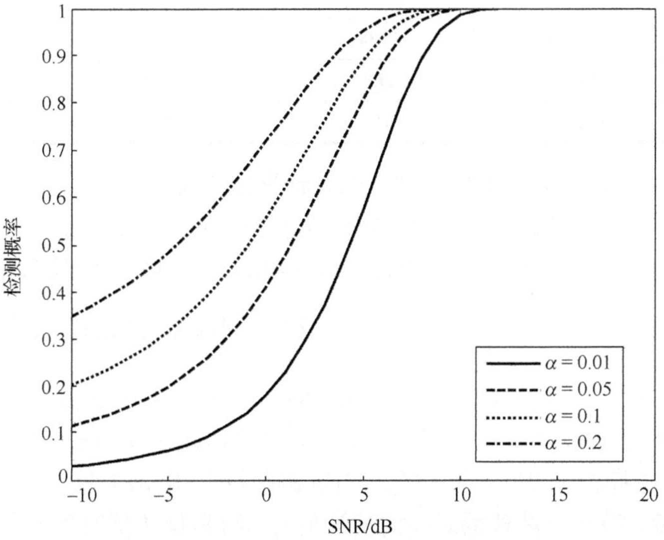

图 3-25　检测概率随信噪比变化曲线

可以看出，在给定错误判决概率 $P(H_1|H_0)=\alpha$ 的条件下，检测概率 $P(H_1|H_1)$ 随 SNR 单调增加；而在 SNR 一定的情况下，增大检测概率 $P(H_1|H_1)$ 会导致错误判决概率 $P(H_1|H_0)$ 也随之增大，这与理论分析结果是相一致的。因此，在测量装置工作时，为保证高可靠性地检测到信号，应适当增大发射换能器的发射功率，以提高 SNR，进而确保测量装置的测量精度。

气流速度估计误差随计时器计数周期而变化。表 3-1 中列出了气流速度 $v=510\text{m/s}$ 时，计时器计数周期 T_r 分别取 0.001ms、0.01ms 和 0.1ms 三种情况下的气流速度估计误差。此时，取接收换能器的方位角 $\theta_1=-88°$，$\theta_2=-80°$。可以看出，随着计时器计数周期 T_r 的增大，气流速度估计误差也逐渐增大，对超声速气流速度的估计精度逐渐变差。在计时器计数周期相同情形下，当接收换能器的方位角由 θ_1 增加到 θ_2 时，气流速度估计误差也明显增大。

表 3-1 中还给出了 $v=255\text{m/s}$ 时，计时器计数周期 T_r 分别取 0.001ms、0.01ms 和 0.1ms 三种情况下的气流速度估计误差。此时，取接收换能器的方位角 $\theta_3=80^\circ$，$\theta_4=88^\circ$。可以看出，随着计时器计数周期 T_r 的增大，气流速度估计误差逐渐增大，则对亚声速气流速度的估计精度逐渐变差。在计时器计数周期相同情形下，当接收换能器的方位角由 θ_3 增加到 θ_4 时，气流速度估计误差明显下降，说明接收换能器的方位角越大，对亚声速气流速度的估计精度越高。

表 3-1　气流速度估计误差随计时器计数周期变化性能

计数周期 T_r /ms	$v=510\text{m/s}$		$v=255\text{m/s}$	
	$\delta_{v_1}(\theta_1=-88^\circ)$	$\delta_{v_2}(\theta_2=-80^\circ)$	$\delta_{v_3}(\theta_3=80^\circ)$	$\delta_{v_4}(\theta_4=88^\circ)$
0.001	0.271m/s	3.638m/s	0.089m/s	0.005m/s
0.01	6.936m/s	57.8m/s	0.182m/s	0.123m/s
0.1	133.28m/s	416.5m/s	7.208m/s	0.806m/s

2）实验 2：传播时间最大似然估计的统计性能实验

假设在均匀恒温的稳定气流中，发射换能器发射一单频声波信号入射到第 l 个接收换能器。声波信号频率为 6800Hz，$c=340\text{m/s}$，则声波波长为 $\lambda=0.05\text{m}$。在收换能器 l 上的 $\text{SNR}_l=10\lg\dfrac{A^2}{R_l^2\sigma_n^2}$。设 $\theta_l=-70^\circ$，则预先可知期望的声波传播时间范围为 $(\tau_{l_{\min}},\tau_{l_0}]$，且 $\tau_{l_{\min}}=0.0344\text{ms}$，$\tau_{l_1}=0.0665\text{ms}$，$\tau_{l_0}=0.1290\text{ms}$。假设亚声速气流速度 $v=222\text{m/s}$，则在该气流作用下，期望的声波传播时间为 $\tau_l=0.08\text{ms}$。通过第 l 个接收换能器进行 $N=100$ 次连续观测，对观测数据采用 MLE 算法进行 100 次 Monte Carlo 仿真实验，得到声波传播时间的估计值 $\hat{\tau}_l$，再根据传播时间 τ_l 与气流速度 v 的关系式(3-99)，可得出气流速度的估计值 $\hat{v}$。图 3-26 给出了估计的 RMSE 与信噪比的关系曲线。可以看出，随着信噪比的逐渐提高，气流速度的估计精度越来越高的。θ_l 为正时，气流速度的估计精度明显高于 θ_l 为负时的情形，因此，在测量亚声速气流速度时，应选择 θ_l 为正的接收换能器。在接收换能器方位角 θ_l 相同的情况下，MLE 算法比 DA 算法[1]具有更高的气流速度估计精度。尤其当 θ_l 为正时，气流速度估计误差的方差几乎与 CRB 重合，说明 MLE 算法的估计误差趋近于最小值。

设待测气流速度为 $v=572\text{m/s}$，则 $\theta_l=-70^\circ$ 对应的期望声波传播时间为 $\tau_l=0.05\text{ms}$，重复上述实验，得到气流速度估计的 RMSE 随着信噪比的变化曲线，并与 MUSIC-Like 气流速度估计算法[6]做比较，如图 3-27 所示。可知，随着信噪比的逐渐提高，气流速度的估计精度越来越高，且在高信噪比情况下，MLE 算法的 RMSE 与 CRB 趋于重合。更多的仿真验证结果见参考文献[10]。

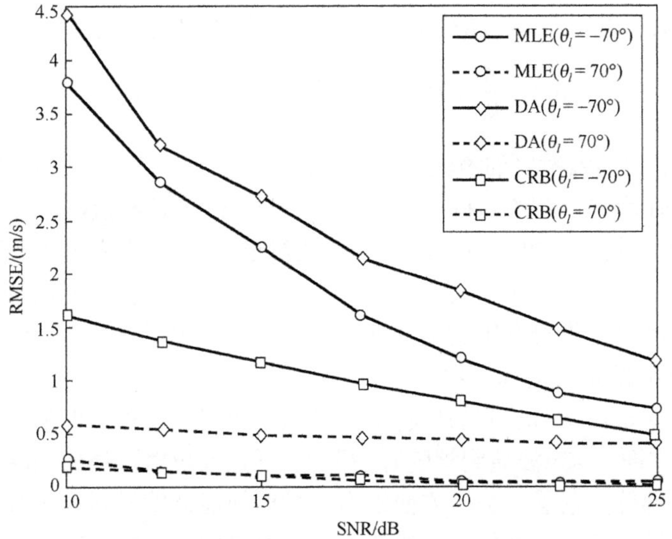

图 3-26　亚声速情况下气流速度估计的均方根误差与信噪比关系曲线

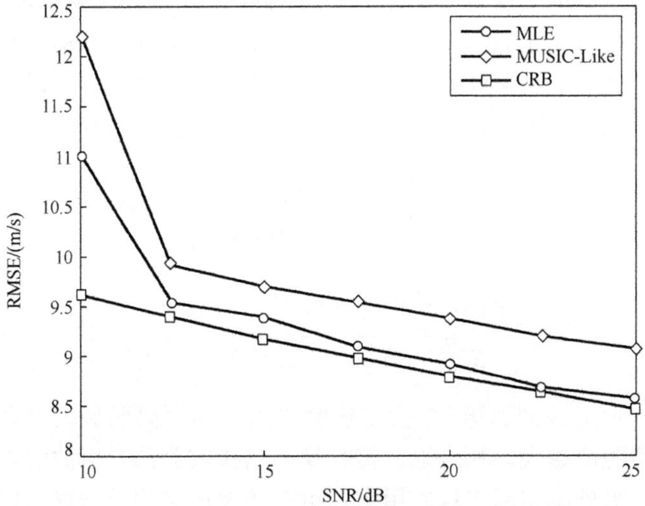

图 3-27　超声速情况下气流速度估计的均方根误差与信噪比关系曲线

3.4　稀疏表示法

3.4.1　阵列模型的稀疏表示

1．阵列输出模型

气流速度测量装置如图 3-17 所示。假设在速度为 v 的气流作用下，L 个接收换能器都能接收到发射换能器发射的声波信号。考虑发射换能器发射一个连续单频声

波信号 $s(t)=A\mathrm{e}^{\mathrm{j}(\omega t+\varphi(t))}$，则第 $l(l=1,\cdots,L)$ 个接收换能器的接收信号可以表示为

$$x_l(t)=\frac{A}{R_l}\left|\sigma_s(t)\right|\mathrm{e}^{\mathrm{j}(\omega t-\omega\tau_l+\varphi(t))}+n_l(t),\quad l=1,\cdots,L \tag{3-150}$$

其中，A 为发射换能器发射的声波信号的幅值，$\omega=2\pi f$，f 为声波信号的频率，$\varphi(t)$ 为在区间 $[0,2\pi]$ 均匀分布的随机相位。A/R_l 表示第 l 个接收换能器接收的声波信号幅值，$\sigma_s(t)$ 为零均值、单位方差的复高斯随机过程，“$|\cdot|$”表示取复数的模值，则 $(A/R_l)\left|\sigma_s(t)\right|$ 服从瑞利分布，它用于描述传感器接收信号的随机幅度衰减，$(A/R_l)\left|\sigma_s(t)\right|\mathrm{e}^{\mathrm{j}(\omega t-\omega\tau_l+\varphi(t))}$ 符合零均值高斯随机分布。$n_l(t)$ 为第 l 个接收换能器上的零均值、方差为 σ_l 的加性复高斯白噪声。

应当注意的是，本节建立的接收信号模型中忽略了管路内声波反射的影响，其依据在于：一方面，当声波遇到管壁时会发生透射（或折射）现象而继续向管外传播，这会消耗掉一部分声能量；另一方面，由于发射换能器发射到管路内各点的声波波阵面均为球面波，而球面波的声压幅值随传播距离的一次方成反比的衰减，那么声波能量将随传播距离的二次方成反比的衰减。同时，考虑到发射换能器位于下管壁，而各接收换能器均位于上管壁，显然，反射波必然经过至少 $2n(n=1,2,\cdots)$ 次反射才能到达各接收换能器。由声波在管路内反射传播的几何关系，可以很容易归纳出反射波经过 $2n(n=1,2,\cdots)$ 次反射到达第 l 个接收换能器的传播距离为

$$\begin{aligned}R_{lr}&=(2n+1)\sqrt{D^2+\left(\frac{\sqrt{R_l^2-D^2}}{2n+1}\right)^2}\\&=\sqrt{R_l^2+(4n^2+4n)D^2}\\&=R_l\sqrt{1+(4n^2+4n)\cos^2\theta_l},\quad n=1,2,\cdots\end{aligned} \tag{3-151}$$

可以看出，反射波到达第 l 个接收换能器的传播距离明显大于直达波，且反射次数越多，传播距离越大，相应地，接收换能器接收到的反射波的声能量比直达波衰减得更严重。另外，实际工程应用中，可在管壁内采用消音材料以进一步减少声波发射的发生。因此，本节忽略了管路内声波反射对接收信号模型的影响，而其他因素的影响都可归纳到阵列模型误差中。在后面将对阵列模型误差进行分析，并说明提出的算法对此误差具有一定的鲁棒性。

假设信号与噪声互不相关，以 $x_1(t)$ 为参照，从式(3-150)可得

$$x_l(t)=\frac{R_1}{R_l}\mathrm{e}^{-\mathrm{j}\omega D_{l1}}s_1(t)+n_l(t),\quad l=1,\cdots,L \tag{3-152}$$

其中，$s_1(t)$ 表示第 1 个接收换能器（即参考阵元）接收的声波信号，即 $s_1(t)=(A/R_1)\left|\sigma_s(t)\right|\mathrm{e}^{\mathrm{j}(\omega t-\omega\tau_1+\varphi(t))}$，则参考阵元接收的声波信号能量为 $P_{\mathrm{rs}}=E\left[\left|s_1(t)\right|^2\right]=\left(A/R_1\right)^2$，

且有

$$\lim_{T\to\infty}\frac{1}{T}\sum_{t=1}^{T}\left|s_1(t)\right|^2=\left(\frac{A}{R_1}\right)^2 \tag{3-153}$$

其中，T 表示阵列快拍数。值得一提的是，声波信号 $s_1(t)$ 所表示的物理量是声压还是质点速度取决于实际测量中所采用的声波接收换能器的类型，但考虑到阵列输出模型中感兴趣的气流速度信息包含在各阵元的空间相位差中，因此没有必要明确具体的接收换能器类型。$D_{l1}=\tau_l-\tau_1$ 为声波到达接收换能器 1 和 l 的延时差值，R_1/R_l 为相应接收信号的幅度比值。D_{l1} 与气流速度 v 有如下关系

$$D_{l1}=\tau_l-\tau_1=D\frac{(c-v\sin\theta_1)\cos\theta_1-(c-v\sin\theta_l)\cos\theta_l}{(c-v\sin\theta_l)\cos\theta_l(c-v\sin\theta_1)\cos\theta_1} \tag{3-154}$$

将各个接收换能器的接收信号联立起来，可得到接收换能器基阵的阵列输出模型

$$\boldsymbol{x}(t)=\boldsymbol{a}(v)s_1(t)+\boldsymbol{n}(t) \tag{3-155}$$

其中，$\boldsymbol{x}(t)=[x_1(t),\cdots,x_L(t)]^{\mathrm{T}}$，$\boldsymbol{a}(v)=\left[1,\frac{R_1}{R_2}\mathrm{e}^{-\mathrm{j}\omega D_{21}},\cdots,\frac{R_1}{R_L}\mathrm{e}^{-\mathrm{j}\omega D_{L1}}\right]^{\mathrm{T}}$ 为接收换能器基阵的 $L\times1$ 维阵列流形矢量，它包含了待估计的气流速度 v 的信息，$\boldsymbol{n}(t)=[n_1(t),\cdots,n_L(t)]^{\mathrm{T}}$ 为接收换能器基阵上的 $L\times1$ 维加性噪声矢量。

2．模型的稀疏表示与稀疏矩阵方差的求解

将待处理的气流速度范围 $\boldsymbol{V}$ 进行均匀网格划分 $\{v_1,\cdots,v_N\}$，假设网格划分的密度足够大，以至于真实的气流速度 v 始终可以落在其中的某一网格上或者与其中的某一网格十分接近，则式(3-155)可转化为如下的稀疏表示模型

$$\boldsymbol{x}(t)=\boldsymbol{\Phi\gamma}(t)+\boldsymbol{n}(t) \tag{3-156}$$

其中，$\boldsymbol{\Phi}=[\boldsymbol{a}(v_1),\cdots,\boldsymbol{a}(v_N)]$ 为 $L\times N$ 维稀疏基矩阵，一般有 $L\ll N$，$\boldsymbol{a}(v_n)$ 表示第 n 个网格对应的 $L\times1$ 维阵列流形矢量。$\boldsymbol{\gamma}(t)$ 为 $N\times1$ 维稀疏信号矢量，理想情况下，$\boldsymbol{\gamma}(t)$ 中只有一个非零元素，即为声信号 $s_1(t)$，$s_1(t)$ 在 $\boldsymbol{\gamma}(t)$ 中的位置与真实气流速度 v 在网格中的位置下标是一一对应的。在实际应用中，虽然有噪声的影响，但是这种一一的对应关系仍能保持。应当注意的是，由于在亚声速气流作用下 y 轴左、右两端的接收换能器都可以接收到发射的声波信号，而在超声速情形下，只有 y 轴左半平面的接收换能器才可以接收到声波，所以，两种情形下气流速度范围的网格划分应分开考虑。在亚声速气流作用下，只需将整个亚声速域 $[0,c)$ 进行均匀网格划分；在超声速气流作用下，假设测量装置工作时需要测量的最大气流速度（超声速）为 $v_{\max}$，令 $c/\cos\theta_l\geqslant v_{\max}$，$\theta_l\in(-\pi/2,0)$，则 $\theta_l\in(-\pi/2,-\arccos(c/v_{\max}))$。因此应该对超声速

域$[c,v_{\max}]$进行均匀网格划分，选取的接收换能器各阵元必须位于y轴左半平面且其方位角都应满足$\theta_l \in (-\pi/2,-\arccos(c/v_{\max})]$。

一旦求出了$\boldsymbol{\gamma}(t)$的最稀疏解$\hat{\boldsymbol{\gamma}}(t)$，则$\hat{\boldsymbol{\gamma}}(t)$的归一化稀疏谱的谱峰所对应的速度网格就是气流速度的估计值$\hat{v}$。求解$\boldsymbol{\gamma}(t)$的最稀疏解本质上是一个求欠定方程(3-156)的最小l_0-范数解的问题

$$\min\|\boldsymbol{\gamma}(t)\|_0,\quad \text{s.t.}\ \|\boldsymbol{x}(t)-\boldsymbol{\Phi}\boldsymbol{\gamma}(t)\|\leqslant\beta \tag{3-157}$$

其中，$\|\boldsymbol{\gamma}(t)\|_0$表示向量$\boldsymbol{\gamma}(t)$的$l_0$-范数，正则化参数$\beta$用来指定允许的噪声水平。

直接求解优化问题式(3-157)，必须筛选出向量$\boldsymbol{\gamma}(t)$中所有可能的非零元素，由于搜索空间过于庞大，所以该方法是困难的。

考虑到l_1-范数是最接近于l_0-范数的凸目标函数，目前，使用最广泛的求解方法是将l_0-范数最小化问题(3-157)转化为凸松弛的l_1-范数最小化问题，即

$$\min\|\boldsymbol{\gamma}(t)\|_1,\quad \text{s.t.}\ \|\boldsymbol{x}(t)-\boldsymbol{\Phi}\boldsymbol{\gamma}(t)\|\leqslant\beta \tag{3-158}$$

其中，$\|\cdot\|_1$表示向量的l_1-范数。该式可以很容易转化为二阶锥规划问题的一般形式，从而在二阶锥规划的框架下求解。但在实际测量气流速度时，速度网格划分的数量级将达到10^3，这将明显降低二阶锥规划问题的求解速度，导致算法对气流速度估计的实时性变得很差。同时，正则化参数β的选择是否合适直接关系到最终的稀疏恢复性能。然而在很多情况下，对正则化参数的准确选择是很困难的，尤其在对噪声统计特性一无所知的情况下。

3.4.2 稀疏协方差矩阵的迭代

本节在建立统一的跨声速阵列测量模型的基础上，提出了一种基于稀疏协方差矩阵迭代的单快拍气流速度估计算法(Sparse Covariance Matrix Iteration with a Single Snapshot，SCMISS)。该算法采用循环迭代方法取代二阶锥规划求解方法，不仅避免了正则化参数的选择，而且降低了计算量，使算法的实时性更强。此外，该算法只需单快拍采样数据就可以对亚声速和超声速气流速度进行统一测量，这样不仅节省了数据存储空间，而且能实现对快变气流速度的跟踪测量。

1．协方差矩阵的稀疏表示

设加性噪声矢量$\boldsymbol{n}(t)$内的各个分量互不相关，则有

$$E[\boldsymbol{n}(t)\boldsymbol{n}^{\mathrm{H}}(t)]=\mathrm{diag}[\sigma_1,\cdots,\sigma_L] \tag{3-159}$$

假定稀疏信号矢量$\boldsymbol{\gamma}(t)$与$\boldsymbol{n}(t)$不相关，且$\boldsymbol{\gamma}(t)$内各个分量之间也互不相关，则有阵列接收数据的稀疏协方差矩阵

$$\begin{aligned}\boldsymbol{R}=E[\boldsymbol{x}(t)\boldsymbol{x}^{\mathrm{H}}(t)]&=\sum_{n=1}^{N}p_n\boldsymbol{a}(v_n)\boldsymbol{a}^{\mathrm{H}}(v_n)+\mathrm{diag}[\sigma_1,\cdots,\sigma_L]\\&=[\boldsymbol{a}(v_1),\cdots,\boldsymbol{a}(v_N),\boldsymbol{I}_L]\mathrm{diag}[p_1,\cdots,p_N,\sigma_1,\cdots,\sigma_L]\begin{bmatrix}\boldsymbol{a}^{\mathrm{H}}(v_1)\\ \vdots\\ \boldsymbol{a}^{\mathrm{H}}(v_N)\\ \boldsymbol{I}_L\end{bmatrix}\overset{\mathrm{def}}{=}\boldsymbol{APA}^{\mathrm{H}}\end{aligned}\tag{3-160}$$

其中，$p_n=E[\gamma_n(t)\gamma_n^*(t)]$ 表示 $\boldsymbol{\gamma}(t)$ 中第 n 个分量的信号功率，$\boldsymbol{I}_L$ 为 $L\times L$ 维单位阵

$$\boldsymbol{A}\overset{\mathrm{def}}{=}[\boldsymbol{a}(v_1),\cdots,\boldsymbol{a}(v_N),\boldsymbol{I}_L]\overset{\mathrm{def}}{=}[\boldsymbol{a}_1,\cdots,\boldsymbol{a}_N,\boldsymbol{a}_{N+1},\cdots,\boldsymbol{a}_{N+L}]\tag{3-161}$$

$$\boldsymbol{P}\overset{\mathrm{def}}{=}\mathrm{diag}[p_1,\cdots,p_N,\sigma_1,\cdots,\sigma_L]\overset{\mathrm{def}}{=}\mathrm{diag}[p_1,\cdots,p_N,p_{N+1},\cdots,p_{N+L}]\tag{3-162}$$

于是

$$\boldsymbol{R}=\sum_{n=1}^{N+L}p_n\boldsymbol{a}_n\boldsymbol{a}_n^{\mathrm{H}}\tag{3-163}$$

SCMISS 算法就是利用单快拍阵列接收数据，通过迭代方法来估计功率矩阵 $\boldsymbol{P}$ 的对角元素，则 $\{p_n\}_{n=1}^{N}$ 中最大元素的下标即为真实气流速度 v 在网格中的位置下标，由此来实现气流速度的估计。

2．单快拍气流速度估计算法

对于单快拍阵列输出数据 $\boldsymbol{x}(t)$，有如下协方差矩阵拟合准则

$$\min_{\boldsymbol{R}}f=\min_{\boldsymbol{R}}\left\|\boldsymbol{R}^{-\frac{1}{2}}(\hat{\boldsymbol{R}}-\boldsymbol{R})\right\|_{\mathrm{F}}^{2}\tag{3-164}$$

其中，$\hat{\boldsymbol{R}}=\boldsymbol{x}(t)\boldsymbol{x}^{\mathrm{H}}(t)$ 为 t 时刻的阵列采样协方差矩阵，$\|\bullet\|_{\mathrm{F}}$ 表示矩阵的 Frobenius 范数。

又因为

$$f=\left\|\boldsymbol{R}^{-\frac{1}{2}}(\hat{\boldsymbol{R}}-\boldsymbol{R})\right\|_{\mathrm{F}}^{2}=\mathrm{tr}(\hat{\boldsymbol{R}}\boldsymbol{R}^{-1}\hat{\boldsymbol{R}})+\mathrm{tr}(\boldsymbol{R})-2\,\mathrm{tr}(\hat{\boldsymbol{R}})\tag{3-165}$$

且由式(3-163)可得

$$\mathrm{tr}(\boldsymbol{R})=E[\mathrm{tr}(\hat{\boldsymbol{R}})]=\sum_{n=1}^{N+L}\|\boldsymbol{a}_n\|^2p_n\tag{3-166}$$

同时考虑到协方差矩阵拟合准则(3-164)中目标函数 f 的自变量是 $\boldsymbol{R}$，$\hat{\boldsymbol{R}}$ 可作为常量处理，则目标函数 f 的最小化可以等效为如下目标函数 g 的最小化问题

$$g = \mathrm{tr}(\hat{\boldsymbol{R}}\boldsymbol{R}^{-1}\hat{\boldsymbol{R}}) + \sum_{n=1}^{N+L}\|\boldsymbol{a}_n\|^2 p_n \tag{3-167}$$

由式(3-166)可知，$\sum_{n=1}^{N+L}\|\boldsymbol{a}_n\|^2 p_n$ 的一致估计是 $\mathrm{tr}(\hat{\boldsymbol{R}})$，则无约束优化问题(3-164)可转化为如下含约束的优化问题形式

$$\min_{\{p_n \geqslant 0\}} \mathrm{tr}(\hat{\boldsymbol{R}}\boldsymbol{R}^{-1}\hat{\boldsymbol{R}}), \quad \text{s.t.} \sum_{n=1}^{N+L} w_n p_n = 1, \quad w_n = \frac{\|\boldsymbol{a}_n\|^2}{\mathrm{tr}(\hat{\boldsymbol{R}})} \tag{3-168}$$

优化问题(3-167)和(3-168)可以很容易转化为半定规划问题，所以它们都是凸规划问题，并具有全局最优解。但考虑到求解半定规划问题的计算量甚至比在二阶锥规划框架下求解式(3-158)的计算量还要大，因此，解一个与优化问题(3-168)相关的优化问题来间接求优化问题(3-168)的最优解，这也是 SCMISS 算法的关键。

令 $\boldsymbol{C}$ 为 $L\times(N+L)$ 维复矩阵，考虑下列优化问题

$$\min_{\boldsymbol{C}} \mathrm{tr}(\boldsymbol{C}\boldsymbol{P}^{-1}\boldsymbol{C}^{\mathrm{H}}), \quad \text{s.t. } \boldsymbol{A}\boldsymbol{C}^{\mathrm{H}} = \hat{\boldsymbol{R}} \tag{3-169}$$

则在固定功率矩阵 $\boldsymbol{P}$ 的情况下，式(3-169)的最优解为

$$\boldsymbol{C}_0 = \hat{\boldsymbol{R}}\boldsymbol{R}^{-1}\boldsymbol{A}\boldsymbol{P} \tag{3-170}$$

相应的，式(3-169)中目标函数的最小值为

$$\mathrm{tr}(\boldsymbol{C}_0\boldsymbol{P}^{-1}\boldsymbol{C}_0^{\mathrm{H}}) = \mathrm{tr}(\hat{\boldsymbol{R}}\boldsymbol{R}^{-1}\hat{\boldsymbol{R}}) \tag{3-171}$$

可以看出，对任意给定的功率矩阵 $\boldsymbol{P}$，求解关于 $\boldsymbol{C}$ 的优化问题式(3-169)，所得到的目标函数的最小值正是式(3-168)中约束优化问题的原函数。这样，可以通过求解关于功率矩阵 $\boldsymbol{P}$ 的优化问题(3-168)来求解约束优化问题(3-168)的最优指标 $\{p_n\}_{n=1}^{N+L}$，而求解优化问题(3-168)的最优指标 $\boldsymbol{P}$ 可以采用循环迭代算法来实现。首先，固定功率矩阵 $\boldsymbol{P}$，求解关于 $\boldsymbol{C}$ 的优化问题(3-169)，得到最优解 $\boldsymbol{C}_0$；考虑 $\boldsymbol{C}_0$，再求解关于功率矩阵 $\boldsymbol{P}$ 的优化问题(3-169)，即 $\min_{\{p_n\geqslant 0\}} \mathrm{tr}(\boldsymbol{C}_0\boldsymbol{P}^{-1}\boldsymbol{C}_0^{\mathrm{H}})$；如此循环，直到算法满足指定的收敛条件为止。

接下来考虑迭代算法第二步的实现方法。

令 $\boldsymbol{C}_0 = [\boldsymbol{c}_1, \cdots, \boldsymbol{c}_{N+L}]$，则式(3-169)中

$$\mathrm{tr}(\boldsymbol{C}_0\boldsymbol{P}^{-1}\boldsymbol{C}_0^{\mathrm{H}}) = \mathrm{tr}(\boldsymbol{C}_0^{\mathrm{H}}\boldsymbol{C}_0\boldsymbol{P}^{-1}) = \sum_{n=1}^{N+L}\frac{\|\boldsymbol{c}_n\|^2}{p_n} \tag{3-172}$$

又由 Cauthy-Schwarz 不等式得

$$\sum_{n=1}^{N+L}\frac{\|\boldsymbol{c}_n\|^2}{p_n} = \left[\sum_{n=1}^{N+L}\frac{\|\boldsymbol{c}_n\|^2}{p_n}\right]\left[\sum_{n=1}^{N+L} w_n p_n\right] \geqslant \left[\sum_{n=1}^{N+L} w_n^{\frac{1}{2}}\|\boldsymbol{c}_n\|\right]^2 \tag{3-173}$$

则在给定矩阵 $\boldsymbol{C}_0$ 的情况下，优化问题(3-169)关于 $\boldsymbol{P}$ 的最优解为

$$p_n = \frac{\|\boldsymbol{c}_n\|}{w_n^{\frac{1}{2}}\rho}, \quad n = 1, \cdots, N+L \tag{3-174}$$

其中

$$\rho = \sum_{m=1}^{N+L} w_m^{\frac{1}{2}} \|\boldsymbol{c}_m\| \tag{3-175}$$

相应的，目标函数的最小值为

$$\left[\sum_{n=1}^{N+L} w_n^{\frac{1}{2}} \|\boldsymbol{c}_n\|\right]^2 \tag{3-176}$$

其中，$\|\boldsymbol{c}_n\|$ 可由式(3-170)来表示，因为

$$\boldsymbol{C}_0 = \hat{\boldsymbol{R}}\boldsymbol{R}^{-1}[\boldsymbol{a}_1 p_1, \cdots, \boldsymbol{a}_{N+L} p_{N+L}] \tag{3-177}$$

所以有

$$\|\boldsymbol{c}_n\| = \left\|\hat{\boldsymbol{R}}\boldsymbol{R}^{-1}\boldsymbol{a}_n p_n\right\| = p_n \left\|\boldsymbol{a}_n^{\mathrm{H}} \boldsymbol{R}^{-1} \hat{\boldsymbol{R}}\right\| \tag{3-178}$$

这里用到了向量 2-范数和矩阵的迹的性质：$\|\boldsymbol{x}\| = \sqrt{\operatorname{tr}(\boldsymbol{x}^{\mathrm{H}}\boldsymbol{x})} = \sqrt{\operatorname{tr}(\boldsymbol{x}\boldsymbol{x}^{\mathrm{H}})} = \|\boldsymbol{x}^{\mathrm{H}}\|$。

下面可以归纳循环迭代算法的更新公式

$$p_n^{i+1} = p_n^i \frac{\left\|\boldsymbol{a}_n^{\mathrm{H}} \boldsymbol{R}^{-1}(i) \hat{\boldsymbol{R}}\right\|}{w_n^{\frac{1}{2}}\rho(i)}, \quad n = 1, \cdots, N+L \tag{3-179}$$

$$\rho(i) = \sum_{m=1}^{N+L} w_m^{\frac{1}{2}} p_m^i \left\|\boldsymbol{a}_m^{\mathrm{H}} \boldsymbol{R}^{-1}(i) \hat{\boldsymbol{R}}\right\| \tag{3-180}$$

其中，i 表示算法迭代次数，$\boldsymbol{R}(i)$ 表示由 $\{p_n^i\}_{n=1}^{N+L}$ 构造的稀疏协方差矩阵，即 $\boldsymbol{R}(i) = \boldsymbol{A}\operatorname{diag}[p_1^i, \cdots, p_{N+L}^i]\boldsymbol{A}^{\mathrm{H}}$。算法初始化功率的取值可采用周期图法(Periodogram，PER)得到的估计值，其估计公式为

$$p_n^0 = \frac{\boldsymbol{a}_n^{\mathrm{H}} \hat{\boldsymbol{R}} \boldsymbol{a}_n}{\|\boldsymbol{a}_n\|^4}, \quad n = 1, \cdots, N+L \tag{3-181}$$

对于无噪情形的单快拍阵列接收数据 $\boldsymbol{x}(t) = \boldsymbol{\Phi}\boldsymbol{\gamma}(t)$，有 $\operatorname{rank}(\boldsymbol{\Phi}) = L$，$\operatorname{rank}(\boldsymbol{x}(t)) = 1$，若要采用本节算法正确恢复稀疏信号的功率 $\{p_n\}_{n=1}^{N}$，就要求接收换能器基阵阵元个数 L 满足 $\left\lceil \frac{L+1}{2} \right\rceil \geqslant 2$，即 $L \geqslant 2$，这里，“$\lceil\ \ \rceil$”表示向上取整。但应注意，在实际应用中，由于噪声的存在，当接收阵元个数接近于该下界时，算法的稀疏信号恢复性能会下降得很明显，甚至可能得不到较好的稀疏信号恢复。

3．算法性能分析

1) CRB 推导

由给出的阵列输出模型式(3-155)可知，$L\times1$ 维随机观测信号 $\boldsymbol{x}(t)$ 符合复高斯随机分布，记为 $\boldsymbol{x}(t)\sim\mathcal{CN}(\boldsymbol{\mu},\boldsymbol{R}_x)$，其中，$\boldsymbol{R}_x$ 和 $\boldsymbol{\mu}$ 分别表示观测矢量 $\boldsymbol{x}(t)$ 的 $L\times L$ 维协方差矩阵和 $L\times1$ 维均值矢量，且 $\boldsymbol{\mu}=\boldsymbol{0}$，这里 $\boldsymbol{0}$ 表示 $L\times1$ 维全零矢量，$\boldsymbol{R}_x=(A^2/R_1^2)\boldsymbol{a}(v)\boldsymbol{a}^{\mathrm{H}}(v)+\mathrm{diag}[\sigma_1,\cdots,\sigma_L]$。定义未知的实值参数矢量 $\boldsymbol{\eta}=[v,\boldsymbol{\sigma}^{\mathrm{T}}]^{\mathrm{T}}$，其中，$\boldsymbol{\sigma}=[\sigma_1,\cdots,\sigma_L]^{\mathrm{T}}$ 为接收换能器基阵各阵元上噪声方差构成的 $L\times1$ 维矢量，则接收换能器基阵上的单次观测数据 $\boldsymbol{x}(t)$ 的联合概率密度函数为

$$p(\boldsymbol{x}(t)|\boldsymbol{\eta})=\frac{1}{\pi^L\det\{\boldsymbol{R}_x\}}\mathrm{e}^{-\boldsymbol{x}^{\mathrm{H}}(t)\boldsymbol{R}_x^{-1}\boldsymbol{x}(t)}\tag{3-182}$$

则关于参数矢量 $\boldsymbol{\eta}$ 的 Fisher 信息矩阵的第 (i,j) 个元素可表示为

$$[\mathrm{FIM}(\boldsymbol{\eta})]_{i,j}=\mathrm{tr}\left\{\boldsymbol{R}_x^{-1}\frac{\partial\boldsymbol{R}_x}{\partial\eta_i}\boldsymbol{R}_x^{-1}\frac{\partial\boldsymbol{R}_x}{\partial\eta_j}\right\}\tag{3-183}$$

其中，η_i 表示参数矢量 $\boldsymbol{\eta}$ 的第 i 个元素。在实际应用中，一般只关注气流速度 v，其他参数为多余参数，且气流速度 v 与其他参数不是互耦的，则关于气流速度 v 的 Fisher 信息函数为

$$\mathrm{FIM}(v)=[\mathrm{FIM}(\boldsymbol{\eta})]_{1,1}=\mathrm{tr}\left\{\boldsymbol{R}_x^{-1}\frac{\partial\boldsymbol{R}_x}{\partial v}\boldsymbol{R}_x^{-1}\frac{\partial\boldsymbol{R}_x}{\partial v}\right\}\tag{3-184}$$

其中

$$\frac{\partial\boldsymbol{R}_x}{\partial v}=\frac{A^2}{R_1^2}\left[\frac{\partial\boldsymbol{a}(v)}{\partial v}\boldsymbol{a}^{\mathrm{H}}(v)+\boldsymbol{a}(v)\frac{\partial\boldsymbol{a}^{\mathrm{H}}(v)}{\partial v}\right]\tag{3-185}$$

$$\frac{\partial\boldsymbol{a}(v)}{\partial v}=\begin{bmatrix}0\\ -\mathrm{j}\omega\dfrac{R_1}{R_2}\mathrm{e}^{-\mathrm{j}\omega D_{21}}\dfrac{\mathrm{d}D_{21}}{\mathrm{d}v}\\ \vdots\\ -\mathrm{j}\omega\dfrac{R_1}{R_L}\mathrm{e}^{-\mathrm{j}\omega D_{L1}}\dfrac{\mathrm{d}D_{L1}}{\mathrm{d}v}\end{bmatrix}\tag{3-186}$$

$$\frac{\mathrm{d}D_{l1}}{\mathrm{d}v}=\frac{\mathrm{d}\tau_l}{\mathrm{d}v}-\frac{\mathrm{d}\tau_1}{\mathrm{d}v}=D\left[\frac{\tan\theta_l}{(c-v\sin\theta_l)^2}-\frac{\tan\theta_1}{(c-v\sin\theta_1)^2}\right],\quad l=2,\cdots,L\tag{3-187}$$

故相对于气流速度 v 的 CRB 为

$$\mathrm{CRB}(v)=\frac{1}{\mathrm{FIM}(v)}\tag{3-188}$$

2) 计算量分析与比较

本节提出的SCMISS算法和l_1-范数最小化方法都是稀疏表示框架下的参数估计方法，下面分析SCMISS算法的计算量，并与l_1-范数最小化方法进行比较。l_1-范数最小化方法一般是将约束优化问题式(3-158)转化为二阶锥规划问题的一般形式，并在二阶锥规划的框架下采用内点法来求最优解，其计算复杂度为$O(N^3)$。

设MDN表示复数乘和除的次数，由于SCMISS算法计算量主要集中于功率迭代更新计算中，所以通过分析迭代更新的计算量可以得到该算法的计算复杂度。由前面推导过程可知，$\boldsymbol{R}(i)\in\mathbf{C}^{L\times L}$，$\boldsymbol{A}\in\mathbf{C}^{L\times(L+N)}$，$\boldsymbol{a}_n\in\mathbf{C}^{L\times 1}$，$\hat{\boldsymbol{R}}\in\mathbf{C}^{L\times L}$。首先分析算法每次迭代的计算量。

在每次迭代的第一步中，考虑到$\boldsymbol{R}(i)$还可以表示为$\boldsymbol{R}(i)=\sum_{n=1}^{N+L}p_n^i\boldsymbol{a}_n\boldsymbol{a}_n^{\mathrm{H}}$，其中，计算$\boldsymbol{a}_n\boldsymbol{a}_n^{\mathrm{H}}$需要$L^2$次MDN，计算$p_n^i\boldsymbol{a}_n\boldsymbol{a}_n^{\mathrm{H}}$需要$L^2$次MDN，因此，计算$\boldsymbol{R}(i)$共需要$\eta_1=2L^2(N+L)$次MDN；计算$\boldsymbol{R}^{-1}(i)$需要$\dfrac{2}{3}L^3$次MDN，计算$\hat{\boldsymbol{R}}=\boldsymbol{x}(t)\boldsymbol{x}^{\mathrm{H}}(t)$需要$L^2$次MDN，计算$\boldsymbol{a}_n^{\mathrm{H}}\boldsymbol{R}^{-1}(i)\hat{\boldsymbol{R}}$需要$2L^2$次MDN，因此，计算$\left\|\boldsymbol{a}_n^{\mathrm{H}}\boldsymbol{R}^{-1}(i)\hat{\boldsymbol{R}}\right\|$共需要$\eta_2=\dfrac{2}{3}L^3+4L^2$次MDN，其中，求解$L\times 1$维向量的2-范数需要$L^2$次MDN；计算$p_n^i\dfrac{\left\|\boldsymbol{a}_n^{\mathrm{H}}\boldsymbol{R}^{-1}(i)\hat{\boldsymbol{R}}\right\|}{w_n^{\frac{1}{2}}\rho(i)},n=1,\cdots,N+L$共需要$\eta_3=3(N+L)$次MDN。因此，SCMISS算法每次迭代的第一步所需的MDN次数近似为

$$\eta=\eta_1+\eta_2+\eta_3=\frac{8}{3}L^3+(2N+4)L^2+3(N+L) \tag{3-189}$$

在每次迭代的第二步中，由于$p_m^i\left\|\boldsymbol{a}_m^{\mathrm{H}}\boldsymbol{R}^{-1}(i)\hat{\boldsymbol{R}}\right\|$在第一步中已经计算了，故第二步所需的MDN次数为

$$\overline{\eta}=N+L \tag{3-190}$$

设算法达到要求的估计精度所需要迭代次数为c_n，则SCMISS算法中迭代更新计算所需的MDN总次数大致为

$$\eta_{\mathrm{SCMISS}}=(\eta+\overline{\eta})c_n=\left[(2L^2+4)N+\frac{8}{3}L^3+4L^2+4L\right]c_n \tag{3-191}$$

由于接收换能器基阵阵元数L数量级一般为10，而速度网格划分数N的数量级高达10^3，同时SCMISS算法一般经过不超过15次迭代即可得到很高精度的全局最优解，所以，SCMISS算法的计算复杂度明显低于l_1-范数最小化方法，从而具有更好的实时性。

MLE 算法作为一种非稀疏估计方法，可处理单快拍情形下的参数估计问题，下面分析 MLE 算法的计算量，并与 SCMISS 算法进行比较。由式(3-182)可得气流速度的最大似然估计为

$$\hat{v}_{\mathrm{ML}} = \underset{v}{\arg\min} \ln\det\{\boldsymbol{R}_{\boldsymbol{x}}\} + \boldsymbol{x}^{\mathrm{H}}(t)\boldsymbol{R}_{\boldsymbol{x}}^{-1}\boldsymbol{x}(t) \tag{3-192}$$

求解 $\hat{v}_{\mathrm{ML}}$ 需要对气流速度网格进行逐点搜索，为此先分析每个计算点的计算量。由 $\boldsymbol{R}_x = \frac{A^2}{R_1^2}\boldsymbol{a}(v)\boldsymbol{a}^{\mathrm{H}}(v) + \mathrm{diag}[\sigma_1,\cdots,\sigma_L]$ 知，计算 $\frac{A^2}{R_1^2}\boldsymbol{a}(v)$ 需要 L 次 MDN，计算 $\frac{A^2}{R_1^2}\boldsymbol{a}(v)\boldsymbol{a}^{\mathrm{H}}(v)$ 需要 L^2 次 MDN，因此，计算 $\boldsymbol{R}_{\boldsymbol{x}}$ 共需要 $\tilde{\eta}_1 = (L^2 + L)$ 次 MDN；计算 $\det\{\boldsymbol{R}_{\boldsymbol{x}}\}$ 需要 $(L\cdot L!)$ 次 MDN，计算 $\boldsymbol{R}_{\boldsymbol{x}}^{-1}$ 需要 $\frac{2}{3}L^3$ 次 MDN，计算 $\boldsymbol{x}^{\mathrm{H}}(t)\boldsymbol{R}_{\boldsymbol{x}}^{-1}\boldsymbol{x}(t)$ 需要 $2L^2$ 次 MDN。因此，MLE 算法每个计算点所需的 MDN 次数约为

$$\tilde{\eta} = \tilde{\eta}_1 + L\cdot L! + \frac{2}{3}L^3 + 2L^2 = L^2(L-1)! + \frac{2}{3}L^3 + 3L^2 + L \tag{3-193}$$

由于计算点数为 N，所以 MLE 算法求解 $\hat{v}_{\mathrm{ML}}$ 所需的 MDN 总次数为

$$\eta_{\mathrm{ML}} = N\tilde{\eta} \tag{3-194}$$

比较 MLE 算法和 SCMISS 算法中 N 项的系数：SCMISS 为 $2c_nL^2 + 4c_n$，MLE 为 $L^2(L-1)! + \frac{2}{3}L^3 + 3L^2 + L$。可以发现，SCMISS 算法的计算量要低于 MLE 算法，且随着接收阵元个数 L 的增大，SCMISS 算法的优势更加明显。

3.4.3 仿真验证

假设管路内径 $D = 1.5\mathrm{cm}$，静止声场中的声速 $c = 340\mathrm{m/s}$，发射换能器发射的声波信号频率为 6800Hz，则可计算出声波波长 $\lambda = 0.05\mathrm{m}$。以下如无特别说明，在 SCMISS 算法和 L_1-Min 算法中速度网格划分间隔均取 1m/s。设各个接收换能器上的噪声方差满足 $\sigma_1 = \cdots = \sigma_L = \sigma$，且单个接收换能器上的 $\mathrm{SNR} = 10\lg(A^2/\sigma)$。在以下各组实验中，$L_1$-Min 算法正则化参数的选择依据是：选择正则化参数 β，使得 $\|\boldsymbol{n}(t)\| \geqslant \beta$ 以一个较小的概率成立，从而使残留量 $\|\boldsymbol{x}(t) - \boldsymbol{\Phi\gamma}(t)\|$ 与噪声范数的期望 $E[\|\boldsymbol{n}(t)\|]$ 尽量匹配。对于 $L\times 1$ 维独立同分布的零均值、方差为 σ 的加性复高斯白噪声矢量 $\boldsymbol{n}(t)$，$\|\boldsymbol{n}(t)\|^2/\sigma$ 服从自由度为 $2L$ 的 χ^2 分布，即 $\|\boldsymbol{n}(t)\|^2/\sigma \sim \chi^2(2L)$。引入参数 ε，使得 $\|\boldsymbol{n}(t)\|^2/\sigma \leqslant \varepsilon$ 以一个较高的概率 $1-p$ 成立，其中，p 是一个较小值，一般可令 $p = 0.001$，从而确定 ε 的取值，此时该不等式成立的概率为 0.999，近似为必然发生事件，则选择正则化参数 $\beta = \sqrt{\sigma\varepsilon}$。

在均匀恒温稳定气流中，发射换能器发射一单频声波信号入射到由 10 个接收换能器构成的基阵，各阵元方位角分别为

$$\boldsymbol{\theta}=[-88°,-80°,-70°,-60°,-50°,50°,60°,70°,80°,88°]^{\mathrm{T}}$$

设亚声速气流速度 $v=240\,\mathrm{m/s}$，对单快拍阵列观测数据分别采用 SCMISS 算法、L_1-Min 算法和鲁棒 H_∞滤波气流速度估计算法[11]进行 100 次 Monte Carlo 仿真实验。图 3-28 给出了气流速度估计 $\hat{v}$ 的均方根误差与信噪比的关系曲线。可以看出，气流速度的估计精度随信噪比的提高而提高。SCMISS 算法的估计精度明显高于另外两种算法，且当信噪比高于 2.5 dB 时，气流速度估计误差的方差接近与 CRB 重合，意味着估计误差趋近于最小值。

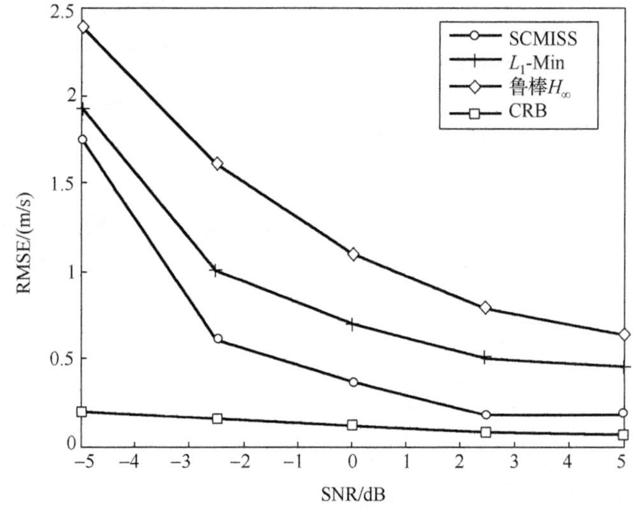

图 3-28　气流速度估计的均方根误差与信噪比关系曲线

假设亚声速气流速度为 $v=180.5\,\mathrm{m/s}$，则 v 不在划分的速度网格上，对此网格失配情形，保持其他条件不变，重复上述实验，可得气流速度估计 $\hat{v}$ 的 RMSE 与信噪比的关系曲线，如图 3-29 所示。可以看出，在网格失配的情形下，鲁棒 H_∞ 滤波算法的性能没有明显变化，虽然 SCMISS 算法和 L_1-Min 算法对气流速度的估计精度都有所下降，但仍可以实现气流速度的估计，而且估计精度仍高于鲁棒 H_∞ 滤波算法。

假设测量装置工作时需要测量的最大气流速度 $v_{\max}=5c$，取各阵元的方位角 $\boldsymbol{\theta}=[-88°,-87°,-86°,-85°,-82°,-80°,-78°]^{\mathrm{T}}$。设超声速气流速度 $v=500\,\mathrm{m/s}$，对单快拍阵列观测数据，分别采用 SCMISS 算法和 L_1-Min 算法进行 50 次 Monte Carlo 仿真实验。图 3-30 给出了气流速度估计 $\hat{v}$ 的均方根误差随着信噪比的变化曲线。可以看出，估计的气流速度 $\hat{v}$ 的 RMSE 随着信噪比的提高而逐渐减小的，且与 CRB 越来越接近。SCMISS 算法的估计精度明显高于 L_1-Min 算法。与图 3-28 相比，超声

速气流速度的估计精度都明显下降，主要原因是测量超声速气流速度时，可用的阵列有效孔径只有亚声速时的一半。

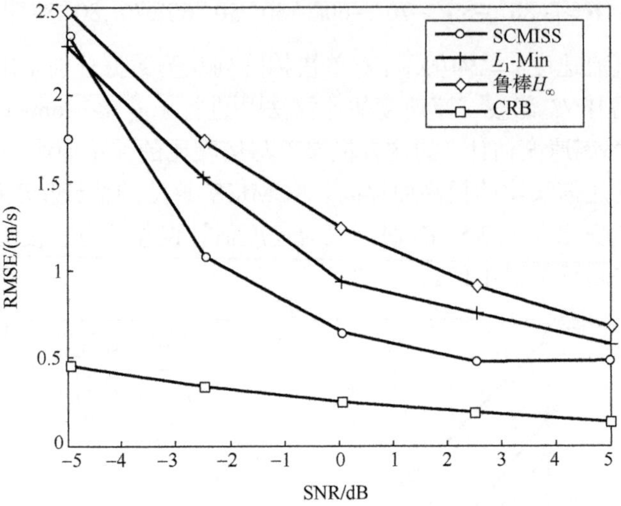

图 3-29　网格失配时，气流速度估计的均方根误差与信噪比关系曲线

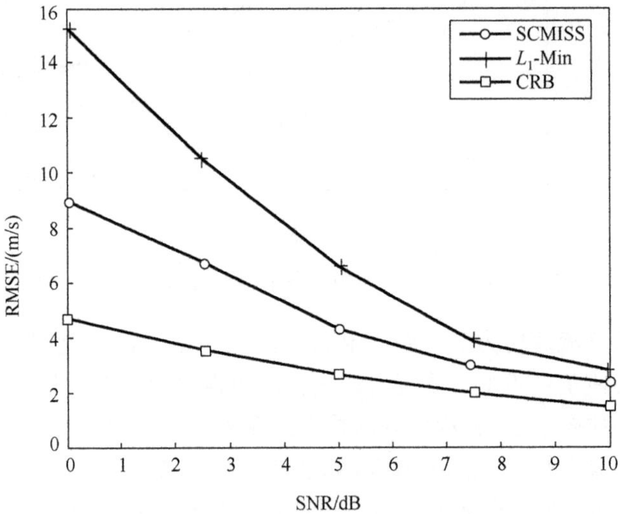

图 3-30　气流速度估计的均方根误差与信噪比关系曲线

对于网格失配情形，设超声速气流速度 $v = 525.8\text{m/s}$，保持其他条件不变，重复上述实验，得到气流速度估计 $\hat{v}$ 的均方根误差与信噪比的关系曲线，如图 3-31 所示。可以看出，在网格失配的情形下，SCMISS 算法和 L_1-Min 算法对气流速度的估计精度都略有下降，但仍可以实现气流速度的估计。更多的仿真验证结果见参考文献[11]和[12]。

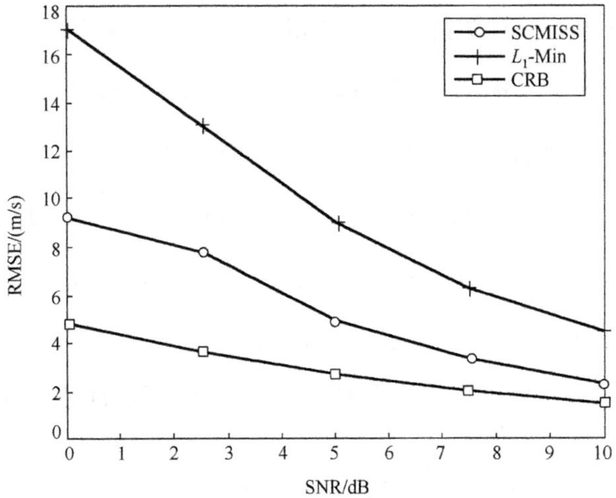

图 3-31　网格失配时，气流速度估计的均方根误差与信噪比关系曲线

3.5　鲁棒估计法

3.5.1　基于最小均方误差准则的迭代算法

在实际工程应用场合中，由于安装误差、长时间使用等因素，接收换能器基阵各阵元的位置不可能与期望的阵元位置完全一致，从而出现了阵元位置误差。此外，阵列校准误差、阵列有限精度采样引起的幅值和相位的量化误差等，都将导致阵列模型中产生误差。阵列模型误差的存在，将导致常规的高分辨算法的估计性能严重恶化，乃至完全失效。

本节研究了存在阵列模型误差的情形下，基于声传感器线性阵列的跨声速气流速度估计问题。基于最小均方误差(MMSE)准则的迭代实现，提出了一种鲁棒的气流速度估计算法(Iterative Implementation of MMSE，II-MMSE)。II-MMSE 算法采用 MMSE 框架，很自然地考虑了阵列接收数据中的噪声协方差信息，与其他稀疏估计方法相比，该算法无需选择超参数，计算复杂度更低，具有更强的实时性。另外，该算法对有限采样快拍数和阵列模型误差均具有很好的鲁棒性，适用于跨声速气流速度的实时跟踪测量，具有一定的实用价值。

1．气流速度估计算法

根据 MMSE 准则和稀疏表示模型(3-156)，取目标函数

$$E\left[\left\|\boldsymbol{y}(t)-\boldsymbol{W}^{\mathrm{H}}(t)\boldsymbol{x}(t)\right\|_2^2\right] \tag{3-195}$$

其中，$\boldsymbol{W}(t)$ 为 $L\times N$ 维复权矩阵。容易求得在 MMSE 意义上的最优权矩阵为

$$\boldsymbol{W}(t)=\left(E[\boldsymbol{x}(t)\boldsymbol{x}^{\mathrm{H}}(t)]\right)^{-1}E[\boldsymbol{x}(t)\boldsymbol{\gamma}^{\mathrm{H}}(t)] \tag{3-196}$$

假设稀疏信号矢量 $\boldsymbol{\gamma}(t)$ 与噪声矢量 $\boldsymbol{n}(t)$ 之间相互统计独立，则由式(3-156)可得

$$E[\boldsymbol{x}(t)\boldsymbol{x}^{\mathrm{H}}(t)]=\boldsymbol{\Phi}E[\boldsymbol{\gamma}(t)\boldsymbol{\gamma}^{\mathrm{H}}(t)]\boldsymbol{\Phi}^{\mathrm{H}}+E[\boldsymbol{n}(t)\boldsymbol{n}^{\mathrm{H}}(t)]\overset{\mathrm{def}}{=}\boldsymbol{\Phi}\boldsymbol{P}\boldsymbol{\Phi}^{\mathrm{H}}+\boldsymbol{R}_n \tag{3-197}$$

$$E[\boldsymbol{x}(t)\boldsymbol{\gamma}^{\mathrm{H}}(t)]=E\left[\left(\boldsymbol{\Phi}\boldsymbol{\gamma}(t)+\boldsymbol{n}(t)\right)\boldsymbol{\gamma}^{\mathrm{H}}(t)\right]\overset{\mathrm{def}}{=}\boldsymbol{\Phi}\boldsymbol{P} \tag{3-198}$$

其中，$\boldsymbol{R}_n=E[\boldsymbol{n}(t)\boldsymbol{n}^{\mathrm{H}}(t)]$ 为 $L\times L$ 维噪声协方差矩阵，特殊地，对于功率为 σ_n^2 的空间高斯白噪声，$\boldsymbol{R}_n$ 的形式还可以简化为 $\boldsymbol{R}_n=\sigma_n^2\boldsymbol{I}_L$，$\boldsymbol{P}=E[\boldsymbol{\gamma}(t)\boldsymbol{\gamma}^{\mathrm{H}}(t)]$ 为 $N\times N$ 维稀疏信号协方差矩阵。假设稀疏信号矢量 $\boldsymbol{\gamma}(t)$ 内各个分量互不相关，则有

$$\boldsymbol{P}=\begin{bmatrix} p_1 & 0 & \cdots & 0 \\ 0 & p_2 & \cdots & 0 \\ \vdots & \vdots & & \vdots \\ 0 & 0 & \cdots & p_N \end{bmatrix} \tag{3-199}$$

其中，$p_n=E[\gamma_n(t)\gamma_n^*(t)],n=1,\cdots,N$，故 $\boldsymbol{P}$ 可称为稀疏功率对角阵。

由式(3-197)和式(3-198)可将式(3-196)进一步表示为

$$\boldsymbol{W}(t)=(\boldsymbol{\Phi}\boldsymbol{P}\boldsymbol{\Phi}^{\mathrm{H}}+\boldsymbol{R}_n)^{-1}\boldsymbol{\Phi}\boldsymbol{P} \tag{3-200}$$

采用空间匹配滤波器可以得到稀疏信号 $\boldsymbol{\gamma}(t)$ 的一个粗略估计，即

$$\hat{\boldsymbol{\gamma}}_{\mathrm{MF}}(t)=\boldsymbol{\Phi}^{\mathrm{H}}\boldsymbol{x}(t)=\boldsymbol{\Phi}^{\mathrm{H}}\boldsymbol{a}(v)s_1(t)+\boldsymbol{\Phi}^{\mathrm{H}}\boldsymbol{n}(t) \tag{3-201}$$

它可以作为 MMSE 迭代算法中稀疏信号 $\boldsymbol{\gamma}(t)$ 的初始估计值

$$\hat{\boldsymbol{\gamma}}_0(t)=\hat{\boldsymbol{\gamma}}_{\mathrm{MF}}(t) \tag{3-202}$$

则稀疏功率对角阵的初始值为

$$\hat{\boldsymbol{P}}_0(t)=[\hat{\boldsymbol{\gamma}}_0(t)\hat{\boldsymbol{\gamma}}_0^{\mathrm{H}}(t)]\odot\boldsymbol{I}_N \tag{3-203}$$

其中，$\odot$ 表示 Hadamard 乘积。再由式(3-200)可得 MMSE 迭代算法中权矩阵的更新值

$$\hat{\boldsymbol{W}}_i(t)=[\boldsymbol{\Phi}\hat{\boldsymbol{P}}_{i-1}(t)\boldsymbol{\Phi}^{\mathrm{H}}+\boldsymbol{R}_n]^{-1}\boldsymbol{\Phi}\hat{\boldsymbol{P}}_{i-1}(t) \tag{3-204}$$

其中，下标 i 表示第 i 次迭代，于是有稀疏信号 $\boldsymbol{\gamma}(t)$ 的最小均方误差估计值

$$\hat{\boldsymbol{\gamma}}_i(t)=\hat{\boldsymbol{W}}_i^{\mathrm{H}}(t)\boldsymbol{x}(t) \tag{3-205}$$

类似于式(3-203)，可得第 i 次迭代时稀疏功率对角阵的估计为

$$\hat{\boldsymbol{P}}_i(t)=[\hat{\boldsymbol{\gamma}}_i(t)\hat{\boldsymbol{\gamma}}_i^{\mathrm{H}}(t)]\odot\boldsymbol{I}_N \tag{3-206}$$

式(3-204)～式(3-206)构成了 MMSE 迭代算法第 i 次迭代的实现过程。当某一次迭代估计值 $\hat{\gamma}_i(t)$ 满足 $\|\hat{\gamma}_i(t)-\hat{\gamma}_{i-1}(t)\|_2<\varepsilon$（$\varepsilon$ 为某一预先指定的较小正数）时，算法停止迭代，或者当算法达到预设的最高迭代次数时也停止迭代。这时，稀疏功率对角阵估计构成的列向量 $\mathrm{diag}[\hat{\boldsymbol{P}}_i(t)]$ 中最大元素的下标即为真实气流速度 v 在网格中的位置下标，由此实现对气流速度的估计。

下面分析 MMSE 迭代算法的收敛性。为了说明 MMSE 算法是迭代收敛的，首先建立稀疏信号矢量估计 $\hat{\gamma}_i(t)$ 的递推表达式。由式(3-204)～式(3-206)容易得出

$$\hat{\gamma}_i(t)=\mathrm{diag}[\hat{\gamma}_{i-1}(t)\hat{\gamma}_{i-1}^{\mathrm{H}}(t)]\boldsymbol{\Phi}^{\mathrm{H}}\left\{\boldsymbol{\Phi}\,\mathrm{diag}[\hat{\gamma}_{i-1}(t)\hat{\gamma}_{i-1}^{\mathrm{H}}(t)]\boldsymbol{\Phi}^{\mathrm{H}}+\boldsymbol{R}_n\right\}^{-1}\boldsymbol{x}(t) \tag{3-207}$$

应注意，在式(3-207)的推导中还用到了关系式 $\mathrm{diag}[\hat{\gamma}_{i-1}(t)\hat{\gamma}_{i-1}^{\mathrm{H}}(t)]=[\hat{\gamma}_{i-1}(t)\hat{\gamma}_{i-1}^{\mathrm{H}}(t)]\odot\boldsymbol{I}_N$ 和 $\hat{\boldsymbol{P}}_{i-1}^{\mathrm{H}}(t)=\hat{\boldsymbol{P}}_{i-1}(t)$，其中，$\mathrm{diag}[\bullet]$ 表示由向量构成的对角阵或者取方阵的对角元素构成的列向量。考虑到在每次迭代中，噪声协方差矩阵 $\boldsymbol{R}_n$ 始终保持不变，且 $\boldsymbol{R}_n$ 对 MMSE 算法的收敛趋势并无决定性影响，为便于分析收敛性，可将式(3-207)中的 $\boldsymbol{R}_n$ 略去，则有

$$\begin{aligned}\hat{\gamma}_i(t)&=\mathrm{diag}[\hat{\gamma}_{i-1}(t)]\left\{\mathrm{diag}[\hat{\gamma}_{i-1}(t)]\right\}^{\mathrm{H}}\boldsymbol{\Phi}^{\mathrm{H}}\left\{\boldsymbol{\Phi}\,\mathrm{diag}[\hat{\gamma}_{i-1}(t)]\left\{\mathrm{diag}[\hat{\gamma}_{i-1}(t)]\right\}^{\mathrm{H}}\boldsymbol{\Phi}^{\mathrm{H}}\right\}^{-1}\boldsymbol{x}(t)\\&=\mathrm{diag}[\hat{\gamma}_{i-1}(t)]\left\{\boldsymbol{\Phi}\,\mathrm{diag}[\hat{\gamma}_{i-1}(t)]\right\}^{\dagger}\boldsymbol{x}(t)\end{aligned} \tag{3-208}$$

其中，“$(\bullet)^{\dagger}$”表示矩阵的 Moore-Penrose 逆，注意，在实际应用中，噪声协方差矩阵 $\boldsymbol{R}_n$ 不能忽略掉。迭代过程式(3-208)实际上是如下加权最小范数优化问题的一种递推形式

$$\min\left\|\boldsymbol{W}^{\dagger}\gamma(t)\right\|,\ \text{s.t.}\ \boldsymbol{\Phi}\gamma(t)=\boldsymbol{x}(t) \tag{3-209}$$

其中，$\boldsymbol{W}$ 为 $N\times N$ 维权矩阵，且 $\boldsymbol{W}$ 为对角阵，其迭代形式为 $\boldsymbol{W}_i=\mathrm{diag}[\hat{\gamma}_{i-1}(t)]$，则在每一步迭代中目标函数都有如下关系

$$\left\|\boldsymbol{W}^{\dagger}\gamma(t)\right\|^2=\sum_{k=1,w_k\neq0}^{N}\left[\frac{\gamma_k(t)}{w_k}\right]^2 \tag{3-210}$$

其中，w_k 为权矩阵 $\boldsymbol{W}$ 的第 k 个对角元素，$\gamma_k(t)$ 为稀疏信号矢量 $\gamma(t)$ 的第 k 个元素。

由式(3-210)可以看出，权矩阵 $\boldsymbol{W}$ 中某个对角元素相对越大，$\gamma(t)$ 中的相应位置元素对目标函数最小化的贡献就相对越小，即罚值越小，反之亦然。因此，如果稀疏基矩阵 $\boldsymbol{\Phi}$ 中的某一列相对于其他列来说能更好地匹配阵列测量数据 $\boldsymbol{x}(t)$，那么 $\gamma_{i-1}(t)$ 中的对应位置元素迭代到下一步时将得到更大值。这样，通过设定一个可行的初始化稀疏信号矢量估计，如 $\hat{\gamma}_0(t)=\hat{\gamma}_{\mathrm{MF}}(t)$，可使目标函数(3-209)在最小化的迭代过程中，逐渐强化 $\gamma(t)$ 中某一个大小相对突出的元素，同时逐渐抑制剩余元素的大小，直至 $\gamma(t)$ 达到预设的估计精度或者这些受抑制元素近似全为零，则算法收敛，停

止迭代。这时，$\hat{\boldsymbol{\gamma}}(t)$ 仅选取稀疏基矩阵 $\boldsymbol{\Phi}$ 中的某一列来最佳地匹配阵列测量数据 $\boldsymbol{x}(t)$ 。

由式(3-210)容易得出第 i 次迭代时的目标函数为

$$\left\|\boldsymbol{W}_i^{\dagger}\hat{\boldsymbol{\gamma}}_i(t)\right\|^2=\sum_{k=1,\hat{\gamma}_{i-1,k}(t)\neq 0}^{N}\left[\frac{\hat{\gamma}_{i,k}(t)}{\hat{\gamma}_{i-1,k}(t)}\right]^2 \tag{3-211}$$

综上分析可知，递推问题(3-211)收敛到最稀疏解意味着当 $i\to+\infty$ 且 $\hat{\gamma}_{i-1,k}(t)\neq 0$ 时，有 $\dfrac{\hat{\gamma}_{i,k}(t)}{\hat{\gamma}_{i-1,k}(t)}\to 1$。而 MMSE 迭代算法的收敛条件 $\left\|\hat{\boldsymbol{\gamma}}_i(t)-\hat{\boldsymbol{\gamma}}_{i-1}(t)\right\|_2<\varepsilon$ 可以进一步写成如下形式

$$\sum_{k=1,\hat{\gamma}_{i-1,k}(t)\neq 0}^{N}\hat{\gamma}_{i-1,k}^2(t)\left[\frac{\hat{\gamma}_{i,k}(t)}{\hat{\gamma}_{i-1,k}(t)}-1\right]^2<\varepsilon^2 \tag{3-212}$$

因此，如果当 $i\to+\infty$ 且 $\hat{\gamma}_{i-1,k}(t)\neq 0$ 时，有 $\dfrac{\hat{\gamma}_{i,k}(t)}{\hat{\gamma}_{i-1,k}(t)}\to 1$ 成立，则 $\left\|\hat{\boldsymbol{\gamma}}_i(t)-\hat{\boldsymbol{\gamma}}_{i-1}(t)\right\|_2<\varepsilon$ 也成立，从而说明 MMSE 迭代算法是收敛的。

应注意，MMSE 迭代算法并非在任意初始化条件下的收敛都是有意义的，例如，$\hat{\boldsymbol{\gamma}}_0(t)=\boldsymbol{0}$ ，此时 $\boldsymbol{\gamma}(t)$ 每步迭代的结果始终为零。因此，不失一般性，可假定初始化稀疏信号矢量 $\hat{\boldsymbol{\gamma}}_0(t)$ 的非零元素个数始终为 N 。另外，权矩阵 $\boldsymbol{W}$ 的对角元素 w_k=0 意味着，通过运算 $\boldsymbol{\Phi}\boldsymbol{W}_i$ 使稀疏基矩阵 $\boldsymbol{\Phi}$ 中的相应列变成了零向量，说明相应的子空间被排除出了信号子空间。

以上讨论的是根据接收换能器基阵的单快拍采样数据，基于 MMSE 迭代算法实现的气流速度估计。对于多快拍阵列采样数据 $\boldsymbol{X}=[\boldsymbol{x}(1),\cdots,\boldsymbol{x}(T)]$ ，则有如下稀疏表示模型

$$\boldsymbol{X}=\boldsymbol{\Phi}\boldsymbol{\Gamma}+\boldsymbol{N} \tag{3-213}$$

其中， $\boldsymbol{\Gamma}=[\boldsymbol{\gamma}(1),\cdots,\boldsymbol{\gamma}(T)]$ ， $\boldsymbol{N}=[\boldsymbol{n}(1),\cdots,\boldsymbol{n}(T)]$ ， T 表示阵列采样快拍数。

此时，MMSE 迭代算法的更新过程归纳如下。

①权矩阵的更新

$$\overline{\boldsymbol{W}}_i=(\boldsymbol{\Phi}\overline{\boldsymbol{P}}_{i-1}\boldsymbol{\Phi}^{\mathrm{H}}+\boldsymbol{R}_n)^{-1}\boldsymbol{\Phi}\overline{\boldsymbol{P}}_{i-1} \tag{3-214}$$

②联合稀疏信号 $\boldsymbol{\Gamma}_i$ 的最小均方误差估计

$$\hat{\boldsymbol{\Gamma}}_i=\overline{\boldsymbol{W}}_i^{\mathrm{H}}\boldsymbol{X} \tag{3-215}$$

其中， $\hat{\boldsymbol{\Gamma}}_i=[\hat{\boldsymbol{\gamma}}_i(1),\cdots,\hat{\boldsymbol{\gamma}}_i(T)]$ 。

③稀疏功率对角阵的估计

$$\overline{\boldsymbol{P}}_i=\left[\frac{1}{T}\sum_{t=1}^{T}\hat{\boldsymbol{\gamma}}_i(t)\hat{\boldsymbol{\gamma}}_i^{\mathrm{H}}(t)\right]\odot\boldsymbol{I}_{\mathrm{N}} \tag{3-216}$$

其中，$\boldsymbol{\Gamma}$ 的初始估计仍可以通过空间匹配滤波器组得到

$$\hat{\boldsymbol{\Gamma}}_0=\hat{\boldsymbol{\Gamma}}_{\mathrm{MF}}=\boldsymbol{\Phi}^{\mathrm{H}}\boldsymbol{X} \tag{3-217}$$

则稀疏功率对角阵的初始估计变为

$$\bar{\boldsymbol{P}}_0=\left(\frac{\hat{\boldsymbol{\Gamma}}_0\hat{\boldsymbol{\Gamma}}_0^{\mathrm{H}}}{T}\right)\odot\boldsymbol{I}_N \tag{3-218}$$

另外，算法迭代的收敛条件可改为$\left\|\hat{\boldsymbol{\Gamma}}_i-\hat{\boldsymbol{\Gamma}}_{i-1}\right\|_{\mathrm{F}}<\varepsilon$。还应注意到，当$T=1$时，MMSE 迭代算法退化为单快拍情形下的 MMSE 迭代算法。因此，在多快拍阵列采样情形下，MMSE 迭代算法的收敛性分析与单快拍情形时收敛性分析相似，此处不再赘述。对于无噪情形的阵列接收数据$\boldsymbol{X}=\boldsymbol{\Phi}\boldsymbol{\Gamma}$，稀疏基矩阵$\boldsymbol{\Phi}$的任意$L$列都构成$\mathbf{C}^L$空间中的一组基，即有$\mathrm{rank}(\boldsymbol{\Phi})=L$，而$\mathrm{rank}(\boldsymbol{X})=\mathrm{rank}(\boldsymbol{\Gamma})=1$，则若要采用此算法正确恢复稀疏信号功率谱$\mathrm{diag}[\bar{\boldsymbol{P}}_i]$，就要求接收换能器基阵阵元个数$L$满足$\lceil (L+1)/2\rceil\geqslant 2$，即$L\geqslant 2$。但应注意，在实际应用中，由于噪声的存在，当接收阵元个数接近于该下界时，算法的稀疏信号恢复性能会下降得很明显，甚至可能得不到较好的稀疏信号恢复。

由前面分析可知，在超声速气流作用下，随着气流速度的逐渐增大，将逐渐有接收换能器接收不到声波信号，这时，估计算法可用的测量数据减少了；反之，随着超声速气流速度的逐渐减小，原来接收不到声波信号的换能器又逐渐可以接收到信号了，这些新加入的接收阵元提供的测量数据将有助于提高算法对气流速度的估计精度。因此，可以得出这样的结论：在测量超声速气流速度时，待测气流速度越小，气流速度的估计精度就越高。在实际应用中，气流速度的变化是连续的，而不可能发生瞬间突变，因此，可以通过若干次连续跟踪估计预测气流速度的变化趋势是逐渐增大还是逐渐减小。假设某一时刻气流为超声速，速度的估计值为$\hat{v}_0$，且$c/\cos\theta_{l+1}<\hat{v}_0<c/\cos\theta_l$，则可用的接收阵元个数为$l$。若由之前的连续若干次估计结果推测出气流速度是逐渐增大的，则当估计的气流速度$\hat{v}\geqslant c/\cos\theta_l-\delta v$时，应考虑由前$l-1$个接收阵元的测量数据来估计下一个气流速度值；若由之前的连续若干次估计结果推测出气流速度是逐渐减小的，则当估计的气流速度$\hat{v}\leqslant c/\cos\theta_{l+1}-\delta v$时，应考虑由前$l+1$个接收阵元的测量数据来估计下一个气流速度值。这里，速度余量δv可以指定为一个较小的正数。

需要注意的是，本节中时间变量t是以取样间隔为单位的，即$\boldsymbol{x}(t)=\boldsymbol{x}_c(t\cdot T_s)$，其中，$\boldsymbol{x}_c(\cdot)$表示连续时间信号，$T_s$表示取样间隔。本节假设气流速度相对于取样频率来说是慢变的，则阵列进行T次有限采样的过程中，气流速度未更新而近似不变。在实际采样数T较小的情况下，这一假设是合理的。

2. 阵列误差模型

含有阵列模型误差的阵列输出响应一般可以定义为

$$\boldsymbol{x}_e(t)=[\boldsymbol{\Phi\gamma}(t)]\odot \boldsymbol{z}+\boldsymbol{n}(t) \tag{3-219}$$

其中，$\boldsymbol{z}$ 为 $L\times1$ 维未知的阵列模型误差矢量，其第 l 个元素可表示为

$$z_l=(1+\Delta a_l)\mathrm{e}^{\mathrm{j}\Delta\varphi_l} \tag{3-220}$$

其中，Δa_l 和 $\Delta\varphi_l$ 分别为阵元 l 上的随机幅值误差和随机相位误差。假设各阵元具有独立同分布的零均值随机幅值误差和随机相位误差，则各阵元之间的模型误差是互不相关的，但具有相同的模型误差的方差 σ_z^2。式(3-219)还可以表示为

$$\boldsymbol{x}_e(t)=\boldsymbol{\Phi\gamma}(t)+\boldsymbol{n}(t)+\boldsymbol{n}_z(t) \tag{3-221}$$

其中，$\boldsymbol{n}_z(t)=[\boldsymbol{\Phi\gamma}(t)]\odot(\boldsymbol{z}-\boldsymbol{1}_{L\times1})$ 为阵列模型误差引起的“噪声”，$\boldsymbol{1}_{L\times1}$ 为 $L\times1$ 维全 1 向量。由模型误差的假设可知 $\boldsymbol{n}_z(t)$ 为 $L\times1$ 维零均值矢量。

类似于式(3-204)，可得存在阵列模型误差时，MMSE 迭代算法的权矩阵更新为

$$\hat{\boldsymbol{W}}_i(t)=[\boldsymbol{\Phi}\hat{\boldsymbol{P}}_{i-1}(t)\boldsymbol{\Phi}^{\mathrm{H}}+\boldsymbol{R}_n+\boldsymbol{R}_{n_z}]^{-1}\boldsymbol{\Phi}\hat{\boldsymbol{P}}_{i-1}(t) \tag{3-222}$$

其中，$\boldsymbol{R}_{n_z}=E[\boldsymbol{n}_z(t)\boldsymbol{n}_z^{\mathrm{H}}(t)]$ 表示“模型噪声”协方差矩阵，且有

$$\begin{aligned}\boldsymbol{R}_{n_z}&=E\Big[\big((\boldsymbol{z}-\boldsymbol{1}_{L\times1})\odot[\boldsymbol{\Phi\gamma}(t)]\big)\big([\boldsymbol{\Phi\gamma}(t)]^{\mathrm{H}}\odot(\boldsymbol{z}-\boldsymbol{1}_{L\times1})^{\mathrm{H}}\big)\Big]\\&=E\Big[\boldsymbol{Z}[\boldsymbol{\Phi\gamma}(t)][\boldsymbol{\Phi\gamma}(t)]^{\mathrm{H}}\boldsymbol{Z}^{\mathrm{H}}\Big]=\sigma_z^2\boldsymbol{I}_L\odot[\boldsymbol{\Phi P}(t)\boldsymbol{\Phi}^{\mathrm{H}}]\end{aligned} \tag{3-223}$$

其中，$\boldsymbol{Z}=\mathrm{diag}[z_1,\cdots,z_L]-\boldsymbol{I}_L$。考虑多快拍阵列采样数据，则权矩阵的更新变为

$$\bar{\boldsymbol{W}}_i=(\boldsymbol{\Phi}\bar{\boldsymbol{P}}_{i-1}\boldsymbol{\Phi}^{\mathrm{H}}+\sigma_z^2\boldsymbol{I}_L\odot[\boldsymbol{\Phi}\bar{\boldsymbol{P}}_{i-1}\boldsymbol{\Phi}^{\mathrm{H}}]+\boldsymbol{R}_n)^{-1}\boldsymbol{\Phi}\bar{\boldsymbol{P}}_{i-1} \tag{3-224}$$

其中，$\boldsymbol{R}_n$ 为仅依赖于噪声的固定协方差矩阵，而 $\sigma_z^2\boldsymbol{I}_L\odot[\boldsymbol{\Phi}\bar{\boldsymbol{P}}_{i-1}\boldsymbol{\Phi}^{\mathrm{H}}]$ 是依赖于信号功率更新估计的自适应“噪声”协方差矩阵。为了增强算法的自适应能力，可对式(3-224)进行如下修正

$$\bar{\boldsymbol{W}}_i=(\boldsymbol{\Phi}\bar{\boldsymbol{P}}_{i-1}\boldsymbol{\Phi}^{\mathrm{H}}+\sigma_z^2\boldsymbol{I}_L\odot[\boldsymbol{\Phi}\bar{\boldsymbol{P}}_{i-1}\boldsymbol{\Phi}^{\mathrm{H}}]+\alpha\boldsymbol{R}_n)^{-1}\boldsymbol{\Phi}\bar{\boldsymbol{P}}_{i-1} \tag{3-225}$$

其中，加权后的噪声协方差项 $\alpha\boldsymbol{R}_n$ $(0<\alpha<1)$ 可以增强算法的自适应能力，但在高信噪比时可能引起小的“伪峰”，而“模型噪声”协方差项 $\sigma_z^2\boldsymbol{I}_L\odot[\boldsymbol{\Phi}\bar{\boldsymbol{P}}_{i-1}\boldsymbol{\Phi}^{\mathrm{H}}]$ 的存在恰好消除了这些“伪峰”的影响，从而便于增强算法的自适应能力。

3.5.2　基于 H_∞ 滤波的迭代算法

1．阵列测量模型

假设测量装置为圆柱形管路，管路内径为 D，声源和声矢量传感器阵列安装于内管壁，剖面图如图 3-32 所示，不考虑声波的反射与折射。阵列是由 M 个声矢量传感器组成的线性均匀阵列。阵列的第一个阵元为坐标原点。相邻阵元的间距为 d，第 m 个阵元的三维坐标为 $(d_m,0,0)$。这里 $d_m=md$（m=0,1,⋯,M−1）。声源 S 为单极

子声源。(θ_m,ϕ_m) 和 $\boldsymbol{r}_m$ 分别为声源 S 到第 m 个阵元的方向角和径向矢量，且是已知的。$\boldsymbol{v}$ 为声场中气流流动速度矢量。

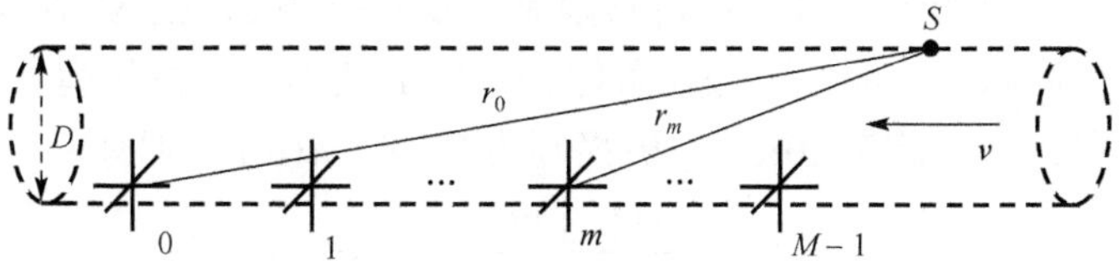

(a) 测量装置剖面图

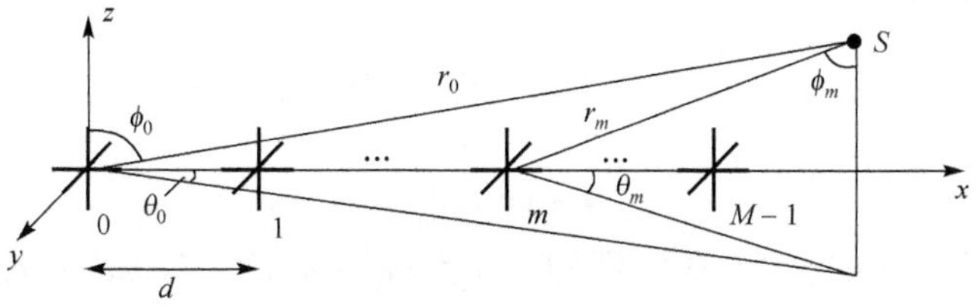

(b) 均匀线性阵列几何结构图

图 3-32　测量原理示意图

假设理想气流从 x 轴吹来，即 $\boldsymbol{v}$ 的方向为 $-x$ 轴方向，则在第 m 个阵元处质点速度 $\breve{\boldsymbol{V}}_m(t)$ 为

$$\breve{\boldsymbol{V}}_m(t)=\frac{Ac_{r_m}^2}{\mathrm{j}\omega\rho {r_m}^2c^2}\left(1+\mathrm{j}\frac{\omega}{c_{r_m}}r_m\right)\exp\left\{\mathrm{j}\left(\omega t-\frac{\omega}{c_{r_m}}r_m\right)\right\}\boldsymbol{h}_{r_m} \tag{3-226}$$

其中，$\dfrac{A}{\rho c^2}$ 为信号增益；r_m 为声源 S 到第 m 个阵元的距离，即 $r_m=\|\boldsymbol{r}_m\|$；$\boldsymbol{h}_{r_m}$ 为 $\boldsymbol{r}_m$ 方向上的单位向量，即 $\boldsymbol{h}_{r_m}=\begin{bmatrix}\cos\theta_m\sin\phi_m\\ \sin\theta_m\sin\phi_m\\ \cos\phi_m\end{bmatrix}$；$c_{r_m}$ 为 $\boldsymbol{r}_m$ 方向上的有效声速，$c_{r_m}=c+v\cos\theta_m\sin\phi_m$，$c$ 为声波在均匀、恒温、无黏性、静止的空气中传播的速度，$v=\|\boldsymbol{v}\|$。那么第 m 个阵元输出的归一化质点速度信号 $\boldsymbol{V}_m(t)$ 为

$$\boldsymbol{V}_m(t)=\frac{c_{r_m}^2}{\mathrm{j}\omega {r_m}^2}\left(1+\mathrm{j}\frac{\omega}{c_{r_m}}r_m\right)\exp\left\{\mathrm{j}\left(\omega t-\frac{\omega}{c_{r_m}}r_m\right)\right\}\boldsymbol{h}_{r_m}+\boldsymbol{n}_m(t) \tag{3-227}$$

其中，$\boldsymbol{n}_m(t)$ 为第 m 个阵元的测量噪声。

由于 $v<c$，故 $c_{r_m}<2c$。假设 $\omega r_m \gg 2c > c_{r_m}$，则有

$$\boldsymbol{V}_m(t)=\frac{\exp(-\mathrm{j}\omega\tau_m)}{\tau_m}\boldsymbol{h}_{r_m}s(t)+\boldsymbol{n}_m(t) \tag{3-228}$$

其中，$\tau_m=\dfrac{r_m}{c_{r_m}}$，$s(t)=\exp(\mathrm{j}\omega t)$ 为声源信号。在实际工程应用中，声矢量传感器的工作频率通常限制为 2k～5kHz。r_m 通常限制在 0.5～1.2m 范围内。在此条件下，ωr_m 大约比 $2c$ 大 10 倍以上。因此，假设条件 $\omega r_m \gg 2c$ 基本可以得到满足。若使用单快拍采样数据，即 $t=0$；将 $\boldsymbol{V}_m(0)$、$\boldsymbol{n}_m(0)$ 简写为 $\boldsymbol{V}(m)$、$\boldsymbol{n}(m)$，则有

$$\boldsymbol{V}(m)=\frac{\exp(-\mathrm{j}\omega\tau_m)}{\tau_m}\boldsymbol{h}_{r_m}+\boldsymbol{n}(m) \tag{3-229}$$

2. 气流速度估计算法

式(3-229)中只有 τ_m 中包含气流流动速度 v 的信息，即

$$\tau_m=\frac{r_m}{c+v\cos\theta_m\sin\phi_m} \tag{3-230}$$

从图 3-32(b)中的几何关系可知，${r_m}^2=r_0^2+m^2d^2-2r_0md\cos\theta_0\sin\phi_0$，其中 $r_0=\|\boldsymbol{r}_0\|$，则有 $\cos\theta_m\sin\phi_m=\dfrac{r_0\cos\theta_0\sin\phi_0-md}{r_m}$。故 $\boldsymbol{h}_{r_m}$ 和式(3-230)可重新写为

$$\boldsymbol{h}_{r_m}=\begin{bmatrix}(r_0\cos\theta_0\sin\phi_0-md)/r_m\\ r_0\sin\theta_0\sin\phi_0/r_m\\ r_0\cos\phi_0/r_m\end{bmatrix} \tag{3-231}$$

$$\tau_m=\frac{r_0^2+m^2d^2-2r_0md\cos\theta_0\sin\phi_0}{c\sqrt{r_0^2+m^2d^2-2r_0md\cos\theta_0\sin\phi_0}+v(r_0\cos\theta_0\sin\phi_0-md)} \tag{3-232}$$

同时将 τ_m 按泰勒级数展开，可得

$$\tau_m\approx\tau_0+\left(\frac{-d\cos\theta_0\sin\phi_0}{c+v\cos\theta_0\sin\phi_0}+\frac{vd(1-\cos^2\theta_0\sin^2\phi_0)}{(c+v\cos\theta_0\sin\phi_0)^2}\right)m+o(m) \tag{3-233}$$

其中，$o(m)$ 表示 m 的高阶无穷小项，$\tau_0=\dfrac{r_0}{c+v\cos\theta_0\sin\phi_0}$。

令 $\eta=\left(\dfrac{-d\cos\theta_0\sin\phi_0}{c+v\cos\theta_0\sin\phi_0}+\dfrac{vd(1-\cos^2\theta_0\sin^2\phi_0)}{(c+v\cos\theta_0\sin\phi_0)^2}\right)$，故有

$$\tau_m=\tau_{m-1}+\eta \tag{3-234}$$

定义状态变量 $\xi(m)=\dfrac{\exp(-\mathrm{j}\omega\tau_m)}{\tau_m}$，$\alpha(v,m-1)=\dfrac{\exp(-\mathrm{j}\omega\eta)}{\left(1+\dfrac{\eta}{\tau_0+\eta(m-1)}\right)}$，则有

$$\xi(m)=\frac{\exp(-\mathrm{j}\omega\eta)}{\left(1+\dfrac{\eta}{\tau_0+\eta(m-1)}\right)}\frac{\exp(-\mathrm{j}\omega\tau_{m-1})}{\tau_{m-1}}=\alpha(v,m-1)\xi_{m-1} \tag{3-235}$$

那么，式(3-229)可以重新写为

$$\boldsymbol{V}(m)=\xi(m)\boldsymbol{h}_{r_m}+\boldsymbol{n}(m) \tag{3-236}$$

因此，可令系统的状态空间 $\boldsymbol{\kappa}(m)=\begin{bmatrix}\xi(m)\\ v(m)\end{bmatrix}$，其中，$\upsilon(m+1)=\upsilon(m)$。故系统状态方程为

$$\boldsymbol{\kappa}(m)=\begin{bmatrix}\alpha(v,m-1)\xi_{m-1}\\ v(m)\end{bmatrix}=f(\boldsymbol{\kappa}(m-1)) \tag{3-237}$$

将系统的状态空间 $\boldsymbol{\kappa}(m)$ 代入式(3-236)，得到系统的量测方程为

$$\boldsymbol{V}(m)=g\left(\boldsymbol{\kappa}(m)\right)+\bar{\boldsymbol{n}}(m) \tag{3-238}$$

其中，$g\left(\boldsymbol{\kappa}(m)\right)=\xi(m)\boldsymbol{h}_{r_m}$，$\bar{\boldsymbol{n}}(m)=\boldsymbol{\Xi}(m)+\boldsymbol{n}(m)$，$\boldsymbol{\Xi}(m)$ 为各种近似所引起的模型误差。那么阵列测量模型的状态空间描述为

$$\begin{cases}\boldsymbol{\kappa}(m+1)=f(\boldsymbol{\kappa}(m))\\ \boldsymbol{V}(m)=g(\boldsymbol{\kappa}(m))+\bar{\boldsymbol{n}}(m)\\ v(m)=\boldsymbol{\Gamma}\boldsymbol{\kappa}(m)\end{cases} \tag{3-239}$$

其中，$\boldsymbol{\Gamma}=[0,1]$。可见，气流流动速度 v 的估计可转化为状态空间估计。根据线性化理论，可将上述系统线性化为

$$\begin{cases}\boldsymbol{\kappa}(m+1)=\boldsymbol{F}(m)\boldsymbol{\kappa}(m)\\ \boldsymbol{V}(m)=\boldsymbol{G}(m)\boldsymbol{\kappa}(m)+\bar{\boldsymbol{n}}(m)\\ v(m)=\boldsymbol{\Gamma}\boldsymbol{\kappa}(m)\end{cases} \tag{3-240}$$

其中

$$\begin{cases}\boldsymbol{F}(m)=\begin{bmatrix}\alpha(\hat{v}(m),m) & \left.\dfrac{\partial\alpha(v,m)}{\partial v}\right|_{v=\hat{v}(m)}\\ 0 & 1\end{bmatrix}\\ \boldsymbol{G}(m)=\left[\boldsymbol{h}_{r_m},\quad \boldsymbol{0}\right]_{3\times 2}\end{cases} \tag{3-241}$$

其中，$\hat{v}(m)$ 表示对 v 的估计。

根据鲁棒 H_∞ 滤波原理，可得如下估计器

$$\begin{cases}\hat{\boldsymbol{\kappa}}(m+1)=\boldsymbol{F}(m)\hat{\boldsymbol{\kappa}}(m)+\boldsymbol{\Delta}(m)[\boldsymbol{V}(m)-\boldsymbol{G}(m)\hat{\boldsymbol{\kappa}}(m)]\\ \hat{v}(m)=\boldsymbol{\Gamma}\hat{\boldsymbol{\kappa}}(m)\end{cases} \tag{3-242}$$

其中，$\hat{\boldsymbol{\kappa}}(m+1)$ 表示对 $\boldsymbol{\kappa}\left(m+1\right)$ 的估计，$\boldsymbol{\Delta}(m)$ 为 2×3 维的估计增益阵。H_∞ 估计实质上是要确保从噪声到估计误差的 l_2 增益小于一个给定的容许度 γ，即

$$\underbrace{\sup}_{\bar{\boldsymbol{n}},\varepsilon_{\boldsymbol{\kappa}(0)}} \frac{\left\|\varepsilon_{v(m)}\right\|^2}{\left\|\bar{\boldsymbol{n}}\right\|^2 + \varepsilon_{\boldsymbol{\kappa}(0)}^{\mathrm{H}}\boldsymbol{\Omega}\varepsilon_{\boldsymbol{\kappa}(0)}} < \gamma^2 \tag{3-243}$$

其中，$\varepsilon_{v(m)} = \hat{v}(m) - v$ 表示气流速度 v 的估计误差，$\varepsilon_{\boldsymbol{\kappa}(0)} = \hat{\boldsymbol{\kappa}}(0) - \boldsymbol{\kappa}(0)$ 表示初始状态空间误差，$\boldsymbol{\Omega}$ 是初始状态空间误差的协方差阵，$\|\bullet\|$ 表示向量或矩阵的 l_2-范数。根据式(3-240)和式(3-242)，估计增益 $\boldsymbol{\Delta}(m)$ 可采用 Riccati 方程或线性矩阵不等式方法求得

$$\boldsymbol{\Delta}(m) = \boldsymbol{F}(m)\bar{\boldsymbol{\Theta}}(m)\boldsymbol{G}^{\mathrm{H}}(m)[\boldsymbol{G}(m)\bar{\boldsymbol{\Theta}}(m)\boldsymbol{G}^{\mathrm{H}}(m) + \boldsymbol{I}]^{-1} \tag{3-244}$$

其中，$\bar{\boldsymbol{\Theta}}(m)$ 为 2×2 维的可逆矩阵，$\boldsymbol{I}$ 为单位阵。$\bar{\boldsymbol{\Theta}}(m)$ 可由下列方程得到

$$\begin{cases} \bar{\boldsymbol{\Theta}}(m) = (\boldsymbol{\Theta}^{-1}(m) - \gamma^{-2}\boldsymbol{\Gamma}^{\mathrm{H}}\boldsymbol{\Gamma})^{-1} \\ \boldsymbol{\Theta}(m) = \boldsymbol{F}(m-1)\bar{\boldsymbol{\Theta}}(m-1)\boldsymbol{F}^{\mathrm{H}}(m-1) - \boldsymbol{\Delta}(m-1)\left[\boldsymbol{G}(m-1)\bar{\boldsymbol{\Theta}}(m-1)\boldsymbol{G}^{\mathrm{H}}(m-1) + \boldsymbol{I}\right]\boldsymbol{\Delta}^{\mathrm{H}}(m-1) \\ \boldsymbol{\Theta}(0) = \boldsymbol{\Omega}^{-1} \end{cases} \tag{3-245}$$

此算法的迭代步骤如下。

①选定 $\boldsymbol{\Omega}$ 和 γ，初始化状态空间 $\boldsymbol{\kappa}(0)$。

②更新式(3-245)，计算出 $\boldsymbol{F}(m)$、$\boldsymbol{G}(m)$，更新 γ 和式(3-244)，得到 $\boldsymbol{\Delta}(m)$。

③按式(3-242)更新 $\hat{\boldsymbol{\kappa}}(m)$、$\hat{v}(m)$。

④ $m = m+1$，转到步骤②。

3. 初值选择

由 H_∞滤波理论可知，H_∞滤波估计器存在的充分条件为

$$\gamma^2 - \boldsymbol{\Gamma\Theta}(m)\boldsymbol{\Gamma}^{\mathrm{T}} > 0 \tag{3-246}$$

$\boldsymbol{\Theta}(m)$ 为 2×2 维的可逆矩阵，假设 $\boldsymbol{\Theta}(m) = \begin{bmatrix} \vartheta_{11}(m) & \vartheta_{12}(m) \\ \vartheta_{12}^{*}(m) & \vartheta_{22}(m) \end{bmatrix}$，符号 * 表示共轭运算，则式(3-246)有

$$\gamma^2 - \vartheta_{22}(m) > 0 \tag{3-247}$$

当 $m = 0$ 时，$\boldsymbol{\Theta}(0) = \boldsymbol{\Omega}^{-1}$。通过式(3-247)可得到 γ 与 $\boldsymbol{\Omega}^{-1}$ 之间的关系。

当 $\boldsymbol{\Omega}^{-1} = \begin{bmatrix} \varpi_{11} & \varpi_{12} \\ \varpi_{12}^{*} & \varpi_{22} \end{bmatrix}$ 时，有

$$\gamma^2 - \varpi_{22} > 0 \tag{3-248}$$

由此可知，式(3-248)是 H_∞估计初值选取的约束条件，并且 $\boldsymbol{\Omega}$ 的选择与 γ 的选择不是独立的。由于在估计过程中，最小容许度 $\gamma_{\min}$ 无法确切找到，所以引入接近

$\gamma_{\min}$ 的次优时变容许度 γ_m。令 $\bar{\gamma}_m^2=|\vartheta_{22}(m)|$，其中，$\bar{\gamma}_m$ 为滤波临界容许度。由式(3-248)可得，$\bar{\gamma}_0^2=|\varpi_{22}|$。为满足 H_∞ 估计器存在条件，有 $\gamma_m>\bar{\gamma}_m$。即存在正常数 μ，使得

$$\gamma_m{}^2=\bar{\gamma}_m{}^2+\mu \tag{3-249}$$

为了得到 γ_m 与 $\boldsymbol{\Omega}$ 之间的关系，将式(3-249)代入式(3-243)展开得

$$\left\|\varepsilon_{v(m)}\right\|^2<\max_m(\bar{\gamma}_m^2+\mu)\left(\left\|\bar{\boldsymbol{n}}\right\|^2+\varepsilon_{\boldsymbol{\kappa}(0)}^{\mathrm{H}}\boldsymbol{\Omega}\varepsilon_{\boldsymbol{\kappa}(0)}\right) \tag{3-250}$$

其中，$\varepsilon_{\boldsymbol{\kappa}(0)}=\begin{bmatrix}\varepsilon_{\xi(0)}\\ \varepsilon_{v(0)}\end{bmatrix}$。假设 $\boldsymbol{\Omega}=\begin{bmatrix}w_{11} & w_{12}\\ w_{12}{}^* & w_{22}\end{bmatrix}$，$w_{11}$、$w_{12}$、$w_{22}$ 均大于 0，且 $w_{11}\neq w_{22}$，则 $\boldsymbol{\Omega}$ 是可逆的。

式(3-250)可以重新写为

$$\begin{aligned}\left\|\varepsilon_{\upsilon(m)}\right\|^2<&\max_m(\bar{\gamma}_m^2+\mu)\left\|\bar{\boldsymbol{n}}\right\|^2+\max_m(\bar{\gamma}_m^2+\mu)w_{11}\left\|\varepsilon_{\xi(0)}\right\|\\&+\max_m(\bar{\gamma}_m^2+\mu)w_{22}\left\|\varepsilon_{v(0)}\right\|+2\max_m(\bar{\gamma}_m^2+\mu)w_{12}\operatorname{Re}(\varepsilon_{\xi(0)}^*\varepsilon_{v(0)})\end{aligned} \tag{3-251}$$

那么，系统噪声和初始状态空间误差的 l_2 增益分别如表 3-2 所示。

表 3-2　系统噪声和初始状态空间误差的 l_2 增益

系统输入	l_2 增益
$\bar{\boldsymbol{n}}$	$\max_m(\bar{\gamma}_m^2+\mu)$
$\varepsilon_{\xi(0)}$	$\max_m(\bar{\gamma}_m^2+\mu)w_{11}$
$\varepsilon_{v(0)}$	$\max_m(\bar{\gamma}_m^2+\mu)w_{22}$

由式(3-251)可得，为了要确保估计误差 $\varepsilon_{v(m)}$ 的 l_2-范数最小，只需使表 3-2 中各项 l_2 增益最小。从式(3-251)直观来看，只需使得 w_{11}、w_{22}、μ 尽可能小。然而，$\bar{\gamma}_m$ 的变化与 w_{11}、w_{12}、w_{22} 有关，在 w_{11}、w_{12}、w_{22} 取得最小值的情况下，不能保证 $\bar{\gamma}_m$ 取得最小值。由于 H_∞滤波估计过程始终有 $\boldsymbol{\Theta}(m)>0(m=0,\cdots,M-1)$。那么式(3-245)可写为

$$\begin{cases}\bar{\boldsymbol{\Theta}}(m)=(\boldsymbol{\Theta}^{-1}(m)-\gamma_m^{-2}\boldsymbol{\Gamma}^{\mathrm{H}}\boldsymbol{\Gamma})^{-1}\\ \boldsymbol{\Theta}^{-1}(m)=(\boldsymbol{F}^{-1}(m-1))^{\mathrm{H}}\left[\boldsymbol{\Theta}^{-1}(m-1)+\boldsymbol{G}^{\mathrm{H}}(m-1)\boldsymbol{G}(m-1)-\gamma_{m-1}^{-2}\boldsymbol{\Gamma}^{\mathrm{H}}\boldsymbol{\Gamma}\right]\boldsymbol{F}^{-1}(m-1)\\ \boldsymbol{\Theta}^{-1}(0)=\boldsymbol{\Omega}\end{cases} \tag{3-252}$$

由于 $\alpha(v,m)\neq0$，$\boldsymbol{F}^{-1}(m-1)$ 始终存在。若 $w_{12}=\sqrt{\beta w_{11}w_{22}},\beta\in[0,1]$，将 $\boldsymbol{\Omega}=\begin{bmatrix}w_{11} & w_{12}\\ w_{12}^* & w_{22}\end{bmatrix}$ 代入式(3-252)，可得

$$
\begin{cases}
\bar{\gamma}_0{}^2 = \dfrac{1}{|(1-\beta)w_{22}|} \\
\bar{\gamma}_1{}^2 = \dfrac{1}{\left|w_{22} - \gamma_0{}^{-2} - \dfrac{\beta w_{11} w_{22}}{w_{11}+1}\right|} \\
\bar{\gamma}_2{}^2 = \dfrac{1}{\left|w_{22} - \gamma_0{}^{-2} - \gamma_1{}^{-2} + \Im(\boldsymbol{F}(0))\right|} \\
\bar{\gamma}_3{}^2 = \dfrac{1}{\left|w_{22} - \gamma_0{}^{-2} - \gamma_1{}^{-2} - \gamma_2{}^{-2} + \Im(\boldsymbol{F}(0), \boldsymbol{F}(1))\right|}
\end{cases}
\tag{3-253}
$$

其中

$$
\Im(\boldsymbol{F}(0)) = \frac{(w_{11}+1)\left|\left.\dfrac{\partial \alpha(v,0)}{\partial v}\right|_{v=\hat{v}(0)}\right| + |\alpha(\hat{v}(0),0)|\sqrt{\beta w_{11} w_{22}} - \beta w_{11} w_{22}}{w_{11}+1+|\alpha(\hat{v}(0),0)|}
$$

$$
\begin{aligned}
&\Im(\boldsymbol{F}(0), \boldsymbol{F}(1)) \\
&= \frac{(w_{11}+1)\left(\left|\left.\dfrac{\partial \alpha(v,0)}{\partial v}\right|_{v=\hat{v}(0)}\right| + \left|\left.\dfrac{\partial \alpha(v,1)}{\partial v}\right|_{v=\hat{v}(1)}\right|\right) + |\alpha(\hat{v}(0),0)||\alpha(\hat{v}(1),1)|\sqrt{\beta w_{11} w_{22}} - \beta w_{11} w_{22}}{w_{11}+1+|\alpha(\hat{v}(0),0)||\alpha(\hat{v}(1),1)|}
\end{aligned}
$$

当 $\mu \to 0$，由式(3-249)可得，$\bar{\gamma}_m \to \gamma_m$。若 $w_{11} \to 0$，由于 $|\alpha(\hat{v}(m),m)| \approx 1$ 和 $\left|\left.\dfrac{\partial \alpha(v,m)}{\partial v}\right|_{v=\hat{v}(m)}\right| \approx 1$，则有

$$
\bar{\gamma}_0{}^2 = \frac{1}{(1-\beta)w_{22}},\quad \bar{\gamma}_1{}^2 = \frac{1}{\beta w_{22}},\quad \bar{\gamma}_2{}^2 \approx 2,\quad \bar{\gamma}_3{}^2 \approx 1 \tag{3-254}
$$

可见，从 $\bar{\gamma}_2{}^2$ 开始，随着 m 的增加，$\bar{\gamma}_m{}^2$ 开始收敛到与 w_{11}、w_{22}、β 无关的确定量。因此当 $w_{11} \to 0$，$\bar{\gamma}_m{}^2$ 的变化与 w_{11} 无关。为满足 H_∞估计器存在条件 $\gamma_m > \bar{\gamma}_m$ (m=0,1,…,M−1)，即 $\gamma_m^2 > \bar{\gamma}_m^2$。则有 $\max\limits_m \gamma_m^2 > \max\limits_m \bar{\gamma}_m^2$。因而可以得到如下关系。

当 $\mu \to 0$时，有

$$
\max_m(\bar{\gamma}_m^2 + \mu) \geqslant \max\left(\frac{1}{(1-\beta)w_{22}}, \frac{1}{\beta w_{22}}\right) \tag{3-255}
$$

当 $\beta=0.5$ 时，$\max\limits_{m}(\overline{\gamma}_m^2+\mu)\geqslant\dfrac{2}{w_{22}}$。故有如下最小目标函数来约束 w_{22}、μ，即

$$(w_{22},\mu)=\operatorname{argmin}\left\|\begin{matrix}\chi_1\max\limits_{m}(\overline{\gamma}_m^2+\mu)\\ \chi_2\max\limits_{m}(\overline{\gamma}_m^2+\mu)w_{22}\\ \chi_3\left|v-\hat{v}(m-1)\right|\end{matrix}\right\| \tag{3-256}$$

其中，$\hat{v}(m-1)$ 为由第 m 个阵元的测量数据而得到的 v 的估计值。(χ_1,χ_2,χ_3) 表示权值，由此决定估计精度性能和 l_2 增益的重要程度。

故算法初始状态空间误差的协方差阵 $\boldsymbol{\Omega}$ 选取应遵循以下原则。

① $\boldsymbol{\Omega}=\begin{bmatrix}w_{11} & w_{12}\\ w_{12}^{*} & w_{22}\end{bmatrix}$。

② w_{11} 应尽可能小，$\beta=0.5$。

③按式(3-256)选择最优 w_{22}。

④ $w_{12}=\sqrt{\beta w_{11}w_{22}}$。

当 μ 很小时，估计误差 l_2 范数 $\|\varepsilon_v\|^2$ 的上界变小，ε_v 能够迅速收敛。但此时，估计系统对测量噪声非常敏感，易使 ε_v 收敛到局部最小值。w_{22} 选定后，μ 的选取应平衡估计精度与算法鲁棒性之间的矛盾。

4. 鲁棒性分析

当存在随机角度 $(\delta_{\theta_m},\delta_{\phi_m})$ 和距离 δ_{r_m} 扰动时，则有

$$\begin{cases}\tilde{\boldsymbol{h}}_{r_m}=\begin{bmatrix}\cos(\theta_m+\delta_{\theta_m})\sin(\phi_m+\delta_{\phi_m})\\ \sin(\theta_m+\delta_{\theta_m})\sin(\phi_m+\delta_{\phi_m})\\ \cos(\phi_m+\delta_{\phi_m})\end{bmatrix}\\ \tilde{\tau}_m=\dfrac{\omega(r_m+\delta_{r_{1m}})}{c_0+\upsilon\cos(\theta_m+\delta_{\theta_m})\sin(\phi_m+\delta_{\phi_m})}\end{cases} \tag{3-257}$$

则此时第 m 个阵元输出信号为

$$\boldsymbol{V}(m)=\frac{\exp(-\mathrm{j}\tilde{\tau}_m)}{\tilde{\tau}_m}\tilde{\boldsymbol{h}}_{r_m}+\boldsymbol{n}(m) \tag{3-258}$$

假定 $(\delta_{\theta_m},\delta_{\phi_m})$ 和 δ_{r_m} 是相互独立的零均值随机变量，且方差很小。因此，对 $\boldsymbol{V}(m)$ 在零值处进行一阶泰勒近似展开，可得

$$\boldsymbol{V}(m)=\left[\left.\frac{\partial \dfrac{\exp(-\mathrm{j}\tilde{\tau}_m)}{\tilde{\tau}_m}\tilde{\boldsymbol{e}}_{r_m}}{\partial \delta_{\theta_m}}\right|_{\substack{\delta_{\phi_m}=0\\ \delta_{r_m}=0}}\delta_{\theta_m}+\left.\frac{\partial \dfrac{\exp(-\mathrm{j}\tilde{\tau}_m)}{\tilde{\tau}_m}\tilde{\boldsymbol{e}}_{r_m}}{\partial \delta_{\phi_m}}\right|_{\substack{\delta_{\theta_m}=0\\ \delta_{r_m}=0}}\delta_{\phi_m}+\left.\frac{\partial \dfrac{\exp(-\mathrm{j}\tilde{\tau}_m)}{\tilde{\tau}_m}\tilde{\boldsymbol{e}}_{r_m}}{\partial \delta_{r_m}}\right|_{\substack{\delta_{\theta_m}=0\\ \delta_{\phi_m}=0}}\delta_{r_m}\right]$$
$$+\frac{\exp(-\mathrm{j}\tau_m)}{\tau_m}\tilde{\boldsymbol{h}}_{r_m}+\boldsymbol{n}(m) \tag{3-259}$$

令

$$\tilde{\boldsymbol{n}}(m)=\left[\left.\frac{\partial \dfrac{\exp(-\mathrm{j}\tilde{\tau}_m)}{\tilde{\tau}_m}\tilde{\boldsymbol{e}}_{r_m}}{\partial \delta_{\theta_m}}\right|_{\substack{\delta_{\phi_m}=0\\ \delta_{r_m}=0}}\delta_{\theta_m}+\left.\frac{\partial \dfrac{\exp(-\mathrm{j}\tilde{\tau}_m)}{\tilde{\tau}_m}\tilde{\boldsymbol{e}}_{r_m}}{\partial \delta_{\phi_m}}\right|_{\substack{\delta_{\theta_m}=0\\ \delta_{r_m}=0}}\delta_{\phi_m}+\left.\frac{\partial \dfrac{\exp(-\mathrm{j}\tilde{\tau}_m)}{\tilde{\tau}_m}\tilde{\boldsymbol{e}}_{r_m}}{\partial \delta_{r_m}}\right|_{\substack{\delta_{\theta_m}=0\\ \delta_{\phi_m}=0}}\delta_{r_m}\right]$$
$$+\boldsymbol{n}(m)$$

那么，式(3-259)可以重新写为

$$\boldsymbol{V}(m)=\frac{\exp(-\mathrm{j}\tau_m)}{{\tau_m}^2}\boldsymbol{h}_{r_m}+\tilde{\boldsymbol{n}}(m) \tag{3-260}$$

此时，只需将式(3-238)中 $\bar{\boldsymbol{n}}(m)$ 改写为 $\bar{\boldsymbol{n}}(m)=\tilde{\boldsymbol{n}}(m)+\boldsymbol{\Xi}(m)$，而上述算法不变。但是由式(3-251)可知，估计误差 l_2-范数 $\|\varepsilon_v\|^2$ 上界增大，使得算法收敛速度下降；若适当选择算法初值，可减小随机角度和距离扰动对估计误差 l_2-范数 $\|\varepsilon_v\|^2$ 上界的影响。

3.5.3 仿真验证

1. MMSE 准则迭代算法

假设管路内径 $D=1.5\,\mathrm{cm}$，静止声场中的声速 $c=340\,\mathrm{m/s}$，发射换能器发射的声波信号频率为 6800 Hz，则可计算出声波波长为 $\lambda=0.05\,\mathrm{m}$。在 MMSE 迭代(II-MMSE)算法和 L_1-SVD 算法中速度网格划分间隔均取 1m/s。假设测量装置工作时需要测量的最大气流速度为 $v_{\max}=5c$，则当待测气流速度 $v=v_{\max}$ 时，所选取的接收换能器各阵元方位角均应满足 $\theta_l\in(-90°,-78.463°]$。在实验中，假设接收换能器基阵是由 15 个阵元构成的线阵，各阵元方位角分别为 $\boldsymbol{\theta}=[-88°,-87°,-86°,-85°,-83°,-81°,-79°,-70°,-60°,-50°,50°,60°,70°,80°,88°]^{\mathrm{T}}$，则当 $v=v_{\max}$ 时，仍有前 7 个阵元构成的阵列可以估计此最大气流速度。单个接收换能器上的 $\mathrm{SNR}=10\lg(A^2/\sigma^2)$。实验中，第 l 个阵元对应的模型误差为

$$z_l = \left[1 + \frac{\rho}{100}\mathcal{N}(0,1)\right]\exp\left\{\mathrm{j}\pi\frac{\rho}{100}\mathcal{N}(0,1)\right\} \tag{3-261}$$

其中，$\frac{\rho}{100}$ 为相对于标准差的百分误差，$\mathcal{N}(0,1)$ 为零均值，单位方差的实高斯随机分布。由式(3-220)可知，$E[z_l]=1$，则 $\sigma_z^2 = E\left[\left|z_l - 1\right|^2\right]$，故通过 1000 次独立实现来估计 z_l 的方差，即 $\hat{\sigma}_z^2$，显然，ρ 越大，模型误差的方差也越大。以下实验中，如无明确说明，取噪声协方差尺度因子 $\alpha = \frac{1}{8}$。

设气流速度 $v = 636\,\mathrm{m/s}$，接收换能器基阵对稳定气流中的声波信号进行了 $T = 10$ 次采样，采用 L_1-SVD 算法、MUSIC 算法和 II-MMSE 算法分别进行 50 次 Monte Carlo 仿真实验。图 3-33 给出了气流速度估计 $\hat{v}$ 的均方根误差随模型误差百分比的变化曲线，实验中 $\mathrm{SNR} = 10\,\mathrm{dB}$。可以看出，随着模型误差百分比的逐渐增大，模型误差的方差也越来越大，气流速度估计 $\hat{v}$ 的 RMSE 逐渐增大的。II-MMSE 算法的估计精度高于另外两种算法，说明 II-MMSE 算法对阵列模型误差具有更好的鲁棒性。随着模型误差百分比的增大，MUSIC 算法估计的气流速度 $\hat{v}$ 的 RMSE 具有明显发散的趋势，说明该算法对阵列模型误差无鲁棒性。

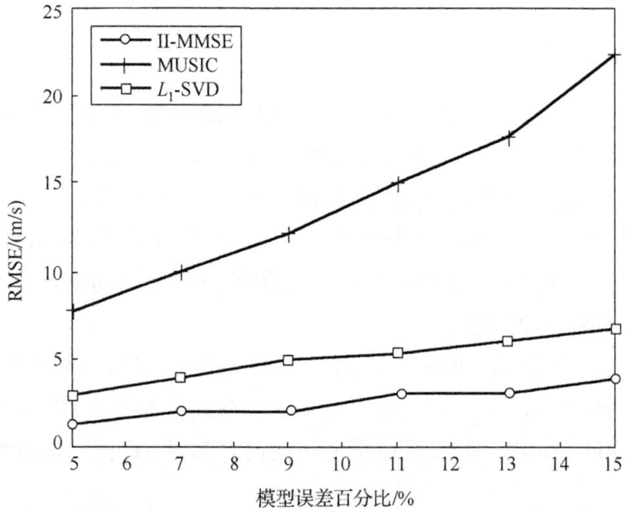

图 3-33　气流速度估计的均方根误差与模型误差百分比关系曲线

设接收换能器基阵对速度 $v = 188.2\,\mathrm{m/s}$ 的稳定亚声速气流中的声波信号进行了 $T = 10$ 次采样，模型误差百分比 $\rho = 5$，采用 MUSIC 算法、L_1-SVD 算法、II-MMSE 算法和气流速度估计的直接法(DA)[1]分别进行 50 次 Monte Carlo 仿真实验。图 3-34 给出了气流速度估计 $\hat{v}$ 的均方根误差与信噪比的关系曲线。可以看出，随着信噪比的逐渐提高，气流速度估计 $\hat{v}$ 的 RMSE 逐渐减小的。II-MMSE 算法和 L_1-SVD 算法的估计精度高于另两种算法，这是因为在阵列模型误差情形下，II-MMSE 算法和 L_1-SVD 算法都具有较强的鲁棒性。与 MUSIC 算法一样，DA 算法也属于子空间类算法，故在采样快拍数很少的情形下，其对气流速度的估计精度始终低于 II-MMSE 算法和 L_1-SVD 算法。

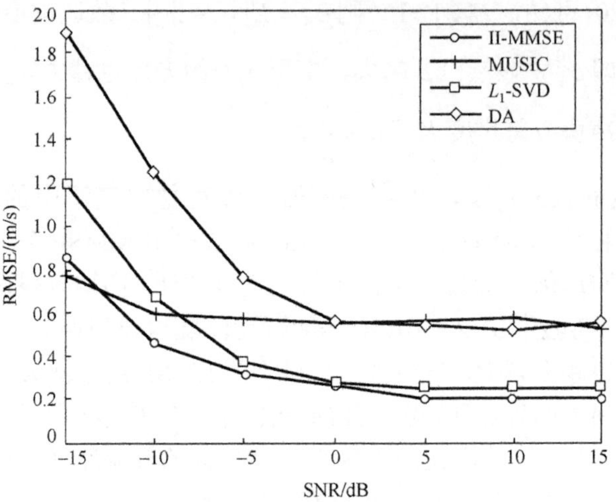

图 3-34　气流速度估计的均方根误差与信噪比关系曲线

2. *H_∞滤波迭代算法*

考虑在均匀恒温稳定气流中有一个单频声源入射到由声矢量传感器构成的 ULA 阵列。声源信号频率为 3400Hz，声波的波长 $\lambda = 0.1\,\text{m}$；声源到第 0 个阵元的方位参数 (θ_0, ϕ_0) 和距离参数 r_0 分别为 $(2°, 88°)$ 和 12λ；声波在无风时的传播速度 c 为 340m/s；阵元数 $M = 15$，阵元间距 $d = \lambda/4$；测量噪声均为加性高斯白噪声；$\text{SNR} = 10\lg(P_s/P_n)$，$P_s$ 和 P_n 分别为声源信号和噪声的平均功率。无特殊说明时，以下仿真实验中，$\text{SNR} = 20\,\text{dB}$。

当气流速度 v 分别为 200m/s、300m/s、335m/s 时，估计器初始参数选为 $\mu = w_{11} = 0.01$，$\beta = 0.5$，$w_{22} = 1.745$，$\hat{v}_0 = 0$。在此参数下，图 3-35 给出了气流速度 v 估计曲线。可以看出，在气流速度 v 不同时，鲁棒 H_∞算法均能够准确估计出实际气流速度值 v。

考虑系统的随机扰动，气流速度 v 为 300m/s；$\delta_{\phi_m} = 1°$，$\delta_{\theta_m} = 0.1°$，$\delta_{r_m} = 0.01\lambda$。若 $\mu = w_{11} = 0.01$，$\beta = 0.5$，$w_{22} = 1.745$，$\hat{v}_0 = 0$。气流速度 v 估计曲线如图 3-36 中实线所示。图 3-36 中虚线表示的无随机扰动，气流速度 v 估计曲线。当系统存在随机扰动时，鲁棒 H_∞算法的收敛速度下降，但收敛后估计精度没有明显下降。可见，当系统存在随机扰动时，鲁棒 H_∞算法是以牺牲收敛速度的代价来换取估计精度。更多的仿真验证结果见参考文献[13]和[14]。

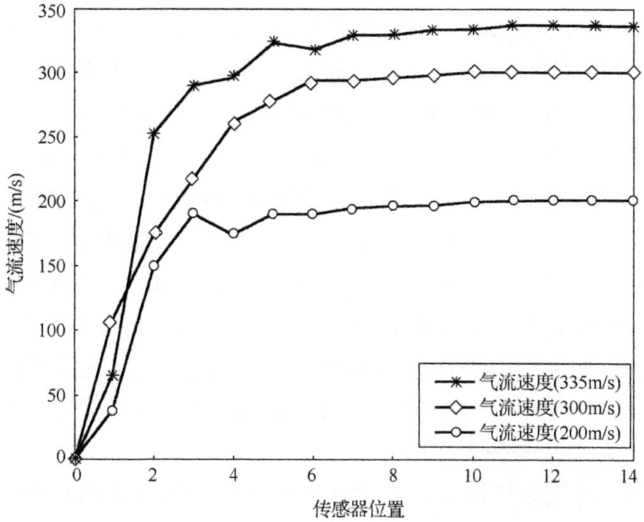

图 3-35　系统无随机扰动时，气流速度估计曲线

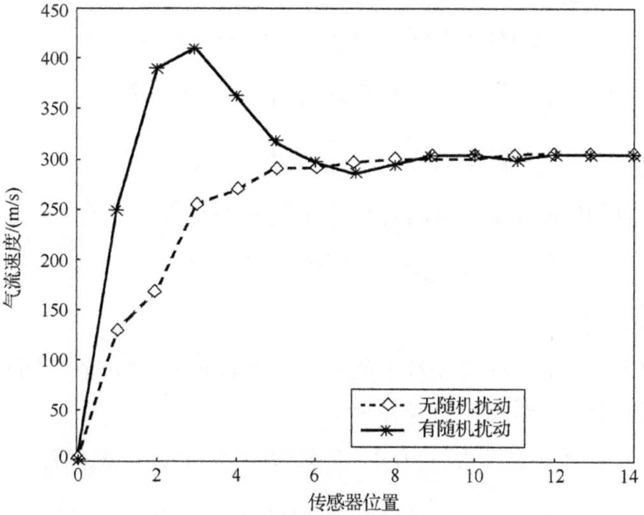

图 3-36　系统存在随机扰动时，气流速度估计曲线

3.6　数据缺失重构法

3.6.1　基于网格的气流速度估计

由式(3-156)可得 T 次采样快拍下的稀疏表示模型为

$$\boldsymbol{x}(t)=\boldsymbol{\Phi}\boldsymbol{\gamma}(t)+\boldsymbol{n}(t), \quad t=1,\cdots,T \tag{3-262}$$

其中，$\boldsymbol{\Phi}=[\boldsymbol{a}(v_1),\cdots,\boldsymbol{a}(v_N)]$ 为 $L\times N$ 维稀疏基矩阵，一般有 $L\ll N$，其中，$\boldsymbol{a}(v_n)\stackrel{\text{def}}{=}\boldsymbol{a}_n$ 表示第 n 个网格对应的 $L\times 1$ 维阵列流形矢量。$\boldsymbol{\gamma}(t)$ 为 $N\times 1$ 维稀疏信号矢量。将待处理的气流速度范围划分为均匀网格，当被测气流速度 v 与网格上某点一致且各接收换能器上无测量噪声时，$\boldsymbol{\gamma}(t)$ 中只有一个非零元素，即为声信号 $s_1(t)$，$s_1(t)$ 在 $\boldsymbol{\gamma}(t)$ 中的位置与真实气流速度 v 在网格上各点的位置下标是一一对应的。

应当注意的是，由于在亚声速气流作用下 y 轴左、右两端的接收换能器都可以接收到发射的声波信号，而在超声速情形下，只有 y 轴左半平面的接收换能器才可以接收到声波。更确切地说，在超声速时，随着气流速度的逐渐增大，有效的接收阵元个数会减少，相当于有些测量数据缺失了；反之，随着超声速气流速度的逐渐减小，有效的接收阵元个数会增加，相当于缺失的数据又恢复了。因此，有效的测量数据是随着气流速度动态变化的。

设在速度为 v 的气流作用下，L 个阵元构成的接收换能器基阵中，只有前 L_{g} 个接收换能器可以接收到声波信号。假定 L_{g} 是已知的。显然，$L\geqslant L_{\mathrm{g}}$，则接收换能器基阵的有效输出模型为

$$\boldsymbol{x}_{\mathrm{g}}(t)=\boldsymbol{S}_{\mathrm{g}}\boldsymbol{x}(t)=\boldsymbol{\Phi}_{\mathrm{g}}\boldsymbol{\gamma}(t)+\boldsymbol{n}_{\mathrm{g}}(t),\quad t=1,\cdots,T \tag{3-263}$$

其中，$\boldsymbol{S}_{\mathrm{g}}=[\boldsymbol{I}_{L_{\mathrm{g}}},\boldsymbol{0}_{L_{\mathrm{g}}\times(L-L_{\mathrm{g}})}]$ 为 $L_{\mathrm{g}}\times L$ 维选择矩阵，这里，$\boldsymbol{I}_{L_{\mathrm{g}}}$ 表示 $L_{\mathrm{g}}\times L_{\mathrm{g}}$ 维单位阵，$\boldsymbol{0}_{L_{\mathrm{g}}\times(L-L_{\mathrm{g}})}$ 表示 $L_{\mathrm{g}}\times(L-L_{\mathrm{g}})$ 维零矩阵，$\boldsymbol{\Phi}_{\mathrm{g}}\stackrel{\text{def}}{=}\boldsymbol{S}_{\mathrm{g}}\boldsymbol{\Phi}$，$\boldsymbol{n}_{\mathrm{g}}(t)\stackrel{\text{def}}{=}\boldsymbol{S}_{\mathrm{g}}\boldsymbol{n}(t)$。

设加性测量噪声矢量 $\boldsymbol{n}(t)$ 内的各个分量间互不相关，则有

$$E[\boldsymbol{n}_{\mathrm{g}}(t)\boldsymbol{n}_{\mathrm{g}}^{\mathrm{H}}(t)]=\sigma\boldsymbol{S}_{\mathrm{g}}\boldsymbol{S}_{\mathrm{g}}^{\mathrm{T}}=\sigma\boldsymbol{I}_{L_{\mathrm{g}}} \tag{3-264}$$

其中，σ 为噪声方差。

假设稀疏信号矢量 $\boldsymbol{\gamma}(t)$ 与 $\boldsymbol{n}(t)$ 不相关，且 $\boldsymbol{\gamma}(t)$ 内各个分量之间也互不相关，则有如下阵列有效接收数据的协方差矩阵

$$\boldsymbol{R}_{\mathrm{g}}=E[\boldsymbol{x}_{\mathrm{g}}(t)\boldsymbol{x}_{\mathrm{g}}^{\mathrm{H}}(t)]=\boldsymbol{S}_{\mathrm{g}}\boldsymbol{\Phi}\boldsymbol{P}\boldsymbol{\Phi}^{\mathrm{H}}\boldsymbol{S}_{\mathrm{g}}^{\mathrm{T}}+\sigma\boldsymbol{I}_{L_{\mathrm{g}}}=\boldsymbol{S}_{\mathrm{g}}\boldsymbol{R}\boldsymbol{S}_{\mathrm{g}}^{\mathrm{T}} \tag{3-265}$$

其中，$\boldsymbol{R}=\boldsymbol{\Phi}\boldsymbol{P}\boldsymbol{\Phi}^{\mathrm{H}}+\sigma\boldsymbol{I}_L$ 表示阵列接收数据的协方差矩阵，稀疏功率对角阵 $\boldsymbol{P}=E[\boldsymbol{\gamma}(t)\boldsymbol{\gamma}^{\mathrm{H}}(t)]=\mathrm{diag}[p_1,\cdots,p_N]$，$p_n\stackrel{\text{def}}{=}E[\gamma_n(t)\gamma_n^*(t)]$ 表示 $\boldsymbol{\gamma}(t)$ 中第 n 个分量的信号功率。

在实际应用中，协方差矩阵 $\boldsymbol{R}_{\mathrm{g}}$ 一般是由阵列有限快拍的采样数据估计得出的，即 $\boldsymbol{R}_{\mathrm{g}T}=\boldsymbol{S}_{\mathrm{g}}\left[\dfrac{1}{T}\sum_{t=1}^{T}\boldsymbol{x}(t)\boldsymbol{x}^{\mathrm{H}}(t)\right]\boldsymbol{S}_{\mathrm{g}}^{\mathrm{T}}$，其中，$\boldsymbol{R}_T=\dfrac{1}{T}\sum_{t=1}^{T}\boldsymbol{x}(t)\boldsymbol{x}^{\mathrm{H}}(t)$ 为阵列的采样协方差矩阵。对协方差矩阵 $\boldsymbol{R}_{\mathrm{g}}$ 执行向量化运算可得

$$\boldsymbol{r}_{\mathrm{g}}=\mathrm{vec}(\boldsymbol{R}_{\mathrm{g}})=\sum_{n=1}^{N}p_n\,\mathrm{vec}[\boldsymbol{a}_{\mathrm{g}}(v_n)\boldsymbol{a}_{\mathrm{g}}^{\mathrm{H}}(v_n)]+\sigma\,\mathrm{vec}(\boldsymbol{I}_{L_{\mathrm{g}}})\stackrel{\text{def}}{=}\boldsymbol{A}\boldsymbol{p} \tag{3-266}$$

其中，$\boldsymbol{r}_{\mathrm{g}} \overset{\mathrm{def}}{=} \mathrm{vec}(\boldsymbol{R}_{\mathrm{g}})$，$\boldsymbol{A}=\left[\mathrm{vec}[\boldsymbol{a}_{\mathrm{g}}(v_1)\boldsymbol{a}_{\mathrm{g}}^{\mathrm{H}}(v_1)],\cdots,\mathrm{vec}[\boldsymbol{a}_{\mathrm{g}}(v_N)\boldsymbol{a}_{\mathrm{g}}^{\mathrm{H}}(v_N)],\mathrm{vec}(\boldsymbol{I}_{L_{\mathrm{g}}})\right]$，$\boldsymbol{a}_{\mathrm{g}}(v_n)=\boldsymbol{S}_{\mathrm{g}}\boldsymbol{a}(v_n)$，$\boldsymbol{p}=[p_1,\cdots,p_N,\sigma]^{\mathrm{T}}$ 为待估计量。如果向量 $\boldsymbol{p}$ 被估计出来，那么 $\{p_n\}_{n=1}^{N}$ 中最大元素的下标即为真实气流速度 v 在网格上的位置下标，由此可实现网格上的气流速度估计。未知向量 $\boldsymbol{p}$ 可通过如下渐近最小方差(Asymptotically Minimum Variance, AMV)准则求得

$$\hat{\boldsymbol{p}}=\arg\min_{\boldsymbol{p}}(\boldsymbol{r}_{\mathrm{g}T}-\boldsymbol{r}_{\mathrm{g}})^{\mathrm{H}}\boldsymbol{C}_{r_{\mathrm{g}}}^{-1}(\boldsymbol{r}_{\mathrm{g}T}-\boldsymbol{r}_{\mathrm{g}}) \tag{3-267}$$

由此得到的估计器 $\hat{\boldsymbol{p}}$ 是渐近($T\to\infty$)最优的，其估计误差$(\hat{\boldsymbol{p}}-\boldsymbol{p})$的渐近协方差矩阵为$\left[\left(\dfrac{\mathrm{d}\boldsymbol{r}_{\mathrm{g}}}{\mathrm{d}\boldsymbol{p}}\right)^{\mathrm{H}}\boldsymbol{C}_{r_{\mathrm{g}}}^{-1}\dfrac{\mathrm{d}\boldsymbol{r}_{\mathrm{g}}}{\mathrm{d}\boldsymbol{p}}\right]^{-1}$。其中，二阶统计量 $\boldsymbol{r}_{\mathrm{g}T} \overset{\mathrm{def}}{=} \mathrm{vec}(\boldsymbol{R}_{\mathrm{g}T})$，$\boldsymbol{C}_{r_{\mathrm{g}}}$ 为 $\boldsymbol{r}_{\mathrm{g}T}$ 的渐近圆高斯分布的协方差矩阵，且

$$\boldsymbol{C}_{r_{\mathrm{g}}} \overset{\mathrm{def}}{=} E[(\boldsymbol{r}_{\mathrm{g}T}-\boldsymbol{r}_{\mathrm{g}})(\boldsymbol{r}_{\mathrm{g}T}-\boldsymbol{r}_{\mathrm{g}})^{\mathrm{H}}]=\boldsymbol{R}_{\mathrm{g}}^{*}\otimes\boldsymbol{R}_{\mathrm{g}} \tag{3-268}$$

其中，“$\otimes$”表示矩阵的 Kronecker 积。式(3-267)本质上是一个非线性最小二乘优化问题，考虑到其中包含 $\boldsymbol{C}_{r_{\mathrm{g}}}^{-1}$ 项，直接求解会比较困难。为此，采用迭代方法来求解由式(3-267)表示的最优化问题

$$\hat{p}_n^{(i+1)}=\frac{\boldsymbol{a}_{\mathrm{g}}^{\mathrm{H}}(v_n)\boldsymbol{R}_{\mathrm{g}}^{-1(i)}\boldsymbol{R}_{\mathrm{g}T}\boldsymbol{R}_{\mathrm{g}}^{-1(i)}\boldsymbol{a}_{\mathrm{g}}(v_n)}{(\boldsymbol{a}_{\mathrm{g}}^{\mathrm{H}}(v_n)\boldsymbol{R}_{\mathrm{g}}^{-1(i)}\boldsymbol{a}_{\mathrm{g}}(v_n))^2}+\hat{p}_n^{(i)}-\frac{1}{\boldsymbol{a}_{\mathrm{g}}^{\mathrm{H}}(v_n)\boldsymbol{R}_{\mathrm{g}}^{-1(i)}\boldsymbol{a}_{\mathrm{g}}(v_n)},\quad n=1,\cdots,N \tag{3-269}$$

$$\hat{\sigma}^{(i+1)}=\frac{\mathrm{tr}(\boldsymbol{R}_{\mathrm{g}}^{-2(i)}\boldsymbol{R}_{\mathrm{g}T})+\hat{\sigma}^{(i)}\mathrm{tr}(\boldsymbol{R}_{\mathrm{g}}^{-2(i)})-\mathrm{tr}(\boldsymbol{R}_{\mathrm{g}}^{-1(i)})}{\mathrm{tr}(\boldsymbol{R}_{\mathrm{g}}^{-2(i)})} \tag{3-270}$$

从而得到稀疏信号功率矢量和噪声方差(即向量 $\boldsymbol{p}$)的估计值。其中，上标(i)表示第 i 次迭代过程，$\boldsymbol{R}_{\mathrm{g}}^{(i)}=\boldsymbol{S}_{\mathrm{g}}\boldsymbol{\Phi}\hat{\boldsymbol{P}}^{(i)}\boldsymbol{\Phi}^{\mathrm{H}}S_{\mathrm{g}}^{\mathrm{T}}+\hat{\sigma}^{(i)}\boldsymbol{I}_{L_{\mathrm{g}}}$，$\hat{\boldsymbol{P}}^{(i)}=\mathrm{diag}[\hat{p}_1^{(i)},\cdots,\hat{p}_N^{(i)}]$。

在稀疏表示框架下有 $N\gg L$，这时在式(3-269)和式(3-270)的迭代计算中 $\hat{p}_n$ 和 $\hat{\sigma}$ 很可能出现不合理的负值，究其原因，是这两个迭代表达式中存在非零项 $p_n-\dfrac{1}{\boldsymbol{a}_{\mathrm{g}}^{\mathrm{H}}(v_n)\boldsymbol{R}_{\mathrm{g}}^{-1}\boldsymbol{a}_{\mathrm{g}}(v_n)}$ 和 $\sigma\,\mathrm{tr}(\boldsymbol{R}_{\mathrm{g}}^{-2})-\mathrm{tr}(\boldsymbol{R}_{\mathrm{g}}^{-1})$。因此，令 $p_n=\dfrac{1}{\boldsymbol{a}_{\mathrm{g}}^{\mathrm{H}}(v_n)\boldsymbol{R}_{\mathrm{g}}^{-1}\boldsymbol{a}_{\mathrm{g}}(v_n)}$，$\sigma=\dfrac{\mathrm{tr}(\boldsymbol{R}_{\mathrm{g}}^{-1})}{\mathrm{tr}(\boldsymbol{R}_{\mathrm{g}}^{-2})}$，则有如下稀疏渐近最小方差气流速度估计(SAMV-AVE)方法

$$\hat{p}_n^{(i+1)}=\frac{\boldsymbol{a}_{\mathrm{g}}^{\mathrm{H}}(v_n)\boldsymbol{R}_{\mathrm{g}}^{-1(i)}\boldsymbol{R}_{\mathrm{g}T}\boldsymbol{R}_{\mathrm{g}}^{-1(i)}\boldsymbol{a}_{\mathrm{g}}(v_n)}{\left[\boldsymbol{a}_{\mathrm{g}}^{\mathrm{H}}(v_n)\boldsymbol{R}_{\mathrm{g}}^{-1(i)}\boldsymbol{a}_{\mathrm{g}}(v_n)\right]^2},\quad n=1,\cdots,N \tag{3-271}$$

$$\hat{\sigma}^{(i+1)}=\frac{\mathrm{tr}(\boldsymbol{R}_{\mathrm{g}}^{-2(i)}\boldsymbol{R}_{\mathrm{g}T})}{\mathrm{tr}(\boldsymbol{R}_{\mathrm{g}}^{-2(i)})} \tag{3-272}$$

式(3-271)和式(3-272)的等号右边是由接收换能器基阵的有效阵列流形 $\boldsymbol{a}_{\mathrm{g}}(v)$ 和阵列有效接收数据的协方差矩阵 $\boldsymbol{R}_{\mathrm{g}}$ 来表示的。现将其转化为由整个基阵的阵列流形 $\boldsymbol{a}(v)$ 及其协方差矩阵 $\boldsymbol{R}$ 来表示的形式，实际应用中也是基于整个阵列的测量数据。为此，定义 $(L-L_{\mathrm{g}})\times L$ 维选择矩阵 $\boldsymbol{S}_{\mathrm{m}}=[\boldsymbol{0}_{(L-L_{\mathrm{g}})\times L_{\mathrm{g}}},\boldsymbol{I}_{(L-L_{\mathrm{g}})}]$，其对应的 $\boldsymbol{x}_{\mathrm{m}}(t)=\boldsymbol{S}_{\mathrm{m}}\boldsymbol{x}(t)$ 为阵列的无效测量数据，则有

$$\begin{bmatrix}\boldsymbol{S}_{\mathrm{g}}\\ \boldsymbol{S}_{\mathrm{m}}\end{bmatrix}=\boldsymbol{I}_L \tag{3-273}$$

选择矩阵 $\boldsymbol{S}_{\mathrm{g}}$ 和 $\boldsymbol{S}_{\mathrm{m}}$ 满足如下运算性质。

① $\boldsymbol{S}_{\mathrm{g}}\boldsymbol{S}_{\mathrm{g}}^{\mathrm{T}}=\boldsymbol{I}_{L_{\mathrm{g}}}$， $\boldsymbol{S}_{\mathrm{m}}\boldsymbol{S}_{\mathrm{m}}^{\mathrm{T}}=\boldsymbol{I}_{(L-L_{\mathrm{g}})}$。

② $\boldsymbol{S}_{\mathrm{g}}^{\mathrm{T}}\boldsymbol{S}_{\mathrm{g}}+\boldsymbol{S}_{\mathrm{m}}^{\mathrm{T}}\boldsymbol{S}_{\mathrm{m}}=\boldsymbol{I}_L$。

③ $\boldsymbol{S}_{\mathrm{g}}\boldsymbol{I}_L^{\mathrm{T}}=\boldsymbol{S}_{\mathrm{g}}[\boldsymbol{S}_{\mathrm{g}}^{\mathrm{T}},\boldsymbol{S}_{\mathrm{m}}^{\mathrm{T}}]=[\boldsymbol{I}_{L_{\mathrm{g}}},\boldsymbol{0}_{L_{\mathrm{g}}\times(L-L_{\mathrm{g}})}]$。

于是有

$$\begin{aligned}[\boldsymbol{I}_{L_{\mathrm{g}}},\boldsymbol{0}_{L_{\mathrm{g}}\times(L-L_{\mathrm{g}})}]&=(\boldsymbol{S}_{\mathrm{g}}\boldsymbol{R}\boldsymbol{I}_L^{\mathrm{T}})(\boldsymbol{I}_L\boldsymbol{R}^{-1}\boldsymbol{I}_L^{\mathrm{T}})\\&=[\boldsymbol{R}_{\mathrm{g}},\boldsymbol{R}_{\mathrm{gm}}]\begin{bmatrix}\boldsymbol{S}_{\mathrm{g}}\boldsymbol{R}^{-1}\boldsymbol{S}_{\mathrm{g}}^{\mathrm{T}} & \boldsymbol{S}_{\mathrm{g}}\boldsymbol{R}^{-1}\boldsymbol{S}_{\mathrm{m}}^{\mathrm{T}}\\ \boldsymbol{S}_{\mathrm{m}}\boldsymbol{R}^{-1}\boldsymbol{S}_{\mathrm{g}}^{\mathrm{T}} & \boldsymbol{S}_{\mathrm{m}}\boldsymbol{R}^{-1}\boldsymbol{S}_{\mathrm{m}}^{\mathrm{T}}\end{bmatrix}\end{aligned} \tag{3-274}$$

其中， $\boldsymbol{R}_{\mathrm{gm}}=\boldsymbol{S}_{\mathrm{g}}\boldsymbol{R}\boldsymbol{S}_{\mathrm{m}}^{\mathrm{T}}$。

将等式(3-274)两端的块矩阵分别展开可得

$$\boldsymbol{R}_{\mathrm{g}}^{-1}=\boldsymbol{S}_{\mathrm{g}}\boldsymbol{R}^{-1}\boldsymbol{S}_{\mathrm{g}}^{\mathrm{T}}+\boldsymbol{R}_{\mathrm{g}}^{-1}\boldsymbol{R}_{\mathrm{gm}}\boldsymbol{S}_{\mathrm{m}}\boldsymbol{R}^{-1}\boldsymbol{S}_{\mathrm{g}}^{\mathrm{T}} \tag{3-275}$$

$$\boldsymbol{R}_{\mathrm{g}}^{-1}\boldsymbol{R}_{\mathrm{gm}}=-(\boldsymbol{S}_{\mathrm{g}}\boldsymbol{R}^{-1}\boldsymbol{S}_{\mathrm{m}}^{\mathrm{T}})(\boldsymbol{S}_{\mathrm{m}}\boldsymbol{R}^{-1}\boldsymbol{S}_{\mathrm{m}}^{\mathrm{T}})^{-1} \tag{3-276}$$

联立式(3-275)和式(3-276)则有

$$\boldsymbol{R}_{\mathrm{g}}^{-1}=\boldsymbol{S}_{\mathrm{g}}\boldsymbol{R}^{-1}\boldsymbol{S}_{\mathrm{g}}^{\mathrm{T}}-(\boldsymbol{S}_{\mathrm{g}}\boldsymbol{R}^{-1}\boldsymbol{S}_{\mathrm{m}}^{\mathrm{T}})(\boldsymbol{S}_{\mathrm{m}}\boldsymbol{R}^{-1}\boldsymbol{S}_{\mathrm{m}}^{\mathrm{T}})^{-1}\boldsymbol{S}_{\mathrm{m}}\boldsymbol{R}^{-1}\boldsymbol{S}_{\mathrm{g}}^{\mathrm{T}}=\boldsymbol{S}_{\mathrm{g}}(\boldsymbol{R}^{-1}-\boldsymbol{\Gamma})\boldsymbol{S}_{\mathrm{g}}^{\mathrm{T}} \tag{3-277}$$

其中， $\boldsymbol{\Gamma}=\boldsymbol{R}^{-1}\boldsymbol{S}_{\mathrm{m}}^{\mathrm{T}}(\boldsymbol{S}_{\mathrm{m}}\boldsymbol{R}^{-1}\boldsymbol{S}_{\mathrm{m}}^{\mathrm{T}})^{-1}\boldsymbol{S}_{\mathrm{m}}\boldsymbol{R}^{-1}$。另有

$$\boldsymbol{\Gamma}\boldsymbol{S}_{\mathrm{m}}^{\mathrm{T}}=\boldsymbol{R}^{-1}\boldsymbol{S}_{\mathrm{m}}^{\mathrm{T}}(\boldsymbol{S}_{\mathrm{m}}\boldsymbol{R}^{-1}\boldsymbol{S}_{\mathrm{m}}^{\mathrm{T}})^{-1}\boldsymbol{S}_{\mathrm{m}}\boldsymbol{R}^{-1}\boldsymbol{S}_{\mathrm{m}}^{\mathrm{T}}=\boldsymbol{R}^{-1}\boldsymbol{S}_{\mathrm{m}}^{\mathrm{T}} \tag{3-278}$$

所以有

$$\begin{aligned}\boldsymbol{S}_{\mathrm{g}}^{\mathrm{T}}\boldsymbol{R}_{\mathrm{g}}^{-1}\boldsymbol{S}_{\mathrm{g}}&=\boldsymbol{S}_{\mathrm{g}}^{\mathrm{T}}\boldsymbol{S}_{\mathrm{g}}(\boldsymbol{R}^{-1}-\boldsymbol{\Gamma})\boldsymbol{S}_{\mathrm{g}}^{\mathrm{T}}\boldsymbol{S}_{\mathrm{g}}\\&=(\boldsymbol{I}_L-\boldsymbol{S}_{\mathrm{m}}^{\mathrm{T}}\boldsymbol{S}_{\mathrm{m}})(\boldsymbol{R}^{-1}-\boldsymbol{\Gamma})(\boldsymbol{I}_L-\boldsymbol{S}_{\mathrm{m}}^{\mathrm{T}}\boldsymbol{S}_{\mathrm{m}})=\boldsymbol{R}^{-1}-\boldsymbol{\Gamma}\end{aligned} \tag{3-279}$$

将 $\boldsymbol{a}_{\mathrm{g}}(v_n)=\boldsymbol{S}_{\mathrm{g}}\boldsymbol{a}(v_n)$ 和 $\boldsymbol{R}_{\mathrm{g}T}=\boldsymbol{S}_{\mathrm{g}}\boldsymbol{R}_T\boldsymbol{S}_{\mathrm{g}}^{\mathrm{T}}$ 代入式(3-271)和式(3-272)，并结合式(3-279)，整理可得 SAMV-AVE 算法的最终迭代形式

$$\hat{p}_n^{(i+1)}=\frac{\boldsymbol{a}^{\mathrm{H}}(v_n)(\boldsymbol{R}^{-1(i)}-\boldsymbol{\Gamma}^{(i)})\boldsymbol{R}_T(\boldsymbol{R}^{-1(i)}-\boldsymbol{\Gamma}^{(i)})\boldsymbol{a}(v_n)}{[\boldsymbol{a}^{\mathrm{H}}(v_n)(\boldsymbol{R}^{-1(i)}-\boldsymbol{\Gamma}^{(i)})\boldsymbol{a}(v_n)]^2},\quad n=1,\cdots,N \tag{3-280}$$

$$\hat{\sigma}^{(i+1)}=\frac{\operatorname{tr}[\boldsymbol{S}_{\mathrm{g}}(\boldsymbol{R}^{-1(i)}-\boldsymbol{\Gamma}^{(i)})^2\boldsymbol{R}_T\boldsymbol{S}_{\mathrm{g}}^{\mathrm{T}}]}{\operatorname{tr}[\boldsymbol{S}_{\mathrm{g}}(\boldsymbol{R}^{-1(i)}-\boldsymbol{\Gamma}^{(i)})^2\boldsymbol{S}_{\mathrm{g}}^{\mathrm{T}}]} \tag{3-281}$$

在 SAMV-AVE 算法中，稀疏信号功率 $\hat{p}_n$ 的初始化可由周期图法来完成，周期图方法通过简单地忽略掉输出模型(3-263)中除 $\gamma_n(t)$ 之外其他所有可能的信号分量和噪声，借以实现对 $\gamma_n(t)(n=1,\cdots,N)$ 的逐个估计，则有

$$\hat{p}_n^{(0)}=\frac{1}{T}\sum_{t=1}^{T}\left|\hat{\gamma}_n^{(0)}(t)\right|^2=\frac{\boldsymbol{a}^{\mathrm{H}}(v_n)\boldsymbol{S}_{\mathrm{g}}^{\mathrm{T}}\boldsymbol{S}_{\mathrm{g}}\boldsymbol{R}_T\boldsymbol{S}_{\mathrm{g}}^{\mathrm{T}}\boldsymbol{S}_{\mathrm{g}}\boldsymbol{a}(v_n)}{\left\|\boldsymbol{S}_{\mathrm{g}}\boldsymbol{a}(v_n)\right\|^4},\quad n=1,\cdots,N \tag{3-282}$$

其中，$\hat{\gamma}_n^{(0)}(t)=\dfrac{\boldsymbol{a}^{\mathrm{H}}(v_n)\boldsymbol{S}_{\mathrm{g}}^{\mathrm{T}}\boldsymbol{S}_{\mathrm{g}}\boldsymbol{x}(t)}{\left\|\boldsymbol{S}_{\mathrm{g}}\boldsymbol{a}(v_n)\right\|^2}$，$\|\cdot\|$ 表示向量的 2-范数。噪声方差 $\hat{\sigma}$ 可初始化为

$$\hat{\sigma}^{(0)}=\frac{1}{L_{\mathrm{g}}T}\sum_{t=1}^{T}\left\|\boldsymbol{S}_{\mathrm{g}}\boldsymbol{x}(t)\right\| \tag{3-283}$$

由前面分析可以知道，作为一种稀疏估计方法，SAMV-AVE 算法无需进行任何超参数选取，而且算法实现过程简单，计算复杂度低。但也应当注意到的是，SAMV-AVE 算法的估计精度受到气流速度网格划分精细度的限制。对于不在网格上的真实气流速度，SAMV-AVE 算法只能选择与真实气流速度最接近的网格点作为其估计值，这时，由网格偏差引起的估计误差不可避免。为了减小甚至克服网格偏差对估计精度的影响，一种很自然的解决方法是将网格划分的更加精细。但这样做会导致两个问题出现：一方面，如果网格划分过密，稀疏基矩阵 $\boldsymbol{\Phi}$ 的各列之间的相关性会加强，这会导致协方差矩阵 $\boldsymbol{R}^{(i)}$ 在迭代过程中接近奇异，使得估计失败。另一方面，即使网格划分过密没有引起估计失败，算法的计算效率也会极大的降低，从而影响算法的实用性。

3.6.2 脱离网格的气流速度估计

为了克服网格划分尺寸对 SAMV-AVE 算法估计分辨率的限制，接下来在 SAMV-AVE 算法的基础上提出一种不受网格划分尺寸限制的 SAMV-SML-AVE 气流速度估计算法。该算法通过对一个单一标量参数 v 的随机最大似然代价函数进行最小化来估计脱离网格的气流速度。

由 $s_1(t)$ 和 $\boldsymbol{n}(t)$ 都符合零均值高斯随机分布的假设可知，阵列有效接收数据 $\boldsymbol{x}_{\mathrm{g}}(t)$ 也符合零均值高斯随机分布，且其协方差矩阵为 $\boldsymbol{R}_{\mathrm{g}}$，则 $\boldsymbol{x}_{\mathrm{g}}(t)$ 的 T 次独立快拍的随机负对数似然函数(忽略其常数项)可表示如下

$$\mathcal{L}(\boldsymbol{p})=\ln[\det(\boldsymbol{R}_{\mathrm{g}})]+\operatorname{tr}(\boldsymbol{R}_{\mathrm{g}}^{-1}\boldsymbol{R}_{\mathrm{g}T}) \tag{3-284}$$

现由阵列有效接收数据的协方差矩阵 $\boldsymbol{R}_{\mathrm{g}}=\sum_{n=1}^{N}p_n\boldsymbol{a}_{\mathrm{g}}(v_n)\boldsymbol{a}_{\mathrm{g}}^{\mathrm{H}}(v_n)+\sigma\boldsymbol{I}_{L_{\mathrm{g}}}$，定义干扰(即稀疏信号中除第 n 个信号以外的其他所有信号)和噪声的协方差矩阵为

$$\boldsymbol{Q}_{\mathrm{g}}(v_n)\overset{\mathrm{def}}{=}\boldsymbol{R}_{\mathrm{g}}-p_n\boldsymbol{a}_{\mathrm{g}}(v_n)\boldsymbol{a}_{\mathrm{g}}^{\mathrm{H}}(v_n),\quad n=1,\cdots,N \tag{3-285}$$

对式(3-285)采用矩阵求逆引理得

$$\boldsymbol{R}_{\mathrm{g}}^{-1}=\boldsymbol{Q}_{\mathrm{g}}^{-1}(v_n)-p_n\beta_n\boldsymbol{b}_n\boldsymbol{b}_n^{\mathrm{H}},\quad n=1,\cdots,N \tag{3-286}$$

其中，$\boldsymbol{b}_n\overset{\mathrm{def}}{=}\boldsymbol{Q}_{\mathrm{g}}^{-1}(v_n)\boldsymbol{a}_{\mathrm{g}}(v_n)$，$\beta_n\overset{\mathrm{def}}{=}[1+p_n\boldsymbol{a}_{\mathrm{g}}^{\mathrm{H}}(v_n)\boldsymbol{Q}_{\mathrm{g}}^{-1}(v_n)\boldsymbol{a}_{\mathrm{g}}(v_n)]^{-1}$，则有

$$\mathrm{tr}(\boldsymbol{R}_{\mathrm{g}}^{-1}\boldsymbol{R}_{\mathrm{g}T})=\mathrm{tr}[\boldsymbol{Q}_{\mathrm{g}}^{-1}(v_n)\boldsymbol{R}_{\mathrm{g}T}]-p_n\beta_n\boldsymbol{b}_n^{\mathrm{H}}\boldsymbol{R}_{\mathrm{g}T}\boldsymbol{b}_n \tag{3-287}$$

由式(3-285)还可得到

$$\begin{aligned}\det(\boldsymbol{R}_{\mathrm{g}})&=\det[\boldsymbol{Q}_{\mathrm{g}}(v_n)+p_n\boldsymbol{a}_{\mathrm{g}}(v_n)\boldsymbol{a}_{\mathrm{g}}^{\mathrm{H}}(v_n)]\\&=\det[\boldsymbol{I}_{L_{\mathrm{g}}}+p_n\boldsymbol{a}_{\mathrm{g}}(v_n)\boldsymbol{a}_{\mathrm{g}}^{\mathrm{H}}(v_n)\boldsymbol{Q}_{\mathrm{g}}^{-1}(v_n)]\cdot\det[\boldsymbol{Q}_{\mathrm{g}}(v_n)]\\&=[1+p_n\boldsymbol{a}_{\mathrm{g}}^{\mathrm{H}}(v_n)\boldsymbol{Q}_{\mathrm{g}}^{-1}(v_n)\boldsymbol{a}_{\mathrm{g}}(v_n)]\cdot\det[\boldsymbol{Q}_{\mathrm{g}}(v_n)]=\beta_n^{-1}\cdot\det[\boldsymbol{Q}_{\mathrm{g}}(v_n)]\end{aligned} \tag{3-288}$$

在式(3-288)的推导中用到了矩阵行列式运算性质 $\det(\boldsymbol{AB})=\det(\boldsymbol{A})\cdot\det(\boldsymbol{B})$ 和 $\det(\boldsymbol{I}+\boldsymbol{AB})=\det(\boldsymbol{I}+\boldsymbol{BA})$，所以有

$$\ln[\det(\boldsymbol{R}_{\mathrm{g}})]=\ln[\det(\boldsymbol{Q}_{\mathrm{g}}(v_n))]-\ln\beta_n \tag{3-289}$$

将式(3-287)和式(3-289)代入似然函数(3-284)中有

$$\begin{aligned}\mathcal{L}(\boldsymbol{p})&=\ln[\det(\boldsymbol{Q}_{\mathrm{g}}(v_n))]+\mathrm{tr}[\boldsymbol{Q}_{\mathrm{g}}^{-1}(v_n)\boldsymbol{R}_{\mathrm{g}T}]-(\ln\beta_n+p_n\beta_n\boldsymbol{b}_n^{\mathrm{H}}\boldsymbol{R}_{\mathrm{g}T}\boldsymbol{b}_n)\\&\overset{\mathrm{def}}{=}\mathcal{L}(\boldsymbol{p}_{-n})-l(p_n)\end{aligned} \tag{3-290}$$

其中

$$l(p_n)=\ln\left(\frac{1}{1+p_n\boldsymbol{a}_{\mathrm{g}}^{\mathrm{H}}(v_n)\boldsymbol{Q}_{\mathrm{g}}^{-1}(v_n)\boldsymbol{a}_{\mathrm{g}}(v_n)}\right)+p_n\cdot\frac{\boldsymbol{a}_{\mathrm{g}}^{\mathrm{H}}(v_n)\boldsymbol{Q}_{\mathrm{g}}^{-1}(v_n)\boldsymbol{R}_{\mathrm{g}T}\boldsymbol{Q}_{\mathrm{g}}^{-1}(v_n)\boldsymbol{a}_{\mathrm{g}}(v_n)}{1+p_n\boldsymbol{a}_{\mathrm{g}}^{\mathrm{H}}(v_n)\boldsymbol{Q}_{\mathrm{g}}^{-1}(v_n)\boldsymbol{a}_{\mathrm{g}}(v_n)} \tag{3-291}$$

这样，原似然函数(3-284)可被分解为一个关于 p_n 的边缘似然函数 $\mathcal{L}(\boldsymbol{p}_{-n})$ 和一个仅关于 p_n 的随机似然函数 $l(p_n)$。因此，由原似然函数(3-284)求解 p_n 的最大似然估计问题可以转化为求解随机似然函数(3-291)关于 p_n 的最小化问题。

考虑由 SAMV-AVE 算法得到的稀疏信号功率估计 $\{\hat{p}_n\}_{n=1}^{N}$，其峰值即为接收信号的功率估计 $\hat{P}_{\mathrm{rs}}$，与峰值对应的网格点即为 SAMV-AVE 算法所估计的当前气流速度 $\hat{v}_0$。将信号功率估计 $\hat{P}_{\mathrm{rs}}$ 代入似然函数(3-291)中，则关于 p_n 的目标函数转化为关于单一标量参数 v 的随机似然函数的最小化问题，且

$$l(v)=\ln\left(\frac{1}{1+\hat{P}_{\mathrm{rs}}\boldsymbol{a}_{\mathrm{g}}^{\mathrm{H}}(v)\boldsymbol{Q}_{\mathrm{g}}^{-1}(v)\boldsymbol{a}_{\mathrm{g}}(v)}\right)+\hat{P}_{\mathrm{rs}}\cdot\frac{\boldsymbol{a}_{\mathrm{g}}^{\mathrm{H}}(v)\boldsymbol{Q}_{\mathrm{g}}^{-1}(v)\boldsymbol{R}_{\mathrm{g}T}\boldsymbol{Q}_{\mathrm{g}}^{-1}(v)\boldsymbol{a}_{\mathrm{g}}(v)}{1+\hat{P}_{\mathrm{rs}}\boldsymbol{a}_{\mathrm{g}}^{\mathrm{H}}(v)\boldsymbol{Q}_{\mathrm{g}}^{-1}(v)\boldsymbol{a}_{\mathrm{g}}(v)} \tag{3-292}$$

式(3-292)的最小化可通过单纯形搜索法快速求解，此方法可直接调用 MATLAB 中的 fminsearch 函数来实现，初始化速度值取 SAMV-AVE 算法的估计结果 $\hat{v}_0$。

综上分析，现将 SAMV-SML-AVE 算法的实现步骤归纳如下。

①初始化：根据式(3-282)和式(3-283)分别得到初始化估计 $\{\hat{p}_n^{(0)}\}_{n=1}^N$ 和 $\hat{\sigma}^{(0)}$，则 $\boldsymbol{R}^{(0)}=\boldsymbol{\Phi}\hat{\boldsymbol{P}}^{(0)}\boldsymbol{\Phi}^{\mathrm{H}}+\hat{\sigma}^{(0)}\boldsymbol{I}_L$，其中，$\hat{\boldsymbol{P}}^{(0)}=\mathrm{diag}[\hat{p}_1^{(0)},\cdots,\hat{p}_N^{(0)}]$。

②重复如下运算

for $i=0,1,\cdots$

$$\hat{p}_n^{(i+1)}=\frac{\boldsymbol{a}^{\mathrm{H}}(v_n)(\boldsymbol{R}^{-1(i)}-\boldsymbol{\Gamma}^{(i)})\boldsymbol{R}_T(\boldsymbol{R}^{-1(i)}-\boldsymbol{\Gamma}^{(i)})\boldsymbol{a}(v_n)}{[\boldsymbol{a}^{\mathrm{H}}(v_n)(\boldsymbol{R}^{-1(i)}-\boldsymbol{\Gamma}^{(i)})\boldsymbol{a}(v_n)]^2},\quad n=1,\cdots,N$$

$$\hat{\sigma}^{(i+1)}=\frac{\mathrm{tr}[\boldsymbol{S}_{\mathrm{g}}(\boldsymbol{R}^{-1(i)}-\boldsymbol{\Gamma}^{(i)})^2\boldsymbol{R}_T\boldsymbol{S}_{\mathrm{g}}^{\mathrm{T}}]}{\mathrm{tr}[\boldsymbol{S}_{\mathrm{g}}(\boldsymbol{R}^{-1(i)}-\boldsymbol{\Gamma}^{(i)})^2\boldsymbol{S}_{\mathrm{g}}^{\mathrm{T}}]}$$

$$\boldsymbol{R}^{(i+1)}=\boldsymbol{\Phi}\hat{\boldsymbol{P}}^{(i+1)}\boldsymbol{\Phi}^{\mathrm{H}}+\hat{\sigma}^{(i+1)}\boldsymbol{I}_L$$

end for

直到满足收敛要求(通过大量数值算例发现，SAMV-AVE 算法在 15 次迭代之后估计性能不再有明显提高了，故认为此时算法达到收敛要求)。由此得出估计结果 $\{\hat{p}_n\}_{n=1}^N$ 和 $\hat{\sigma}$，则 $\hat{\boldsymbol{R}}=\boldsymbol{\Phi}\hat{\boldsymbol{P}}\boldsymbol{\Phi}^{\mathrm{H}}+\hat{\sigma}\boldsymbol{I}_L$，进一步还可得到估计值 $\hat{P}_{\mathrm{rs}}$ 和 $\hat{v}_0$。

③ $\hat{\boldsymbol{Q}}_{\mathrm{g}}(v)=\boldsymbol{S}_{\mathrm{g}}[\hat{\boldsymbol{R}}-\hat{P}_{\mathrm{rs}}\boldsymbol{a}(v)\boldsymbol{a}^{\mathrm{H}}(v)]\boldsymbol{S}_{\mathrm{g}}^{\mathrm{T}}$。

④以 $\hat{v}_0$ 为初始值，求解式(3-292)关于 v 的最小化问题，其最优解即为气流速度的随机最大似然估计 $\hat{v}$。

3.6.3 计算复杂度分析

本节分析 SAMV-SML-AVE 算法的计算复杂度，并与 L_1-SVD 算法和传统的 MUSIC 算法的复杂度进行比较。

考虑到 SAMV-SML-AVE 算法中关于标量参数 v 的随机最大似然估计的计算复杂度相对于算法迭代步骤来说可以忽略不计，本节重点分析算法迭代求解的复杂度。在 SAMV-SML-AVE 算法的每一步迭代过程中，计算 $\hat{p}_n^{(i+1)}$ ($n=1,\cdots,N$)的复杂度为 $O(N(L_{\mathrm{g}}^3+2L_{\mathrm{g}}^2+3L_{\mathrm{g}}))$，计算 $\hat{\sigma}^{(i+1)}$ 的复杂度为 $O(2L_{\mathrm{g}}^3)$，计算 $\boldsymbol{R}_{\mathrm{g}}^{(i+1)}$ 的复杂度为 $O(2NL_{\mathrm{g}})$。因此，该算法每步迭代过程的复杂度可表示为

$$C_{\text{SAMV-SML-AVE}}=O((L_{\mathrm{g}}^3+2L_{\mathrm{g}}^2+5L_{\mathrm{g}})N+2L_{\mathrm{g}}^3) \tag{3-293}$$

L_1-SVD 算法一般是先通过奇异值分解对阵列快拍数据进行降维处理，再将正则

化优化问题转化为二阶锥规划问题的一般形式，并在二阶锥规划的框架下采用内点法来求最优解，其计算复杂度为

$$C_{L_1\text{-SVD}} = O(N^3) \tag{3-294}$$

MUSIC 算法计算阵列有效采样协方差矩阵 $\boldsymbol{R}_{gT}$ 并对 $\boldsymbol{R}_{gT}$ 进行特征值分解的复杂度为 $O(TL_g^2 + L_g^3)$，由此得到噪声子空间的估计 $\hat{\boldsymbol{U}}_n \in \mathbf{C}^{L_g\times(L_g-1)}$。接着算法需要在每个谱点处求解 MUSIC 谱值 $\left\|\hat{\boldsymbol{U}}_n^{\mathrm{H}}\boldsymbol{a}_g(v)\right\|^2$，其中，计算 $\hat{\boldsymbol{U}}_n^{\mathrm{H}}\boldsymbol{a}_g(v)$ 的复杂度为 $O(L_g(L_g-1))$，计算 $\boldsymbol{a}_g^{\mathrm{H}}(v)\hat{\boldsymbol{U}}_n\hat{\boldsymbol{U}}_n^{\mathrm{H}}\boldsymbol{a}_g(v)$ 的复杂度为 $O(L_g-1)$，故在每一个谱点上计算 $\left\|\hat{\boldsymbol{U}}_n^{\mathrm{H}}\boldsymbol{a}_g(v)\right\|^2$ 的复杂度为 $O(L_g^2-1)$，设 MUSIC 算法在待处理的气流速度范围拟搜索的谱点数为 J，则此算法估计气流速度的计算复杂度为

$$C_{\text{MUSIC}} = O(TL_g^2 + L_g^3 + J(L_g^2-1)) \tag{3-295}$$

在实际气流速度测量中，由于采样数有限和高分辨率估计的要求，MUSIC 算法拟搜索的谱点数 J 远远大于快拍数 T，则有 $J \gg T \gg L_g$。因此，MUSIC 算法谱搜索的运算量远远大于采样协方差矩阵计算和特征值分解的运算量。

考虑到实际估计气流速度时，一般有 $J \gg N \gg L_g$ 成立，所以这三种气流速度估计算法的计算复杂度满足如下关系

$$C_{\text{MUSIC}} > C_{L_1\text{-SVD}} > C_{\text{SAMV-SML-AVE}} \tag{3-296}$$

3.6.4 仿真验证

假设管路内径 $D=1.5\text{cm}$，静止声场中的声速 $c=340\text{m/s}$，发射换能器发射的声波信号频率为 6800Hz，则可计算出声波波长 $\lambda=0.05\text{m}$。假设测量装置工作时需要测量的管内最大气流速度为 $v_{\max}=5c$，则当待测气流速度为 $v=v_{\max}$ 时，所选取的接收换能器各阵元方位角均应满足 $\theta_l \in (-90°,-78.463°]$。因此在本实验中，考虑接收换能器基阵是由 15 个阵元构成的线性阵列，各阵元方位角分别为 $\boldsymbol{\theta}=[-88°,-87°,-86°,-85°,-83°,-81°,-79°,-70°,-60°,-50°,50°,60°,70°,80°,88°]^{\mathrm{T}}$，则当 $v=v_{\max}$ 时，仍有前 7 个阵元构成的阵列可以估计气流速度。接收换能器的 $\text{SNR}=10\lg(P_{\text{rs}}/\sigma)$。如无特别说明，发射换能器发射的声波信号幅值取 $A=0.5$，则参考阵元接收的期望声波信号功率为 $P_{\text{rs}}=1.353$。

由于 SAMV-AVE 算法、SAMV-SML-AVE 算法和 L_1-SVD 算法均属于稀疏重构类算法，所以需要将待处理的气流速度范围进行网格划分。在实验中速度网格可按如下方式来划分：亚声速时网格划分间隔取 1 m/s，而超声速时网格划分间隔取 6 m/s。事实上，在超声速情形下，如果网格划分过密，那么 SAMV-AVE 算法在迭代过程中会发生协方差矩阵近似奇异的情况，这将导致 SAMV-AVE 算法最终估计失败。这种情况更容易发生在超声速气流速度估计情形，一个深层次的原因是，在超

声速气流作用下，只有 y 轴左半平面的接收换能器才有可能接收到发射换能器发射的声波信号，即只有发射换能器的顺流方向才有声波。此时，声波到达各接收阵元和参考阵元之间的延时差值 D_{l1} 比亚声速时要小得多，更何况亚声速时在发射换能器的逆流方向还有声波信号。如果将网格划分间隔取得太密，各阵元相对于参考阵元的延时差值 D_{l1} 近似相等，则稀疏基矩阵 $\boldsymbol{\Phi}$ 的各列之间的相关性必然加强，不利于算法的稀疏恢复。因此，超声速时的网格划分要比亚声速稀疏一些。此外，为了保证性能比较的合理性，对 MUSIC 算法进行谱搜索时，搜索步长取 0.01 m/s。

假设亚声速气流的速度为 $v = 162.45\text{m/s}$，此速度不位于网格上。声波信号的采样次数为 $T = 120$。采用 L_1-SVD 算法、MUSIC 算法、SAMV-AVE 和 SAMV-SML-AVE 算法分别进行 100 次 Monte Carlo 仿真实验。图 3-37 给出了气流速度估计 $\hat{v}$ 的均方根误差与信噪比的关系曲线。可以看出，随着信噪比的提高，气流速度 $\hat{v}$ 的 RMSE 逐渐减小的。当信噪比增大到一定程度时，SAMV-AVE 算法和 L_1-SVD 算法的估计精度随信噪比的增大而缓慢增加。产生这一现象的主要原因是这两种估计算法的分辨能力受到网格划分尺寸的限制。当待估计的气流速度不位于网格上时，这两种算法自然会选择与真实气流速度最接近的网格点作为气流速度的估计值，从而引入了网格偏差。SAMV-SML-AVE 算法可突破网格偏差的限制，它和 MUSIC 算法对气流速度的估计精度明显高于另两种算法。

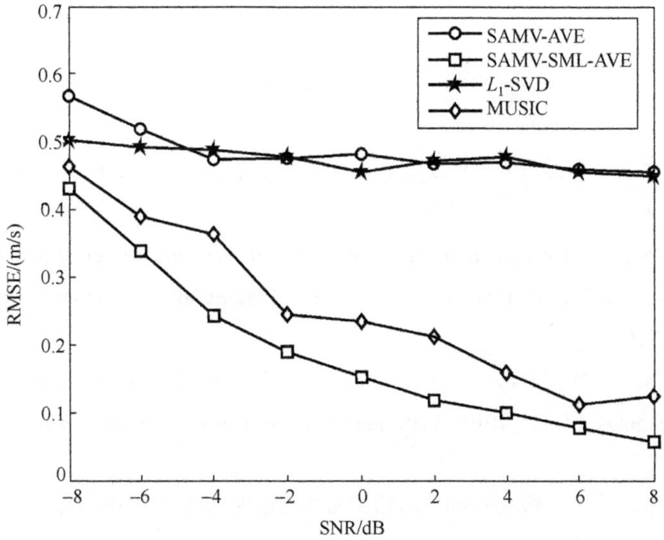

图 3-37　亚声速时气流速度估计的均方根误差与信噪比关系曲线

当气流速度为 $v = 575.25\text{m/s}$ 时，采用上述四种算法分别进行 100 次 Monte Carlo 仿真实验。图 3-38 给出了气流速度估计 $\hat{v}$ 的均方根误差与信噪比的关系曲线。可以看出，气流速度 $\hat{v}$ 的 RMSE 随着信噪比的提高而逐渐减小的。比较图 3-37 和图 3-38

还可以发现，同一种算法对亚声速气流速度的估计精度明显高于超声速情形，这是因为在测量超声速气流速度时，可用的接收阵元个数明显减少了。更多的仿真验证结果见参考文献[15]和[16]。

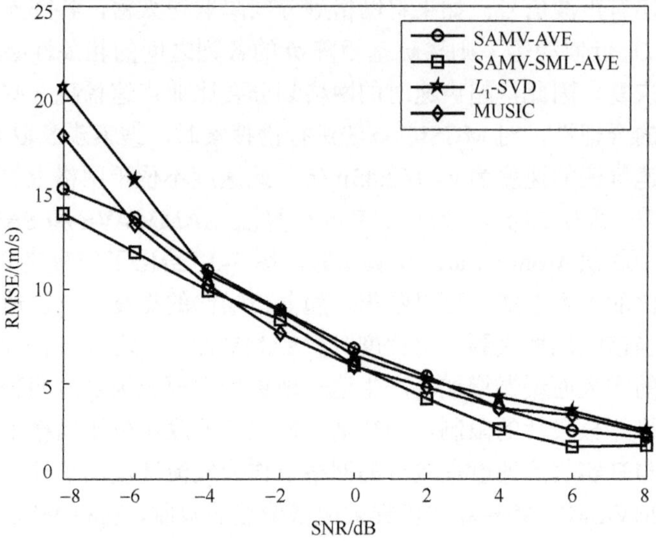

图 3-38　超声速时气流速度估计的均方根误差与信噪比关系曲线

参 考 文 献

[1] 陈诚. 基于声矢量传感器阵列的空气流动速度估计算法研究. 长春: 中国人民解放军空军航空大学, 2012.

[2] Chen C, Tao J W. Estimation of airspeed based on acoustic vector-sensor near-field array//Proceedings of the 2nd International Conference on Electric Information and Control Engineering, 2012: 4593-4596.

[3] Chen C, Tao J W, Zeng B. Estimation of airspeed based on acoustic vector sensor array//Proceedings of the IEEE 11th International Conference on Signal Processing, 2012: 307-310.

[4] 虞飞. 基于嵌入式声传感器阵列的亚/超声速气流速度估计算法的研究. 烟台: 中国人民解放军海军航空工程学院, 2015.

[5] 虞飞, 陶建武, 钱立林, 等. 基于声矢量传感器阵列的空速估计算法. 系统工程与电子技术, 2015, 37(5): 1060-1065.

[6] 曾宾. 基于声矢量传感器的超音速条件下空气流动速度估计算法的研究. 长春: 中国人民解放军空军航空大学, 2013.

[7] Zeng B, Tao J W, Yu F, et al. A new airspeed estimation method for supersonic flow//Proceedings of IEEE International Conference on Signal Processing, Communications and Computing, 2013: 1268-1271.

[8] 虞飞, 陶建武, 曾宾, 等. 基于算法的近场空速估计. 计量学报, 2015, 36(5): 477-481.

[9] Yu F, Tao J W, Shao X, et al. Transonic air velocity estimation based on two-dimensional generalized MUSIC//Proceedings of IEEE 12th International Conference on Electronic Measurement and Instruments, 2015: 1486-1489.

[10] 虞飞, 陶建武, 钱立林. 基于声波传播时间估计的气流速度测量方法. 航空学报, 2015, 36(4): 1258-1298.

[11] 虞飞, 陶建武, 陈诚, 等. 基于稀疏协方差矩阵迭代的单快拍气流速度估计算法. 电子与信息学报, 2015, 37(3): 574-579.

[12] Yu F, Tao J W, Dai H F, et al. The unified modeling of acoustic particle-velocity vector in transonic air current//Proceedings of 5th International Conference on Instrumentation and Measurement, Computer, Communication, 2015: 1081-1084.

[13] Yu F, Tao J W, Yang Y M. Robust air velocity estimation based on iterative implementation of minimum mean-square error (MMSE). Aerospace Science and Technology, 2015, 41: 167-174.

[14] 陈诚, 陶建武. 基于声矢量传感器阵列的鲁棒 H_∞空气流动速度估计算法. 航空学报, 2013, 34(2): 361-370.

[15] Yu F, Tao J W, Zhang Q J. Off-grid sparse estimator for air velocity in missing-data case. Journal of Aircraft, 2016, 53(3): 768-777.

[16] 陈诚, 陶建武, 曾宾. 数据缺失情况下的空气流动速度估计算法. 电子学报, 2014, 42(3): 491-497.

第4章 完全极化信号源的DOA和极化参数估计

4.1 电磁矢量传感器阵列模型

4.1.1 电磁矢量传感器阵列的测量模型

1. 电磁波的极化状态

电磁波的完整描述需要用到四个基本的场矢量：电场强度、电位移密度、磁场强度和磁通量密度。在这四个场矢量中，通常选用电场强度来定义电磁波的极化状态。通常，通过麦克斯韦(Maxwell)方程，另外三个场矢量的极化状态可以由电场强度的极化状态求得。对于简谐平面波电场强度矢量来说，其端点在平面波传播截面上随时间变化的轨迹通常是一个椭圆，它被称为电磁波的极化椭圆。极化椭圆可以采用互相正交、同向传播的水平电场分量 E_{H} 和垂直电场分量 E_{V} 来描述，如图4-1所示。

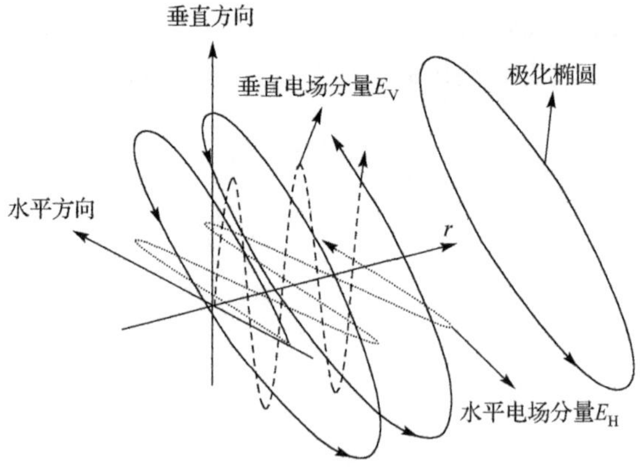

图4-1 平面电磁波的电场描述

因此，一个窄带平面电磁波的电场强度可以表示为

$$\boldsymbol{E}=[E_{\mathrm{H}},E_{\mathrm{V}}]^{\mathrm{T}}=[\zeta_{\mathrm{H}},\zeta_{\mathrm{V}}]^{\mathrm{T}}s(t) \tag{4-1}$$

其中，ζ_{H} 和 ζ_{V} 是两个复数，$s(t)$ 表示波形的复包络。令任意非零矢量 $\boldsymbol{\zeta}=[\zeta_{\mathrm{H}},\zeta_{\mathrm{V}}]^{\mathrm{T}}\in\mathbf{C}^2$。那么，矢量 $\boldsymbol{\zeta}$ 可表示为

$$\boldsymbol{\zeta}=\begin{bmatrix}\cos\alpha & \sin\alpha\\ -\sin\alpha & \cos\alpha\end{bmatrix}\begin{bmatrix}\cos\beta\\ \mathrm{j}\sin\beta\end{bmatrix} \tag{4-2}$$

其中，倾角 $\alpha\in(-\pi/2,\pi/2)$，椭圆率角 $\beta\in(-\pi/4,\pi/4)$，其定义如图 4-2 所示。

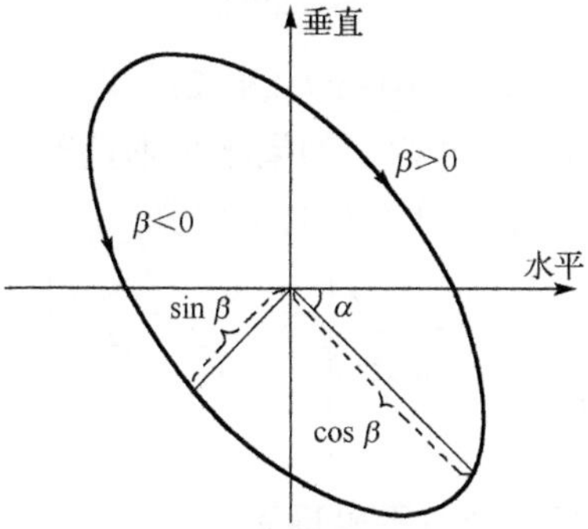

图 4-2　极化椭圆

椭圆的尺寸 A 表示电磁波的功率密度，即 $A=\sqrt{|E_{\mathrm{H}}|^2+|E_{\mathrm{V}}|^2}$。对于任意极化椭圆，可以用 α、β 和 A 这三个几何参数来唯一的表示。例如，当 $\beta=0$ 时，极化为线性极化，而当 $\beta=\pm\dfrac{\pi}{4}$ 时，极化为圆极化。式(4-2)称为极化状态的几何描述子。除此，电磁波的极化状态也可以用相位描述子描述，即

$$\boldsymbol{\zeta}=\begin{bmatrix}\cos\gamma\\ \sin\gamma\mathrm{e}^{\mathrm{j}\eta}\end{bmatrix} \tag{4-3}$$

其中，$\gamma\in[0,\pi/2]$，$\eta\in[0,2\pi]$。

2．电磁矢量传感器的响应

令 $\boldsymbol{r}$ 是三维空间上表示空间方向的单位矢量，如图 4-3 所示。

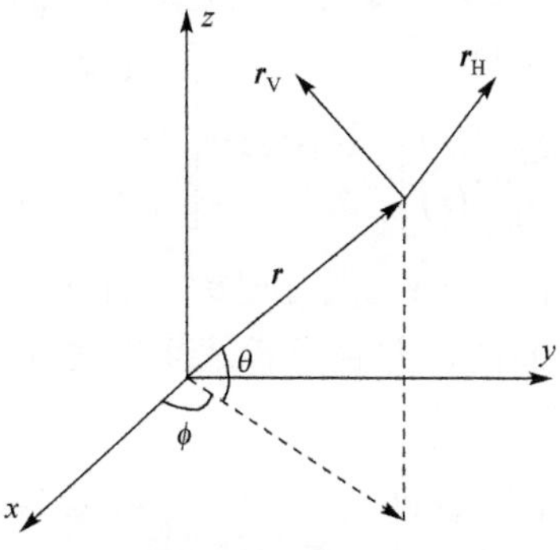

图 4-3　坐标系

它可以表示为

$$\boldsymbol{r}=\begin{bmatrix}\cos\theta\cos\phi\\ \cos\theta\sin\phi\\ \sin\theta\end{bmatrix}\tag{4-4}$$

其中，方位角 $\phi\in[0,2\pi)$，俯仰角 $\theta\in[-\pi/2,\pi/2]$，对于沿着方向 $\boldsymbol{r}$ 传播的平面波，电场位于与传播方向 $\boldsymbol{r}$ 垂直的平面内，如果这个垂直平面由互相正交的两个矢量 $\boldsymbol{r}_{\mathrm{H}}$ 和 $\boldsymbol{r}_{\mathrm{V}}$ 来形成，则 $\boldsymbol{r}_{\mathrm{H}}$ 和 $\boldsymbol{r}_{\mathrm{V}}$ 可以由下列表达式来定义

$$\boldsymbol{r}_{\mathrm{H}}=\frac{1}{\cos\theta}\frac{\partial\boldsymbol{r}}{\partial\phi}=\begin{bmatrix}-\sin\phi\\ \cos\phi\\ 0\end{bmatrix},\qquad \boldsymbol{r}_{\mathrm{V}}=\frac{\partial\boldsymbol{r}}{\partial\theta}=\begin{bmatrix}-\cos\phi\sin\theta\\ -\sin\phi\sin\theta\\ \cos\theta\end{bmatrix}\tag{4-5}$$

坐标系 $(\boldsymbol{r},\boldsymbol{r}_{\mathrm{H}},\boldsymbol{r}_{\mathrm{V}})$ 形成了一个右手坐标系。

对于一个完整电磁矢量传感器，如图 4-4 所示，它包括沿 x、y、z 方向互相垂直的三个电偶极子和三个磁环。三个电偶极子与对应的三个磁环也是垂直的。

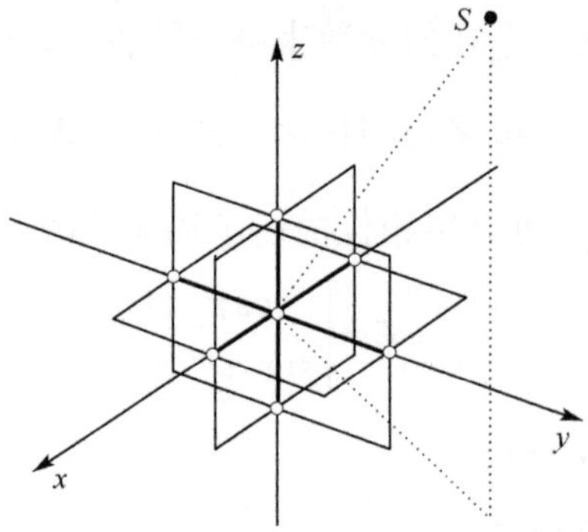

图 4-4　完整电磁矢量传感器

在 $(\boldsymbol{r},\boldsymbol{r}_{\mathrm{H}},\boldsymbol{r}_{\mathrm{V}})$ 坐标系中，电磁矢量传感器电场分量的归一化响应可以表示为

$$\boldsymbol{v}^{(\mathrm{E})}(r)=\begin{bmatrix}\boldsymbol{v}_x^{(\mathrm{E})}(r)\\ \boldsymbol{v}_y^{(\mathrm{E})}(r)\\ \boldsymbol{v}_z^{(\mathrm{E})}(r)\end{bmatrix}=[\boldsymbol{r}_{\mathrm{H}},\boldsymbol{r}_{\mathrm{V}}]=\begin{bmatrix}-\sin\phi & -\cos\phi\sin\theta\\ \cos\phi & -\sin\phi\sin\theta\\ 0 & \cos\theta\end{bmatrix}\tag{4-6}$$

其中，$\boldsymbol{v}_x^{(\mathrm{E})}$、$\boldsymbol{v}_y^{(\mathrm{E})}$ 和 $\boldsymbol{v}_z^{(\mathrm{E})}$ 表示位于 x、y、z 坐标上的三个电偶极子的响应。因为磁场与电场都位于在 $(\boldsymbol{r}_{\mathrm{H}},\boldsymbol{r}_{\mathrm{V}})$ 平面内，并且两者是互相垂直的。因此，电磁矢量传感器磁场分量的归一化响应可表示为

$$\boldsymbol{v}^{(\mathrm{M})}(r)=\begin{bmatrix}\boldsymbol{v}_x^{(\mathrm{M})}(r)\\ \boldsymbol{v}_y^{(\mathrm{M})}(r)\\ \boldsymbol{v}_z^{(\mathrm{M})}(r)\end{bmatrix}=[\boldsymbol{r}_{\mathrm{V}},-\boldsymbol{r}_{\mathrm{H}}]=\begin{bmatrix}-\cos\phi\sin\theta & \sin\phi\\ -\sin\phi\sin\theta & -\cos\phi\\ \cos\theta & 0\end{bmatrix}\tag{4-7}$$

其中，$\boldsymbol{v}_x^{(\mathrm{M})}$、$\boldsymbol{v}_y^{(\mathrm{M})}$ 和 $\boldsymbol{v}_z^{(\mathrm{M})}$ 表示位于在 x，y，z 坐标上三个磁环的响应。对于一个完整电磁传感器，其归一化响应为 $\boldsymbol{V}(r)=\begin{bmatrix}\boldsymbol{v}^{(\mathrm{E})}(r)\\ \boldsymbol{v}^{(\mathrm{M})}(r)\end{bmatrix}$。

3．电磁矢量传感器阵列模型

假如有 M 个电磁矢量传感器组成一个传感器阵列，第 m 个传感器的三维位置坐标矢量为 $\boldsymbol{r}_m=[x_m,y_m,z_m]^{\mathrm{T}}(1\leqslant m\leqslant M)$。阵列接收到一个窄带、完全极化平面波信号，此信号的波长为 λ，复包络为 $s(t)$。整个阵列空间相移因子可表示为

$$\boldsymbol{q}(r)=[\mathrm{e}^{-\mathrm{j}\psi_1(r)},\mathrm{e}^{-\mathrm{j}\psi_2(r)},\cdots,\mathrm{e}^{-\mathrm{j}\psi_M(r)}]^{\mathrm{T}} \tag{4-8}$$

其中，$\psi_m(r)=\dfrac{2\pi}{\lambda}\cdot\boldsymbol{r}^{\mathrm{T}}\cdot\boldsymbol{r}_m$，$\boldsymbol{q}(r)$ 是平面波空间传播方向 $\boldsymbol{r}$ 的函数。当阵列远离任何反射平面时，电磁矢量传感器阵列的测量输出为

$$\boldsymbol{y}(t)=\boldsymbol{A}(r)\boldsymbol{\zeta}s(t)+\boldsymbol{n}(t),\quad t=1,2,\cdots,N \tag{4-9}$$

其中，矩阵 $\boldsymbol{A}(r)=\boldsymbol{q}(r)\otimes\boldsymbol{V}(r)$ 是阵列响应，$\otimes$ 表示 Kronecker 乘积，$\boldsymbol{n}(t)$ 表示加性噪声，N 表示测量快拍数。$\boldsymbol{\zeta}$ 是由式(4-2)或式(4-3)描述的复矢量。因为 $\boldsymbol{r}$ 是信号方向角的函数，$\boldsymbol{A}(r)$ 又可表示为 $\boldsymbol{A}(\theta,\phi)$。

4.1.2　机载电磁矢量传感器阵列的测量模型

当电磁矢量传感器阵列安装在飞机表面时，电磁波撞击飞机表面会产生反射电磁波。因此，需要对电磁矢量传感器模型进行分析和简化。简化的原则主要依据电磁矢量传感器的各个分量输出的大小以及它们与飞机表面互耦的强弱。

首先，分析直射电磁波和反射电磁波的作用。假设安放电磁矢量传感器阵列的飞机平面相对于入射电磁波的波长是足够大的。假设媒介 1(空气)与媒介 2(机体)的分界面位于在 $z=0$ 的平面。媒介 1 和媒介 2 的电磁参量分别为 μ_1、ε_1 和 μ_2、ε_2，媒介 1 处于 $z>0$ 的空间内，而媒介 2 处于 $z<0$ 的空间内。如果一个电磁矢量传感器阵列被安放在一个平行于分界面的平面上，且此平面位于媒介 1 内，与分界面的间隔为 $z_1>0$。注意，z_1 相对于入射电磁波的波长是很小的。当一个完全极化的均匀平面波由媒介 1 斜入射到界面上并产生反射波和折射波，而反射波又被电磁矢量传感器所接收时，电磁矢量传感器的响应为

$$\boldsymbol{V}(r)=\boldsymbol{V}_{\mathrm{i}}(r)+\mathrm{e}^{\mathrm{j}\delta}\boldsymbol{V}_{\mathrm{r}}(r)\boldsymbol{S}_{\mathrm{s}} \tag{4-10}$$

其中，$\boldsymbol{V}_{\mathrm{i}}(r)$ 和 $\boldsymbol{V}_{\mathrm{r}}(r)$ 分别是直射波和反射波的归一化响应，δ 是由直射波和反射波之间的传播距离差所引起的相移角，机身表面散射矩阵 $\boldsymbol{S}_{\mathrm{s}}=\rho_0\mathrm{diag}(R_{\parallel},R_{\perp})$，$R_{\parallel}$ 和 $R_{\perp}$ 是水平极化和垂直极化的反射系数，ρ_0 表示由表面粗糙引起的反射信号幅度减弱。

根据反射定理[1]，$\theta_{\mathrm{i}}=\theta_{\mathrm{r}}$。由于均匀平面波是横电磁波，所以入射波电场 E_{i} 一定在与电磁波传播方向垂直的平面内。任何极化状态的电场 E 可分解为相互正交的垂直极化波和水平极化波。其中，垂直极化波是垂直于入射面的，而水平极化波是平行于入射面的。为了分析方便，建立一个新的坐标系 (x',y',z')，新坐标系与标准坐标系的关系为

$$\begin{bmatrix} x \\ y \\ z \end{bmatrix}=\begin{bmatrix} \cos\phi & -\sin\phi & 0 \\ \sin\phi & \cos\phi & 0 \\ 0 & 0 & 1 \end{bmatrix}\begin{bmatrix} x' \\ y' \\ z' \end{bmatrix} \tag{4-11}$$

其中，ϕ 是入射波的方位角。

下面将在坐标系 (x',y',z') 中，分析入射波和反射波之间的关系。假设入射波的传播方向在 x'-z' 平面内，那么垂直极化波的反射情况如图 4-5 所示。

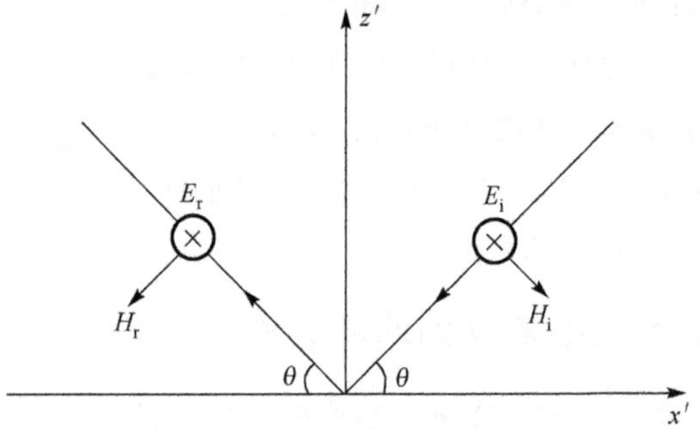

图 4-5　垂直极化波

由于 x'-z' 平面与入射面重合，当入射波电场 E_{i} 垂直于入射面时，即 E_{i} 只有平行于界面的 y' 分量，磁场只有 x' 分量和 z' 分量。其表达式为

$$E_{\mathrm{iv}}^{y'}=E_{\mathrm{i}},\quad H_{\mathrm{iv}}^{x'}=\sin\theta\cdot H_{\mathrm{i}},\quad H_{\mathrm{iv}}^{z'}=-\cos\theta\cdot H_{\mathrm{i}} \tag{4-12}$$

由边界条件可知，在 $z=0$ 的界面上，电场和磁场的切向分量连续，因而反射波也是垂直极化波，所具有的电场和磁场分量与入射波关系为

$$E_{\mathrm{rv}}^{y'}=R_{\perp}E_{\mathrm{i}},\quad H_{\mathrm{rv}}^{x'}=-R_{\perp}\cdot\sin\theta\cdot H_{\mathrm{i}},\quad H_{\mathrm{rv}}^{z'}=-R_{\perp}\cdot\cos\theta\cdot H_{\mathrm{i}} \tag{4-13}$$

其中，下标 i 和 r 表示入射波和反射波，下标 v 表示垂直极化波，上标表示对应的坐标方向。$R_{\perp}$ 为界面处反射波电场与入射波电场的复振幅之比，称为垂直极化波的反射系数。它可以表达为[1]

$$R_{\perp}=\frac{E_{\mathrm{r}}}{E_{\mathrm{i}}}=\frac{\eta_2\cos\theta_1-\eta_1\cos\theta_2}{\eta_2\cos\theta_1+\eta_1\cos\theta_2} \tag{4-14}$$

其中，$\eta_1=\sqrt{\mu_1/\varepsilon_1}$，$\eta_2=\sqrt{\mu_2/\varepsilon_2}$，$\theta_1$ 为反射角，θ_2 为折射角。

对于平行极化波，其反射情况如图 4-6 所示。

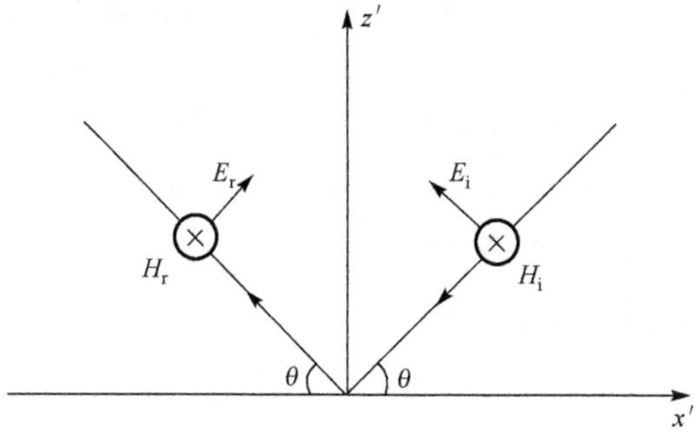

图 4-6　平行极化波

当入射波电场 E_i 平行于入射面（x'-z' 平面）时，则磁场 H_i 只有 y' 方向分量。由边界条件可知，反射波磁场 H_r 也只有 y' 分量，且也是平行极化波。因而，入射波的各分量表达式分别为

$$E_{\mathrm{ih}}^{x'}=-\sin\theta\cdot E_\mathrm{i},\quad E_{\mathrm{ih}}^{z'}=\cos\theta\cdot E_\mathrm{i},\quad H_{\mathrm{ih}}^{y'}=H_\mathrm{i} \tag{4-15}$$

反射波的各分量表达式分别为

$$E_{\mathrm{rh}}^{x'}=R_{\parallel}\sin\theta\cdot E_\mathrm{i},\quad E_{\mathrm{rh}}^{z'}=R_{\parallel}\cos\theta\cdot E_\mathrm{i},\quad H_{\mathrm{rh}}^{y'}=R_{\parallel}H_\mathrm{i} \tag{4-16}$$

其中，$R_{\parallel}$ 为界面处反射波电场与入射波电场的复振幅之比，称为平行极化波的反射系数，即

$$R_{\parallel}=\frac{E_\mathrm{r}}{E_\mathrm{i}}=\frac{\eta_1\cos\theta_1-\eta_2\cos\theta_2}{\eta_1\cos\theta_1+\eta_2\cos\theta_2} \tag{4-17}$$

根据坐标变换式(4-11)，可以求出入射波和反射波的电场和磁场在标准坐标系中的表达式。根据式(4-12)、式(4-13)、式(4-15)和式(4-16)，且 $E_\mathrm{i}=-\eta_1H_\mathrm{i}$，如果假设 $\rho_0=1$，则入射波和反射波在电磁矢量传感器上的响应为

$$\begin{aligned}\boldsymbol{V}(r)&=\boldsymbol{V}_\mathrm{i}(r)+\mathrm{e}^{\mathrm{j}\delta}\boldsymbol{V}_\mathrm{r}(r)\boldsymbol{S}_\mathrm{s}\\&=\begin{bmatrix}-\sin\phi(1+\mathrm{e}^{\mathrm{j}\delta}R_{\perp}) & -\cos\phi\sin\theta(1-\mathrm{e}^{\mathrm{j}\delta}R_{\parallel})\\ \cos\phi(1+\mathrm{e}^{\mathrm{j}\delta}R_{\perp}) & -\sin\phi\sin\theta(1-\mathrm{e}^{\mathrm{j}\delta}R_{\parallel})\\ 0 & \cos\theta(1+\mathrm{e}^{\mathrm{j}\delta}R_{\parallel})\\ -\cos\phi\sin\theta(1-\mathrm{e}^{\mathrm{j}\delta}R_{\perp})/\eta_1 & \sin\phi(1+\mathrm{e}^{\mathrm{j}\delta}R_{\parallel})/\eta_1\\ -\sin\phi\sin\theta(1-\mathrm{e}^{\mathrm{j}\delta}R_{\perp})/\eta_1 & -\cos\phi(1+\mathrm{e}^{\mathrm{j}\delta}R_{\parallel})/\eta_1\\ \cos\theta(1+\mathrm{e}^{\mathrm{j}\delta}R_{\perp})/\eta_1 & 0\end{bmatrix}\end{aligned} \tag{4-18}$$

假设飞机表面是由铝合金构成，铝合金可以近似相当于理想导体。因而，媒介 2 的波阻抗 η_2 接近于零。根据式(4-14)和式(4-17)，$R_{\parallel}\approx1$，$R_{\perp}\approx-1$。因此，式(4-18)可写为

$$
\boldsymbol{V}(r) \approx \begin{bmatrix} -\sin\phi(1-\mathrm{e}^{\mathrm{j}\delta}) & -\cos\phi\sin\theta(1-\mathrm{e}^{\mathrm{j}\delta}) \\ \cos\phi(1-\mathrm{e}^{\mathrm{j}\delta}) & -\sin\phi\sin\theta(1-\mathrm{e}^{\mathrm{j}\delta}) \\ 0 & \cos\theta(1+\mathrm{e}^{\mathrm{j}\delta}) \\ -\cos\phi\sin\theta(1+\mathrm{e}^{\mathrm{j}\delta})/\eta_1 & \sin\phi(1+\mathrm{e}^{\mathrm{j}\delta})/\eta_1 \\ -\sin\phi\sin\theta(1+\mathrm{e}^{\mathrm{j}\delta})/\eta_1 & -\cos\phi(1+\mathrm{e}^{\mathrm{j}\delta})/\eta_1 \\ \cos\theta(1-\mathrm{e}^{\mathrm{j}\delta})/\eta_1 & 0 \end{bmatrix} \tag{4-19}
$$

根据图 4-7 所示，$\delta = 2k_1 z_1 / \sin\theta$。

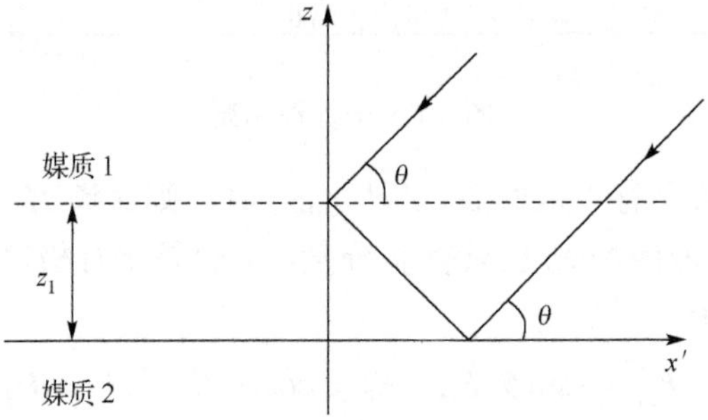

图 4-7　反射波的相位延时示意图

假如电磁矢量传感器安放在飞机表面附近，即 z_1 接近于零，则 $\delta \approx 0$。式(4-19)就简化为

$$
\boldsymbol{V}(r) \approx \begin{bmatrix} 0 & 0 \\ 0 & 0 \\ 0 & 2\cos\theta \\ -2\cos\phi\sin\theta/\eta_1 & 2\sin\phi/\eta_1 \\ -2\sin\phi\sin\theta/\eta_1 & -2\cos\phi/\eta_1 \\ 0 & 0 \end{bmatrix} \tag{4-20}
$$

式(4-20)说明安放在飞机表面的电磁矢量传感器，其各分量响应的幅值是不相同的。如果去掉幅值低的各分量，只保留幅值高的分量，从而构成一个不完整矢量传感器。这个不完整矢量传感器仅包括三个分量，即沿 z 轴的一个电偶子和沿 x 轴及 y 轴的两个磁环。此不完整矢量传感器称为机载电磁矢量传感器。另外，从互耦的角度来看，由于飞机表面近似于导体表面，此表面与平行此表面的两个电偶子和一个磁环之间的互耦很强，影响了它们接收信号的能力。而对于与表面垂直的一个电偶子和两个磁环，它们与该表面之间的互耦很弱，在某种理想情况下，其互耦接近于零，其接收电磁信号的能力没有受到互耦的影响。因此，机载电磁矢量传感器电场分量和磁场分量响应的归一化表达式为

$$\boldsymbol{V}_1(r)=\begin{bmatrix}0 & \cos\theta\\ -\cos\phi\sin\theta & \sin\phi\\ -\sin\phi\sin\theta & -\cos\phi\end{bmatrix} \tag{4-21}$$

这种机载电磁矢量传感器已经在机载天线实验中被采用[2]。

其次，分析机载电磁矢量传感器各分量之间的互耦作用。两个互相正交磁环之间的互耦已经在文献[3]中被研究。研究结果表明，在一般情况下，它们之间的互耦不为零。互耦大小与磁环的电尺寸和天线终端在磁环上位置有关。合适地选择这两个参数，可减少它们之间的互耦。但是，当在一个磁环中通以均匀分布的电流时，两个互相正交磁环之间互耦将消失。由于机载电磁矢量传感器中两个磁环与安放它的平面是互相垂直的，所以，两个磁环与飞机表面之间的互耦相当于相互正交的磁环之间的互耦。当安放传感器的飞机表面具有均匀阻抗时，其感应电流分布也是均匀分布的，因而磁环与安放磁环的飞机表面之间的互耦可以忽略。

机载电磁矢量传感器阵列的测量输出为

$$\boldsymbol{y}(t)=\boldsymbol{A}(r)\zeta s(t)+\boldsymbol{n}(t),\quad t=1,2,\cdots,N \tag{4-22}$$

其中，矩阵 $\boldsymbol{A}(r)=\boldsymbol{q}(r)\otimes\boldsymbol{V}_1(r)$。

4.2　近场信号源的 DOA、距离和极化参数估计

4.2.1　稀疏非均匀对称线性极化敏感阵列的测量模型

考虑一个由 $2M+1$ 个正交偶极子对组成的极化敏感阵列，如图 4-8 所示。偶极子对分布在 y 轴上，设阵元位置以 $d\leqslant\lambda/4$ 为单位，则阵元位置集合为 $Y=\{n_{-M},\cdots,n_0,\cdots,n_M\}$，并假设 n_i 均为整数，其中 $n_0=0$。

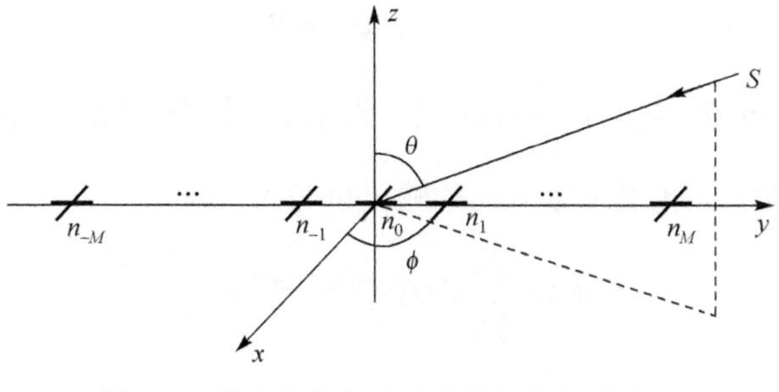

图 4-8　稀疏非均匀对称线性极化敏感阵列

假定 K 个近场完全极化、窄带平面波信号入射到阵列。对于具有单位能量的第 k 个信号，偶极子对感应的电场分量 e_k^x、e_k^y 为

$$\begin{bmatrix} e_k^x \\ e_k^y \end{bmatrix} = \begin{bmatrix} \cos\theta_k \cos\phi_k & -\sin\phi_k \\ \cos\theta_k \sin\phi_k & \cos\phi_k \end{bmatrix} \begin{bmatrix} \sin\gamma_k \mathrm{e}^{\mathrm{j}\eta_k} \\ \cos\gamma_k \end{bmatrix} \tag{4-23}$$

其中，$\theta_k \in (-\pi/2, \pi/2)$ 是 z 轴与第 k 个信号入射方向之间的夹角，ϕ_k 是从 x 轴沿逆时针方向到信号入射方向在阵列平面投影的夹角。$\gamma_k \in [0, 2\pi)$ 为信号极化辐角，$\eta_k \in [-\pi, \pi)$ 为极化相位角。为了分析方便且不失一般性，假设信号位于 y-z 平面，即 $\phi = 90°$。此时式(4-23)可写为

$$\begin{bmatrix} e_k^x \\ e_k^y \end{bmatrix} = \begin{bmatrix} -\cos\gamma_k \\ \cos\theta_k \sin\gamma_k \mathrm{e}^{\mathrm{j}\eta_k} \end{bmatrix} \tag{4-24}$$

则第 m 个偶极子对在 x 轴方向及 y 轴方向的输出可表示为

$$z_m^x(t) = -\sum_{k=1}^{K} s_k(t) \mathrm{e}^{\mathrm{j}\tau_{mk}} \cos\gamma_k + n_m^x(t) \tag{4-25}$$

$$z_m^y(t) = \sum_{k=1}^{K} s_k(t) \mathrm{e}^{\mathrm{j}\tau_{mk}} \cos\theta_{mk} \sin\gamma_k \mathrm{e}^{\mathrm{j}\eta_k} + n_m^y(t) \tag{4-26}$$

其中，$-M \leqslant m \leqslant M$，$\theta_{mk}$ 为第 k 个信号入射方向与第 m 个阵元之间的夹角，假定信号入射方向与所有阵元之间夹角的余弦 $\cos\theta_{mk}$ 为一常数，即 $\cos\theta_{mk} = \cos\theta_k$，$n_m^x(t)$ 和 $n_m^y(t)$ 为零均值、加性高斯噪声且与信源统计独立，τ_{mk} 为对应于第 k 个信号在阵元 m 和 0 之间传播时间延时的相位差，即

$$\tau_{mk} = \frac{2\pi r_k}{\lambda_k} \left(\sqrt{1 + \frac{n_m^2 d^2}{r_k^2} - \frac{2 n_m d \sin\theta_k}{r_k}} - 1 \right) \tag{4-27}$$

其中，r_k 为第 k 个信号的距离，λ_k 为其波长，间距 d 与 λ_k 满足 $d \leqslant \lambda_k/4$。当 $0.62(D^3/\lambda_k)^{1/2} < r_k < 2D^2/\lambda_k$ 时，这里 D 表示阵列孔径，τ_{mk} 的菲涅尔近似表示为[4]

$$\tau_{mk} \approx \mu_k n_m + \varphi_k n_m^2 \tag{4-28}$$

其中，$\mu_k = -2\pi \dfrac{d}{\lambda_k} \sin\theta_k$，$\varphi_k = \pi \dfrac{d^2}{\lambda_k r_k} \cos^2\theta_k$。根据以上假设，并且令 $s_k'(t) = -s_k(t)\cos\gamma_k$，则第 m 个偶极子对在 x 轴及 y 轴方向的输出可写为

$$z_m^x(t) = \sum_{k=1}^{K} s_k'(t) \mathrm{e}^{\mathrm{j}(\mu_k n_m + \varphi_k n_m^2)} + n_m^x(t) \tag{4-29}$$

$$z_m^y(t) = -\sum_{k=1}^{K} s_k'(t) \mathrm{e}^{\mathrm{j}(\mu_k n_m + \varphi_k n_m^2)} \cos\theta_k \tan\gamma_k \mathrm{e}^{\mathrm{j}\eta_k} + n_m^y(t) \tag{4-30}$$

式(4-29)和式(4-30)写成矩阵形式如下

$$\boldsymbol{Z}(t) = \boldsymbol{A}\boldsymbol{S}(t) + \boldsymbol{N}(t) \tag{4-31}$$

其中

$$\boldsymbol{Z}(t)=\left[z_{-M}(t),\cdots,z_0(t),\cdots,z_M(t)\right]^{\mathrm{T}} \tag{4-32}$$

$$\boldsymbol{z}_m(t)=[z_m^x(t),\ z_m^y(t)] \tag{4-33}$$

$$\boldsymbol{A}=[\boldsymbol{a}(\theta_1,r_1,\gamma_1,\eta_1),\boldsymbol{a}(\theta_2,r_2,\gamma_2,\eta_2),\cdots,\boldsymbol{a}(\theta_K,r_K,\gamma_K,\eta_K)] \tag{4-34}$$

$$\boldsymbol{a}(\theta_k,r_k,\gamma_k,\eta_k)=\boldsymbol{q}(\theta_k,r_k)\otimes\boldsymbol{e}(\theta_k,\gamma_k,\eta_k) \tag{4-35}$$

$$\boldsymbol{e}(\theta_k,\gamma_k,\eta_k)=[-\cos\gamma_k,\cos\theta_k\sin\gamma_k\mathrm{e}^{\mathrm{j}\eta_k}]^{\mathrm{T}} \tag{4-36}$$

$$\boldsymbol{q}(\theta_k,r_k)=[\mathrm{e}^{\mathrm{j}\tau_{(-M)k}},\cdots,\mathrm{e}^{\mathrm{j}\tau_{0k}},\cdots,\mathrm{e}^{\mathrm{j}\tau_{Mk}}]^{\mathrm{T}} \tag{4-37}$$

$$\boldsymbol{S}(t)=[s_1'(t),s_2'(t),\cdots,s_K'(t)]^{\mathrm{T}} \tag{4-38}$$

$$\boldsymbol{N}(t)=\left[\boldsymbol{n}_{-M}(t),\cdots,\boldsymbol{n}_0(t),\cdots,\boldsymbol{n}_M(t)\right]^{\mathrm{T}} \tag{4-39}$$

$$\boldsymbol{n}_m(t)=[n_m^x(t),n_m^y(t)] \tag{4-40}$$

不失一般性，本节做如下假设。

①信号源为零均值且相互独立的窄带随机过程，信号源的 DOA 互不相同。

②加性噪声 $n_m^x(t)$、$n_m^y(t)$ 为零均值高斯白噪声，并与信号源独立。

阵列的协方差矩阵为 $\boldsymbol{R}=E[\boldsymbol{Z}(t)\boldsymbol{Z}^{\mathrm{H}}(t)]$，对 $\boldsymbol{R}$ 特征值分解得

$$\boldsymbol{R}=\boldsymbol{U}_s\boldsymbol{\Lambda}_s\boldsymbol{U}_s^{\mathrm{H}}+\boldsymbol{U}_n\boldsymbol{\Lambda}_n\boldsymbol{U}_n^{\mathrm{H}} \tag{4-41}$$

其中，$\boldsymbol{U}_s=[\boldsymbol{u}_1,\boldsymbol{u}_2,\cdots,\boldsymbol{u}_K]$是由对应于 K 个较大特征值的 K 个特征向量组成的信号子空间，而 $\boldsymbol{U}_n$ 是对应于其余较小特征值的特征向量矩阵，为噪声子空间。

4.2.2　信号源方位、距离和极化参数估计

1．信号源方位角的估计

由式(4-28)和式(4-35)可以看出，阵列的导向矢量可以写为

$$\boldsymbol{a}(\theta,r,\gamma,\eta)=\boldsymbol{q}\otimes\boldsymbol{e}=\boldsymbol{V}(\theta)\boldsymbol{b}(\theta,r)\boldsymbol{e}(\theta,\gamma,\eta) \tag{4-42}$$

其中，$\boldsymbol{V}(\theta)$ 是一个 $2(2M+1)\times2(M+1)$ 矩阵，即

$$\boldsymbol{V}(\theta)=\begin{bmatrix} \mathrm{e}^{\mathrm{j}\left(2\pi\frac{d}{\lambda}\sin\theta\right)n_M} & & 0 \\ 0 & \ddots & \\ \vdots & 0 & \mathrm{e}^{\mathrm{j}\left(2\pi\frac{d}{\lambda}\sin\theta\right)n_0} \\ 0 & \iddots & \\ \mathrm{e}^{-\mathrm{j}\left(2\pi\frac{d}{\lambda}\sin\theta\right)n_M} & & 0 \end{bmatrix}\otimes\boldsymbol{I}_{2\times2} \tag{4-43}$$

$\boldsymbol{b}(\theta,r)$ 是一个 $2(M+1)\times 2$ 的矩阵，即

$$\boldsymbol{b}(\theta,r)=\left[\mathrm{e}^{\mathrm{j}\left(\pi\frac{d^2}{\lambda r}\cos^2\theta\right)n_M^2},\cdots,\mathrm{e}^{\mathrm{j}\left(\pi\frac{d^2}{\lambda r}\cos^2\theta\right)n_0^2}\right]^{\mathrm{T}}\otimes\boldsymbol{I}_{2\times 2} \tag{4-44}$$

$\boldsymbol{e}(\theta,\gamma,\eta)=[-\cos\gamma,\cos\theta\sin\gamma\mathrm{e}^{\mathrm{j}\eta}]^{\mathrm{T}}$。在已知阵列的协方差矩阵 $\boldsymbol{R}$ 时，若参数变量 (θ,r,γ,η) 等于信号参数 $(\theta_k,r_k,\gamma_k,\eta_k)$ $(k=1,\cdots,K)$，则根据子空间原理，可得

$$\boldsymbol{a}^{\mathrm{H}}(\theta,r,\gamma,\eta)\boldsymbol{U}_n\boldsymbol{U}_n^{\mathrm{H}}\boldsymbol{a}(\theta,r,\gamma,\eta)=0 \tag{4-45}$$

将式(4-42)代入式(4-45)得

$$\begin{aligned}&\boldsymbol{e}^{\mathrm{H}}(\theta,\gamma,\eta)\boldsymbol{b}^{\mathrm{H}}(\theta,r)\boldsymbol{V}^{\mathrm{H}}(\theta)\boldsymbol{U}_n\boldsymbol{U}_n^{\mathrm{H}}\boldsymbol{V}(\theta)\boldsymbol{b}(\theta,r)\boldsymbol{e}(\theta,\gamma,\eta)\\&=\tilde{\boldsymbol{h}}^{\mathrm{H}}(\theta,r,\gamma,\eta)\boldsymbol{C}(\theta)\tilde{\boldsymbol{h}}(\theta,r,\gamma,\eta)=0\end{aligned} \tag{4-46}$$

其中，$\boldsymbol{C}(\theta)$ 为 $2(M+1)\times 2(M+1)$ 维矩阵，即

$$\boldsymbol{C}(\theta)=\boldsymbol{V}^{\mathrm{H}}(\theta)\boldsymbol{U}_n\boldsymbol{U}_n^{\mathrm{H}}\boldsymbol{V}(\theta) \tag{4-47}$$

应当注意 $\boldsymbol{C}(\theta)$ 仅是未知参数 θ 的函数，而与未知参数 (r,γ,η) 无关。$\tilde{\boldsymbol{h}}(\theta,r,\gamma,\eta)=\boldsymbol{b}(\theta,r)\boldsymbol{e}(\theta,\gamma,\eta)$ 是 $2(M+1)\times 1$ 维矢量。根据谱秩缩减(Rank Reduction, RARE)准则[5]，如果 $K\leqslant 2M$，矩阵 $\boldsymbol{U}_n$ 的列秩不小于 $2(M+1)$，矩阵 $\boldsymbol{C}(\theta)$ 通常是满秩的。于是，仅当矩阵 $\boldsymbol{C}(\theta)$ 减秩时，式(4-46)才成立。即

$$\mathrm{rank}\{\boldsymbol{C}(\theta)\}<2(M+1) \tag{4-48}$$

在有限采样数的情况下，用采样协方差矩阵 $\hat{\boldsymbol{R}}$ 替代 $\boldsymbol{R}$，并对其进行特征值分解可得到矩阵 $\boldsymbol{U}_n$ 的估计值 $\hat{\boldsymbol{U}}_n$。于是，矩阵 $\boldsymbol{C}(\theta)$ 的估计为

$$\hat{\boldsymbol{C}}(\theta)=\boldsymbol{V}^{\mathrm{H}}(\theta)\hat{\boldsymbol{U}}_n\hat{\boldsymbol{U}}_n^{\mathrm{H}}\boldsymbol{V}(\theta) \tag{4-49}$$

只有当参数 θ 等于信号的真实方位角 $\{\theta_k\}_{k=1}^K$ 时，矩阵 $\hat{\boldsymbol{C}}(\theta)$ 的行列式趋向于最小。因此，可以利用下式的 K 个最大峰值，得到信号方位角的估计值 $\{\hat{\theta}_k\}_{k=1}^K$

$$f_1(\theta)=\frac{1}{\det[\hat{\boldsymbol{C}}(\theta)]} \tag{4-50}$$

式(4-50)的 K 个最大峰值，可由一维搜索来获得。

2．信号源距离和极化参数的估计

根据式(4-46)，也可得到

$$\begin{aligned}&\boldsymbol{e}^{\mathrm{H}}(\theta,\gamma,\eta)\boldsymbol{b}^{\mathrm{H}}(\theta,r)\boldsymbol{V}^{\mathrm{H}}(\theta)\boldsymbol{U}_n\boldsymbol{U}_n^{\mathrm{H}}\boldsymbol{V}(\theta)\boldsymbol{b}(\theta,r)\boldsymbol{e}(\theta,\gamma,\eta)\\&=\boldsymbol{e}^{\mathrm{H}}(\theta,\gamma,\eta)\boldsymbol{D}(\theta,r)\boldsymbol{e}(\theta,\gamma,\eta)=0\end{aligned} \tag{4-51}$$

其中，$\boldsymbol{D}(\theta,r)$ 为 2×2 维共轭对称矩阵，即

$$\boldsymbol{D}(\theta,r)=\tilde{\boldsymbol{V}}^{\mathrm{H}}(\theta,r)\boldsymbol{U}_n\boldsymbol{U}_n^{\mathrm{H}}\tilde{\boldsymbol{V}}(\theta,r) \tag{4-52}$$

其中，$\tilde{\boldsymbol{V}}(\theta,r)=\boldsymbol{V}(\theta)\boldsymbol{b}(\theta,r)$。根据谱秩缩减准则，如果$K\leqslant 4M$，矩阵$\boldsymbol{U}_n$的列秩大于2，矩阵$\boldsymbol{D}(\theta,r)$通常是满秩的。于是，仅当矩阵$\boldsymbol{D}(\theta,r)$减秩时，式(4-51)才成立，即

$$\operatorname{rank}\{\boldsymbol{D}(\theta,r)\}<2 \tag{4-53}$$

在有限采样数的情况下，对$\hat{\boldsymbol{R}}$进行特征值分解，可得到矩阵$\boldsymbol{U}_n$的估计值$\hat{\boldsymbol{U}}_n$。于是，矩阵$\boldsymbol{D}(\theta,r)$的估计为

$$\hat{\boldsymbol{D}}(\theta,r)=\boldsymbol{b}^{\mathrm{H}}(\theta,r)\boldsymbol{V}^{\mathrm{H}}(\theta)\hat{\boldsymbol{U}}_n\hat{\boldsymbol{U}}_n^{\mathrm{H}}\boldsymbol{V}(\theta)\boldsymbol{b}(\theta,r) \tag{4-54}$$

若已知真实方位角估计值$\{\hat{\theta}_k\}_{k=1}^K$，可以利用下式估计与方位角$\hat{\theta}_k$对应的信号源距离

$$f_2^k(r)=\frac{1}{\det[\hat{\boldsymbol{D}}(\hat{\theta},r)]},\quad k=1,\cdots,K \tag{4-55}$$

通过对距离r进行一维搜索，可获得函数$f_2^k(r)$的最大峰值。与最大峰值对应的距离值就是第k个信号源距离的估计值。对于具有不同方位角的K个信号源，信号源距离的估计需要K次搜索。

估计算法的步骤可归纳如下。

①计算采样协方差矩阵$\hat{\boldsymbol{R}}$的特征值分解，得到矩阵$\boldsymbol{U}_n$的估计值$\hat{\boldsymbol{U}}_n$。

②利用式(4-50)，在$(-\pi/2,\pi/2)$范围内，搜索函数$f_1(\theta)$的K个最大峰值，与K个最大峰值对应的K个方位角，就是信号源方位角的估计值$\{\hat{\theta}_k\}_{k=1}^K$。对于$k=1,\cdots,K$，重复步骤③和步骤④。

③将第k个信号源方位角的估计值$\hat{\theta}_k$代入式(4-54)。利用式(4-55)，在感兴趣的距离范围内，搜索函数$f_2^k(r)$的最大峰值。与最大峰值对应的距离值，就是第k个信号源距离的估计值$\hat{r}_k$。

④将第k个信号源方位角和距离的估计值$(\hat{\theta}_k,\hat{r}_k)$代入式(4-54)。利用 MUSIC 算法，即

$$f_3^k(\gamma,\eta)=\frac{1}{\boldsymbol{e}^{\mathrm{H}}(\hat{\theta},\gamma,\eta)\hat{\boldsymbol{D}}(\hat{\theta},\hat{r})\boldsymbol{e}(\hat{\theta},\gamma,\eta)} \tag{4-56}$$

通过搜索函数$f_3^k(\gamma,\eta)$的最大峰值，就可以得到第k个信号源极化参数的估计值$(\hat{\gamma}_k,\hat{\eta}_k)$。

4.2.3 估计的唯一性和可识别性

首先，讨论使用上述算法得到的近场信号源的方位角估计的唯一性和可识别性。

定理 4-1　如果$K\leqslant 2M$和式(4-45)中的未知参数(r,γ,η)是固定的，那么近场信号源的方位角$\{\theta_k\}_{k=1}^K$给出了式(4-45)可能解的整个集合。进一步，在这种情况下，

仅当矩阵 $\boldsymbol{C}(\theta)$ 减秩时，式(4-45)才成立。

证明见文献[6]。如果矩阵 $\boldsymbol{C}(\theta)$ 减秩，行列式 $\det[\boldsymbol{C}(\theta)]$ 一定等于零。这意味着 $\det[\boldsymbol{C}(\theta)]=0$ 与式(4-45)是等效的。因此如果 $K \leqslant 2M$ 成立，不需要参数 (r,γ,η) 的任何知识，通过搜索函数 $f_1(\theta)$ 就能够唯一找出信号源的方位角 $\{\theta_k\}_{k=1}^{K}$。

其次，讨论使用上述算法得到的近场信号源的距离估计的唯一性和可识别性。因为

$$\tilde{\boldsymbol{V}}(\theta_k,r)=\boldsymbol{V}(\theta_k)\boldsymbol{b}(\theta_k,r)=\begin{bmatrix}\tilde{\boldsymbol{v}}(\theta_k,r) & \boldsymbol{0}\\ \boldsymbol{0} & \tilde{\boldsymbol{v}}(\theta_k,r)\end{bmatrix} \tag{4-57}$$

其中，$\tilde{\boldsymbol{v}}(\theta_k,r)$ 是 $2(M+1)\times 1$ 维子阵列的相移矢量。即

$$\tilde{\boldsymbol{v}}(\theta_k,r)=\begin{bmatrix}
\mathrm{e}^{\mathrm{j}\left(2\pi\frac{d}{\lambda}\sin\theta_k\right)n_M}\mathrm{e}^{\mathrm{j}\left(\pi\frac{d^2}{\lambda r}\cos^2\theta_k\right)n_M^2}\\
\vdots\\
\mathrm{e}^{\mathrm{j}\left(2\pi\frac{d}{\lambda}\sin\theta_k\right)n_1}\mathrm{e}^{\mathrm{j}\left(\pi\frac{d^2}{\lambda r}\cos^2\theta_k\right)n_1^2}\\
1\\
\mathrm{e}^{-\mathrm{j}\left(2\pi\frac{d}{\lambda}\sin\theta_k\right)n_1}\mathrm{e}^{\mathrm{j}\left(\pi\frac{d^2}{\lambda r}\cos^2\theta_k\right)n_1^2}\\
\vdots\\
\mathrm{e}^{-\mathrm{j}\left(2\pi\frac{d}{\lambda}\sin\theta_k\right)n_M}\mathrm{e}^{\mathrm{j}\left(\pi\frac{d^2}{\lambda r}\cos^2\theta_k\right)n_M^2}
\end{bmatrix}=\begin{bmatrix}\mathrm{e}^{\mathrm{j}\tau_{Mk}}\\ \vdots\\ \mathrm{e}^{\mathrm{j}\tau_{1k}}\\ 1\\ \mathrm{e}^{\mathrm{j}\tau_{-1k}}\\ \vdots\\ \mathrm{e}^{\mathrm{j}\tau_{-Mk}}\end{bmatrix} \tag{4-58}$$

$\boldsymbol{0}$ 是 $2(M+1)\times 1$ 维零矢量。从文献[7]中定理 1 可知，与信号的方位角 θ_k 对应的、能够辨识的距离个数 R^k 依赖于每个子阵列流形的模糊性。如果每个子阵列流形不是模糊的，与信号的方位角 θ_k 对应的 $4M$ 个距离能够被辨识。进而，不需要极化参数 (γ,η) 的任何知识，通过搜索函数 $f_2^k(r)$ 就能够唯一找出与信号的方位角 θ_k 对应的距离 r_k。

当距离 r 在菲涅尔范围内变动时，下面分析子阵列流形的模糊性。根据式(4-58)，矢量 $\tilde{\boldsymbol{v}}(\theta_k,r)$ 的相移 τ_{mk} 以 2π 为周期变化。如果 $\tilde{\boldsymbol{v}}(\theta_k,r_k)=\tilde{\boldsymbol{v}}(\theta_k,r_k')$，其中，$r_k$ 表示第 k 个信号的真实距离，而 r_k' 表示由周期性引起的虚假距离，则

$$\mathrm{e}^{\mathrm{j}\tau_{mk}}=\mathrm{e}^{\mathrm{j}\tau_{mk'}} \Leftrightarrow \tau_{mk}=\tau_{mk'}+p_m 2\pi,\quad m=-M,\cdots,M \tag{4-59}$$

其中，τ_{mk} 表示具有参数 (θ_k,r_k) 的第 k 个信号在第 m 个传感器上的相移，$\tau_{mk'}$ 表示具有参数 (θ_k,r_k') 的虚假信号在第 m 个传感器上的相移，p_m 是一个整数。如果 $p_m=0$，那么 $\tau_{mk}=\tau_{mk'} \Leftrightarrow r_k=r_k'$。这意味着矢量 $\tilde{\boldsymbol{v}}(\theta_k,r)$ 的第 m 个元素无相移模糊。如果 $p_m\neq 0$，那么 $\tau_{mk}\neq\tau_{mk'} \Leftrightarrow r_k\neq r_k'$。这意味着矢量 $\tilde{\boldsymbol{v}}(\theta_k,r)$ 的第 m 个元素存在相移模糊。当矢量 $\tilde{\boldsymbol{v}}(\theta_k,r)$ 的所有元素都不存在相移模糊时，子阵列流形不存在模糊。

4.2.4　仿真验证

考虑由七个正交偶极子对阵元组成的两种极化阵列，如图 4-9 所示。阵元均匀地分布在坐标轴上，阵元间距为 $d=\lambda/4$，位置矢量为 $\boldsymbol{Y}=d(-3,-2,-1,0,1,2,3)$，记为阵列 1 或均匀阵列(uniform)；阵元非均匀分布在坐标轴上，取阵元单位间距为 $d=\lambda/4$，位置矢量为 $\boldsymbol{Y}=d(-6,-3,-1,0,1,3,6)$，记为阵列 2 或稀疏阵列(sparse)。

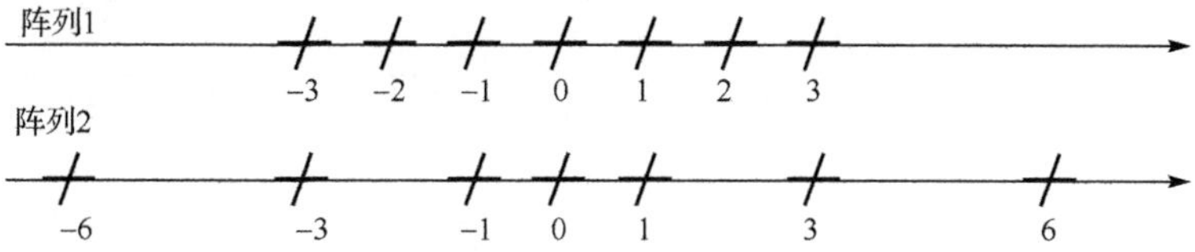

图 4-9　两种阵列示意图

两个相互独立等功率的近场信号源入射到上述两种阵列上，信源参数分别为 $\theta_1=-10°$，$r_1=2\lambda$，$\gamma_1=30°$，$\eta_1=40°$；$\theta_2=40°$，$r_2=5\lambda$，$\gamma_2=70°$，$\eta_2=50°$。实验中快拍数为 500，实验结果是 100 次 Monte Carlo 实验的平均值。总的均方根误差定义为

$$\text{RMSE}=\frac{1}{K}\sum_{k=1}^{K}\text{RMSE}_k \tag{4-60}$$

其中，RMSE_k 是第 k 个信号参数估计的均方根误差。图 4-10 给出了 DOA 和距离估计的均方根误差与信噪比的关系，图 4-11 给出了极化参数估计的均方根误差与信噪比的关系。图中，FR-RARE 代表上述估计算法，G-ESPRIT 代表文献[8]提出的估计算法，CRB 由文献[4]给出。从图 4-10(a)可以看出，FR-RARE 算法比 G-ESPRIT 算法有更低的 RMSE，并且接近于 CRB。利用稀疏阵列的估计性能明显好于利用均

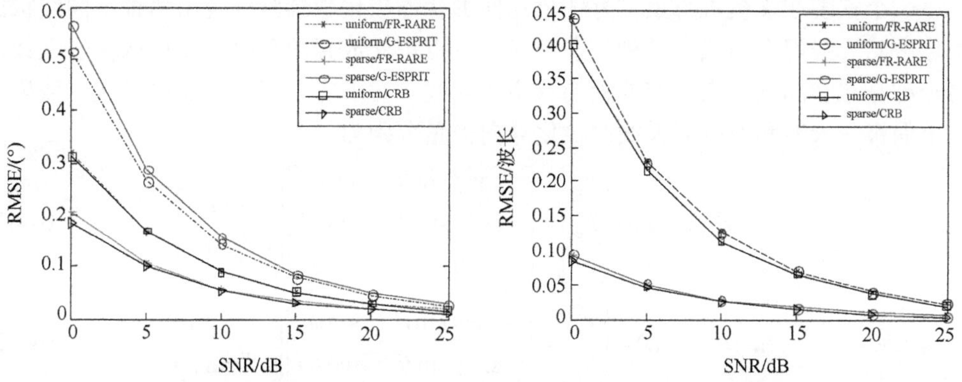

(a) DOA　　(b) 距离

图 4-10　DOA 和距离估计的均方根误差与信噪比的关系(见彩图)

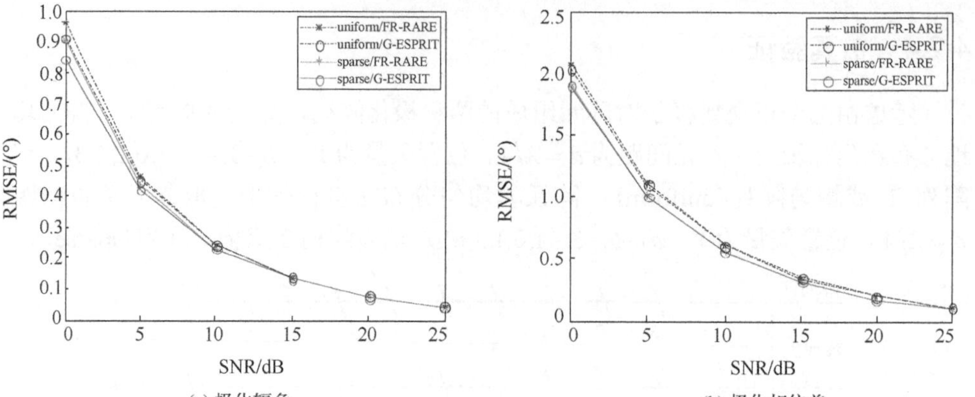

(a) 极化辐角　　(b) 极化相位差

图 4-11　极化参数估计的均方根误差与信噪比的关系(见彩图)

匀阵列的估计性能。从图 4-10(b)可以看出，FR-RARE 算法和 G-ESPRIT 算法有相同的 RMSE，并且接近于 CRB。利用稀疏阵列的估计性能明显好于利用均匀阵列的估计性能。RMSE 均随着 SNR 的增大而减小。从图 4-11 可以看出，FR-RARE 算法和 G-ESPRIT 算法有几乎相同的 RMSE。利用稀疏阵列的估计性能略好于利用均匀阵列的估计性能。更多的仿真验证结果见参考文献[6]、[9]和[10]。

4.3　远场信号源的 DOA 和极化参数估计

4.3.1　基于部分校准极化敏感阵列的估计方法

1．部分校准极化敏感阵列模型

一个安装在飞机机身上具有任意几何形状的极化敏感阵列是由两种不同结构的极化敏感天线混合组成，一种是在空间同一点正交放置的双磁环加单偶极子天线，另一种是在空间同一点正交放置的双磁环天线。对于完全极化平面电磁波，双磁环加单偶极子天线和双磁环天线的极化导向矢量分别为

$$\boldsymbol{a}_3(\theta,\phi,\gamma,\eta)=\begin{bmatrix}h_x\\h_y\\e_z\end{bmatrix}=\begin{bmatrix}-\cos\phi\sin\theta & \sin\phi\\-\sin\phi\sin\theta & -\cos\phi\\0 & \cos\theta\end{bmatrix}\begin{bmatrix}\cos\gamma\\\mathrm{e}^{\mathrm{j}\eta}\sin\gamma\end{bmatrix} \tag{4-61}$$

$$\boldsymbol{a}_2(\theta,\phi,\gamma,\eta)=\begin{bmatrix}h_x\\h_y\end{bmatrix}=\begin{bmatrix}-\cos\phi\sin\theta & \sin\phi\\-\sin\phi\sin\theta & -\cos\phi\end{bmatrix}\begin{bmatrix}\cos\gamma\\\mathrm{e}^{\mathrm{j}\eta}\sin\gamma\end{bmatrix} \tag{4-62}$$

其中，h_x 和 h_y 表示由磁环接收的 x 和 y 方向磁场分量，e_z 表示由偶极子接收的 z 方向电场分量，$\theta\in[0,\pi/2)$ 表示信号的俯仰角，$\phi\in[0,2\pi)$ 表示信号的方位角，

$\gamma \in [0, \pi/2)$ 表示信号的极化幅角，$\eta \in [-\pi, \pi)$ 表示信号的极化相位角。

假定阵列具有 L 个阵元，则第 l 阵元的空间相移因子为

$$q_l(\theta,\phi) = \mathrm{e}^{\mathrm{j}\frac{2\pi}{\lambda}\boldsymbol{u}^{\mathrm{T}}\boldsymbol{r}_l} \tag{4-63}$$

其中，$\boldsymbol{r}_l = [x_l, y_l, z_l]^{\mathrm{T}}$ 表示第 l 阵元的位置矢量。$\boldsymbol{u} = [\cos\theta\cos\phi, \cos\theta\sin\phi, \sin\theta]^{\mathrm{T}}$ 表示信号的方向余弦矢量。

假定每个阵元已经被校准，但是整个阵列没有被校准，即实际阵列响应与理想阵列响应是不一致的。这种不一致主要由以下因素引起：①某种原因（如机身的变形）使各阵元偏离了指定的位置，从而产生位置误差。②每个阵元的传播通道特性不一致，从而产生幅相误差。③同时存在位置和幅相误差。

对于这类部分校准阵列，整个阵列的空间-极化域导向矢量为

$$\boldsymbol{a}^{(L)}(\theta,\phi,\gamma,\eta) = \begin{bmatrix} \boldsymbol{a}_1(\theta,\phi,\gamma,\eta) \\ \vdots \\ \boldsymbol{a}_{L_t}(\theta,\phi,\gamma,\eta) \end{bmatrix} = \begin{bmatrix} \boldsymbol{a}_{M_1}(\theta,\phi,\gamma,\eta) b_1(\theta,\phi) \\ \vdots \\ \boldsymbol{a}_{M_L}(\theta,\phi,\gamma,\eta) b_L(\theta,\phi) \end{bmatrix} \tag{4-64}$$

其中，$M_l = 3$ 或 $M_l = 2$ 取决于阵元的类型，如式(4-61)和式(4-62)所示；$L_t = \sum_{l=1}^{L} M_l$。而 $b_l(\theta,\phi)$ 由下式给出

$$b_l(\theta,\phi) = q_l(\theta,\phi)\varepsilon_l(\theta,\phi) \tag{4-65}$$

其中，$\varepsilon_l(\theta,\phi)$ 表示第 l 阵元的阵列响应误差。由于 $\varepsilon_l(\theta,\phi)$ 包含了阵元位置误差的影响，因而，它依赖于信号方向角。

2. 信号 DOA 和极化参数的迭代估计

假定一个完全极化的具有未知 DOA 和极化参数的窄带远场横向平面电磁波入射到由式(4-64)表示的部分校准阵列，在 t 时刻，第 l 阵元的输出为

$$\boldsymbol{z}_l(t) = \boldsymbol{a}_{M_l}(\theta,\phi,\gamma,\eta) b_l(\theta,\phi) s(t) + \boldsymbol{n}_l(t) \tag{4-66}$$

其中，$s(t)$ 表示信号的复包络，$\boldsymbol{n}_l(t)$ 表示 $M_l \times 1$ 维零均值、加性复值白噪声矢量。定义第 l 阵元输出 $\boldsymbol{z}_l(t)$ 的采样协方差矩阵为

$$\boldsymbol{R}_l = \frac{1}{N}\sum_{t=1}^{N} \boldsymbol{z}_l(t)\boldsymbol{z}_l^{\mathrm{H}}(t) \tag{4-67}$$

其中，N 为快拍数，$l = 1, \cdots, L$。将 $\boldsymbol{R}_l$ 进行特征分解，则与最大特征值 $\lambda_{\max}^{(l)}$ 相对应的特征向量 $\boldsymbol{e}_{\max}^{(l)}$ 可以作为第 l 阵元导向矢量的估计，即

$$\boldsymbol{a}_{M_l}(\theta,\phi,\gamma,\eta) b_l(\theta,\phi) = k\boldsymbol{e}_{\max}^{(l)} \tag{4-68}$$

其中，k 为未知的复常数。在此基础上，进行下列迭代运算。

1) 信号参数的初始估计

为了得到参数的初始估计，令 $\boldsymbol{e}_{\max}^{(l)}=\boldsymbol{a}_{M_l}(\theta,\phi,\gamma,\eta)$，则从式(4-61)和式(4-62)可得

$$[\boldsymbol{e}_{\max}^{(l)}]_{(1,2)}=\begin{bmatrix}-\sin\theta\cos\phi\cos\gamma+\sin\gamma\sin\phi\cos\eta\\-\sin\theta\sin\phi\cos\gamma-\sin\gamma\cos\phi\cos\eta\end{bmatrix}+j\begin{bmatrix}\sin\gamma\sin\phi\sin\eta\\-\sin\gamma\cos\phi\sin\eta\end{bmatrix} \tag{4-69}$$

其中，$[\boldsymbol{e}_{\max}^{(l)}]_{(1,2)}$ 表示由矢量 $\boldsymbol{e}_{\max}^{(l)}$ 的第 1 行和第 2 行元素组成的矢量。从式(4-69)就可以求出信号参数的粗略估计，即

$$\hat{\phi}^{(l)}=\begin{cases}\tan^{-1}\dfrac{\mathrm{Im}\left\{[\boldsymbol{e}_{\max}^{(l)}]_1\right\}}{-\mathrm{Im}\left[[\boldsymbol{e}_{\max}^{(l)}]_2\right]}, & \mathrm{Im}\left\{[\boldsymbol{e}_{\max}^{(l)}]_1\right\}\geqslant 0\\ \tan^{-1}\dfrac{\mathrm{Im}\left\{[\boldsymbol{e}_{\max}^{(l)}]_1\right\}}{-\mathrm{Im}\left[[\boldsymbol{e}_{\max}^{(l)}]_2\right]}+\pi, & \mathrm{Im}\left\{[\boldsymbol{e}_{\max}^{(l)}]_1\right\}<0\end{cases} \tag{4-70}$$

$$\hat{\gamma}^{(l)}=\sin^{-1}\left(\sqrt{I_{\mathrm{m}}^2+R_{\mathrm{e}}^2}\right) \tag{4-71}$$

$$\hat{\eta}^{(l)}=\tan^{-1}\left(\frac{I_{\mathrm{m}}}{R_{\mathrm{e}}}\right) \tag{4-72}$$

$$\hat{\theta}^{(l)}=\sin^{-1}\left|\frac{\mathrm{Re}\left\{[\boldsymbol{e}_{\max}^{(l)}]_1\right\}\cos\hat{\phi}+\mathrm{Re}\left\{[\boldsymbol{e}_{\max}^{(l)}]_2\right\}\sin\hat{\phi}}{\cos\hat{\gamma}}\right| \tag{4-73}$$

其中，$[\boldsymbol{e}_{\max}^{(l)}]_i$ 表示矢量 $\boldsymbol{e}_{\max}^{(l)}$ 的第 i 行元素。而

$$I_{\mathrm{m}}=\mathrm{Im}\left\{[\boldsymbol{e}_{\max}^{(l)}]_1\right\}\sin\hat{\phi}-\mathrm{Im}\left\{[\boldsymbol{e}_{\max}^{(l)}]_2\right\}\cos\hat{\phi} \tag{4-74}$$

$$R_{\mathrm{e}}=\mathrm{Re}\left\{[\boldsymbol{e}_{\max}^{(l)}]_1\right\}\sin\hat{\phi}-\mathrm{Re}\left\{[\boldsymbol{e}_{\max}^{(l)}]_2\right\}\cos\hat{\phi} \tag{4-75}$$

因为 $\boldsymbol{e}_{\max}^{(l)}$ 与 $\boldsymbol{a}_{M_l}(\theta,\phi,\gamma,\eta)$ 之间的偏差可能导致某个参数的估计值大大地偏离其真实值。这个值被称为“异值”(outlier)。因此，采用中位滤波器来识别并剔除“异值”。

假设在估计值中“异值”的数量非常少，如“异值”的数量小于所有估计值总和的三分之一。因为在实际中，阵列误差一般不是很大，所以这个假设通常是合理的。利用下列步骤可辨识和剔除四个参数估计值集合中的“异值”(以 $\hat{\theta}$ 为例)。

①将所有估计值由小到大排序，然后，如果 L 是奇数，选择序列的中位数为预设值 $\mathrm{Med}(\hat{\theta})$；如果 L 是偶数，选择序列的两个中位数的均值为预设值 $\mathrm{Med}(\hat{\theta})$。

②如果 $\left|\hat{\theta}^{(l)}-\mathrm{Med}(\hat{\theta})\right|>T$，其中，$T$ 是一个预先选定的门限，并且 $l=1,\cdots,L$，则 $\hat{\theta}^{(l)}$ 被认为是“异值”。

③如果“异值”的个数小于 $L/3$，则转入步骤④。否则，从估计值中剔除最大

的“异值”后，重新进行步骤①～步骤③。当重做的次数大于$L/3$时，应增加T后，重新进行步骤①～步骤③。

④从估计值中，剔除所有的“异值”，形成一个新的估计值集合。此集合中，元素的个数为$L_\theta \leqslant L$。取这些估计值的平均值为初始估计值，即

$$\hat{\theta} = \sum_{l=1}^{L_\theta} \hat{\theta}^{(l)} \tag{4-76}$$

按照上述步骤①～步骤④，可以得到其余参数的初始估计值，即

$$\hat{\phi} = \sum_{l=1}^{L_\phi} \hat{\phi}^{(l)}, \quad \hat{\gamma} = \sum_{l=1}^{L_\gamma} \hat{\gamma}^{(l)}, \quad \hat{\eta} = \sum_{l=1}^{L_\eta} \hat{\eta}^{(l)} \tag{4-77}$$

2) 阵列响应误差的估计

根据式(4-64)和式(4-68)可得

$$\boldsymbol{e}_{\max} \approx \boldsymbol{a}^{(L)}(\theta,\phi,\gamma,\eta) = \boldsymbol{\Pi}\boldsymbol{\Xi}(\theta,\phi) \tag{4-78}$$

其中

$$\boldsymbol{e}_{\max} = \begin{bmatrix} \boldsymbol{e}_{\max}^{1} \\ \vdots \\ \boldsymbol{e}_{\max}^{L} \end{bmatrix}, \quad \boldsymbol{\Xi}(\theta,\phi) = \begin{bmatrix} \varepsilon_1(\theta,\phi) \\ \vdots \\ \varepsilon_L(\theta,\phi) \end{bmatrix}$$

$$\boldsymbol{\Pi} = \begin{bmatrix} \boldsymbol{a}_{M_1}(\hat{\theta},\hat{\phi},\hat{\gamma},\hat{\eta})q_1(\hat{\theta},\hat{\phi}) & & 0 \\ & \ddots & \\ 0 & & \boldsymbol{a}_{M_L}(\hat{\theta},\hat{\phi},\hat{\gamma},\hat{\eta})q_L(\hat{\theta},\hat{\phi}) \end{bmatrix} \tag{4-79}$$

因此，阵列响应误差的 LS 估计为

$$\hat{\boldsymbol{\Xi}}(\theta,\phi) = (\boldsymbol{\Pi}^{\mathrm{H}}\boldsymbol{\Pi})^{-1}\boldsymbol{\Pi}^{\mathrm{H}}\boldsymbol{e}_{\max} \tag{4-80}$$

3) 极化信号矢量的估计

对于整个阵列，存在L个线性方程式：$[\boldsymbol{e}_{\max}^{(1)}]_{(1,2)} \approx \boldsymbol{a}_2(\theta,\phi,\gamma,\eta)\hat{b}_1(\theta,\phi)$，…，$[\boldsymbol{e}_{\max}^{(L)}]_{(1,2)} \approx \boldsymbol{a}_2(\theta,\phi,\gamma,\eta)\hat{b}_L(\theta,\phi)$，其中，$\hat{b}_l(\theta,\phi) = q_l(\hat{\theta},\hat{\phi})\hat{\varepsilon}_l(\theta,\phi)$。定义下列两个矢量

$$\hat{\boldsymbol{b}}(\theta,\phi) = [\hat{b}_1(\theta,\phi),\cdots,\hat{b}_L(\theta,\phi)]^{\mathrm{T}}, \quad \boldsymbol{E} = \left[[\boldsymbol{e}_{\max}^{(1)}]_{(1,2)},\cdots,[\boldsymbol{e}_{\max}^{(L)}]_{(1,2)}\right]^{\mathrm{T}} \tag{4-81}$$

对某个正常数$\alpha > 0$，在约束$(\boldsymbol{E} - \Delta\boldsymbol{E}) = (\hat{\boldsymbol{b}}(\theta,\phi) - \Delta\hat{\boldsymbol{b}}(\theta,\phi))\boldsymbol{a}_2^T(\theta,\phi,\gamma,\eta)$下，目的是寻找最小加权矩阵$\Delta\hat{\boldsymbol{b}}(\theta,\phi) \in \mathbf{C}^{L\times 1}$和$\Delta\boldsymbol{E} \in \mathbf{C}^{L\times 2}$，即

$$\underbrace{\min}_{\Delta\hat{\boldsymbol{b}}(\theta,\phi),\Delta\boldsymbol{E}} \left\|\Delta\hat{\boldsymbol{b}}(\theta,\phi)\right\|^2 + \alpha\left\|\Delta\boldsymbol{E}\right\|^2 \tag{4-82}$$

对于多维总体最小二乘问题，可采用奇异值分解方法求解。首先对矩阵

$[\hat{\boldsymbol{b}}(\theta,\phi),\sqrt{\alpha}\boldsymbol{E}]$ 进行奇异值分解

$$[\hat{\boldsymbol{b}}(\theta,\phi),\sqrt{\alpha}\boldsymbol{E}]=\boldsymbol{U}\boldsymbol{\Sigma}\boldsymbol{V}^{\mathrm{H}} \tag{4-83}$$

其中，$\boldsymbol{V}$ 是一个酉矩阵，并且 $\boldsymbol{U}$ 满足 $\boldsymbol{U}^{\mathrm{H}}\boldsymbol{U}=\boldsymbol{I}$

$$\boldsymbol{U}=(\boldsymbol{U}_1,\boldsymbol{U}_2),\ \ \boldsymbol{V}=\begin{bmatrix}\boldsymbol{V}_{11} & \boldsymbol{V}_{12}\\ \boldsymbol{V}_{21} & \boldsymbol{V}_{22}\end{bmatrix},\ \ \boldsymbol{\Sigma}=\begin{bmatrix}\sigma_1 & 0\\ 0 & \boldsymbol{\Sigma}_2\end{bmatrix} \tag{4-84}$$

其中，$\boldsymbol{U}_1\in\mathbf{C}^{L\times1}$，$\boldsymbol{U}_2\in\mathbf{C}^{L\times2}$，$\boldsymbol{V}_{11}\in\mathbf{C}^{1\times1}$，$\boldsymbol{V}_{12}\in\mathbf{C}^{1\times2}$，$\boldsymbol{V}_{21}\in\mathbf{C}^{2\times1}$，$\boldsymbol{V}_{22}\in\mathbf{C}^{2\times2}$，$\boldsymbol{\Sigma}_2=\mathrm{diag}\{\sigma_2,\sigma_3\}$，并且 $\sigma_1>\sigma_2>\sigma_3\geqslant0$。于是，极化导向矢量的估计为

$$\hat{\boldsymbol{a}}_2^{\mathrm{T}}(\theta,\phi,\gamma,\eta)=-\frac{1}{\sqrt{\alpha}}\boldsymbol{V}_{12}\boldsymbol{V}_{22}^{-1} \tag{4-85}$$

4) 信号参数的再估计

用 $\hat{\boldsymbol{a}}_2^{\mathrm{T}}(\theta,\phi,\gamma,\eta)$ 替代式(4-69)中的 $[\boldsymbol{e}_{\max}^{(l)}]_{(1,2)}$，通过式(4-70)～式(4-73)可以重新估计信号 DOA 和极化参数。重复步骤 2) 和步骤 4)，直到迭代停止准则满足为止。

4.3.2 基于稀疏非均匀 COLD 阵列的估计方法

COLD(Cocentered Orthogonal Loop and Dipole)阵列是一种常用的极化敏感阵列，它的阵元由中心正交的偶极子和电磁环组成。此阵列的优点是阵元对信号源的方位角不敏感，可以实现阵列导向矢量中信号源方位角与极化参数的分离。而稀疏非均匀阵列能够扩大了阵列的孔径，提高了空间分辨率。

1. 稀疏非均匀 COLD 阵列信号模型

考虑一个由 M 个 COLD 阵元组成的稀疏非均匀分布阵列，如图 4-12 所示，第 $m(m=0,1,\cdots,M-1)$ 个阵元以任意距离 r_m 分布在 y 轴上，且设 $r_0=0$，偶极子平行于 z 轴，电磁环平行于 x-y 平面。定义方位角 θ 为从 y 轴沿顺时针方向到信号入射方向在 x-y 平面投影的夹角，而俯仰角 ϕ 为 z 轴与信号入射方向之间的夹角。

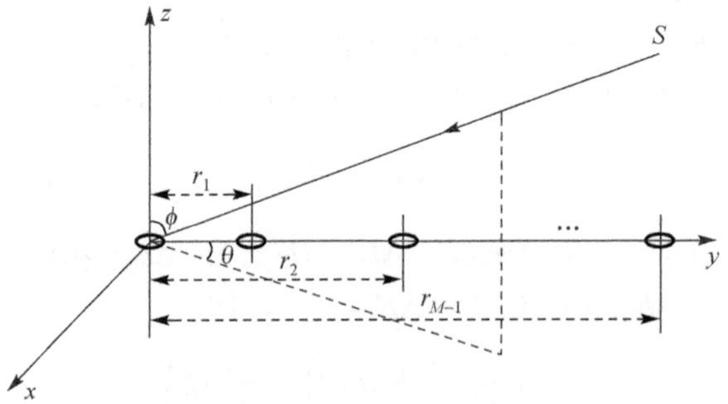

图 4-12 线性 COLD 阵列

假定 $K \leqslant M$ 个完全极化、窄带平面波入射到阵列，对于方位角为 θ_k、俯仰角为 ϕ_k 的第 k 个信号 $s_k(t)$，若信号为单位功率，则阵元感应的电磁场分量为

$$\boldsymbol{x}_k = \begin{bmatrix} x_k^d \\ x_k^l \end{bmatrix} = \begin{bmatrix} 0 & -\sin\phi_k \\ -\sin\phi_k & 0 \end{bmatrix} \begin{bmatrix} \cos\gamma_k \\ \sin\gamma_k \mathrm{e}^{\mathrm{j}\eta_k} \end{bmatrix} \tag{4-86}$$

其中，$\theta_k \in [0,\pi]$，$\phi_k \in [0,\pi]$，$\gamma_k \in [0,\pi/2)$ 为信号的极化幅角，$\eta_k \in [-\pi,\pi]$ 为信号极化相位角。为了方便且不失一般性，假设所有信号俯仰角 $\phi_k = 90°$，即所有信号位于 x-y 平面。式(4-86)变为

$$\boldsymbol{x}_k = \begin{bmatrix} x_k^d \\ x_k^l \end{bmatrix} = \begin{bmatrix} -\sin\gamma_k \mathrm{e}^{\mathrm{j}\eta_k} \\ -\cos\gamma_k \end{bmatrix} \tag{4-87}$$

定义第 k 个信号在第 m 个阵元上的空间相移因子为 $q_{mk} = \mathrm{e}^{\mathrm{j}\varphi_{mk}}$，其中，$\varphi_{mk} = -(2\pi/\lambda) r_m \cos\theta_k$，$\lambda$ 为信号的波长，r_m 为第 m 个阵元的位置坐标，则整个阵列的输出矢量为

$$\boldsymbol{Z}(t) = \sum_{k=1}^{K} (\boldsymbol{x}_k \otimes \boldsymbol{q}_k) s_k(t) + \boldsymbol{n}(t) \tag{4-88}$$

其中，$\boldsymbol{q}_k = [q_{0k}, q_{1k}, \cdots, q_{(M-1)k}]^{\mathrm{T}}$。将式(4-88)写为矩阵形式

$$\boldsymbol{Z}(t) = \boldsymbol{A}\boldsymbol{S}(t) + \boldsymbol{N}(t) \tag{4-89}$$

其中

$$\boldsymbol{A} = [\boldsymbol{a}(\theta_1,\gamma_1,\eta_1), \boldsymbol{a}(\theta_2,\gamma_2,\eta_2), \cdots, \boldsymbol{a}(\theta_K,\gamma_K,\eta_K)] \tag{4-90}$$

$$\boldsymbol{a}(\theta_k,\gamma_k,\eta_k) = \begin{bmatrix} \boldsymbol{a}^d(\theta_k,\gamma_k,\eta_k) \\ \boldsymbol{a}^l(\theta_k,\gamma_k,\eta_k) \end{bmatrix} = \begin{bmatrix} x_k^d \boldsymbol{q}_k \\ \hdashline x_k^l \boldsymbol{q}_k \end{bmatrix} \tag{4-91}$$

$$\boldsymbol{N}(t) = \begin{bmatrix} \boldsymbol{n}_1(t) \\ \boldsymbol{n}_2(t) \\ \vdots \\ \boldsymbol{n}_M(t) \end{bmatrix}, \quad \boldsymbol{S}(t) = \begin{bmatrix} s_1(t) \\ s_2(t) \\ \vdots \\ s_K(t) \end{bmatrix} \tag{4-92}$$

假设阵列中各阵元上的加性噪声为零均值、高斯白噪声，且与信号不相关。阵列的协方差矩阵为 $\boldsymbol{R} = E[\boldsymbol{Z}(t)\boldsymbol{Z}^{\mathrm{H}}(t)]$，$\boldsymbol{R}$ 的特征值分解为 $\boldsymbol{R} = \boldsymbol{U}_s \boldsymbol{\varLambda}_s \boldsymbol{U}_s^{\mathrm{H}} + \boldsymbol{U}_n \boldsymbol{\varLambda}_n \boldsymbol{U}_n^{\mathrm{H}}$，其中，$\boldsymbol{U}_s = [u_1, \cdots, u_K]$ 是对应于 K 个较大特征值的 K 个特征向量组成的矩阵，$\boldsymbol{U}_n = [u_{K+1}, \cdots, u_M]$ 是对应于 M–K 个较小特征值的 M–K 个特征向量组成的矩阵。构造 MUSIC 空间谱函数为

$$P^k(\theta) = \frac{1}{\boldsymbol{a}^{\mathrm{H}}(\theta_k,\gamma_k,\eta_k) \boldsymbol{U}_n \boldsymbol{U}_n^{\mathrm{H}} \boldsymbol{a}(\theta_k,\gamma_k,\eta_k)}, \quad k = 1, 2, \cdots, K \tag{4-93}$$

假设极化参数 γ_k 和 η_k 是已知或事先已经被估计的，则对空间谱进行峰值搜索即可得到信号的 DOA 估计。注意，当所有 K 个信号的极化参数相同时，只需进行一次一维搜索；当所有 K 个信号的极化参数不相同时，则需要进行 K 次一维搜索。

2. 基于稀疏非均匀 COLD 阵列的目标测向模糊性

阵列的分辨率与其孔径大小成正比，增大阵元的间距，阵列孔径增大，MUSIC 算法的空间分辨率提高，然而，当阵元间距大于载波波长的一半时，就可能产生 DOA 模糊，即对于一个信号可能出现多个虚假峰值。由于 COLD 阵列是由一对正交的电磁环和电偶极子组成，所以，整个阵列可分成电磁环子阵列和电偶极子子阵列。下面针对每个子阵列分析存在 DOA 模糊的条件。

对于平面波信号，若以坐标原点作为相位延迟的参考点，则第 k 个信号到达第 m 个阵元时所产生的相位延迟为 $\varphi_{mk} = -(2\pi/\lambda) r_m \cos\theta_k$。

对于电磁环子阵列，第 k 个信号的导向矢量为

$$\boldsymbol{a}_k^l = -\cos\gamma_k \cdot \boldsymbol{q}_k \tag{4-94}$$

由于导向矢量的每个元素都是复指数函数，它是以 2π 为周期的，所以，对于每个元素，存在 DOA 模糊的条件是

$$\varphi_{mk} = \varphi'_{mk} + P_m 2\pi, \quad m = 1, \cdots, M-1 \tag{4-95}$$

其中，P_m 是整数，进一步，式(4-95)可写成

$$P_m = (r_m/\lambda)(\cos\theta'_k - \cos\theta_k) \tag{4-96}$$

令 $\dfrac{P_m}{r_m} = \dfrac{b_m}{a}$，这里，$a$ 是分式集 $\left\{\dfrac{P_1}{r_1}, \dfrac{P_2}{r_2}, \cdots, \dfrac{P_{M-1}}{r_{M-1}}\right\}$ 的最大公分母，因此

$$\cos\theta'_k - \cos\theta_k = \frac{P_m}{r_m} \cdot \lambda = b_m \cdot \frac{\lambda}{a} \tag{4-97}$$

其中，$(\cos\theta'_k - \cos\theta_k) \in [0,2]$。对于稀疏均匀线性阵列，由于 $b_1 = b_2 = \cdots = b_M = n$（$n$ 是正整数），从式(4-97)可得，当 $n \leqslant 2a/\lambda$ 时，其中 a 等于相邻两个阵元之间的距离，子阵列的每个元素将产生 $n-1$ 个“虚假”谱峰，并且“虚假”谱峰的位置是相同的，即整个子阵列存在 DOA 模糊。而对于稀疏非均匀阵列，若所有 b_m 不相等，则子阵列的每个元素所产生的“虚假”谱峰的位置不相同，而真实谱峰的位置是相同。因此，所有谱峰叠加后，只有在真实的谱峰处产生最大值，即整个子阵列不存在 DOA 模糊。

对于电偶极子子阵列，第 k 个信号的指向矢量为

$$\boldsymbol{a}_k^d = -\sin\gamma_k e^{j\eta_k} \boldsymbol{q}_k \tag{4-98}$$

因此，对于每个元素，存在 DOA 模糊的条件是

$$\varphi_{mk}+\eta_k=\varphi'_{mk}+\eta'_k+P_m 2\pi,\quad m=1,\cdots,M-1 \tag{4-99}$$

当 $\eta_k=\eta'_k$ 时，有

$$\varphi_{mk}=\varphi'_{mk}+P_m 2\pi \tag{4-100}$$

因为式(4-100)与式(4-95)相同，其分析结果与电磁环子阵列的分析结果一样。

当 $\eta_k\neq\eta'_k$ 时，有

$$P_m=(r_m/\lambda)(\cos\theta'_k-\cos\theta_k)+\Delta\eta_k \tag{4-101}$$

其中，$\Delta\eta_k=\eta_k-\eta'_k$。

从与电磁环子阵列相类似的推导过程可得

$$\cos\theta'_k-\cos\theta_k=\frac{\Delta\eta}{r_m 2\pi}\lambda+\frac{P_m}{r_m}\lambda=\left(\frac{\Delta\eta\cdot a}{r_m 2\pi}+b_m\right)\frac{\lambda}{a}=\left(\frac{\Delta\eta}{P_m 2\pi}+1\right)b_m\cdot\frac{\lambda}{a} \tag{4-102}$$

其中，b_m 和 a 的定义与式(4-97)相同。

当 $\Delta\eta\neq 0$ 时，式(4-97)和式(4-102)是不相同的，这说明在相同参数情况下，两个子阵列产生“虚假”峰值的位置不可能相同，只有真实谱峰的位置是相同的，即整个阵列在 $\eta_1\neq\eta_2$ 的情况下不可能发生 DOA 模糊。

4.3.3　仿真验证

假设有三个 COLD 阵列，如图 4-13 所示。阵列 1 设置为均匀阵列，阵元个数为 5，阵元位于 y 轴，各阵元位置为[0,1,2,3,4]，以 $\lambda/2$ 为单位，记为配置 1。阵列 2 设置为稀疏非均匀阵列，阵元个数为 5，阵元位于 y 轴，各阵元位置为[0,1,3,6,10]，以 $\lambda/2$ 为单位，记为配置 2。阵列 3 设置为均匀阵列，阵元个数为 11，阵元位于 y 轴，各阵元位置为[0,1,2,3,4,5,6,7,8,9,10]，以 $\lambda/2$ 为单位，记为配置 3。

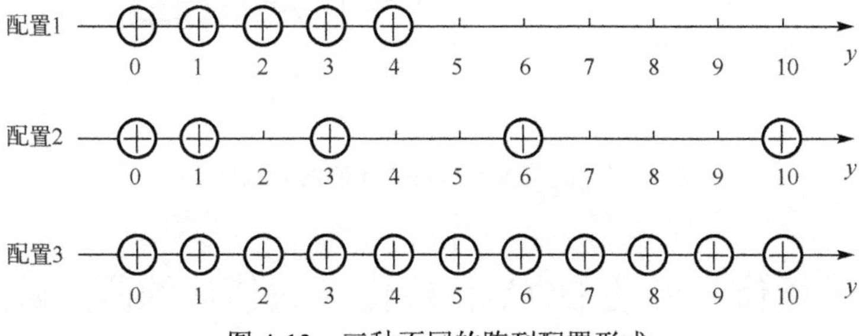

图 4-13　三种不同的阵列配置形式

假设空间存在两个单位功率信号，DOA 为 $(60°,130°)$，对应的极化参数分别为 $(40°,20°)$、$(70°,30°)$，进行 100 次 Monte Carlo 试验。图 4-14 表示了信号 DOA 估计的均方根误差与信噪比的关系。可以看出，配置 2 与配置 3 相比，信号 DOA 估计的 RMSE 在低 SNR 时相差不多，在高 SNR 时几乎相等。而配置 1 与配置 2 相比，

其信号 DOA 估计的 RMSE 大很多。这说明稀疏非均匀 COLD 阵列在硬件消耗较少的情况下，仍具有较高的 DOA 估计精度。更多的仿真验证结果见参考文献[11]和[12]。

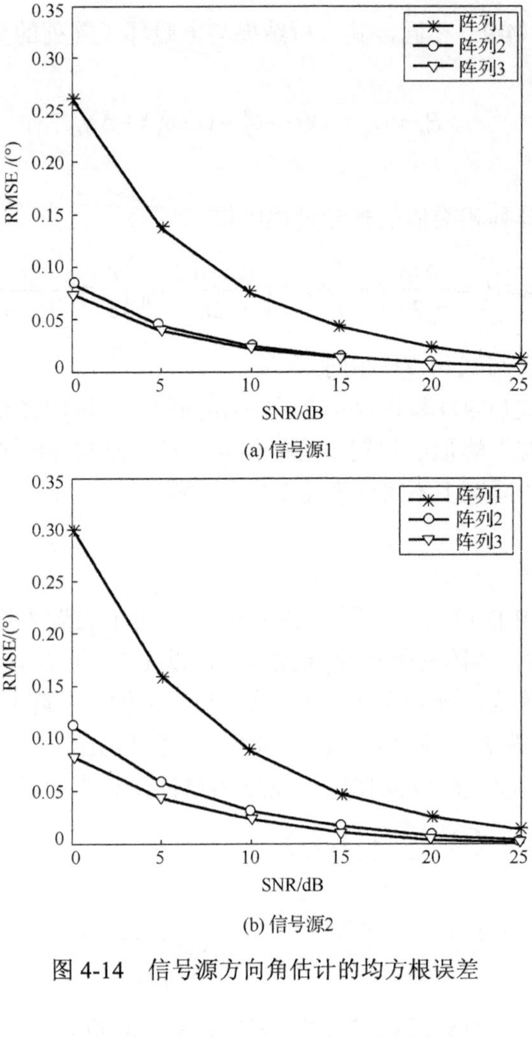

图 4-14　信号源方向角估计的均方根误差

4.4　远场信号源的 DOA 和极化参数估计的四元数方法

4.4.1　四元数代数概述

用 **C** 和 **R** 分别表示复数域和实数域。设 **Q** 是一个以 1、i、j 和 k 为基元的四维实向量空间。其中，基元 1 是单位元，而 i、j 和 k 满足

$$\mathrm{i}^2=\mathrm{j}^2=\mathrm{k}^2=-1,\quad \mathrm{ij}=-\mathrm{ji}=\mathrm{k},\quad \mathrm{jk}=-\mathrm{kj}=\mathrm{i},\quad \mathrm{ki}=-\mathrm{ik}=\mathrm{j} \tag{4-103}$$

在四维实向量空间 $\mathbf{Q}$ 中，元素 $x=x_1+\mathrm{i}x_2+\mathrm{j}x_3+\mathrm{k}x_4$ 称为实四元数，简称四元数。其中，x_1、x_2、x_3 和 x_4 称为四元数 x 的实系数。记为

$$\mathbf{Q}=\left\{x=x_1+\mathrm{i}x_2+\mathrm{j}x_3+\mathrm{k}x_4 \mid x_1,x_2,x_3,x_4\in\mathbf{R}\right\} \tag{4-104}$$

对任意 $x=x_1+\mathrm{i}x_2+\mathrm{j}x_3+\mathrm{k}x_4\in\mathbf{Q}$，称 x_1 为 x 的实部或数量部分，记为 $\mathrm{Re}\{x\}=x_1$；称 $\mathrm{i}x_2+\mathrm{j}x_3+\mathrm{k}x_4$ 为 x 的虚部或向量部分，记为 $\mathrm{Im}\{x\}=\mathrm{i}x_2+\mathrm{j}x_3+\mathrm{k}x_4$。

四元数的乘法不满足交换律，一般情况下，$xy\neq yx$。称 $x^{\Delta}=x_1-\mathrm{i}x_2-\mathrm{j}x_3-\mathrm{k}x_4$ 为 x 的共轭四元数。符号"Δ"代表四元数的共轭或四元数矩阵的共轭转置操作，符号"*"代表复数的共轭操作。称 $|x|=(x_1^2+x_2^2+x_3^2+x_4^2)^{\frac{1}{2}}$ 为 x 的模。

直接由定义可推出下列一些结论[13]。

设 x、y 和 z 是四元数，那么

①$xx^{\Delta}=x^{\Delta}x=|x|^2$，$|x|=|x^{\Delta}|$。

②$|.|$ 是线性空间 $\mathbf{Q}$ 上的范数，即 $|x|=0$ 当且仅当 $x=0$。并且 $|xy|=|yx|=|x||y|$，$|x+y|\leqslant|x|+|y|$。

③$|x|^2+|y|^2=\dfrac{1}{2}(|x+y|^2+|x-y|^2)$。

④对任意复数 c，$\mathrm{j}c=c^*\mathrm{j}$ 或 $\mathrm{j}c\mathrm{j}^*=c^*$。

⑤$(xy)^{\Delta}=y^{\Delta}x^{\Delta}$。

⑥$(xy)z=x(yz)$，即四元数的乘法满足结合律。

⑦$x^{\Delta}=x$ 当且仅当 $x\in\mathbf{R}$。

⑧$\forall x\in\mathbf{Q}$，$ax=xa$ 当且仅当 $a\in\mathbf{R}$。

⑨若 $x\neq 0$，$\dfrac{x^{\Delta}}{|x|^2}$ 是 x 的逆元。记为 x^{-1}，有 $|x^{-1}|=\dfrac{1}{|x|}$。

⑩每个四元数 z 可以唯一地被表示成 $z=c_1+\mathrm{j}c_2$，此处 c_1 和 c_2 是复数。

由上述定理中的性质⑩，也将 $\mathbf{Q}$ 中的元素记为 $\mathbf{Q}=\left\{z=z_1+\mathrm{j}z_2 \mid z_1,z_2\in\mathbf{C}\right\}$，$z_1$、$z_2$ 都是复数，而 z 的共轭记为 $z^*=z_1^*-\mathrm{j}z_2$。两个四元数 q_1 和 q_2 的内积为 $\langle q_1,q_2\rangle=q_1^*q_2$，若 $q_1^*q_2=0$，则称四元数 q_1、q_2 是正交的。

4.4.2　机载极化敏感阵列四元数模型

若电磁矢量传感器沿机体坐标系安装于飞机上，由于沿 x 轴和 y 轴的两个互相垂直的磁环与飞机表面之间的互耦最小，接收信号的效率最高，所以，可以采用两个磁环构成两分量简化矢量传感器。两分量简化矢量传感器响应归一化表达式为

$$\boldsymbol{V}(\theta,\varphi)=\begin{bmatrix}-\cos\phi\sin\theta & \sin\phi\\ -\sin\phi\sin\theta & -\cos\phi\end{bmatrix} \tag{4-105}$$

其中，俯仰角 $\theta\in[-\pi/2,\pi/2]$，方位角 $\phi\in[0,2\pi]$。

考虑一个窄带电磁横向极化平面波在各向同性、均匀媒质中传播，其水平电场分量和垂直电场分量为

$$\begin{bmatrix}\xi_{\mathrm{h}}(t)\\ \xi_{\mathrm{v}}(t)\end{bmatrix}=\begin{bmatrix}a_{\mathrm{h}}(t)\mathrm{e}^{\mathrm{i}\varphi_{\mathrm{h}}(t)}\\ a_{\mathrm{v}}(t)\mathrm{e}^{\mathrm{i}\varphi_{\mathrm{v}}(t)}\end{bmatrix}s(t) \tag{4-106}$$

其中，$a_{\mathrm{h}}(t)$、$a_{\mathrm{v}}(t)$ 是电场分量的时变幅值；$\varphi_{\mathrm{h}}(t)$、$\varphi_{\mathrm{v}}(t)$ 是电场分量的绝对相位。假设 $a_{\mathrm{h}}(t)$、$a_{\mathrm{v}}(t)$ 和 $\varphi_{\mathrm{h}}(t)$、$\varphi_{\mathrm{v}}(t)$ 是中心对称，稳态随机过程，并且 $a_{\mathrm{v}}(t)/a_{\mathrm{h}}(t)=\tan\gamma$，$\varphi_{\mathrm{v}}(t)-\varphi_{\mathrm{h}}(t)=\eta$，$\gamma$ 和 η 是常数。在这种情况下，电磁波是完全极化波。$s(t)$ 是信号波形。此平面波从一定方向入射到两分量矢量传感器，在两个磁环天线上，得到两个高度相关的时域信号 $x_x(t)$、$x_y(t)$。此时域信号可表示为

$$\begin{aligned}\begin{bmatrix}x_x(t)\\ x_y(t)\end{bmatrix}&=\boldsymbol{V}(\theta,\phi)\begin{bmatrix}\xi_{\mathrm{h}}(t)/\eta_1\\ \xi_{\mathrm{v}}(t)/\eta_1\end{bmatrix}=\boldsymbol{V}(\theta,\phi)\begin{bmatrix}\dfrac{a_{\mathrm{h}}(t)}{\eta_1}\mathrm{e}^{\mathrm{i}\varphi_{\mathrm{h}}(t)}\\ \dfrac{a_{\mathrm{v}}(t)}{\eta_1}\mathrm{e}^{\mathrm{i}\varphi_{\mathrm{v}}(t)}\end{bmatrix}s(t)\\ &=\boldsymbol{V}(\theta,\phi)\underbrace{\begin{bmatrix}1\\ \tan\gamma\mathrm{e}^{\mathrm{i}\eta}\end{bmatrix}}_{\xi}\underbrace{\frac{a_{\mathrm{h}}(t)}{\eta_1}\mathrm{e}^{\mathrm{i}\varphi_{\mathrm{h}}(t)}s(t)}_{\overline{s}(t)}=\boldsymbol{V}(\theta,\phi)\xi\overline{s}(t)\end{aligned} \tag{4-107}$$

其中，γ 称为极化幅角，$\gamma\in(0,\pi/2)$，η 称为极化相位角，$\eta\in[0,2\pi]$。$\eta_1=\sqrt{\mu_1/\varepsilon_1}$，$\mu_1$ 是传播媒介的磁导率，ε_1 是传播媒介的介电系数。

将矢量传感器两个分量所接收的时域信号合成为一个四元数，作为矢量传感器的四元数测量信号，即

$$x(t)=x_x(t)+\mathrm{j}x_y(t)=\underbrace{[1,\mathrm{j}]\boldsymbol{V}(\theta,\phi)}_{p(\theta,\phi,\gamma,\eta)}\xi\overline{s}(t)=p(\theta,\phi,\gamma,\eta)\overline{s}(t) \tag{4-108}$$

其中，$\overline{s}(t)$ 是一个复数，而 $p(\theta,\phi,\gamma,\eta)$ 是一个四元数，即

$$\begin{aligned}p(\theta,\phi,\gamma,\eta)&=[1,\mathrm{j}]\begin{bmatrix}-\cos\phi\sin\theta & \sin\phi\\ -\sin\phi\sin\theta & -\cos\phi\end{bmatrix}\begin{bmatrix}1\\ \tan\gamma\mathrm{e}^{\mathrm{i}\eta}\end{bmatrix}\\ &=-\cos\phi\sin\theta+\sin\phi\tan\gamma\mathrm{e}^{\mathrm{i}\eta}+\mathrm{j}(-\sin\phi\sin\theta-\cos\phi\tan\gamma\mathrm{e}^{\mathrm{i}\eta})\end{aligned} \tag{4-109}$$

通过上述方式，将两个复数分量合成一个四元数。以上推导未考虑测量噪声的影响，当考虑测量噪声时，矢量传感器的四元数接收信号为

$$x(t)=p(\theta,\phi,\gamma,\eta)\overline{s}(t)+n_\theta(t) \tag{4-110}$$

其中，$n_\theta(t)=[1,\mathrm{j}]\begin{bmatrix}n_x(t)\\ n_y(t)\end{bmatrix}$，$n_x(t)$ 和 $n_y(t)$ 为矢量传感器两个磁环天线上的测量噪声，

通常，假设 $n_x(t)$ 和 $n_y(t)$ 是复噪声，且互不相关，即噪声是未极化的。因而，$n_\theta(t)$ 是一个四元数。

下面将单个两分量矢量传感器四元数模型扩展到矢量传感器阵列。假设有 M 个两分量矢量传感器组成一个阵列，且第 m 个传感器的位置坐标矢量为

$$\boldsymbol{r}_m = [x_m, y_m, z_m]^{\mathrm{T}},\quad 1 \leqslant m \leqslant M \tag{4-111}$$

以第一个阵元为参考阵元，沿着阵列传播的平面电磁波在阵列各阵元上产生的空间相移矢量为

$$\boldsymbol{q}(\theta,\phi) = [1, \mathrm{e}^{-\mathrm{i}\psi_2}, \cdots, \mathrm{e}^{-\mathrm{i}\psi_M}]^{\mathrm{T}} \tag{4-112}$$

其中，$\psi_m = \dfrac{2\pi}{\lambda}\boldsymbol{r}^{\mathrm{T}}\boldsymbol{r}_m$，$\boldsymbol{r}$ 是式(4-4)给出的方向矢量，λ 是电磁波的波长，因而 ψ_m 是方向角的函数。因此，阵列输出矢量的四元数模型可表示为

$$\boldsymbol{X}(t) = \boldsymbol{q}(\theta,\phi)p(\theta,\phi,\gamma,\eta)\overline{s}(t) + \boldsymbol{N}_\theta(t) \tag{4-113}$$

其中，$\boldsymbol{N}_\theta(t) = [n_\theta^1(t), n_\theta^2(t), \cdots, n_\theta^M(t)]$ 是噪声矢量，$n_\theta^m(t)$ 表示第 m 个矢量传感器的四元数加性噪声。

若阵列接收到 K 个不相关，远场完全极化电磁信号，则阵列输出矢量的四元数模型为

$$\boldsymbol{X}(t) = \sum_{k=1}^{K}\boldsymbol{q}(\theta_k,\phi_k)p(\theta_k,\phi_k,\gamma_k,\eta_k)\overline{s}_k(t) + \boldsymbol{N}_\theta(t) \tag{4-114}$$

4.4.3 降维 MUSIC 估计方法

将式(4-114)写成矩阵的形式

$$\begin{aligned}\boldsymbol{X}(t) &= \sum_{k=1}^{K}\boldsymbol{q}(\theta_k,\phi_k)p(\theta_k,\phi_k,\gamma_k,\eta_k)\overline{s}_k(t) + \boldsymbol{N}_\theta(t)\\ &= \sum_{k=1}^{K}\boldsymbol{a}_k\overline{s}_k(t) + \boldsymbol{N}_\theta(t)\\ &= \boldsymbol{A}\overline{\boldsymbol{S}}(t) + \boldsymbol{N}_\theta(t)\end{aligned} \tag{4-115}$$

其中，$\overline{\boldsymbol{S}}(t) = \left[\overline{s}_1(t), \overline{s}_2(t), \cdots, \overline{s}_K(t)\right]^{\mathrm{T}}$ 是等效信号矢量，$\boldsymbol{a}_k = \boldsymbol{q}(\theta_k,\phi_k)p(\theta_k,\phi_k,\gamma_k,\eta_k)$ 是阵列的四元数方向矢量，$\boldsymbol{A} = [\boldsymbol{a}_1, \boldsymbol{a}_2, \cdots, \boldsymbol{a}_K]$ 是阵列的方向矩阵。阵列输出矢量的四元数相关函数为

$$\boldsymbol{R} = E(\boldsymbol{X}(t)\boldsymbol{X}^{\Delta}(t)) \tag{4-116}$$

对其进行特征值分解，可得 $\boldsymbol{R} = \boldsymbol{U}_{\mathrm{s}}\boldsymbol{\varLambda}_{\mathrm{s}}\boldsymbol{U}_{\mathrm{s}}^{\Delta} + \boldsymbol{U}_{\mathrm{n}}\boldsymbol{\varLambda}_{\mathrm{n}}\boldsymbol{U}_{\mathrm{n}}^{\Delta}$，$\boldsymbol{U}_{\mathrm{s}}$ 表示对应于信号子空间的特征向量，$\boldsymbol{U}_{\mathrm{n}}$ 表示对应于噪声子空间的特征向量。由子空间原理可得

$$\boldsymbol{a}_k^{\Delta}\boldsymbol{U}_{\mathrm{n}}\boldsymbol{U}_{\mathrm{n}}^{\Delta}\boldsymbol{a}_k = p^{\Delta}(\theta_k,\phi_k,\gamma_k,\eta_k)\underbrace{\boldsymbol{q}_k^{\mathrm{H}}(\theta_k,\phi_k)\boldsymbol{U}_{\mathrm{n}}\boldsymbol{U}_{\mathrm{n}}^{\Delta}\boldsymbol{q}_k(\theta_k,\phi_k)}_{\boldsymbol{C}(\theta_k,\phi_k)}p(\theta_k,\phi_k,\gamma_k,\eta_k) \tag{4-117}$$
$$= p^{\Delta}(\theta_k,\phi_k,\gamma_k,\eta_k)\boldsymbol{C}(\theta_k,\phi_k)p(\theta_k,\phi_k,\gamma_k,\eta_k) = 0$$

从式(4-108)和式(4-109)可以看出，$p(\theta_k,\phi_k,\gamma_k,\eta_k)$中包含波达方向 DOA 和极化参数，而$\boldsymbol{C}(\theta_k,\phi_k)$中仅含有方向角和俯仰角。由式(4-109)可知，当$\gamma\in(0,\pi/2)$时，$p(\theta_k,\phi_k,\gamma_k,\eta_k)\neq 0$。$\boldsymbol{C}(\theta_k,\phi_k)=0$就等效于$\boldsymbol{a}_k^{\Delta}\boldsymbol{U}_{\mathrm{n}}\boldsymbol{U}_{\mathrm{n}}^{\Delta}\boldsymbol{a}_k=0$。因此可以得到DOA 的估计

$$(\hat{\theta}_k,\hat{\phi}_k) = \underset{\theta,\phi}{\arg\max}\frac{1}{\left|\boldsymbol{C}(\theta_k,\phi_k)\right|} \tag{4-118}$$

式(4-118)称为降维四元数 MUSIC 方法，这个方法的优点是把极化信息剥除，使原来的四维参数搜索变为二维参数搜索。

下面讨论$\boldsymbol{C}(\theta_k,\phi_k)=0$和$\boldsymbol{a}_k^{\Delta}\boldsymbol{U}_{\mathrm{n}}\boldsymbol{U}_{\mathrm{n}}^{\Delta}\boldsymbol{a}_k=0$对 DOA 估计的一致性。充分性：当$(\theta,\phi)$取真实的方位角$(\theta_k,\phi_k)_{k=1}^K$，两式同时成立；必要性：当$\boldsymbol{C}(\theta_k,\phi_k)=0$成立，$(\theta,\phi)$的取值与$\boldsymbol{a}_k^{\Delta}\boldsymbol{U}_{\mathrm{n}}\boldsymbol{U}_{\mathrm{n}}^{\Delta}\boldsymbol{a}_k=0$得出的值是一致的。

①充分性：当取(θ,ϕ)为信号的真实方位角$(\theta_k,\phi_k)_{k=1}^K$时，$\boldsymbol{a}_k$位于阵列协方差矩阵的信号子空间中，由式(4-117)可知，因为$p(\theta_k,\phi_k,\gamma_k,\eta_k)\neq 0$，则只有$\boldsymbol{C}(\theta_k,\phi_k)=0$，充分性得证。

②必要性：当$\boldsymbol{C}(\theta_0,\phi_0)=0$成立时，满足上式的$(\theta_0,\phi_0)$，左右两边都乘一个数$P(\theta_0,\phi_0,\gamma_0,\eta_0)$，得$p^{\Delta}(\theta_0,\phi_0,\gamma_0,\eta_0)\boldsymbol{C}(\theta_0,\phi_0)p(\theta_0,\phi_0,\gamma_0,\eta_0)=\boldsymbol{a}_0^{\Delta}\boldsymbol{U}_{\mathrm{n}}\boldsymbol{U}_{\mathrm{n}}^{\Delta}\boldsymbol{a}_0=0$，则$\boldsymbol{a}_0$属于信号子空间的方向矢量，进一步，$(\theta_0,\phi_0)$是信号的 DOA 参数，即$(\theta_0,\phi_0)$就是$(\theta_k,\phi_k)$，必要性得证。

为了估计信号源的极化信息，根据式(4-107)，阵列测量模型可重写为

$$\boldsymbol{Y}(t) = \sum_{k=1}^{K}\bar{\boldsymbol{a}}_k(\gamma,\eta,\theta,\phi)\bar{s}_k(t) = \bar{\boldsymbol{A}}(\gamma,\eta,\theta,\phi)\bar{\boldsymbol{S}}(t)+\boldsymbol{n}(t),\quad t=1,2,\cdots,N \tag{4-119}$$

其中，$\boldsymbol{Y}(t)=[x_{1,x}(t),x_{1,y}(t),\cdots,x_{M,x}(t),x_{M,y}(t)]^{\mathrm{T}}$，$\boldsymbol{n}(t)$表示加性噪声矢量。$N$表示测量快拍数。$\bar{\boldsymbol{A}}(\gamma,\eta,\theta,\phi)=\boldsymbol{q}(\theta,\phi)\otimes(\boldsymbol{V}(\theta,\phi)\boldsymbol{\xi})$是阵列响应矩阵。由于信号的 DOA 已经被估计，整个阵列的相移因子$\boldsymbol{q}(\hat{\theta},\hat{\phi})$也是可知的，而$\boldsymbol{\xi}$是$(\gamma,\eta)$的函数，可知$\bar{\boldsymbol{A}}(\gamma,\eta,\hat{\theta},\hat{\phi})$是未知参数$(\gamma,\eta)$的函数。

测量输出的相关函数为

$$\boldsymbol{R}_y = E(\boldsymbol{Y}(t)\boldsymbol{Y}(t)^{\mathrm{H}}) \tag{4-120}$$

对$\boldsymbol{R}_y$进行特征值分解

$$\boldsymbol{R}_y = \boldsymbol{U}_{\mathrm{sy}}\boldsymbol{\Lambda}_{\mathrm{sy}}\boldsymbol{U}_{\mathrm{sy}}^{\mathrm{H}} + \boldsymbol{U}_{\mathrm{ny}}\boldsymbol{\Lambda}_{\mathrm{ny}}\boldsymbol{U}_{\mathrm{ny}}^{\mathrm{H}} \tag{4-121}$$

其中，$\boldsymbol{U}_{\mathrm{sy}}$表示对应于信号子空间的特征向量，$\boldsymbol{U}_{\mathrm{ny}}$表示对应于噪声子空间的特征向

量。由子空间原理得

$$\boldsymbol{D}(\gamma,\eta,\hat{\theta},\hat{\phi})=\overline{\boldsymbol{a}}_k(\gamma,\eta,\hat{\theta},\hat{\phi})^{\mathrm{H}}\boldsymbol{U}_{\mathrm{ny}}\boldsymbol{U}_{\mathrm{ny}}^{\mathrm{H}}\overline{\boldsymbol{a}}_k(\gamma,\eta,\hat{\theta},\hat{\phi})=0 \tag{4-122}$$

继而，可以由下式得到极化参数的估计值

$$(\hat{\gamma}_k,\hat{\eta}_k)=\underset{\gamma,\eta}{\arg\max}\frac{1}{\left|\boldsymbol{D}(\gamma,\eta,\hat{\theta},\hat{\phi})\right|} \tag{4-123}$$

4.4.4　仿真验证

在下面的仿真实验中，考虑由六个阵元组成的三维阵列，如图 4-15 所示，阵元均匀分布在 x、y、z 三个坐标轴上，阵元间距为 $d=\lambda/2$，六个阵元位置矢量为 (0,0,1)、(0,0,2)、(1,0,0)、(2,0,0)、(0,1,0)、(0,2,0)，采样的快拍数为 6000。假设两个相互独立、窄带电磁横向极化平面波的信号源入射到阵列，信号的 DOA (θ,ϕ) 参数分别为 (30°,40°)，(50°,60°)。极化信息 (γ,η) 为 (60°,50°)，(40°,60°)。图 4-16 给出了两个信号 DOA 估计的均方根误差与信噪比的关系曲线，Q-MUSIC 表示上述的降维 MUSIC 估计算法；V-MUSIC 表示文献[14]提出的极化域-空域 MUSIC 联合谱估计算法。仿真中采用 50 次

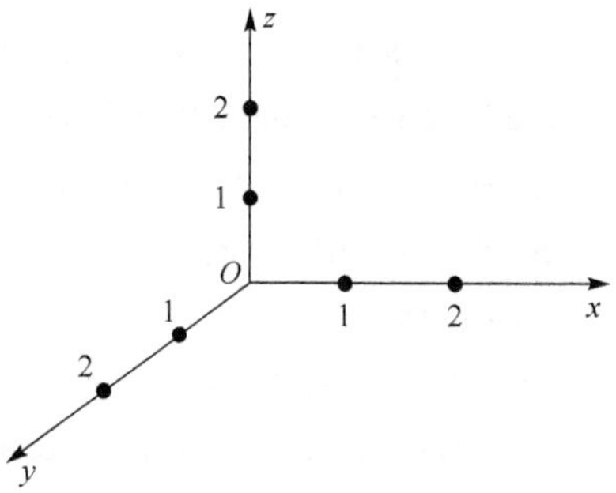

图 4-15　阵列结构图

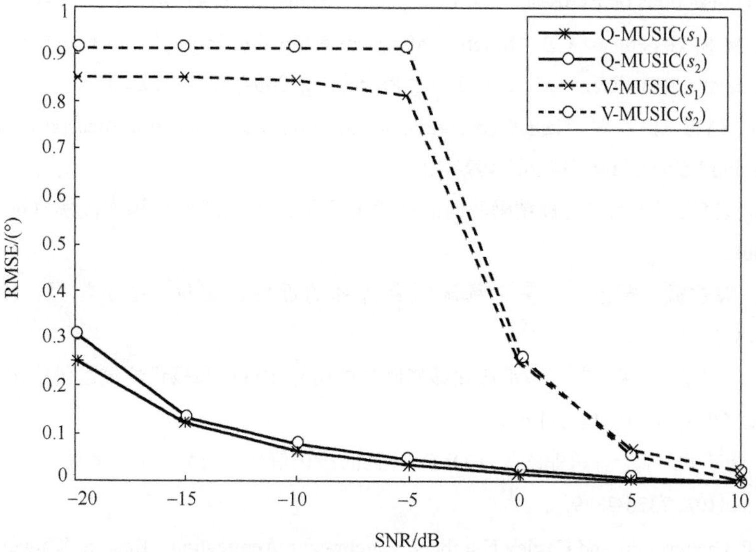

图 4-16　DOA 估计的均方根误差随信噪比变化曲线

独立结果的平均加以近似。可以看出，信号 DOA 估计的 RMSE 随着 SNR 的增大而减小。在 SNR 达到−20dB 时，Q-MUSIC 算法仍然能够较为准确地估计出信号 DOA，而 V-MUSIC 算法在 SNR 为−5dB 时，信号 DOA 估计的 RMSE 就相当大，已经不能分辨信号的 DOA。因此，降维 MUSIC 估计方法具有卓越的性能。更多的仿真验证结果见参考文献[15]～[18]。

参 考 文 献

[1] 沈熙宁. 电磁波与电磁场. 北京: 科学出版社, 2006.

[2] Mir H S, Sahr J D. Passive direction finding using airborne vector sensors in the presence of manifold perturbations. IEEE Transactions on Signal Processing, 2007, 55(1): 156-164.

[3] Huang Y, Nehorai A, Friedman G. Mutual coupling of two collocated orthogonally oriented circular thin-wire loops. IEEE Transactions on Antennas and Propagation, 2003, 51(6): 1307-1314.

[4] Grosicki E, Abed-Meraim, K, Hua, Y. A weighed linear prediction method for near-field source. IEEE Transactions on Signal Processing, 2005, 53(10): 3651-3660.

[5] Pesavento M, Gershman A B, Wong K M. Direction finding in partly calibrated sensor arrays composed of multiple subarrays. IEEE Transactions on Signal Processing, 2002, 50(9): 2103-2115.

[6] Tao J W, Liu L, Lin Z Y. Joint DOA, range, and polarization estimation in the Fresnel region. IEEE Transactions on Aerospace and Electronic Systems, 2011, 47 (4): 2657-2672.

[7] See C M S, Gershman A B. Direction-of-arrival estimation in partly calibrated subarray-based sensor arrays. IEEE Transactions on Signal Processing, 2004, 52(2): 329-338.

[8] Zhi W, Chia M Y W. Near-field source localization via symmetric subarrays. IEEE Signal Processing Letters, 2007, 14(6): 409-412.

[9] 刘亮. 预警机任务系统目标精确测向的技术可行性研究. 长春: 中国人民解放军空军航空大学, 2008.

[10] 刘亮，陶建武，黄家才. 基于稀疏对称阵列的近场源定位. 电子学报，2009，37(6): 1307-1312.

[11] 常文秀, 陶建武. 基于部分校准极化敏感阵列的信号 DOA 和极化参数迭代估计. 电子与信息学报, 2008, 30(8): 1893-1896.

[12] 刘亮, 陶建武. 基于稀疏非均匀 COLD 阵列的极化信号 DOA 估计. 系统工程与电子技术, 2009, 31(10): 2376-2379.

[13] Ward P. Quaternions and Cayley Numbers: Algebra and Applications. Boston: Kluwer, 1997.

[14] 庄钊文, 徐振海, 肖顺平. 极化敏感阵列信号处理. 北京: 国防工业出版社, 2006.

[15] 李京书, 陶建武. 信号 DOA 和极化信息联合估计的降维四元数 MUSIC 方法. 电子与信息学报, 2011, 33(1): 106-111.

[16] 李京书. 基于电磁矢量传感器的四元数 MUSIC 算法的研究. 长春: 中国人民解放军空军航空大学, 2010.

[17] 崔伟, 陶建武, 刘亮. 机载电磁矢量传感器阵列 DOA 和极化参数估计. 系统工程与电子技术, 2008, 30(2): 222-225.

[18] 崔伟, 陶建武, 徐惠斌. 极化信号波达方向估计算法. 兵工学报, 2010, 31(7): 982-986.

第 5 章　部分极化信号源的 DOA 和 Stokes 参数估计

5.1　基于线性互质阵列的稀疏重构算法

5.1.1　带有分离子阵列的互质阵列和极化信号源模型

1．带有分离子阵列的互质阵列

互质阵列(coprime array)是一种稀疏阵列。与均匀线性阵列相比，互质阵列可以提供更高的自由度，从而增加信号源 DOA 估计的分辨率。本节采用了一种带有分离子阵列的互质阵列，如图 5-1 所示。此阵列具有两个协同定位的均匀线性子阵列，其中，一个子阵具有 N 个双正交电偶极子对极化敏感阵元，另一个子阵具有 $M-1$ 个双正交电偶极子对极化敏感阵元。假设 N 和 M 是互质的，且 M 能被表示为两个正整数 q 和 $\tilde{M}$ 的乘积，即 $M=q\tilde{M}$。两个子阵之间的最小间隔为 Ld，其中，$d=\lambda/2$ 和 $L\geqslant\min(\tilde{M},N)$。所有阵元的定位由下面的正数集合来表示

$$\wp=\{\tilde{M}dn\,|\,0\leqslant n\leqslant N-1\}\cup\{(\tilde{M}(N-1)+L+mN)\,|\,0\leqslant m\leqslant M-2\} \tag{5-1}$$

根据式(5-1)，此阵列的总孔径是 $(\tilde{M}(N-1)+L+(M-2)N)d=N_{\max}d$。

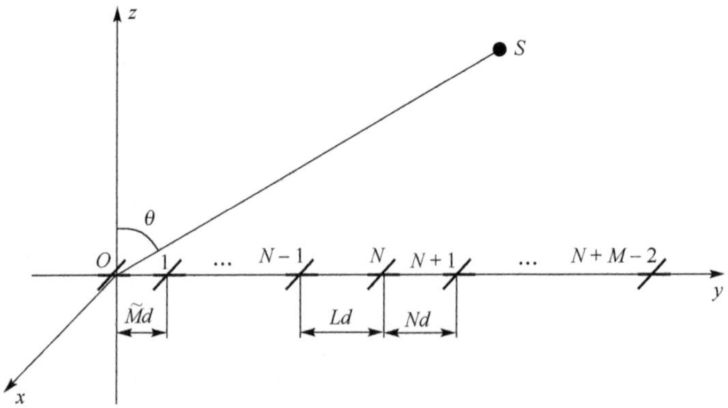

图 5-1　带有分离子阵列的互质阵列

对于由正数集合 $\wp$ 表示的互质阵列，可以定义一个虚拟差阵列，其所有虚拟阵元的定位由下面的正数集合来表示

$$\partial = \{n_1 - n_2 \mid n_1, n_2 \in \wp\} \tag{5-2}$$

虚拟差阵列的虚拟阵元位置包括了两个子阵自身阵元的位置差和两个子阵之间阵元的位置差。两个子阵自身阵元的位置差可由 $\partial_s = \{l_s \mid l_s = Nm\} \cup \{l_s \mid l_s = \tilde{M}n\}$ 和其镜像 $\partial_s^- = \{-l_s \mid l_s \in \partial_s\}$ 来表示，而两个子阵之间阵元的位置差可由 $\partial_c = \{l_c \mid l_c = \tilde{M}(N-1) + L + Nm - \tilde{M}n\}$ 和其镜像 $\partial_c^- = \{-l_c \mid l_c \in \partial_c\}$ 来表示[1]，其中，$0 \leqslant n \leqslant N-1$，$0 \leqslant m \leqslant M-2$。因此，虚拟差阵列所有虚拟阵元的定位由下面的集合来表示

$$\partial_p = \partial_s \cup \partial_s^- \cup \partial_c \cup \partial_c^- \tag{5-3}$$

若选择 $L = \tilde{M} + N$，虚拟差阵列具有最大的连续滞后。在这种情况下，具有同一且连续分布的滞后数可达到 $M_m = 2MN + 2\tilde{M} - 1$。这时，在 $[(\tilde{M}-1)(N-1),\ MN + \tilde{M} - 1]$ 范围和其镜像 $[-MN - \tilde{M} + 1,\ -(\tilde{M}-1)(N-1)]$ 范围内，具有连续的滞后。例如，当 $M = 4, N = 3, L = \tilde{M} + N$ 时，图 5-2 给出了一个虚拟差阵列。当 $\tilde{M}=1$ 和 $\tilde{M}=2$ 时，图 5-2 分别给出了相应的虚拟差阵列。从图 5-2(a)可以看出，虚拟差阵列具有连续滞后(Lap，L)。从图 5-2(b)可以看出，虚拟差阵列存在一些“洞”(Hole，H)，如 ±1 和 ±14。虚拟差阵列的总滞后数给出了阵列可达到的自由度上限。

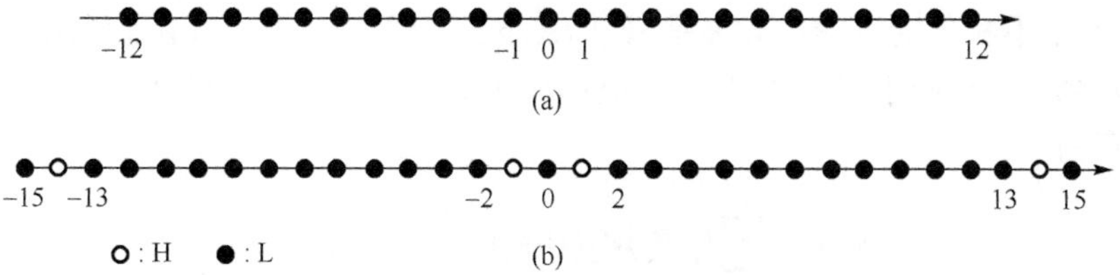

图 5-2　一个虚拟差阵列的例子

2．极化信号源模型

一个在各向同性、同质的媒介中传播的窄带、平面电磁波信号撞击到一个如图 5-1 所示的互质阵列，若忽略双正交电偶极子对之间的互耦，在 x 轴和 y 轴方向上的电磁矢量可定义为[2]

$$\boldsymbol{Z}(t) = \begin{bmatrix} z_{e,x}(t) \\ z_{e,y}(t) \end{bmatrix} = \begin{bmatrix} -\sin\phi & \cos\phi\cos\theta \\ \cos\phi & \sin\phi\cos\theta \end{bmatrix} \boldsymbol{E}(t) \tag{5-4}$$

其中，$\theta \in [0, \pi]$ 和 $\phi \in [0, \pi)$ 分别代表来波的俯仰角和方位角。$\boldsymbol{E}(t) = [E_H(t), E_V(t)]^T$ 代表电磁波的电磁矢量，$E_H(t)$ 和 $E_V(t)$ 分别是电磁波的水平极化分量和垂直极化分量。假设 $E_H(t)$ 和 $E_V(t)$ 是带有二阶圆累积量的零均值、复高斯分布随机过程。因此，电磁矢量 $\boldsymbol{E}(t)$ 的协方差矩阵可写为

$$\boldsymbol{R}_{EE} = \left\langle \boldsymbol{E}(t)\boldsymbol{E}^H(t) \right\rangle = \begin{vmatrix} \left\langle E_H(t)E_H^*(t) \right\rangle & \left\langle E_H(t)E_V^*(t) \right\rangle \\ \left\langle E_V(t)E_H^*(t) \right\rangle & \left\langle E_V(t)E_V^*(t) \right\rangle \end{vmatrix} = \begin{vmatrix} r_{E_H} & r_{E_H E_V} \\ r_{E_H E_V}^* & r_{E_V} \end{vmatrix} \tag{5-5}$$

其中，$\langle.\rangle$代表随机过程的期望运算。根据式(5-5)，电磁波的 Stokes 参数可表示为

$$g_0 = r_{E_{\rm H}} + r_{E_{\rm V}} \tag{5-6}$$

$$g_1 = r_{E_{\rm H}} - r_{E_{\rm V}} \tag{5-7}$$

$$g_2 = 2\,\mathrm{Re}\{r_{E_{\rm H}E_{\rm V}}\} \tag{5-8}$$

$$g_3 = -2\,\mathrm{Im}\{r_{E_{\rm H}E_{\rm V}}\} \tag{5-9}$$

电磁波的 Stokes 参数经常用于计算电磁波的功率 g_0 和描述电磁波的极化状态。利用 Stokes 参数，可以定义电磁波的极化度(Degree Polarization，DP)，即

$$\mathrm{DP} = \frac{\sqrt{g_1^2 + g_2^2 + g_3^2}}{g_0} \tag{5-10}$$

其中，$0 \leqslant \mathrm{DP} \leqslant 1$。如果电磁波是完全极化的，$\mathrm{DP}=1$，并且 $g_1 = g_0\cos(2\gamma)$，$g_2 = g_0\cos(2\eta)\sin(2\gamma)$ 和 $g_3 = g_0\sin(2\eta)\sin(2\gamma)$ [3]。$\gamma \in [0, \pi/2]$ 和 $\eta \in [-\pi, \pi)$ 是电磁波极化状态的相位描述子。如果电磁波是未极化的，$\mathrm{DP}=0$。如果电磁波是部分极化的，则 $0 < \mathrm{DP} < 1$。

若 K 个不相关的平面电磁波信号从 $(\theta_1,\phi_1),\cdots,(\theta_K,\phi_K)$ 方向撞击到如图 5-1 所示的互质阵列，在 t 时刻，第 l 个双正交电偶极子对极化敏感阵元的 2×1 维测量数据矢量可表示为

$$\boldsymbol{u}_l(t) = \sum_{k=1}^{K} b_l(\theta_k)\boldsymbol{Z}_k(t) + \boldsymbol{n}_l(t), \quad t = 1,2,\cdots,T \tag{5-11}$$

其中，$0 \leqslant l \leqslant M+N-1$。$\boldsymbol{n}_l(t)$ 是 2×1 维加性噪声矢量，它的每个分量被假设为独立同分布的随机变量，此随机变量服从复高斯分布 $N(0,\sigma_{\rm n}^2)$，并且与所有信号是不相关的。$b_l(\theta_k) = \exp\{-\mathrm{j}(2\pi/\lambda)d_l\sin\theta_k\}$ 是空间相位因子，λ 表示信号的波长，d_l 表示第 l 个极化敏感阵元与阵列原点之间的间隔。为了简化，假设所有的信号都位于 y-z 平面的右半平面，即 $\phi_1 = \cdots = \phi_K = \pi/2$。因此，式(5-11)可表示为

$$\boldsymbol{u}_l(t) = \sum_{k=1}^{K} \underbrace{\begin{bmatrix} -b_l(\theta_k) & 0 \\ 0 & b_l(\theta_k)\cos\theta_k \end{bmatrix}}_{\boldsymbol{\Psi}_l(\theta_k)} \boldsymbol{E}_k(t) + \boldsymbol{n}_l(t) \tag{5-12}$$

进一步，可构造如下数据矢量协方差矩阵

$$\boldsymbol{R}_{l_1,l_2} = \left\langle \boldsymbol{u}_{l_1}(t)\boldsymbol{u}_{l_2}^{\rm H}(t) \right\rangle = \sum_{k=1}^{K} \boldsymbol{\Psi}_{l_1}(\theta_k)\boldsymbol{R}_{E_kE_k}\boldsymbol{\Psi}_{l_2}^{\rm H}(\theta_k) + \boldsymbol{N}_{l_1,l_2} \tag{5-13}$$

其中，$0 \leqslant l_1, l_2 \leqslant M+N-1$。$\boldsymbol{R}_{E_kE_k}$ 是第 k 个信号的协方差矩阵。$\boldsymbol{N}_{l_1,l_2}$ 是加性噪声矢量的协方差矩阵。若 $l_1 = l_2$，则 $\boldsymbol{N}_{l_1,l_2} = \sigma_{\rm n}^2\boldsymbol{I}_2$。除此之外，矩阵 $\boldsymbol{N}_{l_1,l_2}$ 的所有元素都为零。

为了利用由虚拟差阵列提供的自由度，可直接对数据矢量协方差矩阵 $\boldsymbol{R}_{l_1,l_2}$ 进行矢量化处理。经矢量化处理，可得到如下测量矢量

$$\boldsymbol{r}_{l_1,l_2}=\mathrm{vec}(\boldsymbol{R}_{l_1,l_2})=\sum_{k=1}^{K}\boldsymbol{A}_{l_1,l_2}(\theta_k)\tilde{\boldsymbol{e}}_k+\tilde{\boldsymbol{n}}_{l_1,l_2}=\boldsymbol{A}_{l_1,l_2}\tilde{\boldsymbol{e}}+\tilde{\boldsymbol{n}}_{l_1,l_2} \tag{5-14}$$

其中，$\boldsymbol{A}_{l_1,l_2}=[\boldsymbol{A}_{l_1,l_2}(\theta_1),\cdots,\boldsymbol{A}_{l_1,l_2}(\theta_K)]$，$\tilde{\boldsymbol{e}}=[\tilde{\boldsymbol{e}}_1^{\mathrm{T}},\cdots,\tilde{\boldsymbol{e}}_K^{\mathrm{T}}]^{\mathrm{T}}$，$\tilde{\boldsymbol{n}}_{l_1,l_2}=\mathrm{vec}(\boldsymbol{N}_{l_1,l_2})$

$$\boldsymbol{A}_{l_1,l_2}(\theta_k)=\boldsymbol{\varPsi}_{l_1}^*(\theta_k)\otimes\boldsymbol{\varPsi}_{l_2}(\theta_k)=b_{l_1,l_2}(\theta_k)\underbrace{\begin{bmatrix}1 & 0 & 0 & 0\\ 0 & -\cos\theta_k & 0 & 0\\ 0 & 0 & -\cos\theta_k & 0\\ 0 & 0 & 0 & (\cos\theta_k)^2\end{bmatrix}}_{\boldsymbol{\varPhi}_k} \tag{5-15}$$

$$\tilde{\boldsymbol{e}}_k=\mathrm{vec}(\boldsymbol{R}_{E_kE_k})=\underbrace{\begin{bmatrix}1/2 & 1/2 & 0 & 0\\ 0 & 0 & 1/2 & -j/2\\ 0 & 0 & 1/2 & j/2\\ 1/2 & -1/2 & 0 & 0\end{bmatrix}}_{\boldsymbol{J}}\begin{bmatrix}g_{0,k}\\ g_{1,k}\\ g_{2,k}\\ g_{3,k}\end{bmatrix}=\boldsymbol{J}\tilde{\boldsymbol{g}}_k \tag{5-16}$$

$$b_{l_1,l_2}=b_{l_1}^*(\theta_k)b_{l_2}(\theta_k)=\exp\{-\mathrm{j}(2\pi/\lambda)\underbrace{(d_{l_1}-d_{l_2})}_{\Delta_{l_1,l_2}d}\sin\theta_k\} \tag{5-17}$$

其中，符号 $\otimes$ 表示 Kronecker 乘积。因为 $\varDelta_{l_1,l_2}\in\partial_{\mathrm{p}}$，矢量 $\boldsymbol{r}_{l_1,l_2}$ 可以被看成从虚拟差阵列接收的一部分数据。而 $\boldsymbol{A}_{l_1,l_2}$ 可以被看成相应的指向矩阵。通过选择 $l_1,l_2\in M+N-1$，使得 $\varDelta_{l_1,l_2}$ 在 $[-N_{\max},N_{\max}]$ 内连续取值。于是，从虚拟差阵列接收的所有数据构成了一个 $4(2N_{\max}+1)\times 1$ 维矢量 $\boldsymbol{r}$，即

$$\boldsymbol{r}=[\boldsymbol{b}_1\otimes\boldsymbol{\varPhi}_1,\cdots,\boldsymbol{b}_K\otimes\boldsymbol{\varPhi}_K]\tilde{\boldsymbol{e}}+\tilde{\boldsymbol{n}} \tag{5-18}$$

其中，$\boldsymbol{b}_k=[\exp\{\mathrm{j}(2\pi/\lambda)N_{\max}\sin\theta_k\},\cdots,1,\cdots,\exp\{-\mathrm{j}(2\pi/\lambda)N_{\max}\sin\theta_k\}]^{\mathrm{T}}$ 是一个 $(2N_{\max}+1)\times 1$ 维矢量，而 $\tilde{\boldsymbol{n}}=[0,\cdots,\sigma_{\mathrm{n}}^2,0,\sigma_{\mathrm{n}}^2,\cdots,0]^{\mathrm{T}}$ 是一个 $4(2N_{\max}+1)\times 1$ 维矢量。

在接收的极化信号源数目未知的情况下，根据数据矢量 $\boldsymbol{r}$ 的采样值，估计接收的极化信号源的 DOA 和 Stokes 参数。

5.1.2　稀疏重构算法

1．网格上目标的稀疏重构算法

首先，将俯仰角的测量范围划分成一个均匀网格 $\boldsymbol{\varTheta}=\{\theta_1,\cdots,\theta_D\}$，网格间隔为 $\Delta\theta$。若接收的极化信号源的俯仰角处于网格上，数据矢量 $\boldsymbol{r}$ 可以表达为

$$\boldsymbol{r}=[\boldsymbol{b}_1\otimes\boldsymbol{\varPhi}_1,\cdots,\boldsymbol{b}_D\otimes\boldsymbol{\varPhi}_D]\boldsymbol{e}+\tilde{\boldsymbol{n}}=\boldsymbol{A}\boldsymbol{e}+\tilde{\boldsymbol{n}} \tag{5-19}$$

其中，$\boldsymbol{e}=[\boldsymbol{e}_1^{\mathrm{T}},\cdots,\boldsymbol{e}_d^{\mathrm{T}},\cdots,\boldsymbol{e}_D^{\mathrm{T}}]^{\mathrm{T}}$ 是一个块稀疏矢量，每个块的长度等于 4。当第 k 个信号源的俯仰角等于 θ_d，则 $\boldsymbol{e}_d=\tilde{\boldsymbol{e}}_k$，否则，$\boldsymbol{e}_d$ 是零矢量。假设有 K 个极化信号源入射阵列，则 $\boldsymbol{e}$ 仅有 K 个块是非零的。这时，块稀疏矢量 $\boldsymbol{e}$ 的稀疏度等于 K。在本节中，稀疏度 K 是未知的，假设任意两个信号源的俯仰角之差都大于等于网格间隔 $\Delta\theta$。

采用块正交匹配追踪(Block Orthogonal Matching Pursuit，BOMP)算法[4]，在一定条件下，能够从数据矢量 $\boldsymbol{r}$ 中重构块稀疏矢量 $\boldsymbol{e}$ 和非零块在矢量 $\boldsymbol{e}$ 中的位置(称为索引)。因此，利用非零块矢量可以估计极化信号源的 Stokes 参数，而利用非零块矢量的索引可以估计极化信号源的俯仰角，即 DOA。BOMP 算法是一种迭代算法，迭代次数一般应设置为待重构的块稀疏矢量 $\boldsymbol{e}$ 的稀疏度 K，而稀疏度 K 取决于接收的极化信号源的数量。由于接收的极化信号源数目是未知的，稀疏度 K 也是未知的。在未知稀疏度 K 的情况下，需要大于 K 的迭代次数以保证重构精度。这就导致求出的索引数多于稀疏度 K。为了从这些求出的索引中，辨识出与接收极化信号源俯仰角相对应的索引，需在 BOMP 算法中加入一个辨识单元。

在辨识单元中，采用最大似然准则来估计接收的极化信号源数目。在每次迭代中，采用对应于所有索引的 DOA 估计来构成一个范德蒙德矩阵。在第 k 次迭代中，对应于 DOA 估计 $\boldsymbol{\Theta}_k=\{\hat{\theta}_1,\cdots,\hat{\theta}_k\}$，其范德蒙德矩阵可写为

$$\hat{\boldsymbol{A}}(\boldsymbol{\Theta}_k)=[\hat{\boldsymbol{b}}_1\otimes\hat{\boldsymbol{\Phi}}_1,\cdots,\hat{\boldsymbol{b}}_k\otimes\hat{\boldsymbol{\Phi}}_k] \tag{5-20}$$

然后，使用确定最大似然(Deterministic Maximum Likelihood，DML)代价函数来计算似然值，即

$$L_{\mathrm{DML}}(\boldsymbol{\Theta}_k)=\left|P_{\hat{\boldsymbol{A}}(\boldsymbol{\Theta}_k)}\boldsymbol{r}\right|^2 \tag{5-21}$$

其中

$$P_{\hat{\boldsymbol{A}}(\boldsymbol{\Theta}_k)}=\hat{\boldsymbol{A}}(\boldsymbol{\Theta}_k)(\hat{\boldsymbol{A}}^{\mathrm{H}}(\boldsymbol{\Theta}_k)\hat{\boldsymbol{A}}(\boldsymbol{\Theta}_k))^{-1}\hat{\boldsymbol{A}}^{\mathrm{H}}(\boldsymbol{\Theta}_k) \tag{5-22}$$

当迭代次数 k 小于接收的极化信号源数时，似然值 $L_{\mathrm{DML}}(\boldsymbol{\Theta}_k)$ 将随着迭代次数增加而迅速增加。如果迭代次数 k 大于接收的极化信号源数，似然值 $L_{\mathrm{DML}}(\boldsymbol{\Theta}_k)$ 将随着迭代次数增加而缓慢增加甚至减少。于是，选择一个门限 ε。当 $L_{\mathrm{DML}}(\boldsymbol{\Theta}_{k+1})-L_{\mathrm{DML}}(\boldsymbol{\Theta}_k)<\varepsilon$ 时，迭代停止。此时的迭代次数 k 就是稀疏度 K 的估计值，也是接收的极化信号源数的估计值。由于该算法能够辨识接收的极化信号源数，因此，它被称为具有信号源数辨识能力的 BOMP 算法(BOMP with identification of source’ number，BOMP-isn)。

利用 BOMP-isn 算法的输出，可以得到接收的极化信号源的数量、DOA 和 Stokes 参数的估计值。信号源的数量可使用索引集合 T 的基数来估计，即 $\hat{K}=|T|$。第 k 个信号源的 DOA 可使用索引集合 T 中第 k 个元素的值来估计，即 $\hat{\theta}_k=\theta_{t_k}$，其中，

$k=1,\cdots,\hat{K}$，θ_{t_k} 是均匀网格 $\boldsymbol{\Theta}$ 的第 t_k 个元素。极化信号源的 Stokes 参数可使用输出矢量 $\boldsymbol{x}$ 中第 k 个块矢量元素的值来估计，即 $\hat{\hat{\boldsymbol{g}}}_k=\boldsymbol{J}^{-1}\boldsymbol{x}_k$。

算法 5-1　BOMP-isn 算法

输入：数据矢量 $\boldsymbol{r}$；字典矩阵 $\boldsymbol{A}$；均匀网格集 $\boldsymbol{\Theta}$；最大稀疏度 K_{m}；门限 ε

初始化：迭代计数 k=0；清空索引集合 T；残余矢量 $\boldsymbol{y}^0=\boldsymbol{r}$；清空 DOA 候选集合 $\boldsymbol{\Theta}_0$；

初始似然值 $l^0=-\varepsilon$

while $k<K_{\mathrm{m}}$ do

$$k=k+1$$

$$t=\arg\underbrace{\max}_{i}\left\|\boldsymbol{A}^{\mathrm{H}}[i]\boldsymbol{y}^{k-1}\right\|_2$$

$\boldsymbol{\Theta}_k=\boldsymbol{\Theta}_{k-1}\cup\theta_t$，其中，$\theta_t$ 是网格集 $\boldsymbol{\Theta}$ 的第 t 个元素

$$P_{\hat{A}(\boldsymbol{\Theta}_k)}=\hat{\boldsymbol{A}}(\boldsymbol{\Theta}_k)(\hat{\boldsymbol{A}}^{\mathrm{H}}(\boldsymbol{\Theta}_k)\hat{\boldsymbol{A}}(\boldsymbol{\Theta}_k))^{-1}\hat{\boldsymbol{A}}^{\mathrm{H}}(\boldsymbol{\Theta}_k)$$

$$l^k=\left|P_{\hat{A}(\boldsymbol{\Theta}_k)}\boldsymbol{r}\right|^2$$

$$\Delta l=l^k-l^{k-1}$$

if $\Delta l\geqslant\varepsilon$

$$T=T\cup t$$

$$\boldsymbol{x}=\arg\min\left\|\boldsymbol{r}-\sum_{i\in T}\boldsymbol{A}[i]\boldsymbol{u}[i]\right\|_2$$

$$\boldsymbol{y}^k=\boldsymbol{r}-\sum_{i\in T}\boldsymbol{A}[i]\boldsymbol{x}[i]$$

else　$k=K_{\mathrm{m}}+1$

end

end while

输出：索引集合 T；输出矢量 $\boldsymbol{x}$

2. 网格下目标的稀疏重构算法

在实际应用中，一些接收的极化信号源的 DOA 并不是位于事先划分的网格上。这将引起网格失配，使得稀疏重构算法的性能下降。为了减少网格失配对估计的影响，需在 BOMP-isn 算法中加入一个网格交替单元。首先，预先划分两个均匀网格，即具有网格间隔 δ_r 的粗分网格 $\boldsymbol{\Theta}_r$ 和具有网格间隔 δ_f 的细分网格 $\boldsymbol{\Theta}_f$，其中，$\delta_f=\delta_r/\lambda$。通常为了保证估计精度，粗分网格不能太粗。另外，为了减少计算量和字典矩阵各列之间的互耦，细分网格不能太细。这里选择 $\delta_r=1^\circ$，$\delta_f=0.1^\circ$。然后，在 BOMP-isn 算法中，交替使用粗、细两个网格。即在每次迭代中，首先利用粗分网格形

成的字典矩阵来计算出索引t_r，以t_r为中心，划分出一个范围$\Gamma=[t_r-2\delta_r,\ t_r+2\delta_r]$。然后，利用细分网格形成的字典矩阵来计算出属于范围Γ内的索引t_f。这样既可以减少网格失配误差，也可以减少计算量。

算法 5-2　BOMP-OfG（BOMP with Off-Grid）算法的计算流程

输入：数据矢量$\boldsymbol{r}$；字典矩阵$\boldsymbol{A}_r$（具有网格间隔δ_r）；字典矩阵$\boldsymbol{A}_f$（具有网格间隔δ_f）；细网格集$\boldsymbol{\Theta}_f$；最大稀疏度K_{m}；门限ε

初始化：迭代计数k=0；清空索引集合T；残余矢量$\boldsymbol{y}^0=\boldsymbol{r}$；清空 DOA 候选集合$\boldsymbol{\Theta}_0$；初始似然值$l^0=-\varepsilon$

while　$k<K_{\mathrm{m}}$ do

$$k=k+1$$

$$t_r=\arg\underbrace{\max}_{i}\left\|\boldsymbol{A}_r^{\mathrm{H}}[i]\boldsymbol{y}^{k-1}\right\|_2$$

$$t_f=\arg\underbrace{\max}_{i\in\Gamma}\left\|\boldsymbol{A}_f^{\mathrm{H}}[i]\boldsymbol{y}^{k-1}\right\|_2，\text{其中，}\Gamma=[t_r-2\delta_r,t_r+2\delta_r]$$

$$t=\frac{\delta_r}{\delta_f}(t_r-2\delta_r)+t_f$$

$\boldsymbol{\Theta}_k=\boldsymbol{\Theta}_{k-1}\cup\theta_t$，其中，$\theta_t$是网格集$\boldsymbol{\Theta}_f$的第$t$个元素

$$P_{\hat{\boldsymbol{A}}(\boldsymbol{\Theta}_k)}=\hat{\boldsymbol{A}}(\boldsymbol{\Theta}_k)(\hat{\boldsymbol{A}}^{\mathrm{H}}(\boldsymbol{\Theta}_k)\hat{\boldsymbol{A}}(\boldsymbol{\Theta}_k))^{-1}\hat{\boldsymbol{A}}^{\mathrm{H}}(\boldsymbol{\Theta}_k)$$

$$l^k=\left|P_{\hat{\boldsymbol{A}}(\boldsymbol{\Theta}_k)}\boldsymbol{r}\right|^2$$

$$\Delta l=l^k-l^{k-1}$$

if　$\Delta l\geqslant\varepsilon$

$$T=T\cup t$$

$$\boldsymbol{x}=\arg\min\left\|\boldsymbol{r}-\sum_{i\in T}\boldsymbol{A}_f[i]\,\boldsymbol{u}[i]\right\|_2$$

$$\boldsymbol{y}^k=\boldsymbol{r}-\sum_{i\in T}\boldsymbol{A}_f[i]\boldsymbol{x}[i]$$

else　$k=K_{\mathrm{m}}+1$

end

end while

输出：索引集合T；输出矢量$\boldsymbol{x}$

5.1.3　算法性能分析

1．算法重构条件和计算复杂度

因为在矩阵$\boldsymbol{A}$的块内部，其所有列是正交的，所以，BOMP-isn 算法成功重构

具有稀疏度 K 的块稀疏信号的条件是[4]

$$Kl_r < \frac{1}{2}(\mu_B^{-1} + l_r) \tag{5-23}$$

其中，l_r 是块的长度，μ_B 表示字典矩阵 A 的块相关性。

对于 BOMP 算法，第 k 次迭代中，其计算复杂度为 $O(NM + Mk + Mk^2 + k^3)$，其中，N 表示网格数，M 表示测量样本数，并且 $N > M$[5]。当稀疏度 K 已知时，BOMP 算法的迭代次数等于 K。然而当稀疏度 K 未知时，迭代次数至少需要 $\lceil 2.8K \rceil$ 次[6]，$\lceil 2.8K \rceil$ 表示大于或等于 $2.8K$，且最接近于 $2.8K$ 的整数。因此，BOMP 算法的计算量随着迭代次数增加而迅速增加。与 BOMP 算法相比，BOMP-isn 算法中加入了辨识单元。因此在第 k 次迭代中，BOMP-isn 算法的计算复杂度为 $O(NM + Mk + Mk^2 + k^3 + M^2)$。而在稀疏度 K 未知时，BOMP-isn 算法仅需要 $K+1$ 次迭代。由于 $K+1 < \lceil 2.8K \rceil$，所以 BOMP-isn 算法的计算量小于 BOMP 算法。

2．估计的 CRB 界

在前述的假定下，阵列输出的协方差矩阵为

$$\boldsymbol{R} = \boldsymbol{\Psi P \Psi}^{\mathrm{H}} + \sigma_{\mathrm{n}}^2 \boldsymbol{I} \tag{5-24}$$

其中，$\boldsymbol{P}$ 为 $2K \times 2K$ 维极化信号源的协方差矩阵，即 $\boldsymbol{P} = \mathrm{diag}(\boldsymbol{R}_{E_1E_1}, \cdots, \boldsymbol{R}_{E_KE_K})$；$\boldsymbol{\Psi}$ 为 $2Q \times 2K$ 维指向矩阵，即

$$\boldsymbol{\Psi} = [\boldsymbol{\Psi}(\theta_1), \cdots, \boldsymbol{\Psi}(\theta_K)] \tag{5-25}$$

其中，$\boldsymbol{\Psi}(\theta_k) = [\boldsymbol{\Psi}_1(\theta_k), \cdots, \boldsymbol{\Psi}_{2Q}(\theta_k)]^{\mathrm{T}}$，$Q$ 表示阵元数。令 $\boldsymbol{\Omega} = [\boldsymbol{\Xi}^{\mathrm{T}}, \boldsymbol{g}^{\mathrm{T}}]^{\mathrm{T}}$ 是感兴趣的未知参数矢量，其中，$\boldsymbol{\Xi} = [\theta_1, \cdots, \theta_K]^{\mathrm{T}}$，$\boldsymbol{g} = [\tilde{\boldsymbol{g}}_1, \cdots, \tilde{\boldsymbol{g}}_K]^{\mathrm{T}}$ 和 $\tilde{\boldsymbol{g}}_k = [g_{o,k}, g_{1,k}, g_{2,k}, g_{3,k}]$。因此，对于参数矢量 $\boldsymbol{\Omega}$，Fisher 信息矩阵为

$$\frac{1}{T}\mathrm{FIM} = \left(\frac{\partial \boldsymbol{V}}{\partial \boldsymbol{\Omega}^{\mathrm{T}}}\right)^{\mathrm{H}} \underbrace{(\boldsymbol{R}^{-\mathrm{T}} \otimes \boldsymbol{R}^{-1})}_{\boldsymbol{W}} \left(\frac{\partial \boldsymbol{V}}{\partial \boldsymbol{\Omega}^{\mathrm{T}}}\right) = \boldsymbol{G}^{\mathrm{H}} \boldsymbol{W} \boldsymbol{G} \tag{5-26}$$

其中，T 是采样数

$$\boldsymbol{V} = \mathrm{vec}(\boldsymbol{R}) = (\boldsymbol{\Psi}^* \otimes \boldsymbol{\Psi})\,\mathrm{vec}(\boldsymbol{P}) + \sigma_{\mathrm{n}}^2\,\mathrm{vec}(\boldsymbol{I}) \tag{5-27}$$

$$\boldsymbol{G} = [\boldsymbol{G}_{\boldsymbol{\Xi}}, \boldsymbol{G}_{\boldsymbol{g}}] = \begin{bmatrix} \dfrac{\partial \boldsymbol{V}}{\partial \boldsymbol{\Xi}^{\mathrm{T}}} & \dfrac{\partial \boldsymbol{V}}{\partial \boldsymbol{g}^{\mathrm{T}}} \end{bmatrix} \tag{5-28}$$

$$\frac{\partial \boldsymbol{V}}{\partial \boldsymbol{\Xi}^{\mathrm{T}}} = \left[\frac{\partial(\boldsymbol{\Psi}^*(\theta_1) \otimes \boldsymbol{\Psi}(\theta_1))}{\partial \theta_1}\tilde{\boldsymbol{e}}_1, \cdots, \frac{\partial(\boldsymbol{\Psi}^*(\theta_K) \otimes \boldsymbol{\Psi}(\theta_K))}{\partial \theta_K}\tilde{\boldsymbol{e}}_K\right] \tag{5-29}$$

$$\frac{\partial \boldsymbol{V}}{\partial \boldsymbol{g}^{\mathrm{T}}}=\left[(\boldsymbol{\varPsi}^{*}(\theta_1)\otimes\boldsymbol{\varPsi}(\theta_1))\frac{\partial\tilde{\boldsymbol{e}}_1}{\partial\tilde{\boldsymbol{g}}_1^{\mathrm{T}}},\cdots,(\boldsymbol{\varPsi}^{*}(\theta_K)\otimes\boldsymbol{\varPsi}(\theta_K))\frac{\partial\tilde{\boldsymbol{e}}_K}{\partial\tilde{\boldsymbol{g}}_K^{\mathrm{T}}}\right] \tag{5-30}$$

因为矩阵 $\boldsymbol{W}$ 是正定的，并且对于互质矩阵 $\mathrm{rank}(\boldsymbol{G})\leqslant\min(5K,4M_m)$，所以，当 $5K\leqslant 4M_m$ 时，很清楚当且仅当 $\mathrm{rank}(\boldsymbol{G})=5K$ 时，Fisher 信息矩阵是非奇异且可逆的，这里，M_m 是虚拟差阵列的同一且连续分布滞后的最大数。于是，参数矢量 $\boldsymbol{\varXi}$ 和 $\boldsymbol{g}$ 的 CRB 界可由下式给出

$$\mathrm{CRB}(\boldsymbol{\varXi})=\frac{1}{T}(\boldsymbol{G}_{\varXi}^{\mathrm{H}}\boldsymbol{W}^{1/2}\boldsymbol{\varPi}_{\boldsymbol{W}^{1/2}\boldsymbol{G}_g}^{\perp}\boldsymbol{W}^{1/2}\boldsymbol{G}_{\varXi})^{-1} \tag{5-31}$$

$$\mathrm{CRB}(\boldsymbol{g})=\frac{1}{T}(\boldsymbol{G}_{g}^{\mathrm{H}}\boldsymbol{W}^{1/2}\boldsymbol{\varPi}_{\boldsymbol{W}^{1/2}\boldsymbol{G}_{\varXi}}^{\perp}\boldsymbol{W}^{1/2}\boldsymbol{G}_{g})^{-1} \tag{5-32}$$

其中

$$\boldsymbol{\varPi}_{\boldsymbol{W}^{1/2}\boldsymbol{G}_g}^{\perp}=\boldsymbol{I}-\boldsymbol{W}^{1/2}\boldsymbol{G}_g((\boldsymbol{W}^{1/2}\boldsymbol{G}_g)^{\mathrm{H}}\boldsymbol{W}^{1/2}\boldsymbol{G}_g)^{-1}(\boldsymbol{W}^{1/2}\boldsymbol{G}_g)^{\mathrm{H}} \tag{5-33}$$

$$\boldsymbol{\varPi}_{\boldsymbol{W}^{1/2}\boldsymbol{G}_{\varXi}}^{\perp}=\boldsymbol{I}-\boldsymbol{W}^{1/2}\boldsymbol{G}_{\varXi}((\boldsymbol{W}^{1/2}\boldsymbol{G}_{\varXi})^{\mathrm{H}}\boldsymbol{W}^{1/2}\boldsymbol{G}_{\varXi})^{-1}(\boldsymbol{W}^{1/2}\boldsymbol{G}_{\varXi})^{\mathrm{H}} \tag{5-34}$$

5.1.4　仿真验证

考虑三个部分极化信号源参数为 $\theta_1=45.3^\circ$，$g_0=12$，$g_1=0.005$，$g_2=4.134$，$g_3=2.398$，$\mathrm{DP}=0.399$；$\theta_2=20.4^\circ$，$g_0=12.9$，$g_1=5.035$，$g_2=6.230$，$g_3=3.597$，$\mathrm{DP}=0.677$；$\theta_3=63.6^\circ$，$g_0=11.0$，$g_1=-5.031$，$g_2=2.076$，$g_3=1.203$，$\mathrm{DP}=0.505$。采用如图 5-1 所示的带有分离子阵列的互质阵列，这里 $M=4$，$N=3$，$\tilde{M}=1$，进行了 100 Monte Carlo 仿真实验，测量采样数是 10000。SNR 定义为 $10\log_{10}(\sigma_{\mathrm{s}}^2/\sigma_{\mathrm{n}}^2)\,\mathrm{dB}$，其中，$\sigma_{\mathrm{s}}^2$ 和 σ_{n}^2 分别代表信号和噪声的功率。在 $[-90^\circ,90^\circ]$ 内，划分了两个网格，即间隔为 1° 的粗网格和间隔为 0.1° 的细网格。RMSE 定义为

$$\mathrm{RMSE}=\sqrt{\frac{1}{100}\sum_{l=1}^{100}(\hat{\theta}_l-\theta)} \tag{5-35}$$

其中，$\hat{\theta}_l$ 是第 l 次估计值，θ 是真值。

图 5-3 给出了 DOA 估计的均方根误差随信噪比的变化曲线。可以看出，BOMP-OfG 算法的估计误差明显小于 BOMP-isn 算法的估计误差。图 5-4 给出了 Stokes 参数估计的总体均方误差(Total MSE，tMSE)随信噪比的变化曲线。其中，tMSE 为三个信息源的参数估计 MSE 之和。为了比较，对基于 BOMP-isn 的 BiCE 算法[7]也进行了仿真实验。从图 5-4 可以看出，BOMP-OfG 算法和 BiCE 算法的估计误差明显小于 BOMP-isn 算法的估计误差。BiCE 算法的估计误差接近于 BOMP-OfG 算法的估计误差。这说明 BOMP-OfG 算法可以有效地减少由网格失配引起的估计误差。更多的仿真验证结果见参考文献[8]。

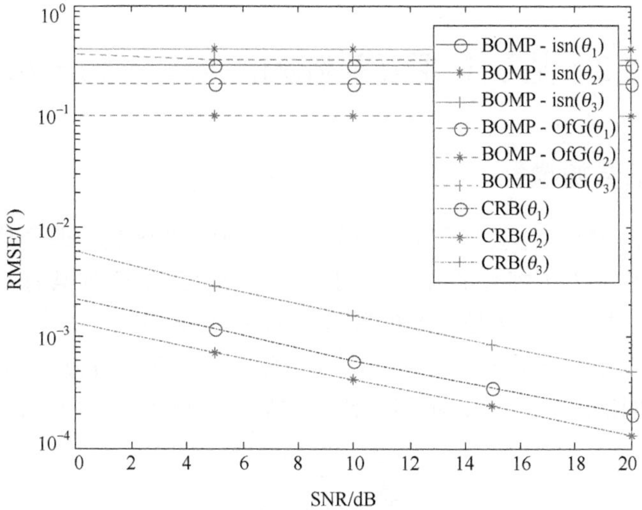

图 5-3　DOA 估计的均方根误差随信噪比的变化曲线(见彩图)

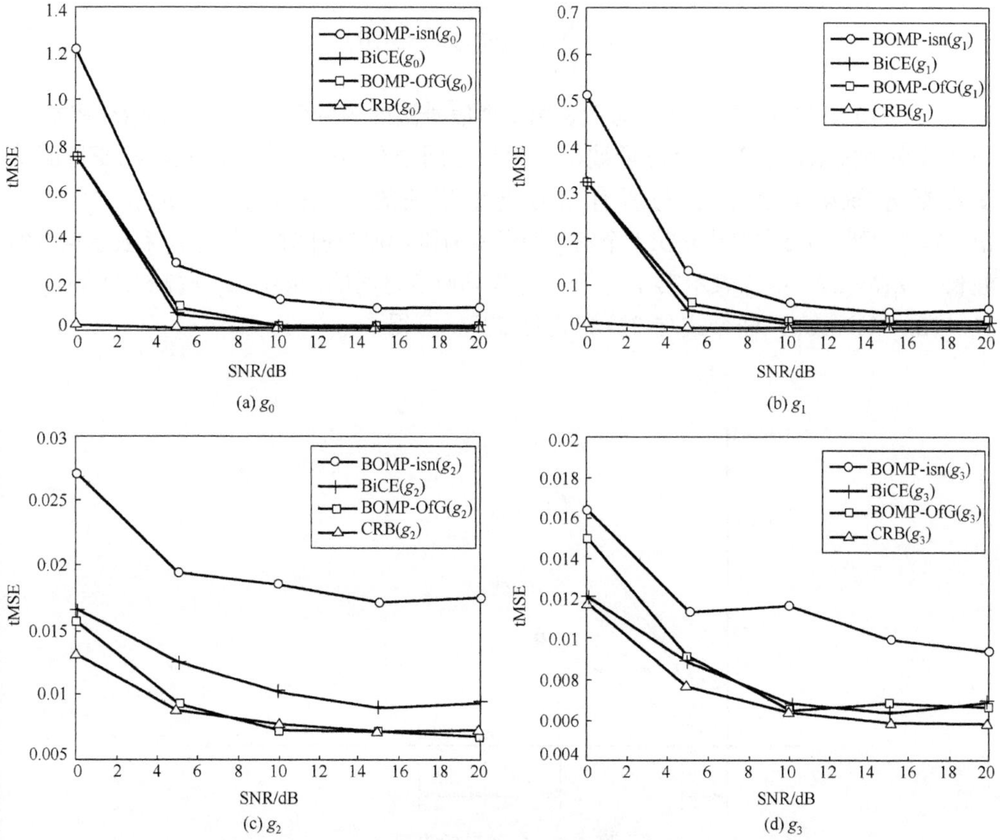

图 5-4　Stokes 参数估计的总体均方误差随信噪比的变化曲线

5.2 基于 L 形互质阵列的稀疏重构算法

5.2.1 极化信号源模型

本节采用了一种 L 形互质阵列，如图 5-5 所示。此阵列由两个分别位于在 x 轴和 z 轴上的带有分离子阵列的互质阵列构成。每个互质阵列具有 $Q=M+N-1$ 个偶极子阵元，这里 N 和 M 是互质的整数。若 K 个不相关的在各向同性、同质的媒介中传播的窄带、平面电磁波信号，从 $(\theta_1,\phi_1),\cdots,(\theta_K,\phi_K)$ 方向撞击到此阵列。若忽略阵元之间的互耦，由 x 轴和 z 轴上的偶极子阵元在 t 时刻测得的数据矢量可表示为

$$\boldsymbol{x}(t)=\sum_{k=1}^{K}\boldsymbol{a}(\phi_k)z_{x,k}(t)+\boldsymbol{n}_x(t) \tag{5-36}$$

$$\boldsymbol{z}(t)=\sum_{k=1}^{K}\boldsymbol{a}(\theta_k)z_{z,k}(t)+\boldsymbol{n}_z(t) \tag{5-37}$$

其中，$\theta_k\in[0,\pi]$ 和 $\phi_k\in[0,2\pi)$ 分别代表第 k 个信号源的俯仰角和方位角。$\boldsymbol{n}_x(t)$ 和 $\boldsymbol{n}_z(t)$ 是加性噪声矢量，它的每个分量被假设为独立同分布的随机变量，此随机变量服从复高斯分布 $N(0,\sigma_{\mathrm{n}}^2)$，且与所有信号是不相关的。$\boldsymbol{a}(\phi_k)=[\mathrm{e}^{-\mathrm{j}d_1\alpha_k},\cdots,\mathrm{e}^{-\mathrm{j}d_Q\alpha_k}]^{\mathrm{T}}$，$\boldsymbol{a}(\theta_k)=[\mathrm{e}^{-\mathrm{j}d_1\beta_k},\cdots,\mathrm{e}^{-\mathrm{j}d_Q\beta_k}]^{\mathrm{T}}$ 是第 k 个信号源沿 x 轴和 z 轴的空间相位因子，λ 表示信号的波长，$d_l(l=1,2,\cdots,Q)$ 表示第 l 个阵元与阵列原点之间的间隔，$\alpha_k=(2\pi/\lambda)\cos\phi_k$，$\beta_k=(2\pi/\lambda)\cos\theta_k$。联合式(5-36)和式(5-37)，可得

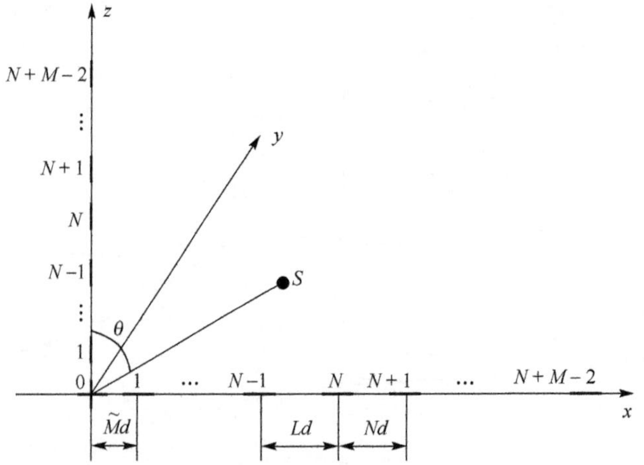

图 5-5 L 形互质阵列

$$\boldsymbol{u}(t)=\begin{bmatrix}\boldsymbol{x}(t)\\ \boldsymbol{z}(t)\end{bmatrix}=\sum_{k=1}^{K}\underbrace{\begin{bmatrix}\boldsymbol{a}(\phi_k) & 0\\ 0 & \boldsymbol{a}(\theta_k)\end{bmatrix}}_{\boldsymbol{\varLambda}_k}\underbrace{\begin{bmatrix}-\sin\phi_k & \cos\phi_k\cos\theta_k\\ 0 & -\sin\theta_k\end{bmatrix}}_{\boldsymbol{\varPsi}_k}\boldsymbol{E}_k(t) \tag{5-38}$$

进一步，可构造如下数据矢量协方差矩阵

$$\boldsymbol{R}=\left\langle \boldsymbol{u}(t)\boldsymbol{u}^{\mathrm{H}}(t)\right\rangle=\sum_{k=1}^{K}(\boldsymbol{\varLambda}_k\boldsymbol{\varPsi}_k)\boldsymbol{R}_{E_kE_k}(\boldsymbol{\varLambda}_k\boldsymbol{\varPsi}_k)^{\mathrm{H}}+\boldsymbol{N} \tag{5-39}$$

其中，$\boldsymbol{R}_{E_kE_k}$ 是第 k 个极化信号源的协方差矩阵，$\boldsymbol{N}=\sigma_{\mathrm{n}}^2\boldsymbol{I}$ 是加性噪声矢量的协方差矩阵。

为了利用由虚拟差阵列提供的自由度，可直接对数据矢量协方差矩阵 $\boldsymbol{R}$ 进行矢量化处理。经矢量化处理，可得到如下 $4Q^2\times 1$ 维测量数据矢量

$$\boldsymbol{r}=\mathrm{vec}(\boldsymbol{R})=\sum_{k=1}^{K}\boldsymbol{A}_k\tilde{\boldsymbol{e}}_k+\tilde{\boldsymbol{n}}=\boldsymbol{A}\tilde{\boldsymbol{e}}+\tilde{\boldsymbol{n}} \tag{5-40}$$

其中，$\boldsymbol{A}=[\boldsymbol{A}_1,\cdots,\boldsymbol{A}_K]$，$\tilde{\boldsymbol{e}}=[\tilde{\boldsymbol{e}}_1^{\mathrm{T}},\cdots,\tilde{\boldsymbol{e}}_K^{\mathrm{T}}]^{\mathrm{T}}$，$\tilde{\boldsymbol{n}}=\mathrm{vec}(\boldsymbol{N})$

$$\boldsymbol{A}_k=(\boldsymbol{\varLambda}_k\boldsymbol{\varPsi}_k)^*\otimes(\boldsymbol{\varLambda}_k\boldsymbol{\varPsi}_k)=\underbrace{(\boldsymbol{\varLambda}_k^*\otimes\boldsymbol{\varLambda}_k)}_{\bar{\boldsymbol{\varLambda}}_k}\underbrace{(\boldsymbol{\varPsi}_k^*\otimes\boldsymbol{\varPsi}_k)}_{\bar{\boldsymbol{\varPsi}}_k} \tag{5-41}$$

$$\bar{\boldsymbol{\varLambda}}_k=\begin{bmatrix}\boldsymbol{a}^*(\phi_k)\otimes\boldsymbol{a}(\phi_k) & 0 & 0 & 0\\ 0 & \boldsymbol{a}^*(\phi_k)\otimes\boldsymbol{a}(\theta_k) & 0 & 0\\ 0 & 0 & \boldsymbol{a}^*(\theta_k)\otimes\boldsymbol{a}(\phi_k) & 0\\ 0 & 0 & 0 & \boldsymbol{a}^*(\theta_k)\otimes\boldsymbol{a}(\theta_k)\end{bmatrix} \tag{5-42}$$

$$\bar{\boldsymbol{\varPsi}}_k=\begin{bmatrix}\sin^2\phi_k & -\sin\phi_k\cos\phi_k\cos\theta_k & -\sin\phi_k\cos\phi_k\cos\theta_k & \cos^2\phi_k\cos^2\theta_k\\ 0 & \sin\phi_k\sin\theta_k & 0 & -\sin\theta_k\cos\phi_k\cos\theta_k\\ 0 & 0 & \sin\phi_k\sin\theta_k & -\sin\theta_k\cos\phi_k\cos\theta_k\\ 0 & 0 & 0 & \sin^2\theta_k\end{bmatrix} \tag{5-43}$$

$$\tilde{\boldsymbol{e}}_k=\mathrm{vec}(\boldsymbol{R}_{E_kE_k})=\underbrace{\begin{bmatrix}1/2 & 1/2 & 0 & 0\\ 0 & 0 & 1/2 & -j/2\\ 0 & 0 & 1/2 & j/2\\ 1/2 & -1/2 & 0 & 0\end{bmatrix}}_{\boldsymbol{J}}\begin{bmatrix}g_{0,k}\\ g_{1,k}\\ g_{2,k}\\ g_{3,k}\end{bmatrix}=\boldsymbol{J}\tilde{\boldsymbol{g}}_k \tag{5-44}$$

在接收的极化信号源数目未知的情况下，根据数据 $\boldsymbol{r}$ 的采样值，估计接收的极化信号源的 2 维 DOA 和 Stokes 参数。

5.2.2 稀疏重构算法

1. 俯仰角估计

在 $4Q^2\times 1$ 维测量数据矢量 $\boldsymbol{r}$ 中，选取最后 Q^2 行作为数据矢量 $\boldsymbol{r}_z$。根据式(5-40)，数据矢量 $\boldsymbol{r}_z$ 可表达为

$$\boldsymbol{r}_z=\sum_{k=1}^{K}(\boldsymbol{a}^*(\theta_k)\otimes\boldsymbol{a}(\theta_k))p_k+\tilde{\boldsymbol{n}}_z=\boldsymbol{F}\boldsymbol{p}+\tilde{\boldsymbol{n}}_z \tag{5-45}$$

其中，$\boldsymbol{p}=[p_1,\cdots,p_K]^{\mathrm{T}}$，且 $p_k=\dfrac{1}{2}\sin^2\theta_k(g_{0,k}-g_{1,k})$；$\tilde{\boldsymbol{n}}_z$ 是矢量 $\tilde{\boldsymbol{n}}$ 的最后 Q^2 行；$\boldsymbol{a}^*(\theta_k)\otimes\boldsymbol{a}(\theta_k)$ 是第 k 个信号源的 z 轴等效空间相位因子，其元素为 $\alpha_{l_1,l_2}=\exp(\mathrm{j}\underbrace{(d_{l_1}-d_{l_2})}_{\Delta_{l_1,l_2}d}\beta_k)$，$l_1,l_2\in\{1,\cdots,Q\}$。

通过将俯仰角的测量范围划分成一个具有网格间隔为 $\Delta\theta$ 的均匀网格 $\boldsymbol{\Theta}=\{\theta_1,\cdots,\theta_D\}$，数据矢量 $\boldsymbol{r}_z$ 也可以表达为

$$\boldsymbol{r}_z=\boldsymbol{F}(\Theta)\tilde{\boldsymbol{p}}+\tilde{\boldsymbol{n}}_z \tag{5-46}$$

其中，$\tilde{\boldsymbol{p}}=[\tilde{p}_1,\cdots,\tilde{p}_i,\cdots,\tilde{p}_D]^{\mathrm{T}}$ 是一个具有未知稀疏度 K 的稀疏矢量。当第 k 个信号源的俯仰角等于 θ_i 时，则 $\tilde{p}_i$ 是非零的，否则，$\tilde{p}_i$ 等于零。在本节中，假设任意两个信号源的俯仰角之差都大于等于网格间隔 $\Delta\theta$。

采用 5.1 节提出的 BOMP-isn 算法或 BOMP-OfG 算法，在一定条件下，能够从数据矢量 $\boldsymbol{r}_z$ 中求出稀疏矢量 $\tilde{\boldsymbol{p}}$ 中每个非零块的位置。因此，利用非零块矢量的位置可以估计出极化信号源的俯仰角。但是在每次迭代中，需要计算确定最大似然(DML)代价函数的增量。当此增量小于选定的门限 ε 时，迭代停止。下面讨论如何选择门限 ε。

由于信号子空间和噪声子空间的正交性，将数据矢量 $\boldsymbol{r}_z$ 分解为两个正交分量

$$\boldsymbol{r}_z=\boldsymbol{T}\begin{bmatrix}\boldsymbol{r}_{\mathrm{s}}\\ \boldsymbol{r}_{\mathrm{n}}\end{bmatrix} \tag{5-47}$$

其中，$\boldsymbol{r}_{\mathrm{s}}$ 表示 $K\times 1$ 维信号子空间分量，$\boldsymbol{r}_{\mathrm{n}}$ 表示噪声子空间分量，$\boldsymbol{T}$ 表示归一化的变换矩阵。于是，在第 k 次迭代时，矢量 $\boldsymbol{r}_z$ 满足下列关系

$$\boldsymbol{P}_{\hat{\boldsymbol{F}}(\Theta_k)}\boldsymbol{r}_z=\boldsymbol{T}\begin{bmatrix}\boldsymbol{r}_{\mathrm{s}}\\ 0\end{bmatrix} \tag{5-48}$$

其中，$\boldsymbol{P}_{\hat{\boldsymbol{F}}(\Theta_k)}=\hat{\boldsymbol{F}}(\Theta_k)(\hat{\boldsymbol{F}}^{\mathrm{H}}(\Theta_k)\hat{\boldsymbol{F}}(\Theta_k))^{-1}\hat{\boldsymbol{F}}^{\mathrm{H}}(\Theta_k)$，$\hat{\boldsymbol{F}}(\Theta_k)$ 是利用俯仰角估计 $\boldsymbol{\Theta}_k=\{\hat{\theta}_1,\cdots,\hat{\theta}_k\}$ 形成的方向矩阵。根据式(5-48)，进一步可得到

$$\boldsymbol{P}_{\hat{\boldsymbol{F}}(\boldsymbol{\Theta}_k)}\boldsymbol{R}_{\mathrm{r}}\boldsymbol{P}_{\hat{\boldsymbol{F}}(\boldsymbol{\Theta}_k)}=\boldsymbol{T}\begin{bmatrix}\boldsymbol{R}_{\mathrm{s}} & 0\\ 0 & 0\end{bmatrix}\boldsymbol{T}^{\mathrm{H}} \tag{5-49}$$

其中，$\boldsymbol{R}_{\mathrm{r}}$ 是矢量 $\boldsymbol{r}_z$ 的协方差矩阵，$\boldsymbol{R}_{\mathrm{s}}$ 是矢量 $\boldsymbol{r}_{\mathrm{s}}$ 的协方差矩阵。对于变换 $\boldsymbol{R}\to\boldsymbol{TRT}^{\mathrm{H}}$，变换前后矩阵的迹是不改变的，因此

$$L_{\mathrm{DML}}(\Theta_k)=\left|\boldsymbol{P}_{\hat{\boldsymbol{F}}(\Theta_k)}\boldsymbol{r}_z\right|^2=\mathrm{tr}[\boldsymbol{P}_{\hat{\boldsymbol{F}}(\Theta_k)}\boldsymbol{R}_{\mathrm{r}}\boldsymbol{P}_{\hat{\boldsymbol{F}}(\Theta_k)}]=\mathrm{tr}[\boldsymbol{R}_{\mathrm{s}}]=\sum_{i=1}^{k}l_i \tag{5-50}$$

其中，l_i 表示矩阵 $\boldsymbol{R}_{\mathrm{s}}$ 的第 i 个特征根。因为 $l_i>0$，$L_{\mathrm{DML}}(\Theta_k)$ 将随着迭代次数增加而单调增加，并且当 k=1 时，l_1 是 $L_{\mathrm{DML}}(\Theta_k)$ 的唯一最小值。根据式(5-50)，可以求出 DML 代价函数的增量 Δl_k，即

$$\Delta l_k=L_{\mathrm{DML}}(\Theta_k)-L_{\mathrm{DML}}(\Theta_{k-1})=\sum_{i=1}^{k}l_i-\sum_{i=1}^{k-1}l_i=l_k \tag{5-51}$$

由此看出，当迭代次数 k 小于接收的极化信号源数时，增量 Δl_k 具有较大的数值。这是因为 l_k 是矩阵 $\boldsymbol{R}_{\mathrm{s}}$ 的特征根，它等于信号的功率，即 $l_k=p_k^2=\sin^4\theta_k(g_{0,k}-g_{1,k})^2/4$。如果迭代次数 k 大于接收的极化信号源数，增量 Δl_k 将变小。因为这时 l_k 属于噪声子空间，而噪声具有较小的功率。于是，门限 ε 可以被选择为 $\varepsilon_k=\varepsilon_0\sin^4\theta_k$，这里 $\varepsilon_0=\min\{(g_{0,k}-g_{1,k})^2/4\},\ k=1,\cdots,K$。当 $L_{\mathrm{DML}}(\Theta_k)-L_{\mathrm{DML}}(\Theta_{k-1})<\varepsilon_k$ 时，迭代停止。在实际应用时，可以根据 $\boldsymbol{R}_{\mathrm{r}}$ 的特征值来估计 ε_0。

2. 方位角估计

在 $4Q^2\times1$ 维测量数据矢量 $\boldsymbol{r}$ 中，选取最初 Q^2 行作为数据矢量 $\boldsymbol{r}_x$。根据式(5-40)，数据矢量 $\boldsymbol{r}_x$ 可表达为

$$\boldsymbol{r}_x=\sum_{k=1}^{K}(\boldsymbol{a}^*(\phi_k)\otimes\boldsymbol{a}(\phi_k))q_k+\tilde{\boldsymbol{n}}_x=\boldsymbol{G}\boldsymbol{q}+\tilde{\boldsymbol{n}}_x \tag{5-52}$$

其中，$\boldsymbol{q}=[q_1,\cdots,q_K]^{\mathrm{T}}$，且 $q_k=\dfrac{1}{2}\sin^2\phi_k(g_{0,k}+g_{1,k})+\dfrac{1}{2}\cos^2\phi_k\sin\theta_k(g_{0,k}-g_{1,k})-(\sin\phi_k\cos\phi_k\cos\theta_k)g_{2,k}$；$\tilde{\boldsymbol{n}}_x$ 是矢量 $\tilde{\boldsymbol{n}}$ 的最初 Q^2 行；$\boldsymbol{a}^*(\phi_k)\otimes\boldsymbol{a}(\phi_k)$ 是第 k 个信号源的 x 轴等效空间相位因子，其元素为 $\alpha_{l_1,l_2}=\exp(\mathrm{j}(d_{l_1}-d_{l_2})\alpha_k),\ l_1,l_2\in[1,\cdots,Q]$。

通过将方位角的测量范围划分成一个具有网格间隔为 $\Delta\phi$ 的均匀网格 $\boldsymbol{\Phi}=\{\phi_1,\cdots,\phi_D\}$，数据矢量 $\boldsymbol{r}_x$ 也可以表达为

$$\boldsymbol{r}_x=\boldsymbol{G}(\Phi)\tilde{\boldsymbol{q}}+\tilde{\boldsymbol{n}}_x \tag{5-53}$$

其中，$\tilde{\boldsymbol{q}}$ 是一个具有稀疏度 K 的稀疏矢量。在本节中，假设任意两个信号源的方位角之差都大于等于网格间隔 $\Delta\phi$。

因为在前面估计俯仰角时，已经得到极化信号源的个数。因此，稀疏度 K 是已知的。根据式(5-53)，在已知稀疏度 K 的情况下，采用正交匹配追踪(Orthogonal Matching Pursuit，OMP)算法[9]和基于协方差的稀疏迭代估计(SParse Iterative Covariance-base Estimation，SPICE)算法[10]可以估计极化信号源的方位角。使用 SPICE 算法，稀疏矢量 $\tilde{\boldsymbol{q}}$ 能够通过求解如下优化问题来估计

$$\underbrace{\arg\min}_{\tilde{\boldsymbol{q}}}\left(\left\|\boldsymbol{r}_x - \boldsymbol{G}(\boldsymbol{\Phi})\tilde{\boldsymbol{q}}\right\|_2 + \left\|\boldsymbol{D}\tilde{\boldsymbol{q}}\right\|_1\right) \tag{5-54}$$

其中

$$\boldsymbol{D} = \mathrm{diag}\left(\frac{\left\|\boldsymbol{a}^*(\phi_1)\otimes\boldsymbol{a}(\phi_1)\right\|_2}{Q},\cdots,\frac{\left\|\boldsymbol{a}^*(\phi_D)\otimes\boldsymbol{a}(\phi_D)\right\|_2}{Q}\right) \tag{5-55}$$

因此，使用与稀疏矢量 $\tilde{\boldsymbol{q}}$ 的非零元素对应的位置索引，可以得到 K 个极化信号源的方位角估计值$[\hat{\phi}_1,\cdots,\hat{\phi}_K]$。

3. 自动配对和 Stokes 参数估计

利用俯仰角估计值$(\hat{\theta}_1,\cdots,\hat{\theta}_K)$和方位角估计值$(\hat{\phi}_1,\cdots,\hat{\phi}_K)$，可以构成一个二维网格集$\boldsymbol{\Upsilon}(\theta,\phi)=\{(\hat{\theta}_1,\hat{\phi}_1),\cdots,(\hat{\theta}_1,\hat{\phi}_K),\cdots,(\hat{\theta}_K,\hat{\phi}_1),\cdots,(\hat{\theta}_K,\hat{\phi}_K)\}$。应用这个具有 K^2 对$(\hat{\theta},\hat{\phi})$的二维网格集，数据矢量 $\boldsymbol{r}$ 可以表达为

$$\boldsymbol{r} = \boldsymbol{A}(\Upsilon)\tilde{\boldsymbol{m}} + \tilde{\boldsymbol{n}} \tag{5-56}$$

其中，$\tilde{\boldsymbol{m}}=[\boldsymbol{m}_1^{\mathrm{T}},\cdots,\boldsymbol{m}_D^{\mathrm{T}}]^{\mathrm{T}}$ 是一个块稀疏矢量，这里 $D=K^2$。在块稀疏矢量中，每个块 $\boldsymbol{m}_k(k=1,\cdots,D)$ 的长度为 4，仅有 K 个块是非零的，即稀疏度等于 K。通过求解如下平方根 LASSO(Least Absolute Shrinkage and Selection Operator)问题[11]，能得到块稀疏矢量 $\tilde{\boldsymbol{m}}$

$$\underbrace{\arg\min}_{\boldsymbol{m}_1,\cdots,\boldsymbol{m}_D}\left\|\boldsymbol{r} - \boldsymbol{A}(\Upsilon)\tilde{\boldsymbol{m}}\right\|_2 + \lambda\sum_{k=1}^{D}\left\|\boldsymbol{m}_k\right\|_2 \tag{5-57}$$

其中，λ 是正则化参数，它取决于噪声的结构。使用凸规划工具[12]可以有效地求解式(5-57)，这个解被称为凸解(Convex Solution，CVS)。于是，利用凸解中的 K 个具有最大功率$\left\|\boldsymbol{m}_k\right\|_2$的块矢量，可以求出 K 个极化信号源的 Stokes 参数估计值。进一步，使用与这 K 个块矢量对应的位置索引，可以得到 K 个极化信号源的 2 维 DOA 估计值$(\hat{\theta}_k,\hat{\phi}_k)(k=1,\cdots,K)$。但是，凸解的稀疏性取决于正则化参数 λ。通常，较大的 λ 能导致更稀疏的解，但是，这会引起解的偏差。为了保证 2 维 DOA 更好地配对，需要一个较大的 λ，这就使得 Stokes 参数估计偏差较大。为了保证 Stokes

参数的估计精度，需要重新估计 Stokes 参数。估计方法是将 2 维 DOA 的估计值 $(\hat{\theta}_k,\hat{\phi}_k)(k=1,\cdots,K)$ 代入式(5-40)，求出方向矩阵 $\boldsymbol{A}$；然后，使用最小二乘法(LS)或总体最小二乘法(TLS)来求解式(5-40)；最终得到 K 个极化信号源的 Stokes 参数估计值。

5.2.3 仿真验证

考虑如图 5-5 所示的 L 形互质阵列，其中，$M=4$，$N=3$，$\tilde{M}=2$。对于每个例子，都进行了 100 次 Monte Carlo 仿真实验。SNR 定义为 $10\log_{10}(\sigma_s^2/\sigma_n^2)$ dB，其中，σ_s^2 和 σ_n^2 分别代表信号和噪声的功率。在 $[-90°,90°]$ 范围内，划分了具有间隔为 $1°$ 的网格。RMSE 由式(5-35)定义。

例 5-1　考虑四个信号源的 2 维 DOA 参数为 $\theta=75°,\phi=70°$；$\theta=67°$，$\phi=60°$；$\theta=58°,\phi=50°$；$\theta=47°,\phi=80°$。测量采样数是 10000。当信号源的个数分别为 2、3、4 时，图 5-6 给出了 2 维 DOA 估计的均方误差随信噪比的变化曲线。从图 5-6 可以看出，当 $\text{SNR}\geqslant 5\text{dB}$ 时，SPICE 算法的性能明显小于 BOMP-isn 算法和 OMP 算法的性能，即估计误差小。但是，对于 SPICE 算法，信号源的个数必须是已知的。当信号源的个数为 2 时，俯仰角的估计误差最小。

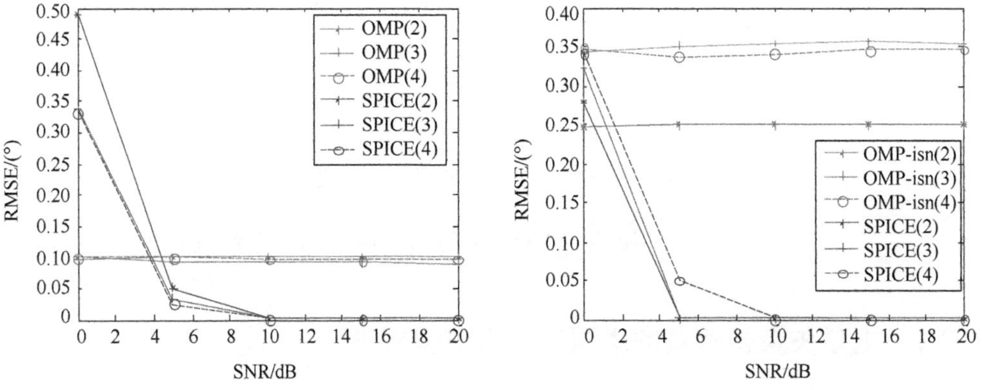

(a) 俯仰角　　(b) 方位角

图 5-6　2 维 DOA 估计的均方根误差随信噪比的变化曲线(见彩图)

例 5-2　考虑三个部分极化信号源的 Stokes 参数为 $g_0=13.24$，$g_1=6.69$，$g_2=6.89$，$g_3=3.99$，$\text{DP}=0.78$；$g_0=12.01$，$g_1=0.02$，$g_2=4.17$，$g_3=2.42$，$\text{DP}=0.4$；$g_0=12.65$，$g_1=3.38$，$g_2=5.54$，$g_3=3.20$，$\text{DP}=0.57$。测量采样数是 2000。图 5-7 给出了 Stokes 参数估计的均方误差随信噪比的变化曲线。可以看出，LS 算法和 TLS 算法的估计性能好于 CVS 算法的估计性能，在高信噪比时，其估计的均方误差接近 CRB 界。更多的仿真验证结果见参考文献[13]。

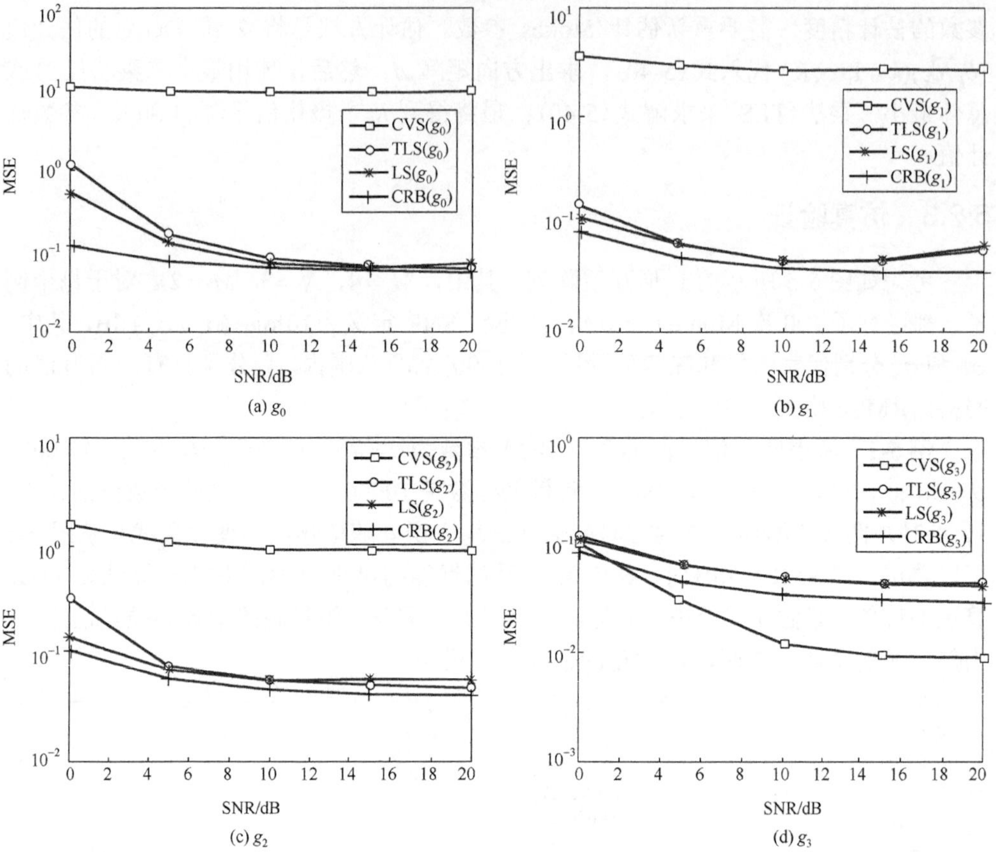

图 5-7　Stokes 参数估计的均方误差随信噪比的变化曲线

5.3　基于电磁矢量传感器的增强四元数算法

5.3.1　电磁矢量传感器的增强四元数测量模型

一个在各向同性、同质的媒介中传播的窄带、平面电磁波信号撞击到一个电磁矢量传感器，若忽略电磁矢量传感器各个分量之间的互耦，在时刻 t，电磁矢量传感器各个分量的输出矢量可由下式描述[14]

$$\boldsymbol{Z}(t)=\begin{bmatrix} -\sin\phi & -\cos\phi\sin\theta \\ \cos\phi & -\sin\phi\sin\theta \\ 0 & \cos\theta \\ -\cos\phi\sin\theta & \sin\phi \\ -\sin\phi\sin\theta & -\cos\phi \\ \cos\theta & 0 \end{bmatrix}\boldsymbol{E}(t)+\boldsymbol{N}(t) \tag{5-58}$$

其中，$\boldsymbol{N}(t)=[n_{\mathrm{e,x}}(t),n_{\mathrm{e,y}}(t),n_{\mathrm{e,z}}(t),n_{\mathrm{h,x}}(t),n_{\mathrm{h,y}}(t),n_{\mathrm{h,z}}(t)]^{\mathrm{T}}$ 表示加性噪声矢量，$\boldsymbol{Z}(t)=[z_{\mathrm{e,x}}(t),z_{\mathrm{e,y}}(t),z_{\mathrm{e,z}}(t),z_{\mathrm{h,x}}(t),z_{\mathrm{h,y}}(t),z_{\mathrm{h,z}}(t)]^{\mathrm{T}}$；$\theta\in[-\pi/2,\pi/2]$ 和 $\phi\in[0,2\pi)$ 分别表示信号的俯仰角和方位角。$\boldsymbol{E}(t)=[E_{\mathrm{H}}(t),E_{\mathrm{V}}(t)]^{\mathrm{T}}$ 表示电磁波信号的电磁矢量，$E_{\mathrm{H}}(t)$ 和 $E_{\mathrm{V}}(t)$ 分别是电磁波的水平极化分量和垂直极化分量。假设 $E_{\mathrm{H}}(t)$ 和 $E_{\mathrm{V}}(t)$ 是带有二阶圆累积量的零均值、复高斯分布随机过程。

进一步，式(5-58)又可以写成四元数形式，即

$$\boldsymbol{Z}_{\mathrm{Q}}(t)=\boldsymbol{H}_{\mathrm{Q}}s_{\mathrm{q}}(t)+\boldsymbol{N}_{\mathrm{Q}}(t) \tag{5-59}$$

其中，$\boldsymbol{Z}_{\mathrm{Q}}(t)$、$\boldsymbol{H}_{\mathrm{Q}}$ 和 $\boldsymbol{N}_{\mathrm{Q}}(t)$ 是 3×1 维四元数矢量，它们分别由下面各式给出

$$\boldsymbol{Z}_{\mathrm{Q}}(t)=\begin{bmatrix} z_{\mathrm{q,x}}(t)\\ z_{\mathrm{q,y}}(t)\\ z_{\mathrm{q,z}}(t)\end{bmatrix}=\begin{bmatrix} z_{\mathrm{e,x}}(t)+\mathrm{j}z_{\mathrm{h,x}}(t)\\ z_{\mathrm{e,y}}(t)+\mathrm{j}z_{\mathrm{h,y}}(t)\\ z_{\mathrm{e,z}}(t)+\mathrm{j}z_{\mathrm{h,z}}(t)\end{bmatrix} \tag{5-60}$$

$$\boldsymbol{H}_{\mathrm{Q}}=\begin{bmatrix} h_{\mathrm{q,x}}\\ h_{\mathrm{q,y}}\\ h_{\mathrm{q,z}}\end{bmatrix}=\begin{bmatrix} -\sin\phi-\mathrm{j}\cos\phi\sin\theta\\ \cos\phi-\mathrm{j}\sin\phi\sin\theta\\ 0+\mathrm{j}\cos\theta\end{bmatrix} \tag{5-61}$$

$$\boldsymbol{N}_{\mathrm{Q}}(t)=\begin{bmatrix} n_{\mathrm{q,x}}(t)\\ n_{\mathrm{q,y}}(t)\\ n_{\mathrm{q,z}}(t)\end{bmatrix}=\begin{bmatrix} n_{\mathrm{e,x}}(t)+\mathrm{j}n_{\mathrm{h,x}}(t)\\ n_{\mathrm{e,y}}(t)+\mathrm{j}n_{\mathrm{h,y}}(t)\\ n_{\mathrm{e,z}}(t)+\mathrm{j}n_{\mathrm{h,z}}(t)\end{bmatrix} \tag{5-62}$$

其中，j 是四元数虚数单位集 (i, j, k) 中的一个虚数单位。$s_{\mathrm{q}}(t)=E_{\mathrm{H}}(t)-\mathrm{j}E_{\mathrm{V}}(t)$ 是电磁波的四元数表示，它被称为“四元数信号”。若分别将沿着 x 轴、y 轴和 z 轴上的电偶极子分量和磁环分量构成三个电偶极子-磁环对，四元数矢量 $\boldsymbol{Z}_{\mathrm{Q}}(t)$ 就是这三个电偶极子-磁环对的输出。

进一步，定义增强四元数矢量 $\bar{\boldsymbol{Z}}_{\mathrm{Q}}(t)=[\boldsymbol{Z}_{\mathrm{Q}}(t)^{\mathrm{T}},\boldsymbol{Z}_{\mathrm{Q}}^{\mathrm{i}}(t)^{\mathrm{T}},\boldsymbol{Z}_{\mathrm{Q}}^{\mathrm{j}}(t)^{\mathrm{T}},\boldsymbol{Z}_{\mathrm{Q}}^{\mathrm{k}}(t)^{\mathrm{T}}]^{\mathrm{T}}$，这里，$\boldsymbol{Z}_{\mathrm{Q}}^{\mathrm{i}}(t)$、$\boldsymbol{Z}_{\mathrm{Q}}^{\mathrm{j}}(t)$ 和 $\boldsymbol{Z}_{\mathrm{Q}}^{\mathrm{k}}(t)$ 分别是 $\boldsymbol{Z}_{\mathrm{Q}}(t)$ 在四元数虚数单位 (i, j, k) 上的内卷[15]；进而定义增强四元数信号矢量 $\bar{s}_{\mathrm{q}}(t)=[s_{\mathrm{q}}(t),s_{\mathrm{q}}^{\mathrm{i}}(t),s_{\mathrm{q}}^{\mathrm{j}}(t),s_{\mathrm{q}}^{\mathrm{k}}(t)]$ 和加性噪声的增强四元数矢量 $\bar{\boldsymbol{N}}_{\mathrm{Q}}(t)=[\boldsymbol{N}_{\mathrm{Q}}(t)^{\mathrm{T}},\boldsymbol{N}_{\mathrm{Q}}^{\mathrm{i}}(t)^{\mathrm{T}},\boldsymbol{N}_{\mathrm{Q}}^{\mathrm{j}}(t)^{\mathrm{T}},\boldsymbol{N}_{\mathrm{Q}}^{\mathrm{k}}(t)^{\mathrm{T}}]^{\mathrm{T}}$。于是，在时刻 t，电磁矢量传感器的输出增强四元数矢量可由下式描述

$$\bar{\boldsymbol{Z}}_{\mathrm{Q}}(t)=\bar{\boldsymbol{H}}_{\mathrm{Q}}\bar{\boldsymbol{s}}_{\mathrm{q}}(t)+\bar{\boldsymbol{N}}_{\mathrm{Q}}(t) \tag{5-63}$$

其中，$\bar{\boldsymbol{H}}_{\mathrm{Q}}$ 是块四元数矩阵，即

$$\bar{\boldsymbol{H}}_{\mathrm{Q}}=\mathrm{diag}\{\boldsymbol{H}_{\mathrm{Q}},\boldsymbol{H}_{\mathrm{Q}}^{\mathrm{i}},\boldsymbol{H}_{\mathrm{Q}}^{\mathrm{j}},\boldsymbol{H}_{\mathrm{Q}}^{\mathrm{k}}\} \tag{5-64}$$

进一步，可构造如下输出增强四元数矢量的增强协方差矩阵

$$\boldsymbol{R}_{\bar{Z}_{\mathrm{Q}}\bar{Z}_{\mathrm{Q}}}=\left\langle\bar{\boldsymbol{Z}}_{\mathrm{Q}}(t)\bar{\boldsymbol{Z}}_{\mathrm{Q}}^{\Delta}(t)\right\rangle=\bar{\boldsymbol{H}}_{\mathrm{Q}}\boldsymbol{R}_{\bar{s}\bar{s}}\bar{\boldsymbol{H}}_{\mathrm{Q}}^{\Delta}+\boldsymbol{R}_{\bar{N}\bar{N}} \tag{5-65}$$

其中，$\boldsymbol{R}_{\bar{s}\bar{s}}=\left\langle\bar{\boldsymbol{s}}_{\mathrm{q}}(t)\bar{\boldsymbol{s}}_{\mathrm{q}}^{\nabla}(t)\right\rangle$ 是增强四元数信号矢量的增强协方差矩阵，$\boldsymbol{R}_{\bar{N}\bar{N}}=$

$\left\langle \bar{\boldsymbol{N}}_{\mathrm{Q}}(t)\bar{\boldsymbol{N}}_{\mathrm{Q}}^{\nabla}(t)\right\rangle$是增强四元数噪声矢量的增强协方差矩阵。由于$E_{\mathrm{H}}(t)$和$E_{\mathrm{V}}(t)$具有二阶圆累积量性质，于是，增强四元数信号矢量的增强协方差矩阵可以表示为[15]

$$\boldsymbol{R}_{\overline{ss}}=\begin{bmatrix} r_{s_q s_q} & r_{s_q s_q^{\mathrm{i}}} & 0 & 0 \\ r^{\mathrm{i}}_{s_q s_q^{\mathrm{i}}} & r^{\mathrm{i}}_{s_q s_q} & 0 & 0 \\ 0 & 0 & r^{\mathrm{j}}_{s_q s_q} & r^{\mathrm{j}}_{s_q s_q^{\mathrm{i}}} \\ 0 & 0 & r^{\mathrm{k}}_{s_q s_q^{\mathrm{i}}} & r^{\mathrm{k}}_{s_q s_q} \end{bmatrix} \tag{5-66}$$

其中，$r_{s_q s_q}=r^{\mathrm{i}}_{s_q s_q}=r^{\mathrm{j}}_{s_q s_q}=r^{\mathrm{k}}_{s_q s_q}=g_0$，$r_{s_q s_q^{\mathrm{i}}}=g_1-\mathrm{j}g_2-\mathrm{k}g_3$，$r^{\mathrm{i}}_{s_q s_q^{\mathrm{i}}}=g_1+\mathrm{j}g_2+\mathrm{k}g_3$，$r^{\mathrm{j}}_{s_q s_q^{\mathrm{i}}}=g_1-\mathrm{j}g_2+\mathrm{k}g_3$，$r^{\mathrm{k}}_{s_q s_q^{\mathrm{i}}}=g_1+\mathrm{j}g_2-\mathrm{k}g_3$，$g_0$、$g_1$、$g_2$、$g_3$为极化信号的 Stokes 参数。假设电磁矢量传感器六个分量接收的噪声是零均值、复高斯分布随机过程，且彼此相互不相干。于是，依据式(5-62)，有如下噪声协方差矩阵

$$\boldsymbol{R}_{N_{\mathrm{Q}}N_{\mathrm{Q}}}=\mathrm{diag}\{\sigma_{\mathrm{e,x}}^2+\sigma_{\mathrm{h,x}}^2,\sigma_{\mathrm{e,y}}^2+\sigma_{\mathrm{h,y}}^2,\sigma_{\mathrm{e,z}}^2+\sigma_{\mathrm{h,z}}^2\} \tag{5-67}$$

$$\boldsymbol{R}_{N_{\mathrm{Q}}N_{\mathrm{Q}}^{\mathrm{i}}}=\mathrm{diag}\{\sigma_{\mathrm{e,x}}^2-\sigma_{\mathrm{h,x}}^2,\sigma_{\mathrm{e,y}}^2-\sigma_{\mathrm{h,y}}^2,\sigma_{\mathrm{e,z}}^2-\sigma_{\mathrm{h,z}}^2\} \tag{5-68}$$

其中，$\sigma_{\mathrm{a,b}}^2=\left\langle n_{\mathrm{a,b}}(t)n_{\mathrm{a,b}}^*(t)\right\rangle$，$\mathrm{a}=\mathrm{e,h},\mathrm{b}=\mathrm{x,y,z}$。

5.3.2 估计算法

1．功率g_0和 2 维方向角(θ,ϕ)估计

根据$r_{s_q s_q}=r^{\mathrm{i}}_{s_q s_q}=r^{\mathrm{j}}_{s_q s_q}=r^{\mathrm{k}}_{s_q s_q}=g_0$可知，利用增强协方差矩阵$\boldsymbol{R}_{\bar{Z}_{\mathrm{Q}}\bar{Z}_{\mathrm{Q}}}$的对角块矩阵$\boldsymbol{R}_{Z_{\mathrm{Q}}Z_{\mathrm{Q}}}$，可估计信号的功率$g_0$。根据式(5-59)，有$\boldsymbol{R}_{Z_{\mathrm{Q}}Z_{\mathrm{Q}}}=\boldsymbol{H}_{\mathrm{Q}}g_0\boldsymbol{H}_{\mathrm{Q}}^{\Delta}+\boldsymbol{R}_{N_{\mathrm{Q}}N_{\mathrm{Q}}}$。令$\boldsymbol{h}_1=[-\sin\phi,\cos\phi,0]^{\mathrm{T}}$和$\boldsymbol{h}_3=[-\cos\phi\sin\theta,-\sin\phi\sin\theta,\cos\theta]^{\mathrm{T}}$，根据式(5-61)，则$\boldsymbol{H}_{\mathrm{Q}}=\boldsymbol{h}_1+\mathrm{j}\boldsymbol{h}_3$。根据式(5-67)，噪声协方差矩阵$\boldsymbol{R}_{N_{\mathrm{Q}}N_{\mathrm{Q}}}$是一个实数矩阵。因此，协方差矩阵$\boldsymbol{R}_{Z_{\mathrm{Q}}Z_{\mathrm{Q}}}$的虚部可以写为

$$\boldsymbol{R}_{Z_{\mathrm{Q}}Z_{\mathrm{Q}},\mathrm{j}}=\mathrm{Im}\{\boldsymbol{H}_{\mathrm{Q}}g_0\boldsymbol{H}_{\mathrm{Q}}^{\Delta}\}=\left[\sqrt{g_0}\boldsymbol{h}_3,\sqrt{g_0}\boldsymbol{h}_1\right]\left[\sqrt{g_0}\boldsymbol{h}_1,-\sqrt{g_0}\boldsymbol{h}_3\right]^{\mathrm{T}} \tag{5-69}$$

通过计算矩阵$\boldsymbol{R}_{Z_{\mathrm{Q}}Z_{\mathrm{Q}},\mathrm{j}}$的奇异值分解，可以得到

$$\boldsymbol{R}_{Z_{\mathrm{Q}}Z_{\mathrm{Q}},\mathrm{j}}=[\boldsymbol{w}_1,\boldsymbol{w}_2]\begin{bmatrix} d_1 & 0 \\ 0 & d_2 \end{bmatrix}[\boldsymbol{v}_1,\boldsymbol{v}_2]^{\mathrm{T}}=\boldsymbol{C}\boldsymbol{B}^{\mathrm{T}} \tag{5-70}$$

其中，$\boldsymbol{C}=\left[\sqrt{d_1}\boldsymbol{w}_1,\sqrt{d_2}\boldsymbol{w}_2\right]$和$\boldsymbol{B}=\left[\sqrt{d_1}\boldsymbol{v}_1,\sqrt{d_2}\boldsymbol{v}_2\right]$是$3\times2$维矩阵。对照式(5-67)和式(5-70)，有$\left[\sqrt{g_0}\boldsymbol{h}_3,\sqrt{g_0}\boldsymbol{h}_1\right]\boldsymbol{Q}=\boldsymbol{C}$和$\left[\sqrt{g_0}\boldsymbol{h}_1,-\sqrt{g_0}\boldsymbol{h}_3\right]\boldsymbol{Q}=\boldsymbol{B}$，这里，$\boldsymbol{Q}$是任意正交矩阵，即$\boldsymbol{Q}^{\mathrm{T}}\boldsymbol{Q}=\boldsymbol{Q}\boldsymbol{Q}^{\mathrm{T}}=\boldsymbol{I}$。进一步，可得到

$$\boldsymbol{C}\boldsymbol{C}^{\mathrm{T}} = g_0(\boldsymbol{h}_3\boldsymbol{h}_3^{\mathrm{T}} + \boldsymbol{h}_1\boldsymbol{h}_1^{\mathrm{T}}) = \sum_{m=1}^{2} d_m \boldsymbol{w}_m \boldsymbol{w}_m^{\mathrm{T}} \tag{5-71}$$

$$\boldsymbol{B}\boldsymbol{B}^{\mathrm{T}} = g_0(\boldsymbol{h}_1\boldsymbol{h}_1^{\mathrm{T}} + \boldsymbol{h}_3\boldsymbol{h}_3^{\mathrm{T}}) = \sum_{m=1}^{2} d_m \boldsymbol{v}_m \boldsymbol{v}_m^{\mathrm{T}} \tag{5-72}$$

因为 $\mathrm{tr}(\boldsymbol{h}_1\boldsymbol{h}_1^{\mathrm{T}} + \boldsymbol{h}_3\boldsymbol{h}_3^{\mathrm{T}}) = 2$，所以，$\mathrm{tr}(\boldsymbol{C}\boldsymbol{C}^{\mathrm{T}}) = \mathrm{tr}(\boldsymbol{B}\boldsymbol{B}^{\mathrm{T}}) = 2g_0$。

实际上，使用采样协方差矩阵 $\hat{\boldsymbol{R}}_{Z_QZ_Q}$ 来代替 $\boldsymbol{R}_{Z_QZ_Q}$，3×2 维矩阵 $\boldsymbol{C}$ 和 $\boldsymbol{B}$ 的估计值可以由采样协方差矩阵虚部 $\hat{\boldsymbol{R}}_{Z_QZ_Q,\mathrm{j}}$ 的奇异值分解得到，即 $\hat{\boldsymbol{C}} = \left[\sqrt{\hat{d}_1}\hat{\boldsymbol{w}}_1, \sqrt{\hat{d}_2}\hat{\boldsymbol{w}}_2\right]$ 和 $\hat{\boldsymbol{B}} = \left[\sqrt{\hat{d}_1}\hat{\boldsymbol{v}}_1, \sqrt{\hat{d}_2}\hat{\boldsymbol{v}}_2\right]$，其中，$\hat{d}_1 \geqslant \hat{d}_2$。于是，信号的功率 g_0 的估计值为

$$\hat{g}_0 = \frac{1}{2}\mathrm{tr}(\hat{\boldsymbol{B}}\hat{\boldsymbol{B}}^{\mathrm{T}}) = \frac{1}{2}\mathrm{tr}(\hat{\boldsymbol{C}}\hat{\boldsymbol{C}}^{\mathrm{T}}) = \frac{1}{2}\sum_{m=1}^{2}\hat{d}_m \tag{5-73}$$

根据式(5-71)，矩阵 $\boldsymbol{C}\boldsymbol{C}^{\mathrm{T}}$ 或 $\boldsymbol{B}\boldsymbol{B}^{\mathrm{T}}$ 的对角元素与信号的 2 维方向角 (θ,ϕ) 有如下关系

$$g_0(\sin\theta)^2 = \frac{1}{2}(\gamma_{11} + \gamma_{22} - \gamma_{33}) \tag{5-74}$$

$$g_0(\cos\theta)^2 = \gamma_{33} \tag{5-75}$$

$$g_0(\sin\phi)^2(\cos\theta)^2 = \frac{1}{2}(\gamma_{11} - \gamma_{22} + \gamma_{33}) \tag{5-76}$$

$$g_0(\cos\phi)^2(\cos\theta)^2 = \frac{1}{2}(-\gamma_{11} + \gamma_{22} + \gamma_{33}) \tag{5-77}$$

其中，$\gamma_{mn} = \boldsymbol{C}\boldsymbol{C}^{\mathrm{T}}(m,n)$ 或 $\gamma_{mn} = \boldsymbol{B}\boldsymbol{B}^{\mathrm{T}}(m,n)$ 表示矩阵 $\boldsymbol{C}\boldsymbol{C}^{\mathrm{T}}$ 或 $\boldsymbol{B}\boldsymbol{B}^{\mathrm{T}}$ 的第 (m,n) 个元素。于是，利用矩阵 $\hat{\boldsymbol{C}}\hat{\boldsymbol{C}}^{\mathrm{T}}$ 或 $\hat{\boldsymbol{B}}\hat{\boldsymbol{B}}^{\mathrm{T}}$ 替代矩阵 $\boldsymbol{C}\boldsymbol{C}^{\mathrm{T}}$ 或 $\boldsymbol{B}\boldsymbol{B}^{\mathrm{T}}$，信号的 2 维方向角 (θ,ϕ) 的估计值可以得到，即

$$\hat{\theta} = \tan^{-1}\left(\pm\sqrt{\frac{\hat{\gamma}_{11} + \hat{\gamma}_{22} - \hat{\gamma}_{33}}{2\hat{\gamma}_{33}}}\right) \tag{5-78}$$

$$\hat{\phi} = \begin{cases} \tan^{-1}\left(\pm\sqrt{\dfrac{\hat{\gamma}_{11} - \hat{\gamma}_{22} + \hat{\gamma}_{33}}{-\hat{\gamma}_{11} + \hat{\gamma}_{22} + \hat{\gamma}_{33}}}\right), & \phi \in (0,\pi) \\ \tan^{-1}\left(\pm\sqrt{\dfrac{\hat{\gamma}_{11} - \hat{\gamma}_{22} + \hat{\gamma}_{33}}{-\hat{\gamma}_{11} + \hat{\gamma}_{22} + \hat{\gamma}_{33}}}\right) + \pi, & \phi \in (\pi, 2\pi) \end{cases} \tag{5-79}$$

利用矩阵 $\hat{\boldsymbol{C}}\hat{\boldsymbol{C}}^{\mathrm{T}}$ 或 $\hat{\boldsymbol{B}}\hat{\boldsymbol{B}}^{\mathrm{T}}$ 的非对角元素，可确定式(5-78)和式(5-79)中的正、负号的取值。①假设 $\phi \in (0,\pi)$，若 $\hat{\gamma}_{23} < 0$，则在式(5-78)中的选择正号；反之，在式(5-78)

中的选择负号。若 $\hat{\gamma}_{12}<0$，则在式(5-79)中的选择正号；反之，在式(5-79)中的选择负号。②假设 $\phi\in(\pi,2\pi)$，若 $\hat{\gamma}_{23}<0$，则在式(5-78)中的选择负号；反之，在式(5-78)中的选择正号。若 $\hat{\gamma}_{12}<0$，则在式(5-79)中的选择正号；反之，在式(5-79)中的选择负号。注意，如果在式(5-79)中的选择负号，π 必须被加到式(5-79)的右侧。通过与前面相同的方法，使用增强协方差矩阵 $\boldsymbol{R}_{\bar{Z}_Q\bar{Z}_Q}$ 的块对角矩阵 $\boldsymbol{R}_{Z_Q^m Z_Q^m}(m=\mathrm{i},\mathrm{j},\mathrm{k})$，也可估计信号的功率 g_0 和 2 维方向角 (θ,ϕ)。

2．Stokes 参数 g_1、g_2、g_3 估计

根据 $r_{s_q s_q^{\mathrm{i}}}=g_1-\mathrm{j}g_2-\mathrm{k}g_3$ 可知，利用矩阵 $\boldsymbol{R}_{Z_Q Z_Q^{\mathrm{i}}}=\boldsymbol{H}_Q r_{s_q s_q^{\mathrm{i}}}(\boldsymbol{H}_Q^{\mathrm{i}})^{\Delta}+\boldsymbol{R}_{N_Q N_Q^{\mathrm{i}}}$，可估计信号的其余 Stokes 参数 g_1,g_2,g_3。根据式(5-68)，噪声协方差矩阵 $\boldsymbol{R}_{N_Q N_Q^{\mathrm{i}}}$ 是一个实数矩阵。因此，协方差矩阵 $\boldsymbol{R}_{Z_Q Z_Q^{\mathrm{i}}}$ 的实部和三个虚部可以写为

$$\boldsymbol{R}_{Z_Q Z_{Q,r}^{\mathrm{i}}}=g_1(\boldsymbol{h}_1\boldsymbol{h}_1^{\mathrm{T}}-\boldsymbol{h}_3\boldsymbol{h}_3^{\mathrm{T}})+g_2(\boldsymbol{h}_3\boldsymbol{h}_1^{\mathrm{T}}+\boldsymbol{h}_1\boldsymbol{h}_3^{\mathrm{T}})+\boldsymbol{R}_{N_Q N_Q^{\mathrm{i}}} \tag{5-80}$$

$$\boldsymbol{R}_{Z_Q Z_{Q,i}^{\mathrm{i}}}=g_3(\boldsymbol{h}_1\boldsymbol{h}_3^{\mathrm{T}}-\boldsymbol{h}_3\boldsymbol{h}_1^{\mathrm{T}}) \tag{5-81}$$

$$\boldsymbol{R}_{Z_Q Z_{Q,j}^{\mathrm{i}}}=g_1(\boldsymbol{h}_3\boldsymbol{h}_1^{\mathrm{T}}+\boldsymbol{h}_1\boldsymbol{h}_3^{\mathrm{T}})-g_2(\boldsymbol{h}_1\boldsymbol{h}_1^{\mathrm{T}}-\boldsymbol{h}_3\boldsymbol{h}_3^{\mathrm{T}}) \tag{5-82}$$

$$\boldsymbol{R}_{Z_Q Z_{Q,k}^{\mathrm{i}}}=-g_3(\boldsymbol{h}_1\boldsymbol{h}_1^{\mathrm{T}}+\boldsymbol{h}_3\boldsymbol{h}_3^{\mathrm{T}}) \tag{5-83}$$

使用采样协方差矩阵 $\hat{\boldsymbol{R}}_{Z_Q Z_Q^{\mathrm{i}}}$ 来代替 $\boldsymbol{R}_{Z_Q Z_Q^{\mathrm{i}}}$，$g_3$ 的估计值可得到

$$\hat{g}_3=-\frac{1}{2}\mathrm{tr}(\hat{\boldsymbol{R}}_{Z_Q Z_{Q,k}^{\mathrm{i}}})=-\frac{1}{2}\sum_{m=1}^{2}\hat{\lambda}_m \tag{5-84}$$

其中，$\hat{\lambda}_1$ 和 $\hat{\lambda}_2$ 是矩阵 $\hat{\boldsymbol{R}}_{Z_Q Z_{Q,k}^{\mathrm{i}}}$ 的奇异值，且 $\hat{\lambda}_1\geqslant\hat{\lambda}_2$。另外，根据式(5-81)，也可得到 g_3 的估计值。进一步，对矩阵 $\hat{\boldsymbol{R}}_{Z_Q Z_{Q,j}^{\mathrm{i}}}$ 进行矢量化处理，可得

$$\mathrm{vec}(\hat{\boldsymbol{R}}_{Z_Q Z_{Q,j}^{\mathrm{i}}})=[\boldsymbol{V}_1,-\boldsymbol{V}_2]\begin{bmatrix}g_1\\g_2\end{bmatrix}=\boldsymbol{V}\boldsymbol{G} \tag{5-85}$$

其中，$\boldsymbol{V}_1=\mathrm{vec}(\boldsymbol{h}_3\boldsymbol{h}_1^{\mathrm{T}}+\boldsymbol{h}_1\boldsymbol{h}_3^{\mathrm{T}})$ 和 $\boldsymbol{V}_2=\mathrm{vec}(\boldsymbol{h}_1\boldsymbol{h}_1^{\mathrm{T}}-\boldsymbol{h}_3\boldsymbol{h}_3^{\mathrm{T}})$。使用最小二乘方法求解式(5-85)，$g_1$、$g_2$ 的估计值可得到

$$\hat{\boldsymbol{G}}=\begin{bmatrix}\hat{g}_1\\\hat{g}_2\end{bmatrix}=(\hat{\boldsymbol{V}}^{\mathrm{T}}\hat{\boldsymbol{V}})^{-1}\hat{\boldsymbol{V}}^{\mathrm{T}}\,\mathrm{vec}(\hat{\boldsymbol{R}}_{Z_Q Z_{Q,j}^{\mathrm{i}}}) \tag{5-86}$$

其中，$\hat{\boldsymbol{V}}$ 表示矩阵 $\boldsymbol{V}$ 的估计值，它是利用 2 维方向角估计值 $(\hat{\theta},\hat{\phi})$ 代入矩阵 $\boldsymbol{V}$ 所得到的。如果考虑到 2 维方向角估计误差的影响，可使用总体最小二乘方法求解式(5-85)，进而，也可得到 g_1、g_2 的估计值。

3．估计方差

在有限采样数的情况下，估计值 $\hat{g}_0$ 和 $\hat{g}_3$ 的方差为

$$\mathrm{cov}(\hat{g}_n)=\frac{1}{4}\sum_{i=1}^{2}\sum_{j=1}^{2}E\{\Delta d_i\Delta d_j^*\} \tag{5-87}$$

当 n 为 0 时，Δd_i 表示矩阵 $\boldsymbol{R}_{Z_Q Z_Q,j}$ 和 $\hat{\boldsymbol{R}}_{Z_Q Z_Q,j}$ 的奇异值之间差值。而当 n 为 3 时，Δd_i 表示矩阵 $\boldsymbol{R}_{Z_Q Z_Q^i}$ 和 $\hat{\boldsymbol{R}}_{Z_Q Z_Q^i}$ 的奇异值之间差值。

估计值 $\hat{g}_1$ 和 $\hat{g}_2$ 的方差为

$$\mathrm{cov}(\hat{g}_i)=\boldsymbol{J}_i E\{\Delta\boldsymbol{G}\Delta\boldsymbol{G}^{\mathrm{H}}\}\boldsymbol{J}_i^{\mathrm{T}} \tag{5-88}$$

其中，$\boldsymbol{J}_i$ 是一个选择矢量。当 i 为 1 时，$\boldsymbol{J}_1=[1,0]$，而当 i 为 2 时，$\boldsymbol{J}_2=[0,1]$。$\Delta\boldsymbol{G}$ 表示在矢量 $\boldsymbol{G}$ 上，由有限采样数引起的误差。

估计值 $\hat{\theta}$ 的方差为

$$\begin{aligned}\mathrm{cov}(\hat{\theta})=&\left|\frac{\partial\hat{\theta}}{\partial\gamma_{11}}\right|^2 E\{(\Delta\gamma_{11}+\Delta\gamma_{22})(\Delta\gamma_{11}+\Delta\gamma_{22})^*\}\\&+2\left|\frac{\partial\hat{\theta}}{\partial\gamma_{11}}\right|\left|\frac{\partial\hat{\theta}}{\partial\gamma_{33}}\right|E\{(\Delta\gamma_{11}+\Delta\gamma_{22})\Delta\gamma_{33}{}^*\}+\left|\frac{\partial\hat{\theta}}{\partial\gamma_{33}}\right|^2 E\{\Delta\gamma_{33}\Delta\gamma_{33}{}^*\}\end{aligned} \tag{5-89}$$

其中，$\Delta\gamma_{mm}(m=1,2,3)$ 表示在 $\gamma_{mm}(m=1,2,3)$ 上，由有限采样数引起的误差。与式(5-89)相似的形式，也能得到估计值 $\hat{\phi}$ 的方差。

5.3.3　仿真验证

SNR 定义为 $10\log_{10}(\sigma_{\mathrm{s}}^2/\sigma_{\mathrm{n}}^2)$ dB，其中，σ_{s}^2 和 σ_{n}^2 分别代表信号和噪声的功率。RMSE 由式(5-35)定义，它是 100 次 Monte Carlo 仿真实验的平均值。部分极化信号源的 2 维 DOA 为 $\theta=30°$，$\phi=120°$，Stokes 参数为 $g_0=12$，$g_1=4$，$g_2=7.92$，$g_3=4.57$，$\mathrm{DP}=0.833$。测量采样数是 2000。图 5-8 给出了 2 维 DOA 估计和 Stokes

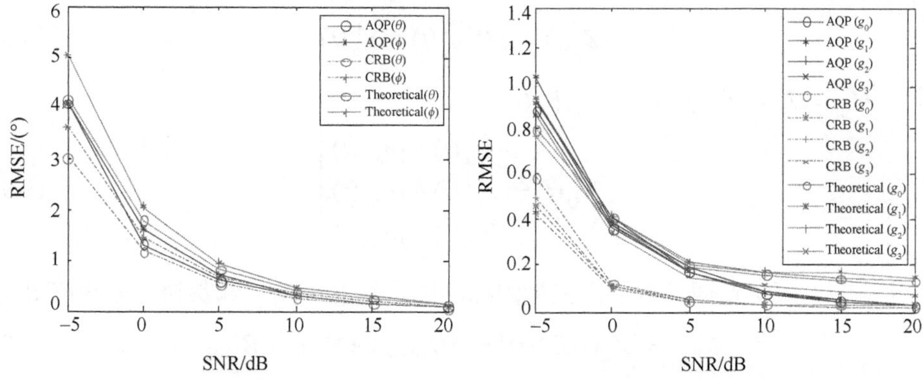

(a) 2维方向角　　(b) Stokes参数

图 5-8　2 维 DOA 估计和 Stokes 参数估计的均方根误差随信噪比的变化曲线(见彩图)

参数估计的均方根误差随信噪比的变化曲线，图中 AQP 表示上述的基于四元数的算法。另外，CRB 是由文献[16]给出的，理论 RMSE（Theoretical）是由式(5-87)～式(5-89)计算得到的。可以看出，在高信噪比时，其估计的均方根误差接近 CRB 界。由于在推导式(5-87)～式(5-89)时，忽略了一些次要因素的影响，因此，理论 RMSE 大于实验 RMSE。更多的仿真验证结果见参考文献[17]。

5.4 基于分布式矢量传感器阵列的四元数算法

5.4.1 分布式矢量传感器阵列的四元数测量模型

一个在各向同性、同质的媒介中传播的窄带、平面电磁波信号撞击到一个分布式矢量传感器阵列，如图 5-9 所示。与上节采用的电磁矢量传感器相比，分布式矢量传感器阵列能够有效地减少三个同构电偶极子-磁环对之间的互耦，并能够扩大空间孔径。若忽略电偶极子-磁环对之间的互耦，在时刻 t，具有不同位置的三个同构电偶极子-磁环对的四元数输出矢量可由下式描述

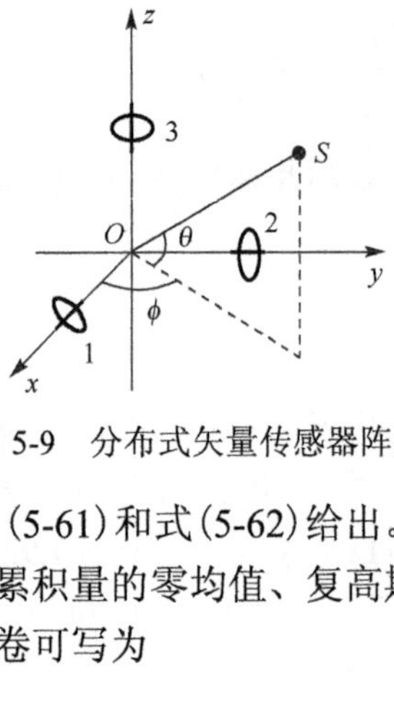

图 5-9 分布式矢量传感器阵列

$$\boldsymbol{Z}_{\mathrm{q}}(t)=\boldsymbol{A}\boldsymbol{H}_{\mathrm{Q}}s_{\mathrm{q}}(t)+\boldsymbol{N}_{\mathrm{Q}}(t) \tag{5-90}$$

其中，$\boldsymbol{A}=\mathrm{diag}\{\mathrm{e}^{-\mathrm{i}\psi_1},\mathrm{e}^{-\mathrm{i}\psi_2},\mathrm{e}^{-\mathrm{i}\psi_3}\}$ 是一个对角矩阵，它的元素表示空间相移因子。$\boldsymbol{H}_{\mathrm{Q}}$ 和 $\boldsymbol{N}_{\mathrm{Q}}(t)$ 分别由式(5-61)和式(5-62)给出。$s_{\mathrm{q}}(t)=E_{\mathrm{H}}(t)-\mathrm{j}E_{\mathrm{V}}(t)$，并假设 $E_{\mathrm{H}}(t)$ 和 $E_{\mathrm{V}}(t)$ 是带有二阶圆累积量的零均值、复高斯分布随机过程。进一步，$\boldsymbol{Z}_{\mathrm{q}}(t)$ 在四元数虚数单位 i 上的内卷可写为

$$\boldsymbol{Z}_{\mathrm{q}}^{\mathrm{i}}(t)=\boldsymbol{A}\boldsymbol{H}_{\mathrm{Q}}^{\mathrm{i}}s_{\mathrm{q}}^{\mathrm{i}}(t)+\boldsymbol{N}_{\mathrm{Q}}^{\mathrm{i}}(t) \tag{5-91}$$

其中，$\boldsymbol{H}_{\mathrm{Q}}^{\mathrm{i}}=\boldsymbol{H}_{\mathrm{Q}}^{*}$，$s_{\mathrm{q}}^{\mathrm{i}}(t)=E_{\mathrm{H}}(t)+\mathrm{j}E_{\mathrm{V}}(t)$

$$\boldsymbol{N}_{\mathrm{Q}}^{\mathrm{i}}(t)=\begin{bmatrix} n_{\mathrm{e,x}}(t)-\mathrm{j}n_{\mathrm{h,x}}(t) \\ n_{\mathrm{e,y}}(t)-\mathrm{j}n_{\mathrm{h,y}}(t) \\ n_{\mathrm{e,z}}(t)-\mathrm{j}n_{\mathrm{h,z}}(t) \end{bmatrix} \tag{5-92}$$

进一步，可构造四元数输出矢量的标准协方差矩阵 $\boldsymbol{R}_{Z_{\mathrm{q}}Z_{\mathrm{q}}}$ 和伪协方差矩阵 $\boldsymbol{R}_{Z_{\mathrm{q}}Z_{\mathrm{q}}^{\mathrm{i}}}$

$$\boldsymbol{R}_{Z_{\mathrm{q}}Z_{\mathrm{q}}}=\left\langle \boldsymbol{Z}_{\mathrm{q}}(t)\boldsymbol{Z}_{\mathrm{q}}^{\Delta}(t)\right\rangle=\boldsymbol{A}\boldsymbol{H}_{\mathrm{Q}}r_{s_{\mathrm{q}}s_{\mathrm{q}}}(\boldsymbol{A}\boldsymbol{H}_{\mathrm{Q}})^{\Delta}+\boldsymbol{R}_{N_{\mathrm{Q}}N_{\mathrm{Q}}} \tag{5-93}$$

$$\boldsymbol{R}_{Z_{\mathrm{q}}Z_{\mathrm{q}}^{\mathrm{i}}}=\left\langle \boldsymbol{Z}_{\mathrm{q}}(t)\boldsymbol{Z}_{\mathrm{q}}^{\mathrm{i}\Delta}(t)\right\rangle=\boldsymbol{A}\boldsymbol{H}_{\mathrm{Q}}r_{s_{\mathrm{q}}s_{\mathrm{q}}^{\mathrm{i}}}(\boldsymbol{A}\boldsymbol{H}_{\mathrm{Q}}^{\mathrm{i}})^{\Delta}+\boldsymbol{R}_{N_{\mathrm{Q}}N_{\mathrm{Q}}^{\mathrm{i}}} \tag{5-94}$$

其中，$\boldsymbol{R}_{N_{\mathrm{Q}}N_{\mathrm{Q}}}$ 和 $\boldsymbol{R}_{N_{\mathrm{Q}}N_{\mathrm{Q}}^{\mathrm{i}}}$ 由式(5-67)和式(5-68)给出

$$r_{s_q s_q} = \left\langle s_q(t) s_q^*(t) \right\rangle = \left\langle E_H(t) E_H^*(t) \right\rangle + \left\langle E_V(t) E_V^*(t) \right\rangle = g_0 \tag{5-95}$$

$$\begin{aligned} r_{s_q s_q^i} &= \left\langle s_q(t) s_q^{i*}(t) \right\rangle = \left\langle E_H(t) E_H^*(t) \right\rangle - \left\langle E_V(t) E_V^*(t) \right\rangle - 2\mathrm{j}(\left\langle E_H(t) E_V^*(t) \right\rangle)^* \\ &= g_1 - \mathrm{j} g_2 - \mathrm{k} g_3 \end{aligned} \tag{5-96}$$

5.4.2 估计算法

1．功率 g_0 和 2 维方向角 (θ,ϕ) 估计

令 $\boldsymbol{AH}_Q = \boldsymbol{h}_1 + \mathrm{j}\boldsymbol{h}_3$。根据式(5-61)，则有 $\boldsymbol{h}_1 = [-\sin\phi \mathrm{e}^{-\mathrm{i}\psi_1}, \cos\phi \mathrm{e}^{-\mathrm{i}\psi_2}, 0]^{\mathrm{T}}$ 和 $\boldsymbol{h}_3 = [-\cos\phi\sin\theta \mathrm{e}^{-\mathrm{i}\psi_1}, -\sin\phi\sin\theta \mathrm{e}^{-\mathrm{i}\psi_2}, \cos\theta \mathrm{e}^{-\mathrm{i}\psi_3}]^{\mathrm{T}}$。根据式(5-95)，有

$$\boldsymbol{AH}_Q r_{s_q s_q} (\boldsymbol{AH}_Q)^{\Delta} = g_0(\boldsymbol{h}_1\boldsymbol{h}_1^{\mathrm{H}} + \boldsymbol{h}_3\boldsymbol{h}_3^{\mathrm{H}}) + \mathrm{j} g_0(\boldsymbol{h}_3\boldsymbol{h}_1^{\mathrm{H}} - \boldsymbol{h}_1\boldsymbol{h}_3^{\mathrm{H}}) \tag{5-97}$$

由于噪声协方差矩阵 $\boldsymbol{R}_{N_Q N_Q}$ 是一个实数矩阵。因此，协方差矩阵 $\boldsymbol{R}_{Z_q Z_q}$ 的虚部可以写为

$$\boldsymbol{R}_{Z_q Z_q,\mathrm{j}} = g_0(\boldsymbol{h}_3\boldsymbol{h}_1^{\mathrm{H}} - \boldsymbol{h}_1\boldsymbol{h}_3^{\mathrm{H}}) = \left[\sqrt{g_0}\boldsymbol{h}_3, \sqrt{g_0}\boldsymbol{h}_1\right]\left[\sqrt{g_0}\boldsymbol{h}_1, -\sqrt{g_0}\boldsymbol{h}_3\right]^{\mathrm{H}} \tag{5-98}$$

通过计算矩阵 $\boldsymbol{R}_{Z_q Z_q,\mathrm{j}}$ 的奇异值分解(SVD)，可以得到

$$\boldsymbol{R}_{Z_q Z_q,\mathrm{j}} = [\boldsymbol{w}_1, \boldsymbol{w}_2]\begin{bmatrix} d_1 & 0 \\ 0 & d_2 \end{bmatrix}[\boldsymbol{v}_1, \boldsymbol{v}_2]^{\mathrm{H}} = \boldsymbol{C}\boldsymbol{B}^{\mathrm{H}} \tag{5-99}$$

其中，$\boldsymbol{C} = \left[\sqrt{d_1}\boldsymbol{w}_1, \sqrt{d_2}\boldsymbol{w}_2\right]$ 和 $\boldsymbol{B} = \left[\sqrt{d_1}\boldsymbol{v}_1, \sqrt{d_2}\boldsymbol{v}_2\right]$。对照式(5-98)和式(5-99)，有 $\left[\sqrt{g_0}\boldsymbol{h}_3, \sqrt{g_0}\boldsymbol{h}_1\right]\boldsymbol{Q} = \boldsymbol{C}$ 和 $\left[\sqrt{g_0}\boldsymbol{h}_1, -\sqrt{g_0}\boldsymbol{h}_3\right]\boldsymbol{Q} = \boldsymbol{B}$，这里，$\boldsymbol{Q}$ 是任意正交矩阵，即 $\boldsymbol{Q}^{\mathrm{T}}\boldsymbol{Q} = \boldsymbol{Q}\boldsymbol{Q}^{\mathrm{T}} = \boldsymbol{I}$。进一步，可得

$$\boldsymbol{C}\boldsymbol{C}^{\mathrm{H}} = \boldsymbol{B}\boldsymbol{B}^{\mathrm{H}} = g_0(\boldsymbol{h}_1\boldsymbol{h}_1^{\mathrm{H}} + \boldsymbol{h}_3\boldsymbol{h}_3^{\mathrm{H}}) \tag{5-100}$$

其中

$$\boldsymbol{h}_1\boldsymbol{h}_1^{\mathrm{H}} = \begin{bmatrix} \sin^2\phi & -\sin\phi\cos\phi \mathrm{e}^{-\mathrm{i}(\psi_1-\psi_2)} & 0 \\ -\sin\phi\cos\phi \mathrm{e}^{\mathrm{i}(\psi_1-\psi_2)} & \cos^2\phi & 0 \\ 0 & 0 & 0 \end{bmatrix} \tag{5-101}$$

$$\boldsymbol{h}_3\boldsymbol{h}_3^{\mathrm{H}} = \begin{bmatrix} \cos^2\phi\sin^2\theta & \sin\phi\cos\phi\sin^2\theta \mathrm{e}^{-\mathrm{i}(\psi_1-\psi_2)} & -\cos\phi\sin\theta\cos\theta \mathrm{e}^{-\mathrm{i}(\psi_1-\psi_3)} \\ \sin\phi\cos\phi\sin^2\theta \mathrm{e}^{\mathrm{i}(\psi_1-\psi_2)} & \sin^2\phi\sin^2\theta & -\sin\phi\sin\theta\cos\theta \mathrm{e}^{-\mathrm{i}(\psi_2-\psi_3)} \\ -\cos\phi\sin\theta\cos\theta \mathrm{e}^{\mathrm{i}(\psi_1-\psi_3)} & -\sin\phi\sin\theta\cos\theta \mathrm{e}^{\mathrm{i}(\psi_2-\psi_3)} & \cos^2\theta \end{bmatrix} \tag{5-102}$$

因为 $\mathrm{tr}(\boldsymbol{h}_1\boldsymbol{h}_1^{\mathrm{H}} + \boldsymbol{h}_3\boldsymbol{h}_3^{\mathrm{H}}) = 2$，所以，$\mathrm{tr}(\boldsymbol{C}\boldsymbol{C}^{\mathrm{H}}) = \mathrm{tr}(\boldsymbol{B}\boldsymbol{B}^{\mathrm{H}}) = 2g_0$。

实际上，使用采样协方差矩阵 $\hat{\boldsymbol{R}}_{Z_qZ_q}$ 来代替 $\boldsymbol{R}_{Z_qZ_q}$，信号的功率 g_0 的估计值为

$$\hat{g}_0 = \frac{1}{2}\mathrm{tr}(\hat{\boldsymbol{B}}\hat{\boldsymbol{B}}^{\mathrm{H}}) = \frac{1}{2}\mathrm{tr}(\hat{\boldsymbol{C}}\hat{\boldsymbol{C}}^{\mathrm{H}}) \tag{5-103}$$

其中，$\hat{\boldsymbol{C}}$ 和 $\hat{\boldsymbol{B}}$ 可以由采样协方差矩阵虚部 $\hat{\boldsymbol{R}}_{Z_qZ_q,\mathrm{j}}$ 的奇异值分解得到。而矩阵 $\boldsymbol{C}\boldsymbol{C}^{\mathrm{H}}$ 或 $\boldsymbol{B}\boldsymbol{B}^{\mathrm{H}}$ 的对角元素与信号的 2 维方向角 (θ,ϕ) 之间的关系可以由式(5-74)～式(5-77)给出。于是，信号的 2 维方向角 (θ,ϕ) 的估计值可以由矩阵 $\hat{\boldsymbol{C}}\hat{\boldsymbol{C}}^{\mathrm{H}}$ 或 $\hat{\boldsymbol{B}}\hat{\boldsymbol{B}}^{\mathrm{H}}$ 的对角元素得到，详见式(5-78)和式(5-79)。

2．Stokes 参数 g_1、g_2、g_3 和极化度估计

假设电偶极子-磁环对上的电偶极子阵元和磁环阵元接收的加性噪声有相同的方差，即 $\sigma_{\mathrm{e,x}}^2=\sigma_{\mathrm{h,x}}^2$，$\sigma_{\mathrm{e,y}}^2=\sigma_{\mathrm{h,y}}^2$，$\sigma_{\mathrm{e,z}}^2=\sigma_{\mathrm{h,z}}^2$。因此，噪声协方差矩阵 $\boldsymbol{R}_{N_QN_Q^{\mathrm{i}}}$ 是一个零矩阵。根据式(5-94)和式(5-96)，伪协方差矩阵 $\boldsymbol{R}_{Z_qZ_q^{\mathrm{i}}}$ 的实部和三个虚部可以写为

$$\boldsymbol{R}_{Z_qZ_q^{\mathrm{i}},\mathrm{r}} = g_1(\boldsymbol{h}_1\boldsymbol{h}_1^{\mathrm{H}} - \boldsymbol{h}_3\boldsymbol{h}_3^{\mathrm{H}}) + g_2(\boldsymbol{h}_3\boldsymbol{h}_1^{\mathrm{H}} + \boldsymbol{h}_1\boldsymbol{h}_3^{\mathrm{H}}) \tag{5-104}$$

$$\boldsymbol{R}_{Z_qZ_q^{\mathrm{i}},\mathrm{i}} = g_3(\boldsymbol{h}_1\boldsymbol{h}_3^{\mathrm{H}} - \boldsymbol{h}_3\boldsymbol{h}_1^{\mathrm{H}}) \tag{5-105}$$

$$\boldsymbol{R}_{Z_qZ_q^{\mathrm{i}},\mathrm{j}} = g_1(\boldsymbol{h}_3\boldsymbol{h}_1^{\mathrm{H}} + \boldsymbol{h}_1\boldsymbol{h}_3^{\mathrm{H}}) - g_2(\boldsymbol{h}_1\boldsymbol{h}_1^{\mathrm{H}} - \boldsymbol{h}_3\boldsymbol{h}_3^{\mathrm{H}}) \tag{5-106}$$

$$\boldsymbol{R}_{Z_qZ_q^{\mathrm{i}},\mathrm{k}} = -g_3(\boldsymbol{h}_1\boldsymbol{h}_1^{\mathrm{H}} + \boldsymbol{h}_3\boldsymbol{h}_3^{\mathrm{H}}) \tag{5-107}$$

其中，$\boldsymbol{h}_1\boldsymbol{h}_3^{\mathrm{H}} = (\boldsymbol{h}_3\boldsymbol{h}_1^{\mathrm{H}})^{\mathrm{H}}$，并且

$$\boldsymbol{h}_3\boldsymbol{h}_1^{\mathrm{H}} = \begin{bmatrix} \sin\phi\cos\phi\sin\theta & -\cos^2\phi\sin\theta\,\mathrm{e}^{-\mathrm{i}(\psi_1-\psi_2)} & 0 \\ \sin^2\phi\sin\theta\,\mathrm{e}^{\mathrm{i}(\psi_1-\psi_2)} & -\sin\phi\cos\phi\sin\theta & 0 \\ -\sin\phi\cos\theta\,\mathrm{e}^{\mathrm{i}(\psi_1-\psi_3)} & \cos\phi\cos\theta\,\mathrm{e}^{\mathrm{i}(\psi_2-\psi_3)} & 0 \end{bmatrix} \tag{5-108}$$

根据矩阵 $\boldsymbol{R}_{Z_qZ_q^{\mathrm{i}},\mathrm{r}}$ 和 $\boldsymbol{R}_{Z_qZ_q^{\mathrm{i}},\mathrm{j}}$ 的对角元素，存在如下关系

$$g_1(\cos\theta)^2 = \boldsymbol{R}_{Z_qZ_q^{\mathrm{i}},\mathrm{r}}(1,1) + \boldsymbol{R}_{Z_qZ_q^{\mathrm{i}},\mathrm{r}}(2,2) \tag{5-109}$$

$$-g_1(\cos\theta)^2 = \boldsymbol{R}_{Z_qZ_q^{\mathrm{i}},\mathrm{r}}(3,3) \tag{5-110}$$

$$-g_2(\cos\theta)^2 = \boldsymbol{R}_{Z_qZ_q^{\mathrm{i}},\mathrm{j}}(1,1) + \boldsymbol{R}_{Z_qZ_q^{\mathrm{i}},\mathrm{j}}(2,2) \tag{5-111}$$

$$g_2(\cos\theta)^2 = \boldsymbol{R}_{Z_qZ_q^{\mathrm{i}},\mathrm{j}}(3,3) \tag{5-112}$$

其中，$\boldsymbol{R}_{Z_qZ_q^{\mathrm{i}},\mathrm{r}}(m,m)$ 和 $\boldsymbol{R}_{Z_qZ_q^{\mathrm{i}},\mathrm{j}}(m,m)$ 分别表示矩阵 $\boldsymbol{R}_{Z_qZ_q^{\mathrm{i}},\mathrm{r}}$ 和 $\boldsymbol{R}_{Z_qZ_q^{\mathrm{i}},\mathrm{j}}$ 的第 m 个对角元素。使用采样伪协方差矩阵 $\hat{\boldsymbol{R}}_{Z_qZ_q^{\mathrm{i}}}$ 来代替 $\boldsymbol{R}_{Z_qZ_q^{\mathrm{i}}}$，根据式(5-109)～式(5-112)，$g_1$、$g_2$ 的估计值为

$$\hat{g}_1 = \frac{\hat{\boldsymbol{R}}_{Z_qZ_q^{\mathrm{i}},\mathrm{r}}(1,1) + \hat{\boldsymbol{R}}_{Z_qZ_q^{\mathrm{i}},\mathrm{r}}(2,2) - \hat{\boldsymbol{R}}_{Z_qZ_q^{\mathrm{i}},\mathrm{r}}(3,3)}{2(\cos\hat{\theta})^2} \tag{5-113}$$

$$\hat{g}_2 = \frac{\hat{\boldsymbol{R}}_{Z_q Z_q^{\mathrm{i}},\mathrm{r}}(3,3) - \hat{\boldsymbol{R}}_{Z_q Z_q^{\mathrm{i}},\mathrm{r}}(1,1) - \hat{\boldsymbol{R}}_{Z_q Z_q^{\mathrm{i}},\mathrm{r}}(2,2)}{2(\cos\hat{\theta})^2} \tag{5-114}$$

因为 $\mathrm{tr}(\boldsymbol{h}_1\boldsymbol{h}_1^{\mathrm{H}} + \boldsymbol{h}_3\boldsymbol{h}_3^{\mathrm{H}}) = 2$，根据式(5-107)，$g_3$ 的估计值为

$$\hat{g}_3 = -\frac{1}{2}\mathrm{tr}(\hat{\boldsymbol{R}}_{Z_q Z_q^{\mathrm{i}},\mathrm{k}}) \tag{5-115}$$

进一步，信号极化度的估计值也可得到

$$\widehat{\mathrm{DP}} = \frac{\sqrt{\hat{g}_1^2 + \hat{g}_2^2 + \hat{g}_2^2}}{\hat{g}_0} \tag{5-116}$$

5.4.3 仿真验证

考虑一个如图 5-9 所示的分布式矢量传感器阵列，每个电偶极子-磁环对与坐标原点的间隔是信号波长的 10 倍。SNR 定义为 $10\log_{10}(\sigma_{\mathrm{s}}^2/\sigma_{\mathrm{n}}^2)$ dB，其中，σ_{s}^2 和 σ_{n}^2 分别代表信号和噪声的功率。RMSE 由式(5-35)定义，它是 100 次 Monte Carlo 仿真实验的平均值。一个完全极化(CP)信号源和一个部分极化(PP)信号源有相同的 2 维 DOA，其参数为 $\theta = 30°, \phi = 120°$；CP 信号源的 Stokes 参数为 $g_0 = 12$，$g_1 = 0$，$g_2 = 10.4$，$g_3 = -6$；而 PP 信号源的 Stokes 参数为 $g_0 = 12$，$g_1 = 4$，$g_2 = 7.93$，$g_3 = 4.58$。测量采样数是 1500。图 5-10 给出了两个不同极化信号源的 2 维 DOA 估计和 Stokes 参数估计的均方根误差随信噪比的变化曲线，ABQP 表示上述的估计算法。可以看出，对于两个不同极化信号源，其估计精度是大致相同的。这说明该算法适用于具有各种极化状态的信号。更多的仿真验证结果见参考文献[18]。

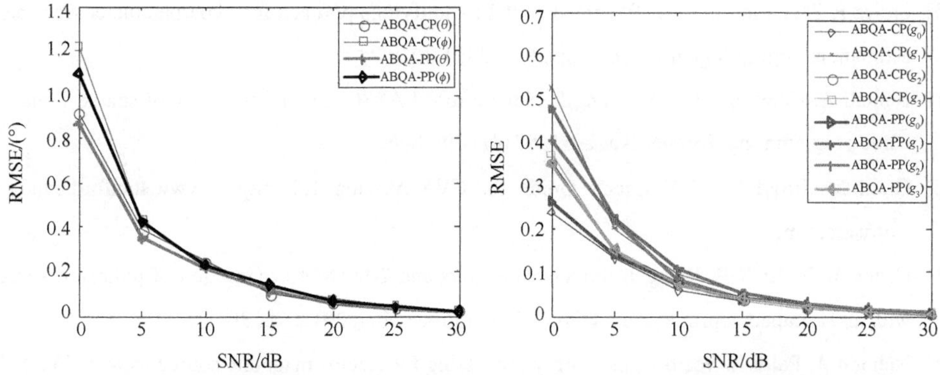

(a) 2维方向角　　　　(b) Stokes参数

图 5-10　2 维 DOA 估计和 Stokes 参数估计的均方根误差随信噪比的变化曲线(见彩图)

参 考 文 献

[1] Qin S, Zhang Y D, Amin M G. Generalized coprime array configurations for direction-of-arrival estimation. IEEE Transactions on Signal Processing, 2015, 63(6): 1377-1390.

[2] Tao J, Liu L, Lin Z. Joint DOA, range, and polarization estimation in the Fresnel region. IEEE Transactions on Aerospace and Electronic Systems, 2011, 47(4): 2657-2672.

[3] Costa M, Koivunen V, Richter A. DOA and polarization estimation for arbitrary array configurations. IEEE Transactions on Signal Processing, 2012, 60(5): 2330-2343.

[4] Eldar Y C, Kuppinger P, Bölcskei H. Block-sparse signals: uncertainty relations and efficient recovery. IEEE Transactions on Signal Processing, 2010, 58(6): 3042-3054.

[5] Sturm B L, Christensen M G. Comparison orthogonal matching pursuit implementations//The 20th European Signal Processing Conference, 2012: 220-224.

[6] Wang J, Shim B. Exact recovery of sparse signals using orthogonal matching pursuit: how many iterations do we need?. IEEE Transactions on Signal Processing, 2016, 64(16): 4194-4202.

[7] Bernhanie S, Boyer R, Marcos S, et al. Compressed sensing with basis mismatch: performance bounds and sparse-based estimator. IEEE Transactions on Signal Processing, 2016, 64(13): 3483-3494.

[8] Chang W X, Ru J P, Deng L F. Stokes parameters and DOA estimation of polarised sources with unknown number of sources. IET Radar, Sonar and Navigation, 2018, 12(2): 218-226.

[9] Malioutov D, Cetin M, Willsky A S. A sparse signal reconstruction perspective for source localization with sensor arrays. IEEE Transactions on Signal Processing, 2005, 53(8): 3010-3022.

[10] Stoica P, Zachariah D, Li J. Weighted SPICE: a unifying approach for hyperparameter-free sparse estimation. Digital Signal Processing, 2014, 33: 1-12.

[11] Belloni A, Chernozhukov V, Wang L. Square-root LASSO: pivotal recovery of sparse signal via conic programming. Biometrika, 2011, 98(4): 791-806.

[12] Grant M, Boyd S. CVX User's Guide for CVX Version 1.2. http: //www.stanford.edu/boyd /software.html.

[13] Chang W X, Li X B, Wang J. Stokes parameters and 2-D DOAs estimation of polarized sources with an L-shaped coprime array. Digital Signal Processing, 2018, 78: 30-41.

[14] Nehorai A, Paldi E. Vector-sensor array processing for electro-magnetic source localization. IEEE Transactions on Signal Processing, 1994, 42(2): 376-398.

[15] Took C C, Mandic D P. Augmented second-order statistics of quaternion random signals. Signal Process, 2011, 91(2): 214-224.

[16] Stoica P, Larsson E G, Gershman A B. The stochastic CRB for array processing: a textbook derivation. IEEE Signal Processing Letters, 2001, 8(5): 148-150.

[17] Tao J W, Fan Q J, Yu F. Stokes parameters and DOAs estimation of partially polarized sources using a EM vector-sensor. Signal, Image and Video Processing, 2017, 11(4): 737-744.

[18] Tao J W, Yang C Z, Xu C W. Estimation algorithm of incident sources' stokes parameters and 2-D DOAs based on reduced mutual coupling vector sensor. Radio Science, 2019, 54(8): 770-784.

第 6 章　基于四元数的阵列波束形成

6.1　极化阵列的四元数波束形成算法

6.1.1　两分量矢量传感器阵列的四元数模型

考虑一个在各向同性、均匀媒质中传播的窄带，完全极化平面波从方向(θ,ϕ)入射到一个均匀线性对称阵列，如图 6-1 所示。此阵列含有$2M$个两分量矢量传感器，并假设在两个相邻矢量传感器之间的间隔为平面波波长的一半。所有矢量传感器从左到右被标记为$-M,\cdots,-1,1,\cdots,M$，令阵列的中心为相位基准点，在第m个两分量矢量传感器的第一个和第二个分量分别记录了两个高度相关的信号序列$x_{m1}(n)$和$x_{m2}(n)$，此信号可表示为

$$\begin{bmatrix} x_{m1}(n) \\ x_{m2}(n) \end{bmatrix} = \begin{bmatrix} a_1(\theta,\phi,\gamma,\eta) \\ a_2(\theta,\phi,\gamma,\eta) \end{bmatrix} q_m(\theta,\phi)s(n) \tag{6-1}$$

其中，俯仰角$\theta\in[0,\pi]$是正z轴与信号方向之间的夹角；方位角$\phi\in[0,\pi)$是正x轴与信号方向在x-y平面投影之间的夹角；$\gamma\in\left(0,\pi/2\right)$为极化幅角；$\eta\in[-\pi,\pi]$为极化相位角。$a_1(\theta,\phi,\gamma,\eta)$和$a_2(\theta,\phi,\gamma,\eta)$分别为两分量矢量传感器的第一个和第二个分量的响应。

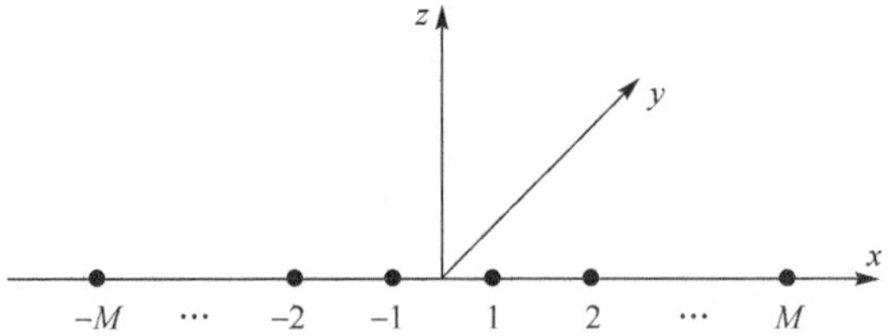

图 6-1　均匀线性对称阵列

若两分量矢量传感器是由沿x轴的电偶极子-磁环对构成，则[1]

$$\begin{bmatrix} a_1(\theta,\phi,\gamma,\eta) \\ a_2(\theta,\phi,\gamma,\eta) \end{bmatrix} = \begin{bmatrix} \cos\phi\cos\theta\sin\gamma e^{i\eta} - \sin\phi\cos\gamma \\ -\sin\phi\sin\gamma e^{i\eta} - \cos\phi\cos\theta\cos\gamma \end{bmatrix} \tag{6-2}$$

若两分量矢量传感器是由沿x轴的磁环-磁环对构成，则[2]

$$\begin{bmatrix} a_1(\theta,\phi,\gamma,\eta) \\ a_2(\theta,\phi,\gamma,\eta) \end{bmatrix} = \begin{bmatrix} -\sin\phi\sin\gamma \mathrm{e}^{\mathrm{i}\eta} - \cos\phi\cos\theta\cos\gamma \\ \cos\phi\sin\gamma \mathrm{e}^{\mathrm{i}\eta} - \sin\phi\cos\theta\cos\gamma \end{bmatrix} \tag{6-3}$$

$q_m(\theta,\phi)$ 是描述平面波沿阵列传播延时的空间相移因子。由于阵列是均匀线性对称的，$q_m(\theta,\phi) = q^*_{-m}(\theta,\phi)$ 。$s(n)$ 是信号波形的复包络，并被假设为零均值、平稳随机过程。

使用信号序列 $x_{m1}(n)$ 和 $x_{-m2}(n)(m=-M,\cdots,M)$ 构成为一个四元数，作为矢量传感器的四元数测量输出，即

$$\begin{aligned} x_m(n) &= x_{m1}(n) + \mathrm{j}x_{-m2}(n) = q_m(\theta,\phi)(a_1(\theta,\phi,\gamma,\eta) + \mathrm{j}a_2(\theta,\phi,\gamma,\eta))s(n) \\ &= q_m(\theta,\phi)P(\theta,\phi,\gamma,\eta)s(n) \end{aligned} \tag{6-4}$$

其中，j 是四元数的一个虚数单位，而 $p(\theta,\phi,\gamma,\eta)$ 是两分量矢量传感器的四元数响应。当考虑测量噪声时，矢量传感器的四元数测量输出可写为

$$x_m(n) = q_m(\theta,\phi)P(\theta,\phi,\gamma,\eta)s(n) + n_m(n) \tag{6-5}$$

其中，$n_m(n) = n_{m1}(n) + \mathrm{j}n_{-m2}(n)$ ，$n_{m1}(n)$ 和 $n_{-m2}(n)$ 分别为第 m 个矢量传感器的第一个和第$-m$个矢量传感器的第二个分量上的复值加性噪声。假设 $n_{m1}(n)$ 和 $n_{-m2}(n)$ 是零均值具有相同方差 σ_n^2 的高斯噪声，且彼此互不相关的。

6.1.2　四元数 MVDR 波束形成算法

假设两个完全极化平面波入射到一个具有两分量矢量传感器的均匀线性对称阵列。一个是具有波达方向 $(\theta_\mathrm{s},\phi_\mathrm{s})$ 和极化参数 $(\gamma_\mathrm{s},\eta_\mathrm{s})$ 的期望信号；而另一个是具有波达方向 $(\theta_\mathrm{i},\phi_\mathrm{i})$ 和极化参数 $(\gamma_\mathrm{i},\eta_\mathrm{i})$ 的干扰。假设干扰的波达方向 $(\theta_\mathrm{i},\phi_\mathrm{i})$ 和极化参数 $(\gamma_\mathrm{i},\eta_\mathrm{i})$ 是未知的，而期望信号的波达方向 $(\theta_\mathrm{s},\phi_\mathrm{s})$ 和极化参数 $(\gamma_\mathrm{s},\eta_\mathrm{s})$ 是已知的，或者可以事先估计的。于是，阵列的四元数测量矢量写成

$$\boldsymbol{x}(n) = [x_{-M}(n),\cdots,x_M(n)] = \boldsymbol{v}_\mathrm{s}s_\mathrm{s}(n) + \boldsymbol{v}_\mathrm{i}s_\mathrm{i}(n) + \boldsymbol{n}(n) \tag{6-6}$$

其中，$\boldsymbol{n}(n) = [n_{-M}(n),\cdots,n_M(n)]$ 是四元数加性噪声矢量，$\boldsymbol{v}_\mathrm{s} = \boldsymbol{q}(\theta_\mathrm{s},\phi_\mathrm{s})P(\theta_\mathrm{s},\phi_\mathrm{s},\gamma_\mathrm{s},\eta_\mathrm{s}) = \boldsymbol{q}_\mathrm{s}P_\mathrm{s}$ 和 $\boldsymbol{v}_\mathrm{i} = \boldsymbol{q}(\theta_\mathrm{i},\phi_\mathrm{i})P(\theta_\mathrm{i},\phi_\mathrm{i},\gamma_\mathrm{i},\eta_\mathrm{i}) = \boldsymbol{q}_\mathrm{i}P_\mathrm{i}$ 分别是与期望信号和干扰相关的四元数指向矢量，这里 $\boldsymbol{q}(\theta,\phi) = [q_{-M}(\theta,\phi),\cdots,q_M(\theta,\phi)]^\mathrm{T}$ 是阵列的空间相移矢量，$\boldsymbol{q}_\mathrm{s}$ 和 $\boldsymbol{q}_\mathrm{i}$ 分别为 $\boldsymbol{q}(\theta_\mathrm{s},\phi_\mathrm{s})$ 和 $\boldsymbol{q}(\theta_\mathrm{i},\phi_\mathrm{i})$ 的缩写，而 P_s 和 P_i 分别为 $P(\theta_\mathrm{s},\phi_\mathrm{s},\gamma_\mathrm{s},\eta_\mathrm{s})$ 和 $P(\theta_\mathrm{i},\phi_\mathrm{i},\gamma_\mathrm{i},\eta_\mathrm{i})$ 的缩写。利用阵列的四元数测量矢量 $\boldsymbol{x}(n)$，波束形成的输出为

$$y(n) = \boldsymbol{w}^\Delta\boldsymbol{x}(n) = \boldsymbol{w}^\Delta\boldsymbol{v}_\mathrm{s}s_\mathrm{s}(n) + \boldsymbol{w}^\Delta\boldsymbol{v}_\mathrm{i}s_\mathrm{i}(n) + \boldsymbol{w}^\Delta\boldsymbol{n}(n) \tag{6-7}$$

其中，$\boldsymbol{w}$ 表示四元数加权矢量。那么，通过求解如下约束最优问题，可得到四元数最小方差无畸变响应(Quaternion Minimum Variance Distortionless Response，QMVDR)波束形成器的四元数加权矢量[3]

$$J(\boldsymbol{w}) = \min\{\boldsymbol{w}^\Delta\boldsymbol{R}_\mathrm{x}\boldsymbol{w}\},\ \ \text{s.t. } \boldsymbol{w}^\Delta\boldsymbol{v}_\mathrm{s} = 1 \tag{6-8}$$

其中，$\boldsymbol{R}_\mathrm{x} = E\{\boldsymbol{x}(n)\boldsymbol{x}^\Delta(n)\}$ 表示测量矢量的协方差矩阵。使用拉格朗日乘数法，式(6-8)

的解可以求得，即

$$J = \boldsymbol{w}^{\Delta}\boldsymbol{R}_{\mathrm{x}}\boldsymbol{w} + \lambda\boldsymbol{w}^{\Delta}\boldsymbol{v}_{\mathrm{s}} \tag{6-9}$$

其中，λ 是一个实数。基于四元数导数法则[4]，对式(6-9)进行求导可以得到

$$\frac{\partial J}{\partial \boldsymbol{w}^{\Delta}} = \boldsymbol{R}_{\mathrm{x}}\boldsymbol{w} + \lambda\boldsymbol{v}_{\mathrm{s}} \tag{6-10}$$

令式(6-10)等于零，可得

$$\boldsymbol{w} = -\lambda\boldsymbol{R}_{\mathrm{x}}^{-1}\boldsymbol{v}_{\mathrm{s}} \tag{6-11}$$

由于 $\boldsymbol{w}^{\Delta}\boldsymbol{v}_{\mathrm{s}} = -\lambda\boldsymbol{v}_{\mathrm{s}}{}^{\Delta}\boldsymbol{R}_{\mathrm{x}}^{-1}\boldsymbol{v}_{\mathrm{s}} = 1$，可得

$$\lambda = \frac{-1}{\boldsymbol{v}_{\mathrm{s}}{}^{\Delta}\boldsymbol{R}_{\mathrm{x}}^{-1}\boldsymbol{v}_{\mathrm{s}}} \tag{6-12}$$

将式(6-12)代入式(6-11)，可得 QMVDR 波束形成器的四元数加权矢量，即

$$\boldsymbol{w} = \frac{\boldsymbol{R}_{\mathrm{x}}^{-1}\boldsymbol{v}_{\mathrm{s}}}{\boldsymbol{v}_{\mathrm{s}}{}^{\Delta}\boldsymbol{R}_{\mathrm{x}}^{-1}\boldsymbol{v}_{\mathrm{s}}} \tag{6-13}$$

将式(6-13)代入式(6-7)，并由于 $\boldsymbol{w}^{\Delta}\boldsymbol{v}_{\mathrm{s}} = 1$，可得 QMVDR 波束形成器的四元数输出，即

$$y(n) = s_{\mathrm{s}}(n) + \boldsymbol{w}^{\Delta}\boldsymbol{v}_{\mathrm{i}}s_{\mathrm{i}}(n) + \boldsymbol{w}^{\Delta}\boldsymbol{n}(n) \tag{6-14}$$

对于具有 $2M$ 个两分量矢量传感器的均匀线性对称阵列，QMVDR 波束形成器四元数输出的信干噪比(Signal to Interference-plus-Noise Ratio，SINR)可写为[5]

$$\mathrm{SINR}_y = \xi_{\mathrm{s}}|P_{\mathrm{s}}|^2\left(M - \frac{|P_{\mathrm{i}}|^2\left|\boldsymbol{q}_{\mathrm{s}}^{\mathrm{H}}\boldsymbol{q}_{\mathrm{i}}\right|^2}{4\xi_{\mathrm{i}}^{-1} + 4M|P_{\mathrm{i}}|^2}\right) \tag{6-15}$$

其中，$\xi_{\mathrm{s}} = \dfrac{\sigma_{\mathrm{s}}^2}{\sigma_{\mathrm{n}}^2}$ 是输入信噪比(SNR)。$\xi_{\mathrm{i}} = \dfrac{\sigma_{\mathrm{i}}^2}{\sigma_{\mathrm{n}}^2}$ 是输入干噪比(Interference to Noise Ratio，INR)。

6.1.3 四元数半扩展线性波束形成算法

四元数 x 在四元数纯虚数单位 i 上的内卷[6]是 $x^{\mathrm{i}} = \mathrm{i}x\mathrm{i}^{-1} = \mathrm{i}x\mathrm{i}^{*} = -\mathrm{i}x\mathrm{i}$，它表示四元数 x 在由 $\{1,\mathrm{i}\}$ 形成的平面上的投影。根据文献[6]，一个四元数矢量 $\boldsymbol{x}$ 是 C^{i}-圆特性(即 C^{i}-proper)，当且仅当 $\boldsymbol{x}$ 能够借助于在由 $\{1,\mathrm{i}\}$ 形成的平面上的两个联合具有圆特性(即一阶和二阶统计特性具有旋转不变性)复数矢量来表示。此四元数矢量 $\boldsymbol{x}$ 的扩展协方差矩阵可表示为

$$\boldsymbol{R}_{\overline{\boldsymbol{x}}\overline{\boldsymbol{x}}} = E\{\overline{\boldsymbol{x}}\overline{\boldsymbol{x}}^{\Delta}\} = \begin{bmatrix} \boldsymbol{R}_{\tilde{\boldsymbol{x}}\tilde{\boldsymbol{x}}} & 0 \\ 0 & \boldsymbol{R}_{\tilde{\boldsymbol{x}}\tilde{\boldsymbol{x}}^{\mathrm{j}}} \end{bmatrix} \tag{6-16}$$

其中，$\bar{\boldsymbol{x}}=[\boldsymbol{x}^{\mathrm{T}},(\boldsymbol{x}^{\mathrm{i}})^{\mathrm{T}},(\boldsymbol{x}^{\mathrm{j}})^{\mathrm{T}},(\boldsymbol{x}^{\mathrm{k}})^{\mathrm{T}}]^{\mathrm{T}}$ 是扩展四元数矢量；$\tilde{\boldsymbol{x}}=[\boldsymbol{x}^{\mathrm{T}},(\boldsymbol{x}^{\mathrm{i}})^{\mathrm{T}}]^{\mathrm{T}}$ 是半扩展四元数矢量。$\boldsymbol{R}_{\tilde{x}\tilde{x}}=E\{\tilde{\boldsymbol{x}}\tilde{\boldsymbol{x}}^{\Delta}\}$ 是四元数矢量 $\boldsymbol{x}$ 的半扩展协方差矩阵。与 $\boldsymbol{R}_{\tilde{x}\tilde{x}}$ 相比，扩展协方差矩阵 $\boldsymbol{R}_{\bar{x}\bar{x}}$ 没有更多的信息。换言之，在处理具有 C^{i}-圆特性的四元数矢量时，扩展线性处理与半扩展线性处理是等价的。因此，半扩展线性处理是具有最优性能的。

半扩展线性处理包含了对四元数矢量 $\boldsymbol{x}$ 和它的内卷 $\boldsymbol{x}^{\mathrm{i}}$ 的同时处理，因此，四元数半扩展线性(Quaternion Semi-Widely Linear，QSWL)波束形成器的一般表达式为[7]

$$y(n)=\boldsymbol{w}^{\Delta}\boldsymbol{x}(n)+\boldsymbol{g}^{\Delta}\boldsymbol{x}^{\mathrm{i}}(n) \tag{6-17}$$

其中，$\boldsymbol{x}^{\mathrm{i}}(n)$ 可表示为

$$\boldsymbol{x}^{\mathrm{i}}(n)=-\mathrm{i}\boldsymbol{x}^{\mathrm{i}}(n)\mathrm{i}=\boldsymbol{v}_{\mathrm{s}}^{\mathrm{i}}s_{\mathrm{s}}(n)+\boldsymbol{v}_{\mathrm{i}}^{\mathrm{i}}s_{\mathrm{i}}(n)+\boldsymbol{n}^{\mathrm{i}}(n) \tag{6-18}$$

进一步，四元数输出序列 $y(n)$ 可写成如下形式

$$y(n)=(\boldsymbol{w}^{\Delta}\boldsymbol{x}(n))_1+(\boldsymbol{g}^{\Delta}\boldsymbol{x}^{\mathrm{i}}(n))_1+\mathrm{j}((\boldsymbol{w}^{\Delta}\boldsymbol{x}(n))_2+(\boldsymbol{g}^{\Delta}\boldsymbol{x}^{\mathrm{i}}(n))_2)=y_1(n)+\mathrm{j}y_2(n) \tag{6-19}$$

其中，$y_1(n)$ 和 $y_2(n)$ 分别表示四元数输出序列 $y(n)$ 的第一个和第二个复数分量。因此，QSWL 波束形成器有两个在由 $\{1,\mathrm{i}\}$ 形成的平面上的复数输出序列 $y_1(n)$ 和 $y_2(n)$。由于复数波束形成器仅有一个复数输出序列，所以，QSWL 波束形成器比复数波束形成器能够得到更多的信息。信息的增加会提高 QSWL 波束形成器的性能。另外，应用不同准则来设计两个加权矢量 $\boldsymbol{w}$ 和 $\boldsymbol{g}$，可以得到具有不同特性的 QSWL 波束形成器。

6.2　基于 QMVDR 的干扰和噪声抵消器

6.2.1　干扰和噪声抵消算法

使用四元数的双复数表示形式，QMVDR 波束形成器的四元数输出可写成如下形式

$$y(n)=\underbrace{s_{\mathrm{s}}(n)+(\boldsymbol{w}^{\Delta}\boldsymbol{v}_{\mathrm{i}})_1 s_{\mathrm{i}}(n)+(\boldsymbol{w}^{\Delta}\boldsymbol{n}(n))_1}_{y_1(n)}+\mathrm{j}(\underbrace{(\boldsymbol{w}^{\Delta}\boldsymbol{v}_{\mathrm{i}})_2 s_{\mathrm{i}}(n)+(\boldsymbol{w}^{\Delta}\boldsymbol{n}(n))_2}_{y_2(n)}) \tag{6-20}$$

其中，$(\bullet)_1$ 和 $(\bullet)_2$ 分别表示一个四元数的第一个和第二个复数分量。

从式(6-20)可以看出，四元数输出 $y(n)$ 的第二个复数分量 $y_2(n)$ 仅含有干扰和噪声的第二个复数分量，但不含有期望信号。因此，可以利用 $y_2(n)$ 来部分消除四元数输出 $y(n)$ 的第一个复数分量 $y_1(n)$ 中的干扰和噪声部分。这个方法被称为基于 QMVDR 的干扰和噪声抵消器(Interference and Noise Canceller，INC)，其框图如图 6-2 所示。

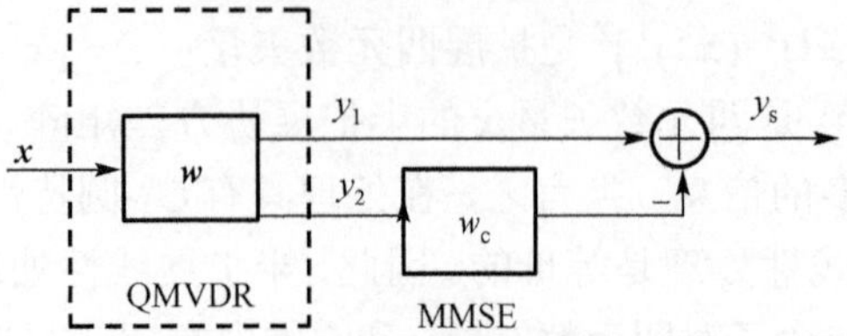

图 6-2　干扰和噪声抵消器的框图

干扰和噪声抵消器是一种空时处理，即第一阶段是空域 QMVDR 波束形成器，其加权矢量 $\boldsymbol{w}$ 由式(6-13)给出；而第二阶段是时域最小均方误差(MMSE)滤波器，其加权矢量 w_c 由式(6-22)给出。于是，此干扰和噪声抵消器的输出可表示为

$$\begin{aligned} y_s(n) &= y_1(n) - w_c^* y_2(n) \\ &= s_s(n) + \underbrace{((\boldsymbol{w}^{\Delta}\boldsymbol{v}_i)_1 - w_c^*(\boldsymbol{w}^{\Delta}\boldsymbol{v}_i)_2)}_{w_i} s_i(n) + \underbrace{((\boldsymbol{w}^{\Delta}\boldsymbol{n}(n))_1 - w_c^*(\boldsymbol{w}^{\Delta}\boldsymbol{n}(n))_2)}_{\varepsilon(n)} \end{aligned} \tag{6-21}$$

其中，w_c 是一个复数加权因子。利用维纳-霍夫等式，可得 $w_c = \dfrac{r_{y_2y_1}}{R_{y_2}}$，其中，$r_{y_2y_1} = E[y_2(n)y_1^*(n)]$，$R_{y_2} = E[y_2(n)y_2^*(n)]$。进一步，复数加权因子 w_c 可表示为[5]

$$w_c = \frac{(\boldsymbol{w}^{\Delta}\boldsymbol{v}_i)_2(\boldsymbol{w}^{\Delta}\boldsymbol{v}_i)_1^*\xi_i}{\left|(\boldsymbol{w}^{\Delta}\boldsymbol{v}_i)_2\right|^2\xi_i + \|\boldsymbol{w}\|^2} \tag{6-22}$$

其中，ξ_i 是输入干噪比(INR)。如果 ξ_i 非常小，w_c 几乎等于零。然而，如果 ξ_i 非常大，$w_c \approx \dfrac{(\boldsymbol{w}^{\Delta}\boldsymbol{v}_i)_1^*}{(\boldsymbol{w}^{\Delta}\boldsymbol{v}_i)_2}$。在这种场合，干扰可以被抵消。根据式(6-21)，干扰和噪声抵消器输出的信号与干扰加噪声之比可写为[5]

$$\mathrm{SINR}_{y_s} = \underbrace{\frac{\xi_s}{\|\boldsymbol{w}\|^2}}_{\kappa}(1 - \underbrace{\frac{\sigma_i^2\left|(\boldsymbol{w}^{\Delta}\boldsymbol{v}_i)_1\right|^2}{\left|(\boldsymbol{w}^{\Delta}\boldsymbol{v}_i)\right|^2 + \xi_i^{-1}\|\boldsymbol{w}\|^2}}_{\kappa_i}) = \kappa(1-\kappa_i) \tag{6-23}$$

其中，ξ_s 是输入信噪比(SNR)。从式(6-23)可看出，SINR_{y_s} 随着 $\boldsymbol{\kappa}$ 增加而增加，随着 $\boldsymbol{\kappa}_i$ 增加而减少。

6.2.2　性能分析

下面分析基于 QMVDR 的干扰和噪声抵消器的性能。首先，分析信号源参数对 $\boldsymbol{\kappa}$ 的影响。参照文献[5]中的推导，$\boldsymbol{\kappa}$ 可表示为

$$\kappa = \xi_s|P_s|^2\left(2M - \frac{|P_i|^2\left|\boldsymbol{q}_s^{\mathrm{H}}\boldsymbol{q}_i\right|^2}{2\xi_i^{-1} + 2M|P_i|^2}\right)\frac{2M-\mu}{2M-\mu(1+\varepsilon)} = 2\mathrm{SINR}_y\beta \tag{6-24}$$

其中，SINR_y 由式(6-15)给出，且

$$\beta=\frac{2M-\mu}{2M-\mu(1+\varepsilon)},\quad \mu=\frac{|P_{\mathrm{i}}|^2|\boldsymbol{q}_{\mathrm{s}}^{\mathrm{H}}\boldsymbol{q}_{\mathrm{i}}|^2}{2\xi_{\mathrm{i}}^{-1}+2M|P_{\mathrm{i}}|^2},\quad \varepsilon=\frac{\xi_{\mathrm{i}}^{-1}}{\xi_{\mathrm{i}}^{-1}+M|P_{\mathrm{i}}|^2} \tag{6-25}$$

很明显，因为$0\leqslant\varepsilon<1$，增益$\beta\geqslant 1$。于是，$\kappa\geqslant\beta$。

从式(6-24)可知，κ主要依赖于期望信号和干扰之间的 DOA 的分离性，即$|\boldsymbol{q}_{\mathrm{s}}^{\mathrm{H}}\boldsymbol{q}_{\mathrm{i}}|^2$。$\kappa$和$|\boldsymbol{q}_{\mathrm{s}}^{\mathrm{H}}\boldsymbol{q}_{\mathrm{i}}|^2$依赖关系总结如下。

①若期望信号和干扰具有相同的 DOA，即$\boldsymbol{q}_{\mathrm{s}}=\boldsymbol{q}_{\mathrm{i}}$，由于$|\boldsymbol{q}_{\mathrm{s}}^{\mathrm{H}}\boldsymbol{q}_{\mathrm{i}}|=2M$，$\mu=\frac{M|P_{\mathrm{i}}|^2}{\xi_{\mathrm{i}}^{-1}+M|P_{\mathrm{i}}|^2}$，于是$\beta=1+M\xi_{\mathrm{i}}|P_{\mathrm{i}}|^2$，且$\kappa=2M\xi_{\mathrm{s}}|P_{\mathrm{s}}|^2$。在$M$为常数的情况下，$\beta$随着$\xi_{\mathrm{i}}$和$|P_{\mathrm{i}}|^2$增加而增加，而$\kappa$随着$\xi_{\mathrm{s}}$和$|P_{\mathrm{s}}|^2$增加而增加。

②若期望信号和干扰之间的 DOA 分离增加，即$|\boldsymbol{q}_{\mathrm{s}}^{\mathrm{H}}\boldsymbol{q}_{\mathrm{i}}|^2$减少，导致$\mu$减少。从而$\beta$和$\kappa$也减少。当$|\boldsymbol{q}_{\mathrm{s}}^{\mathrm{H}}\boldsymbol{q}_{\mathrm{i}}|=2M\sqrt{\frac{1+M\xi_{\mathrm{i}}|P_{\mathrm{i}}|^2}{2+M\xi_{\mathrm{i}}|P_{\mathrm{i}}|^2}}$，即$\mu=\frac{2M^2|P_{\mathrm{i}}|^2}{2\xi_{\mathrm{i}}^{-1}+M|P_{\mathrm{i}}|^2}$时，$\kappa=2M\xi_{\mathrm{s}}|P_{\mathrm{s}}|^2\frac{4(1+M\xi_{\mathrm{i}}|P_{\mathrm{i}}|^2)}{(2+M\xi_{\mathrm{i}}|P_{\mathrm{i}}|^2)^2}$达到最小值。

③若$|\boldsymbol{q}_{\mathrm{s}}^{\mathrm{H}}\boldsymbol{q}_{\mathrm{i}}|=0$，即$\mu=0$时，$\beta=1$且$\kappa=2M\xi_{\mathrm{s}}|P_{\mathrm{s}}|^2$。在这种情况下，$\kappa=2\mathrm{SINR}_y$。

另外，κ也依赖于输入干噪比ξ_{i}、阵列的阵元数$2M$、干扰响应P_{i}和期望信号响应P_{s}。为了验证以上分析，图 6-3 显示了在不同ξ_{i}情况下，κ随期望信号 DOA

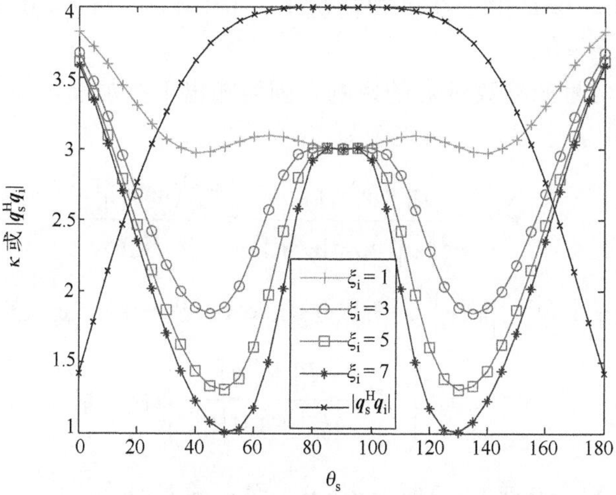

(a) $\phi_{\mathrm{s}}=60°$

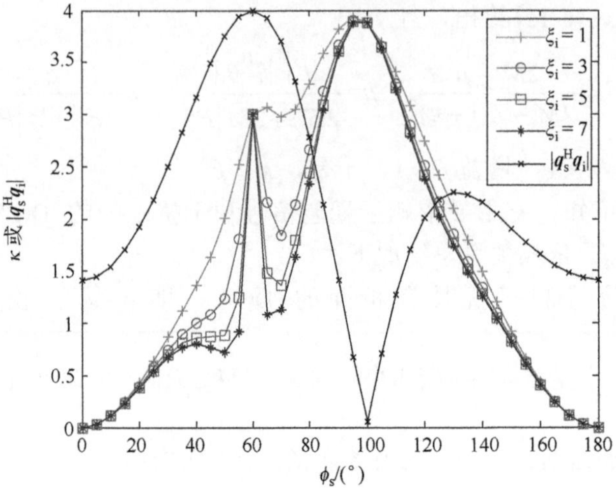

(b) $\theta_s=90°$

图 6-3　κ 随期望信号 DOA 变化的曲线(见彩图)

变化的曲线。图中，$\theta_i=90°$, $\phi_i=60°$；图 6-3(a)中，$\phi_s=60°$，图 6-3(b)中，$\theta_s=90°$。均匀线性对称阵列含有 $2M=4$ 个沿 x 轴的电偶极子-磁环对。假设 $\xi_s=1$，期望信号和干扰有相同的极化参数，即 $\gamma_s=\gamma_i=30°$，$\eta_s=\eta_i=30°$。图 6-3 中显示的仿真结果与理论分析是一致的。从图 6-3(a)可以看出，当 $\theta_s\approx 90°$ 时，$\left|\boldsymbol{q}_s^{\rm H}\boldsymbol{q}_i\right|\approx 4$ 和 $\kappa\approx 3$。对于电偶极子-磁环对，$\left|P_s\right|^2=\sin^2\phi_s+\cos^2\phi_s\cos^2\theta_s$。因此，当 $\phi_s=60°$ 和 $\theta_s\approx 90°$ 时，$\left|P_s\right|^2\approx 0.75$。随着 θ_s 偏离 $90°$，$\left|\boldsymbol{q}_s^{\rm H}\boldsymbol{q}_i\right|$ 减少，这将导致 κ 的减少。从图 6-3(b)可以看出，当 $\phi_s\approx 60°$ 时，$\left|\boldsymbol{q}_s^{\rm H}\boldsymbol{q}_i\right|\approx 4$ 和 $\kappa\approx 3$，这与图 6-3(a)是一样的。另外，当 $\phi_s\approx 100°$ 时，$\left|\boldsymbol{q}_s^{\rm H}\boldsymbol{q}_i\right|\approx 0$ 和 $\kappa\approx 4$。这是由于在这种情况下，$\left|P_s\right|^2\approx 1$，当 $\phi_s=0°$ 或 $\phi_s=180°$ 时，$\left|P_s\right|^2=0$，所以，$\kappa=0$。

其次，分析信号源参数对 κ_i 的影响。因为输出干扰加噪声的功率为 $\boldsymbol{w}^{\Delta}\boldsymbol{R}_{\rm in}\boldsymbol{w}=\sigma_n^2\|\boldsymbol{w}\|^2+\sigma_i^2\left|\boldsymbol{w}^{\Delta}\boldsymbol{v}_i\right|^2$，于是，$\kappa_i$ 可表示为

$$\kappa_i=\frac{\sigma_i^2\left|(\boldsymbol{w}^{\Delta}\boldsymbol{v}_i)_1\right|^2}{\sigma_n^2\|\boldsymbol{w}\|^2+\sigma_i^2\left|\boldsymbol{w}^{\Delta}\boldsymbol{v}_i\right|^2}=\frac{\sigma_i^2\left|(\boldsymbol{w}^{\Delta}\boldsymbol{v}_i)_1\right|^2}{\boldsymbol{w}^{\Delta}\boldsymbol{R}_{\rm in}\boldsymbol{w}} \tag{6-26}$$

其中，因为 $0\leqslant\left|(\boldsymbol{w}^{\Delta}\boldsymbol{v}_i)_1\right|^2\leqslant\left|\boldsymbol{w}^{\Delta}\boldsymbol{v}_i\right|^2$，所以 $0\leqslant\kappa_i\leqslant 1$。进一步，$\kappa_i$ 又可表示为[5]

$$\kappa_i=\xi_i\left|P_s\right|^2\left(M-\frac{\left|P_i\right|^2\left|\boldsymbol{q}_s^{\rm H}\boldsymbol{q}_i\right|^2}{4\xi_i^{-1}+4M\left|P_i\right|^2}\right)\left|(\boldsymbol{w}^{\Delta}\boldsymbol{v}_i)_1\right|^2 \tag{6-27}$$

很明显，当 $\left|(\boldsymbol{w}^{\Delta}\boldsymbol{v}_i)_1\right|^2=0$ 或 $\xi_i=0$ 时，$\kappa_i=0$，而 κ_i 随着 $\left|(\boldsymbol{w}^{\Delta}\boldsymbol{v}_i)_1\right|^2$、$\xi_i$ 和 $\left|P_s\right|^2$ 增加而增加。另外，κ_i 也依赖于阵列的阵元数 $2M$ 和干扰响应 P_i。

参照文献[5]中的推导，可得到

$$(\boldsymbol{w}^{\Delta}\boldsymbol{v}_{\mathrm{i}})_1=\alpha(\boldsymbol{v}_{\mathrm{s}}{}^{\Delta}\boldsymbol{v}_{\mathrm{i}})_1=\alpha\left|\boldsymbol{q}_{\mathrm{s}}^{\mathrm{H}}\boldsymbol{q}_{\mathrm{i}}\right|(P_{\mathrm{s}}^{*}P_{\mathrm{i}})_1 \tag{6-28}$$

其中

$$\alpha=\frac{\xi_{\mathrm{i}}^{-1}}{\left|P_{\mathrm{s}}\right|^2}\left(\frac{2}{4M\xi_{\mathrm{i}}^{-1}+\left|P_{\mathrm{i}}\right|^2(4M^2-\left|\boldsymbol{q}_{\mathrm{s}}^{\mathrm{H}}\boldsymbol{q}_{\mathrm{i}}\right|^2)}\right) \tag{6-29}$$

从式(6-28)和式(6-29)可知，$(\boldsymbol{w}^{\Delta}\boldsymbol{v}_{\mathrm{i}})_1$不仅依赖于期望信号和干扰之间的 DOA 的分离性，即$\left|\boldsymbol{q}_{\mathrm{s}}^{\mathrm{H}}\boldsymbol{q}_{\mathrm{i}}\right|$，也依赖于期望信号和干扰之间的极化差别，即$(P_{\mathrm{s}}^{*}P_{\mathrm{i}})_1$。$\kappa_{\mathrm{i}}$和$(\boldsymbol{w}^{\Delta}\boldsymbol{v}_{\mathrm{i}})_1$与$\left|\boldsymbol{q}_{\mathrm{s}}^{\mathrm{H}}\boldsymbol{q}_{\mathrm{i}}\right|$和$(P_{\mathrm{s}}^{*}P_{\mathrm{i}})_1$依赖关系总结如下。

①若期望信号和干扰具有相同的 DOA，即$\boldsymbol{q}_{\mathrm{s}}=\boldsymbol{q}_{\mathrm{i}}$，由于$\left|\boldsymbol{q}_{\mathrm{s}}^{\mathrm{H}}\boldsymbol{q}_{\mathrm{i}}\right|=2M$，$(\boldsymbol{w}^{\Delta}\boldsymbol{v}_{\mathrm{i}})_1=\dfrac{P_{\mathrm{s}1}^{*}P_{\mathrm{i}1}+P_{\mathrm{s}2}^{*}P_{\mathrm{i}2}}{\left|P_{\mathrm{s}}\right|^2}$。在此情况下，若$P_{\mathrm{s}}=P_{\mathrm{i}}$，则$(\boldsymbol{w}^{\Delta}\boldsymbol{v}_{\mathrm{i}})_1=1$。所以，$\kappa_{\mathrm{i}}=M\xi_{\mathrm{i}}\left|P_{\mathrm{s}}\right|^2\left(1-\dfrac{M\left|P_{\mathrm{i}}\right|^2}{\xi_{\mathrm{i}}^{-1}+M\left|P_{\mathrm{i}}\right|^2}\right)$达到最大值。而如果期望信号的极化与干扰的极化之间的极化是正交的，即$\gamma_{\mathrm{s}}+\gamma_{\mathrm{i}}=90°$，$\eta_{\mathrm{s}}-\eta_{\mathrm{i}}=180°$，则由于$(P_{\mathrm{s}}^{*}P_{\mathrm{i}})_1=0$，而$(\boldsymbol{w}^{\Delta}\boldsymbol{v}_{\mathrm{i}})_1=0$，所以，$\kappa_{\mathrm{i}}$达到最小值。

②若期望信号和干扰之间的 DOA 分离增加，即$\left|\boldsymbol{q}_{\mathrm{s}}^{\mathrm{H}}\boldsymbol{q}_{\mathrm{i}}\right|^2$减少，导致$(\boldsymbol{w}^{\Delta}\boldsymbol{v}_{\mathrm{i}})_1$减少。另外，期望信号和干扰之间的极化差别加大也会导致$(\boldsymbol{w}^{\Delta}\boldsymbol{v}_{\mathrm{i}})_1$减少。因此，$\kappa_{\mathrm{i}}$也减小。

③若$\left|\boldsymbol{q}_{\mathrm{s}}^{\mathrm{H}}\boldsymbol{q}_{\mathrm{i}}\right|=0$或$(P_{\mathrm{s}}^{*}P_{\mathrm{i}})_1=0$，$(\boldsymbol{w}^{\Delta}\boldsymbol{v}_{\mathrm{i}})_1=0$。于是，$\kappa_{\mathrm{i}}=0$。另外，若$\xi_{\mathrm{i}}=0$，$\kappa_{\mathrm{i}}=0$。

最后，分析基于 QMVDR 的干扰和噪声抵消器的性能。综合式(6-23)和以上分析，可以得到如下结果。

①若$\left|\boldsymbol{q}_{\mathrm{s}}^{\mathrm{H}}\boldsymbol{q}_{\mathrm{i}}\right|=0$，则$\kappa=2M\xi_{\mathrm{s}}\left|P_{\mathrm{s}}\right|^2$和$\kappa_{\mathrm{i}}=0$。因此，$\mathrm{SINR}_{y_{\mathrm{s}}}=2M\xi_{\mathrm{s}}\left|P_{\mathrm{s}}\right|^2$。这说明当期望信号和干扰之间的 DOA 分离达到最大时，信号与干扰加噪声之比也达到最大值，干扰和噪声抵消器的性能最好。进一步，$\left|\boldsymbol{q}_{\mathrm{s}}^{\mathrm{H}}\boldsymbol{q}_{\mathrm{i}}\right|^2$随着期望信号和干扰之间的 DOA 分离的减少而增加。于是，由于κ的减小和κ_{i}的增加，$\mathrm{SINR}_{y_{\mathrm{s}}}$将减少。当$\left|\boldsymbol{q}_{\mathrm{s}}^{\mathrm{H}}\boldsymbol{q}_{\mathrm{i}}\right|=2M\sqrt{\dfrac{1+M\xi_{\mathrm{i}}\left|P_{\mathrm{i}}\right|^2}{2+M\xi_{\mathrm{i}}\left|P_{\mathrm{i}}\right|^2}}$时，$\kappa$达到最小值。在这种情况下，如果$\kappa_{\mathrm{i}}$达到最大值，则$\mathrm{SINR}_{y_{\mathrm{s}}}$将达到最小值。

②若$(P_{\mathrm{s}}^{*}P_{\mathrm{i}})_1=0$时，$\kappa_{\mathrm{i}}=0$。在这种情况下，$\mathrm{SINR}_{y_{\mathrm{s}}}$将达到最大值，即如果$\left|\boldsymbol{q}_{\mathrm{s}}^{\mathrm{H}}\boldsymbol{q}_{\mathrm{i}}\right|=2M$，则$\mathrm{SINR}_{y_{\mathrm{s}}}=2M\xi_{\mathrm{s}}\left|P_{\mathrm{s}}\right|^2$。这说明即使期望信号和干扰具有相同的 DOA，通过利用期望信号与干扰之间的极化正交性，$\mathrm{SINR}_{y_{\mathrm{s}}}$也能达到最大值。进一步，

$\left|(P_{\mathrm{s}}^{*}P_{\mathrm{i}})_1\right|$随着期望信号和干扰之间极化差别的减少而增加。于是，由于κ_{i}的增加，$\mathrm{SINR}_{y_{\mathrm{s}}}$将减少。

③若$\xi_{\mathrm{i}}=0$，则$\kappa=2M\xi_{\mathrm{s}}\left|P_{\mathrm{s}}\right|^2$和$\kappa_{\mathrm{i}}=0$。在这种情况下，$\mathrm{SINR}_{y_{\mathrm{s}}}$将达到最大值，即$\mathrm{SINR}_{y_{\mathrm{s}}}=2M\xi_{\mathrm{s}}\left|P_{\mathrm{s}}\right|^2$。进一步，$\mathrm{SINR}_{y}$随着$\xi_{\mathrm{i}}$增加而减少。在强干扰出现情况下，即$\xi_{\mathrm{i}}^{-1}=0$，$\mathrm{SINR}_{y_{\mathrm{s}}}$可表达为

$$\mathrm{SINR}_{y_{\mathrm{s}}}=\xi_{\mathrm{s}}\left|P_{\mathrm{s}}\right|^2\left(2M-\frac{\left|\boldsymbol{q}_{\mathrm{s}}^{\mathrm{H}}\boldsymbol{q}_{\mathrm{i}}\right|^2}{2M}\right)\left(1-\frac{\left|(\boldsymbol{v}_{\mathrm{s}}{}^{\Delta}\boldsymbol{v}_{\mathrm{i}})_1\right|^2}{\left|\boldsymbol{v}_{\mathrm{s}}{}^{\Delta}\boldsymbol{v}_{\mathrm{i}}\right|^2}\right) \tag{6-30}$$

式(6-30)表明在强干扰出现情况下，若期望信号和干扰具有相同的 DOA，即$\boldsymbol{q}_{\mathrm{s}}=\boldsymbol{q}_{\mathrm{i}}$，或者期望信号和干扰之间没有极化差别，即$P_{\mathrm{s}}=P_{\mathrm{i}}$，则$\mathrm{SINR}_{y_{\mathrm{s}}}=0$。这说明干扰和噪声抵消器失效。

若阵列的阵元数$2M$增加，则κ增加，且κ_{i}减少。于是，$\mathrm{SINR}_{y_{\mathrm{s}}}$随着阵元数$2M$增加而增加。若$\left|P_{\mathrm{s}}\right|^2$增加，则$\kappa$增加，且$\kappa_{\mathrm{i}}$减少。于是，$\mathrm{SINR}_{y_{\mathrm{s}}}$随着$\left|P_{\mathrm{s}}\right|^2$增加而增加。进一步，若$\left|P_{\mathrm{i}}\right|^2$增加，则$\kappa$减少。于是，$\mathrm{SINR}_{y_{\mathrm{s}}}$随着$\left|P_{\mathrm{i}}\right|^2$增加而减少。

6.2.3 仿真验证

在实际中，如果期望信号的 DOA 与波束形成方向失配，复数 MVDR(Minimum Variance Distortionless Response)波束形成器的 SINR 将严重下降[8]。在仿真实验中，将比较三种波束形成器对 DOA 与波束形成方向失配的鲁棒性。这三种波束形成器分别是复数“长矢量”MVDR(Complex Long Vector MVDR，CLVMVDR)波束形成器[8]、四元数 MVDR(QMVDR)波束形成器和基于 QMVDR 的干扰和噪声抵消器(INC)。考虑一个由两个沿x轴的正交磁环-磁环对组成的均匀线性对称阵列，即$M=1$。仿真结果是采用 1000 次 Monte Carlo 实验结果的平均值。定义$\mathrm{SINR}=10\log\dfrac{\sigma_{\mathrm{s}}^2}{\sigma_{\mathrm{i}}^2+\sigma_{\mathrm{n}}^2}$。

假设期望信号和干扰的 DOA 参数分别为$(\theta_{\mathrm{s}}=0^\circ,\phi_{\mathrm{s}}=0^\circ)$和$(\theta_{\mathrm{i}}=80^\circ,\phi_{\mathrm{i}}=0^\circ)$。极化信息为$\gamma_{\mathrm{s}}=\gamma_{\mathrm{i}}=60^\circ$，$\eta_{\mathrm{s}}=\eta_{\mathrm{i}}=30^\circ$。图 6-4 给出了输出 SINR 与期望信号 DOA 偏差的关系曲线，其中，DOA 偏差为$[-8^\circ,8^\circ]$，输入 SINR 是 0dB。对于图 6-4(a)，采样数据为 20，而对于图 6-4(b)，采样数据为 500。从图 6-4 可以看出，采样数据直接影响各种方法的输出 SINR。从图 6-4(a)可以看出，当采样数据较少时，随着 DOA 偏差增加，INC 和 QMVDR 方法的输出 SINR 变化不大，而 CLVMVDR 方法的输出 SINR 有很大变化。这说明 INC 和 QMVDR 方法有较好的鲁棒性。另外，QMVDR 方法有最大的输出 SINR。从图 6-4(b)可以看出，当采样数据较多时，随着 DOA 偏差增加，三种方法的输出 SINR 变化不大。这说明这三种方法都有较好

的鲁棒性。但是，INC 方法有最大的输出 SINR 。更多的仿真验证结果见参考文献[3]、[5]和[9]。

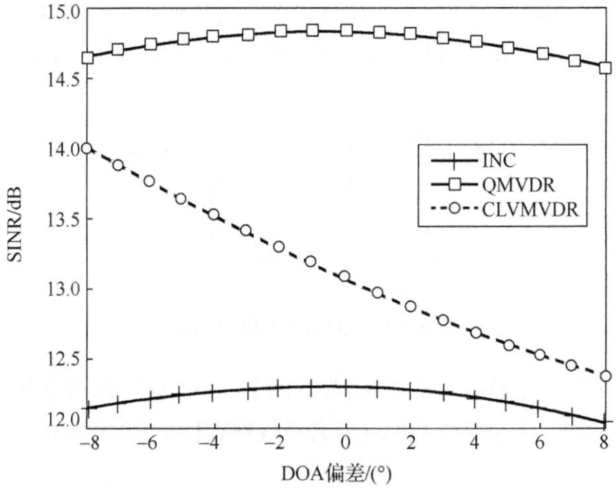

(a) 采样数 $N = 20$

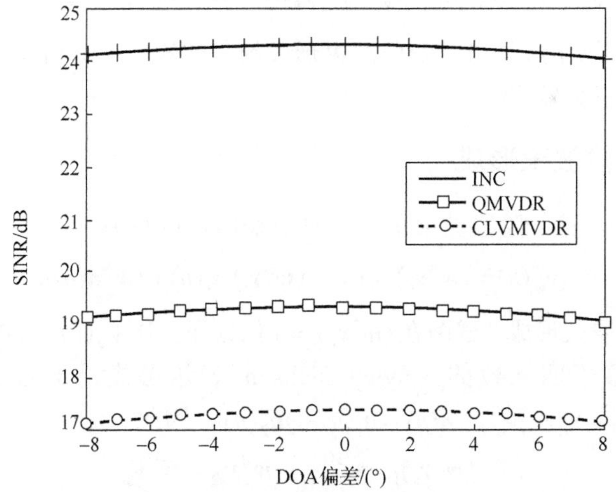

(b) 采样数 $N = 500$

图 6-4　输出 SINR 与期望信号 DOA 偏差的关系曲线

6.3　基于 QSWL 的广义旁瓣抵消器

QSWL 广义旁瓣抵消器(QSWL Generalized Sidelobe Canceller，QSWL-GSC)是 QSWL 波束形成器的一个有用实现形式。QSWL 广义旁瓣抵消器包含两阶段波束形成，其框图如图 6-5 所示。在第一阶段波束形成中，试图从观测数据中提取出无扭曲的期望信号；为了抵消干扰，在第二阶段波束形成中，试图估计出干扰。通过使用第二阶段波束形成的输出来抵消在第一阶段波束形成中的干扰分量，从而消除了 QSWL-GSC 的输出中的干扰分量。QSWL-GSC 的优点是即使期望信号和干扰之间有较小的 DOA 分离，波束主瓣也总是指向期望信号的方向。于是，它对 DOA 失配有较好的鲁棒性。

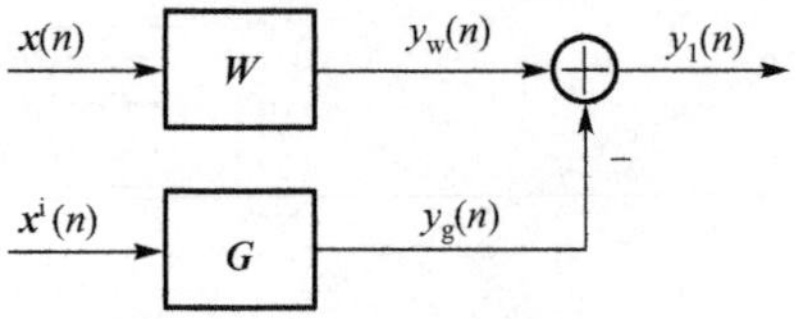

图 6-5　QSWL-GSC 框图

从式(6-19)可知，QSWL 波束形成器的四元数输出包含了两个复数分量，即 $y_1(n)$ 和 $y_2(n)$，令第一个复数分量 $y_1(n)$ 作为 QSWL- GSC 的输出。于是此输出可表示为

$$y_{\mathrm{GSC}}(n)=(y(n))_1=y_{\mathrm{w}}(n)-y_{\mathrm{g}}(n)=(\boldsymbol{w}^{\Delta}\boldsymbol{x}(n))_1-(\boldsymbol{g}^{\Delta}\boldsymbol{x}^{\mathrm{i}}(n))_1 \tag{6-31}$$

其中，$y_{\mathrm{w}}(n)=(\boldsymbol{w}^{\Delta}\boldsymbol{x}(n))_1$ 是第一阶段波束形成的复数输出，$y_{\mathrm{g}}(n)=(\boldsymbol{g}^{\Delta}\boldsymbol{x}^{\mathrm{i}}(n))_1$ 是第二阶段波束形成的复数输出。

6.3.1　第一阶段波束形成

根据式(6-6)，第一阶段波束形成的复数输出可以写为

$$y_{\mathrm{w}}(n)=(\boldsymbol{w}^{\Delta}\boldsymbol{v}_{\mathrm{s}})_1 s_{\mathrm{s}}(n)+(\boldsymbol{w}^{\Delta}\boldsymbol{v}_{\mathrm{i}})_1 s_{\mathrm{i}}(n)+(\boldsymbol{w}^{\Delta}\boldsymbol{n}(n))_1 \tag{6-32}$$

在第一阶段波束形成，试图在 $(\boldsymbol{w}^{\Delta}\boldsymbol{v}_{\mathrm{s}})_1=1$ 约束下，让 $y_{\mathrm{w}}(n)$ 中的干扰加噪声的能量达到最小。鉴于四元数的 Cayley-Dickson 表达形式，于是有 $\boldsymbol{w}=\boldsymbol{w}_1+\mathrm{j}\boldsymbol{w}_2$，$\boldsymbol{v}_{\mathrm{s}}=\boldsymbol{v}_{\mathrm{s1}}+\mathrm{j}\boldsymbol{v}_{\mathrm{s2}}$，$\boldsymbol{v}_{\mathrm{i}}=\boldsymbol{v}_{\mathrm{i1}}+\mathrm{j}\boldsymbol{v}_{\mathrm{i2}}$，$\boldsymbol{n}(n)=\boldsymbol{n}_1(n)+\mathrm{j}\boldsymbol{n}_2(n)$，因此

$$(\boldsymbol{w}^{\Delta}\boldsymbol{v}_{\mathrm{s}})_1=\boldsymbol{w}_1^{\mathrm{H}}\boldsymbol{v}_{\mathrm{s1}}+\boldsymbol{w}_2^{\mathrm{H}}\boldsymbol{v}_{\mathrm{s2}}=\overline{\boldsymbol{w}}^{\mathrm{H}}\overline{\boldsymbol{v}}_{\mathrm{s}} \tag{6-33}$$

$$(\boldsymbol{w}^{\Delta}\boldsymbol{v}_{\mathrm{i}})_1=\boldsymbol{w}_1^{\mathrm{H}}\boldsymbol{v}_{\mathrm{i1}}+\boldsymbol{w}_2^{\mathrm{H}}\boldsymbol{v}_{\mathrm{i2}}=\overline{\boldsymbol{w}}^{\mathrm{H}}\overline{\boldsymbol{v}}_{\mathrm{i}} \tag{6-34}$$

$$(\boldsymbol{w}^{\Delta}\boldsymbol{n}(n))_1=\boldsymbol{w}_1^{\mathrm{H}}\boldsymbol{n}_1(n)+\boldsymbol{w}_2^{\mathrm{H}}\boldsymbol{n}_2(n)=\overline{\boldsymbol{w}}^{\mathrm{H}}\overline{\boldsymbol{n}}(n) \tag{6-35}$$

其中，$\overline{\boldsymbol{w}}=\begin{bmatrix}\boldsymbol{w}_1\\ \boldsymbol{w}_2\end{bmatrix}$，$\overline{\boldsymbol{v}}_{\mathrm{s}}=\begin{bmatrix}\boldsymbol{v}_{\mathrm{s1}}\\ \boldsymbol{v}_{\mathrm{s2}}\end{bmatrix}$，$\overline{\boldsymbol{v}}_{\mathrm{i}}=\begin{bmatrix}\boldsymbol{v}_{\mathrm{i1}}\\ \boldsymbol{v}_{\mathrm{i2}}\end{bmatrix}$，$\overline{\boldsymbol{n}}(n)=\begin{bmatrix}\boldsymbol{n}_1(n)\\ \boldsymbol{n}_2(n)\end{bmatrix}$，于是，式(6-32)又可以写为

$$y_{\mathrm{w}}(n)=\overline{\boldsymbol{w}}^{\mathrm{H}}\overline{\boldsymbol{v}}_{\mathrm{s}}s_{\mathrm{s}}(n)+\overline{\boldsymbol{w}}^{\mathrm{H}}\overline{\boldsymbol{v}}_{\mathrm{i}}s_{\mathrm{i}}(n)+\overline{\boldsymbol{w}}^{\mathrm{H}}\overline{\boldsymbol{n}}(n) \tag{6-36}$$

于是，利用求解下面的约束最优问题，可得到 $\overline{\boldsymbol{w}}$

$$J(\overline{\boldsymbol{w}})=\min\{\overline{\boldsymbol{w}}^{\mathrm{H}}\boldsymbol{R}_{\mathrm{in}}\overline{\boldsymbol{w}}\},\quad \text{s.t.}\quad \overline{\boldsymbol{w}}^{\mathrm{H}}\overline{\boldsymbol{v}}_{\mathrm{s}}=1 \tag{6-37}$$

其中

$$\boldsymbol{R}_{\text{in}}=\begin{bmatrix} E\{(\boldsymbol{x}_{\text{in}}(n))_1(\boldsymbol{x}_{\text{in}}(n))_1^{\text{H}}\} & E\{(\boldsymbol{x}_{\text{in}}(n))_1(\boldsymbol{x}_{\text{in}}(n))_2^{\text{H}}\} \\ E\{(\boldsymbol{x}_{\text{in}}(n))_2(\boldsymbol{x}_{\text{in}}(n))_1^{\text{H}}\} & E\{(\boldsymbol{x}_{\text{in}}(n))_2(\boldsymbol{x}_{\text{in}}(n))_2^{\text{H}}\} \end{bmatrix} \tag{6-38}$$

是协方差矩阵，且 $\boldsymbol{x}_{\text{in}}(n)=\boldsymbol{v}_{\text{i}}s_{\text{i}}(n)+\boldsymbol{n}(n)$ 是在无期望信号情况下，阵列的观测矢量。利用拉格朗日乘数法，可以求得式(6-37)的解，即

$$\overline{\boldsymbol{w}}=\frac{\boldsymbol{R}_{\text{in}}^{-1}\overline{\boldsymbol{v}}_{\text{s}}}{\overline{\boldsymbol{v}}_{\text{s}}^{\text{H}}\boldsymbol{R}_{\text{in}}^{-1}\overline{\boldsymbol{v}}_{\text{s}}} \tag{6-39}$$

假设干扰和噪声是不相关的，式(6-39)又可写为[7]

$$\overline{\boldsymbol{w}}=\frac{\varepsilon\overline{\boldsymbol{v}}_{\text{s}}-(P_{\text{i}}^{\Delta}P_{\text{s}})_1\boldsymbol{q}_{\text{i}}^{\text{H}}\boldsymbol{q}_{\text{s}}\overline{\boldsymbol{v}}_{\text{i}}}{\mu} \tag{6-40}$$

其中

$$\mu=2M\left|P_{\text{s}}\right|^2\varepsilon-\left|(P_{\text{i}}^{\Delta}P_{\text{s}})_1\right|^2\left|\boldsymbol{q}_{\text{i}}^{\text{H}}\boldsymbol{q}_{\text{s}}\right|^2,\quad \varepsilon=\xi_{\text{i}}^{-1}+2M\left|P_{\text{i}}\right|^2 \tag{6-41}$$

进一步，四元数最优加权矢量可写为

$$\boldsymbol{w}_0=\boldsymbol{J}_1\overline{\boldsymbol{w}}+\text{j}\boldsymbol{J}_2\overline{\boldsymbol{w}} \tag{6-42}$$

其中，$\boldsymbol{J}_1=\left[\boldsymbol{I}_{2M\times 2M},\boldsymbol{0}_{2M\times 2M}\right]$，$\boldsymbol{J}_2=\left[\boldsymbol{0}_{2M\times 2M},\boldsymbol{I}_{2M\times 2M}\right]$是两个选择矩阵。在某些场合，如雷达，协方差矩阵 $\boldsymbol{R}_{\text{in}}$ 可以在无信号间隙被估计。而在其他场合(如通信)，协方差矩阵 $\boldsymbol{R}_{\text{in}}$ 不能被估计。于是，在这个场合，可以用 $\boldsymbol{R}_x$ 替代 $\boldsymbol{R}_{\text{in}}$，即

$$\boldsymbol{R}_x=\begin{bmatrix} E\{(\boldsymbol{x}(n))_1(\boldsymbol{x}(n))_1^{\text{H}}\} & E\{(\boldsymbol{x}(n))_1(\boldsymbol{x}(n))_2^{\text{H}}\} \\ E\{(\boldsymbol{x}(n))_2(\boldsymbol{x}(n))_1^{\text{H}}\} & E\{(\boldsymbol{x}(n))_2(\boldsymbol{x}(n))_2^{\text{H}}\} \end{bmatrix} \tag{6-43}$$

当无失真约束与期望信号完全匹配时，对于 $\boldsymbol{R}_x$ 和 $\boldsymbol{R}_{\text{in}}$，加权矢量 $\boldsymbol{w}_0$ 是相同的。利用最优加权矢量 $\boldsymbol{w}_0$，第一阶段波束形成的复数输出可以写为

$$y_{\text{w}}(n)=s_{\text{s}}(n)+(\boldsymbol{w}_0^{\Delta}\boldsymbol{v}_{\text{i}})_1s_{\text{i}}(n)+(\boldsymbol{w}_0^{\Delta}\boldsymbol{n}(n))_1$$

6.3.2　第二阶段波束形成

根据式(6-18)，第二阶段波束形成的复数输出可以写为

$$y_{\text{g}}(n)=(\boldsymbol{g}^{\Delta}\boldsymbol{v}_{\text{s}}^{\text{i}})_1s_{\text{s}}(n)+(\boldsymbol{g}^{\Delta}\boldsymbol{v}_{\text{i}}^{\text{i}})_1s_{\text{i}}(n)+(\boldsymbol{g}^{\Delta}\boldsymbol{n}^{\text{i}}(n))_1 \tag{6-44}$$

在第二阶段波束形成，试图在 $(\boldsymbol{g}^{\Delta}\boldsymbol{v}_{\text{s}}^{\text{i}})_1=0$ 和 $(\boldsymbol{g}^{\Delta}\boldsymbol{v}_{\text{i}}^{\text{i}})_1=(\boldsymbol{w}_0^{\Delta}\boldsymbol{v}_{\text{i}})_1$ 约束下，让 $y_{\text{g}}(n)$ 中的噪声能量达到最小。为了实现这个目的，可采用下面两种方案。

1．方案 1：QPMC 与 MVDR 联合

令 $\boldsymbol{g}=\boldsymbol{w}_{\text{qs}}\boldsymbol{w}_{\text{MV}}$，这里，$\boldsymbol{w}_{\text{qs}}$ 是一个四元数对角加权矩阵，而 $\boldsymbol{w}_{\text{MV}}$ 是一个复数加权矢量。在这个方案中，首先使用 $\boldsymbol{w}_{\text{qs}}$ 来达到约束 $(\boldsymbol{g}^{\Delta}\boldsymbol{v}_{\text{s}}^{\text{i}})_1=0$，它被称为四元数极化

匹配抵消(Quaternion Polarization Matched Cancellation，QPMC)。然后使用 $\boldsymbol{w}_{\mathrm{MV}}$ 在满足约束 $(\boldsymbol{g}^{\Delta}\boldsymbol{v}_{\mathrm{s}}^{\mathrm{i}})_1=0$ 条件下，迫使噪声能量达到最小，它被称为 MVDR。

令 $\boldsymbol{w}_{\mathrm{qs}}=\mathrm{diag}\{w_{\mathrm{qs}}(-M),\cdots,w_{\mathrm{qs}}(M)\}$，于是

$$\boldsymbol{g}^{\Delta}\boldsymbol{v}_{\mathrm{s}}^{\mathrm{i}}=\boldsymbol{w}_{\mathrm{MV}}^{\mathrm{H}}\boldsymbol{w}_{\mathrm{qs}}^{\Delta}\boldsymbol{v}_{\mathrm{s}}^{\mathrm{i}}=\boldsymbol{w}_{\mathrm{MV}}^{\mathrm{H}}\begin{bmatrix} w_{\mathrm{qs}}^{*}(-M)q_{-M}(\theta_{\mathrm{s}},\phi_{\mathrm{s}})P_{\mathrm{s}}^{\mathrm{i}} \\ \vdots \\ w_{\mathrm{qs}}^{*}(M)q_{M}(\theta_{\mathrm{s}},\phi_{\mathrm{s}})P_{\mathrm{s}}^{\mathrm{i}} \end{bmatrix} \tag{6-45}$$

从式(6-45)和约束 $(\boldsymbol{g}^{\Delta}\boldsymbol{v}_{\mathrm{s}}^{\mathrm{i}})_1=0$，可得到约束 $(w_{\mathrm{qs}}^{*}(m)q_m(\theta_{\mathrm{s}},\phi_{\mathrm{s}})P_{\mathrm{s}}^{\mathrm{i}})_1=0$，这里 $m=\{-M,\cdots,M\}$。由于 $P_{\mathrm{s}}=a_{\mathrm{s}1}+\mathrm{j}a_{\mathrm{s}2}$，于是，当 $w_{\mathrm{qs}}(m)=q_m(\theta_{\mathrm{s}},\phi_{\mathrm{s}})(a_{\mathrm{s}2}^{*}+\mathrm{j}a_{\mathrm{s}1}^{*})$ 时，约束条件 $(w_{\mathrm{qs}}^{*}(m)q_m(\theta_{\mathrm{s}},\phi_{\mathrm{s}})P_{\mathrm{s}}^{\mathrm{i}})_1=0$ 得以满足。于是，四元数对角加权矩阵 $\boldsymbol{w}_{\mathrm{qs}}$ 应当为

$$\boldsymbol{w}_{\mathrm{qs}}=\mathrm{diag}\{\boldsymbol{q}_{\mathrm{s}}\}(a_{\mathrm{s}2}^{*}+\mathrm{j}a_{\mathrm{s}1}^{*}) \tag{6-46}$$

其中，$\mathrm{diag}\{\boldsymbol{q}_{\mathrm{s}}\}=\mathrm{diag}\{q_{-M}(\theta_{\mathrm{s}},\phi_{\mathrm{s}}),\cdots,q_M(\theta_{\mathrm{s}},\phi_{\mathrm{s}})\}$。在约束条件 $(\boldsymbol{g}^{\Delta}\boldsymbol{v}_{\mathrm{s}}^{\mathrm{i}})_1=0$ 得以满足情况下，将 $\boldsymbol{g}=\boldsymbol{w}_{\mathrm{qs}}\boldsymbol{w}_{\mathrm{MV}}$ 代入式(6-44)，式(6-44)能被写为

$$y_{\mathrm{g}}(n)=\boldsymbol{w}_{\mathrm{MV}}^{\mathrm{H}}(\boldsymbol{w}_{\mathrm{qs}}^{\Delta}\boldsymbol{v}_{\mathrm{i}}^{\mathrm{i}})_1 s_{\mathrm{i}}(n)+\boldsymbol{w}_{\mathrm{MV}}^{\mathrm{H}}(\boldsymbol{w}_{\mathrm{qs}}^{\Delta}\boldsymbol{n}^{\mathrm{i}}(n))_1 \tag{6-47}$$

于是，通过求解下面的约束最优问题，可得到 $\boldsymbol{w}_{\mathrm{MV}}$

$$J(\boldsymbol{w}_{\mathrm{MV}})=\min\{\boldsymbol{w}_{\mathrm{MV}}^{\mathrm{H}}\boldsymbol{R}_{\mathrm{qs}}\boldsymbol{w}_{\mathrm{MV}}\},\quad \text{s.t.}\quad \boldsymbol{w}_{\mathrm{MV}}^{\mathrm{H}}\tilde{\boldsymbol{v}}_{\mathrm{i}}=\overline{\boldsymbol{w}}^{\mathrm{H}}\overline{\boldsymbol{v}}_{\mathrm{i}} \tag{6-48}$$

其中，$\boldsymbol{R}_{\mathrm{qs}}=E\{(\boldsymbol{w}_{\mathrm{qs}}^{\Delta}\boldsymbol{x}^{\mathrm{i}}(n))_1(\boldsymbol{w}_{\mathrm{qs}}^{\Delta}\boldsymbol{x}^{\mathrm{i}}(n))_1^{\mathrm{H}}\}$ 是协方差矩阵，且 $\tilde{\boldsymbol{v}}_{\mathrm{i}}=(\boldsymbol{w}_{\mathrm{qs}}^{\Delta}\boldsymbol{v}_{\mathrm{i}}^{\mathrm{i}})_1$。利用拉格朗日乘数法，可以求得式(6-48)的解，即

$$\boldsymbol{w}_{\mathrm{MV}}=\frac{\boldsymbol{R}_{\mathrm{qs}}^{-1}\tilde{\boldsymbol{v}}_{\mathrm{i}}}{\tilde{\boldsymbol{v}}_{\mathrm{i}}^{\mathrm{H}}\boldsymbol{R}_{\mathrm{qs}}^{-1}\tilde{\boldsymbol{v}}_{\mathrm{i}}}\overline{\boldsymbol{v}}_{\mathrm{i}}^{\mathrm{H}}\overline{\boldsymbol{w}} \tag{6-49}$$

假设期望信号和干扰与噪声是不相关的，式(6-49)又可写为[7]

$$\boldsymbol{w}_{\mathrm{MV}}=\frac{(\beta)_1}{\kappa}\tilde{\boldsymbol{v}}_{\mathrm{i}} \tag{6-50}$$

其中

$$\kappa=\tilde{\boldsymbol{v}}_{\mathrm{i}}^{\mathrm{H}}\tilde{\boldsymbol{v}}_{\mathrm{i}}=2M(|a_{\mathrm{s}2}|^2|a_{\mathrm{i}1}|^2+|a_{\mathrm{s}1}|^2|a_{\mathrm{i}2}|^2)-2\mathrm{Re}(a_{\mathrm{s}1}a_{\mathrm{s}2}^{*}a_{\mathrm{i}2}a_{\mathrm{i}1}^{*}(\boldsymbol{q}_{\mathrm{i}}^2)^{\mathrm{H}}\boldsymbol{q}_{\mathrm{s}}^2) \tag{6-51}$$

$$\beta=\overline{\boldsymbol{v}}_{\mathrm{i}}^{\mathrm{H}}\overline{\boldsymbol{w}}=\frac{\xi_{\mathrm{i}}^{-1}(P_{\mathrm{i}}^{\Delta}P_{\mathrm{s}})_1\boldsymbol{q}_{\mathrm{i}}^{\mathrm{H}}\boldsymbol{q}_{\mathrm{s}}}{\mu} \tag{6-52}$$

μ 由式(6-41)给出。

2. 方案 2：线性约束最小方差波束形成

在方案 2 中，采用了线性约束最小方差(Linearly Constrained Minimum Variance，LCMV)波束形成器作为第二阶段波束形成器。鉴于四元数的 Cayley-Dickson 表达形

式，于是有 $\boldsymbol{g}=\boldsymbol{g}_1+\mathrm{j}\boldsymbol{g}_2$，$\boldsymbol{v}_\mathrm{s}^\mathrm{i}=\boldsymbol{v}_{\mathrm{s}1}-\mathrm{j}\boldsymbol{v}_{\mathrm{s}2}$，$\boldsymbol{v}_\mathrm{i}^\mathrm{i}=\boldsymbol{v}_{\mathrm{i}1}-\mathrm{j}\boldsymbol{v}_{\mathrm{i}2}$，$\boldsymbol{n}^\mathrm{i}(n)=\boldsymbol{n}_1(n)-\mathrm{j}\boldsymbol{n}_2(n)$，因此

$$(\boldsymbol{g}^\Delta\boldsymbol{v}_\mathrm{s}^\mathrm{i})_1=\boldsymbol{g}_1^\mathrm{H}\boldsymbol{v}_{\mathrm{s}1}-\boldsymbol{g}_2^\mathrm{H}\boldsymbol{v}_{\mathrm{s}2}=\overline{\boldsymbol{g}}^\mathrm{H}\overline{\boldsymbol{v}}_\mathrm{s}^\mathrm{i} \tag{6-53}$$

$$(\boldsymbol{g}^\Delta\boldsymbol{v}_\mathrm{i}^\mathrm{i})_1=\boldsymbol{g}_1^\mathrm{H}\boldsymbol{v}_{\mathrm{i}1}-\boldsymbol{g}_2^\mathrm{H}\boldsymbol{v}_{\mathrm{i}2}=\overline{\boldsymbol{g}}^\mathrm{H}\overline{\boldsymbol{v}}_\mathrm{i}^\mathrm{i} \tag{6-54}$$

$$(\boldsymbol{g}^\Delta\boldsymbol{n}^\mathrm{i}(n))_1=\boldsymbol{g}_1^\mathrm{H}\boldsymbol{n}_1(n)-\boldsymbol{g}_2^\mathrm{H}\boldsymbol{n}_2(n)=\overline{\boldsymbol{g}}^\mathrm{H}\overline{\boldsymbol{n}}^\mathrm{i}(n) \tag{6-55}$$

其中，$\overline{\boldsymbol{g}}=\begin{bmatrix}\boldsymbol{g}_1\\ \boldsymbol{g}_2\end{bmatrix}$，$\overline{\boldsymbol{v}}_\mathrm{s}^\mathrm{i}=\begin{bmatrix}\boldsymbol{v}_{\mathrm{s}1}\\ -\boldsymbol{v}_{\mathrm{s}2}\end{bmatrix}$，$\overline{\boldsymbol{v}}_\mathrm{i}^\mathrm{i}=\begin{bmatrix}\boldsymbol{v}_{\mathrm{i}1}\\ -\boldsymbol{v}_{\mathrm{i}2}\end{bmatrix}$，$\overline{\boldsymbol{n}}^\mathrm{i}(n)=\begin{bmatrix}\boldsymbol{n}_1(n)\\ -\boldsymbol{n}_2(n)\end{bmatrix}$。于是，式(6-44)又可以写为

$$y_\mathrm{g}(n)=\overline{\boldsymbol{g}}^\mathrm{H}\overline{\boldsymbol{v}}_\mathrm{s}^\mathrm{i}s_\mathrm{s}(n)+\overline{\boldsymbol{g}}^\mathrm{H}\overline{\boldsymbol{v}}_\mathrm{i}^\mathrm{i}s_\mathrm{i}(n)+\overline{\boldsymbol{g}}^\mathrm{H}\overline{\boldsymbol{n}}^\mathrm{i}(n) \tag{6-56}$$

于是，利用求解下面的约束最优问题，可得到 $\overline{\boldsymbol{g}}$

$$J(\overline{\boldsymbol{g}})=\min\{\overline{\boldsymbol{g}}^\mathrm{H}\boldsymbol{R}_\mathrm{ing}\overline{\boldsymbol{g}}\},\ \text{s.t.}\quad \overline{\boldsymbol{g}}^\mathrm{H}\boldsymbol{C}=\boldsymbol{b}^\mathrm{H} \tag{6-57}$$

其中

$$\boldsymbol{R}_\mathrm{ing}=\begin{bmatrix}E\{(\boldsymbol{x}_\mathrm{in}^\mathrm{i}(n))_1(\boldsymbol{x}_\mathrm{in}^\mathrm{i}(n))_1^\mathrm{H}\} & E\{(\boldsymbol{x}_\mathrm{in}^\mathrm{i}(n))_1(\boldsymbol{x}_\mathrm{in}^\mathrm{i}(n))_2^\mathrm{H}\}\\ E\{(\boldsymbol{x}_\mathrm{in}^\mathrm{i}(n))_2(\boldsymbol{x}_\mathrm{in}^\mathrm{i}(n))_1^\mathrm{H}\} & E\{(\boldsymbol{x}_\mathrm{in}^\mathrm{i}(n))_2(\boldsymbol{x}_\mathrm{in}^\mathrm{i}(n))_2^\mathrm{H}\}\end{bmatrix} \tag{6-58}$$

是协方差矩阵，且 $\boldsymbol{x}_\mathrm{in}^\mathrm{i}(n)=\boldsymbol{v}_\mathrm{i}^\mathrm{i}s_\mathrm{i}(n)+\boldsymbol{n}^\mathrm{i}(n)$ 是在无期望信号情况下，阵列观测矢量的内卷。$\boldsymbol{C}=[\overline{\boldsymbol{v}}_\mathrm{i}^\mathrm{i},\overline{\boldsymbol{v}}_\mathrm{s}^\mathrm{i}]$ 和 $\boldsymbol{b}^\mathrm{H}=[(\beta^*)_1,0]$，$\beta$ 由式(6-52)给出。式(6-57)的解可由下式给出[8]

$$\overline{\boldsymbol{g}}=\boldsymbol{R}_\mathrm{ing}^{-1}\boldsymbol{C}(\boldsymbol{C}^\mathrm{H}\boldsymbol{R}_\mathrm{ing}^{-1}\boldsymbol{C})^{-1}\boldsymbol{b} \tag{6-59}$$

假设期望信号和干扰与噪声是不相关的，式(6-59)又可写为[7]

$$\overline{\boldsymbol{g}}=\frac{g_1}{v}(2M|P_\mathrm{s}|^2\,\overline{\boldsymbol{v}}_\mathrm{i}^\mathrm{i}-(P_\mathrm{s}^\Delta P_\mathrm{i})_1\boldsymbol{q}_\mathrm{s}^\mathrm{H}\boldsymbol{q}_\mathrm{i}\overline{\boldsymbol{v}}_\mathrm{s}^\mathrm{i}) \tag{6-60}$$

其中

$$v=(2M)^2|P_\mathrm{s}|^2|P_\mathrm{i}|^2-\left|(P_\mathrm{i}^\Delta P_\mathrm{s})_1\right|^2\left|\boldsymbol{q}_\mathrm{i}^\mathrm{H}\boldsymbol{q}_\mathrm{s}\right|^2=\mu-2M\xi_\mathrm{i}^{-1}|P_\mathrm{s}|^2 \tag{6-61}$$

μ 由式(6-41)给出。进一步，四元数最优加权矢量可写成

$$\boldsymbol{g}_0=\boldsymbol{J}_1\overline{\boldsymbol{g}}+\mathrm{j}\boldsymbol{J}_2\overline{\boldsymbol{g}} \tag{6-62}$$

其中，$\boldsymbol{J}_1=[\boldsymbol{I}_{2M\times 2M},\boldsymbol{0}_{2M\times 2M}]$，$\boldsymbol{J}_2=[\boldsymbol{0}_{2M\times 2M},\boldsymbol{I}_{2M\times 2M}]$ 是两个选择矩阵。

利用最优加权矢量 $\boldsymbol{g}_0$，第二阶段波束形成的复数输出可以写为

$$y_\mathrm{g}(n)=(\boldsymbol{w}_0^\Delta\boldsymbol{v}_\mathrm{i})_1s_\mathrm{i}(n)+(\boldsymbol{g}_0^\Delta\boldsymbol{n}^\mathrm{i}(n))_1 \tag{6-63}$$

于是，联合式(6-31)、式(6-43)和式(6-63)，QSWL- GSC 的复数输出可以写为

$$y_\mathrm{GSC}(n)=y_\mathrm{w}(n)-y_\mathrm{g}(n)=s_\mathrm{s}(n)+(\boldsymbol{w}_0^\Delta\boldsymbol{n}(n))_1-(\boldsymbol{g}_0^\Delta\boldsymbol{n}^\mathrm{i}(n))_1 \tag{6-64}$$

从式(6-64)可以看出，在 QSWL-GSC 的输出中，干扰分量完全被抵消。

6.3.3 性能分析

因为 QSWL-GSC 能够抵消输出中的干扰分量，它的输出信号干扰比(Signal to Interference Ratio，SIR)趋于无穷。于是，重点分析信号噪声比(SNR)和阵列增益。令 $\rho_{\mathrm{n}}=E\{|(\boldsymbol{w}_0^{\Delta}\boldsymbol{n}(n))_1-(\boldsymbol{g}_0^{\Delta}\boldsymbol{n}^{\mathrm{i}}(n))_1|^2\}$ 是输出噪声功率。根据式(6-35)和式(6-55)，有

$$(\boldsymbol{w}_0^{\Delta}\boldsymbol{n}(n))_1-(\boldsymbol{g}_0^{\Delta}\boldsymbol{n}^{\mathrm{i}}(n))_1=(\boldsymbol{w}_1^{\mathrm{H}}-\boldsymbol{g}_1^{\mathrm{H}})\boldsymbol{n}_1(n)+(\boldsymbol{w}_2^{\mathrm{H}}-\boldsymbol{g}_2^{\mathrm{H}})\boldsymbol{n}_2(n) \tag{6-65}$$

于是，ρ_{n} 能被写为

$$\rho_{\mathrm{n}}=\sigma_{\mathrm{n}}^2(\boldsymbol{w}_1^{\mathrm{H}}-\boldsymbol{g}_1^{\mathrm{H}})(\boldsymbol{w}_1-\boldsymbol{g}_1)+\sigma_{\mathrm{n}}^2(\boldsymbol{w}_2^{\mathrm{H}}-\boldsymbol{g}_2^{\mathrm{H}})(\boldsymbol{w}_2-\boldsymbol{g}_2) \tag{6-66}$$

在第二阶段波束形成中，如果采用方案 1，ρ_{n} 就可写为[7]

$$\rho_{\mathrm{n}}=\frac{\sigma_{\mathrm{n}}^2}{\mu^2}(2M|P_{\mathrm{s}}|^2\varepsilon^2-|(P_{\mathrm{i}}^{\Delta}P_{\mathrm{s}})_1|^2|\boldsymbol{q}_{\mathrm{i}}^{\mathrm{H}}\boldsymbol{q}_{\mathrm{s}}|^2\lambda_{\mathrm{q}}) \tag{6-67}$$

其中，μ 和 ε 由式(6-41)给出。$\lambda_{\mathrm{q}}=\dfrac{\xi_{\mathrm{i}}^{-2}|P_{\mathrm{s}}|^2}{\kappa}$，$\kappa$ 由式(6-51)给出。根据式(6-64)，输出 SNR 和阵列增益 A_{q} 的表达式可以写为

$$\mathrm{SNR}_{\mathrm{o}}=\xi_{\mathrm{s}}\frac{(2M|P_{\mathrm{s}}|^2\varepsilon-|(P_{\mathrm{i}}^{\Delta}P_{\mathrm{s}})_1|^2|\boldsymbol{q}_{\mathrm{i}}^{\mathrm{H}}\boldsymbol{q}_{\mathrm{s}}|^2)^2}{(2M|P_{\mathrm{s}}|^2\varepsilon^2-|(P_{\mathrm{i}}^{\Delta}P_{\mathrm{s}})_1|^2|\boldsymbol{q}_{\mathrm{i}}^{\mathrm{H}}\boldsymbol{q}_{\mathrm{s}}|^2\lambda_{\mathrm{q}})} \tag{6-68}$$

$$A_{\mathrm{q}}=\frac{(2M|P_{\mathrm{s}}|^2\varepsilon-|(P_{\mathrm{i}}^{\Delta}P_{\mathrm{s}})_1|^2|\boldsymbol{q}_{\mathrm{i}}^{\mathrm{H}}\boldsymbol{q}_{\mathrm{s}}|^2)^2}{(2M|P_{\mathrm{s}}|^2\varepsilon^2-|(P_{\mathrm{i}}^{\Delta}P_{\mathrm{s}})_1|^2|\boldsymbol{q}_{\mathrm{i}}^{\mathrm{H}}\boldsymbol{q}_{\mathrm{s}}|^2\lambda_{\mathrm{q}})} \tag{6-69}$$

其中，ξ_{s} 表示输入 SNR，ε 由式(6-41)给出。

在第二阶段波束形成中，如果采用方案 2，ρ_{n} 就可写为[7]

$$\rho_{\mathrm{n}}=\frac{\sigma_{\mathrm{n}}^2}{\mu^2}(2M|P_{\mathrm{s}}|^2\varepsilon^2-|(P_{\mathrm{i}}^{\Delta}P_{\mathrm{s}})_1|^2|\boldsymbol{q}_{\mathrm{i}}^{\mathrm{H}}\boldsymbol{q}_{\mathrm{s}}|^2\lambda_l) \tag{6-70}$$

其中，μ 和 ε 由式(6-41)给出。$\lambda_l=\dfrac{2M\xi_{\mathrm{i}}^{-2}|P_{\mathrm{s}}|^2}{\nu}$，$\nu$ 由式(6-61)给出。于是，输出 SNR 和阵列增益 A_l 的表达式可以写成

$$\mathrm{SNR}_{\mathrm{o}}=\xi_{\mathrm{s}}\frac{(2M|P_{\mathrm{s}}|^2\varepsilon-|(P_{\mathrm{i}}^{\Delta}P_{\mathrm{s}})_1|^2|\boldsymbol{q}_{\mathrm{i}}^{\mathrm{H}}\boldsymbol{q}_{\mathrm{s}}|^2)^2}{(2M|P_{\mathrm{s}}|^2\varepsilon^2-|(P_{\mathrm{i}}^{\Delta}P_{\mathrm{s}})_1|^2|\boldsymbol{q}_{\mathrm{i}}^{\mathrm{H}}\boldsymbol{q}_{\mathrm{s}}|^2\lambda_l)} \tag{6-71}$$

$$A_l=\frac{(2M|P_{\mathrm{s}}|^2\varepsilon-|(P_{\mathrm{i}}^{\Delta}P_{\mathrm{s}})_1|^2|\boldsymbol{q}_{\mathrm{i}}^{\mathrm{H}}\boldsymbol{q}_{\mathrm{s}}|^2)^2}{(2M|P_{\mathrm{s}}|^2\varepsilon^2-|(P_{\mathrm{i}}^{\Delta}P_{\mathrm{s}})_1|^2|\boldsymbol{q}_{\mathrm{i}}^{\mathrm{H}}\boldsymbol{q}_{\mathrm{s}}|^2\lambda_l)} \tag{6-72}$$

从式(6-68)～式(6-72)可以看出，输出 SNR 和阵列增益不仅依赖于期望信号和

干扰之间的 DOA 分离(即 $\left|\boldsymbol{q}_{\mathrm{i}}^{\mathrm{H}}\boldsymbol{q}_{\mathrm{s}}\right|$)，而且依赖于期望信号和干扰之间的极化差别(即 $\left|(P_{\mathrm{i}}^{\Delta}P_{\mathrm{s}})_1\right|$)。输出 SNR 和阵列增益与 $\left|\boldsymbol{q}_{\mathrm{i}}^{\mathrm{H}}\boldsymbol{q}_{\mathrm{s}}\right|$ 和 $\left|(P_{\mathrm{i}}^{\Delta}P_{\mathrm{s}})_1\right|$ 依赖关系总结如下。

①若 $\left|\boldsymbol{q}_{\mathrm{i}}^{\mathrm{H}}\boldsymbol{q}_{\mathrm{s}}\right|=0$，期望信号和干扰之间的 DOA 分离达到最大。这时，$A_{\mathrm{q}}=A_{\mathrm{l}}=2M\left|P_{\mathrm{s}}\right|^2$。进一步，$\left|\boldsymbol{q}_{\mathrm{s}}^{\mathrm{H}}\boldsymbol{q}_{\mathrm{i}}\right|$ 随着期望信号和干扰之间的 DOA 分离的减少而增加。于是，如果 $\left|P_{\mathrm{s}}\right|^2$ 保持不变，阵列增益 A_{q} 和 A_{l} 将减少。当 $\boldsymbol{q}_{\mathrm{s}}=\boldsymbol{q}_{\mathrm{i}}$ 时，则 $\left|\boldsymbol{q}_{\mathrm{i}}^{\mathrm{H}}\boldsymbol{q}_{\mathrm{s}}\right|=2M$。这说明期望信号和干扰之间的 DOA 无分离。在这种情况下，阵列增益 A_{q} 和 A_{l} 可写为

$$A_{\mathrm{q}}=A_{\mathrm{l}}=\frac{2M(\left|P_{\mathrm{s}}\right|^2\varepsilon-2M\left|(P_{\mathrm{i}}^{\Delta}P_{\mathrm{s}})_1\right|^2)^2}{\left|P_{\mathrm{s}}\right|^2\varepsilon^2-2M\left|(P_{\mathrm{i}}^{\Delta}P_{\mathrm{s}})_1\right|^2\lambda} \tag{6-73}$$

其中

$$\lambda=\frac{\xi_{\mathrm{i}}^{-2}\left|P_{\mathrm{s}}\right|^2}{2M(\left|P_{\mathrm{s}}\right|^2\left|P_{\mathrm{i}}\right|^2-\left|(P_{\mathrm{i}}^{\Delta}P_{\mathrm{s}})_1\right|^2)}-2M\left|P_{\mathrm{i}}\right|^2 \tag{6-74}$$

进一步，如果 $\gamma_{\mathrm{s}}=\gamma_{\mathrm{i}}$，$\eta_{\mathrm{s}}=\eta_{\mathrm{i}}$，则 $P_{\mathrm{i}}=P_{\mathrm{s}}$。于是，由于 $\lambda=\infty$，$A_{\mathrm{q}}=A_{\mathrm{l}}=0$。这意味着 QSWL-GSC 失效。

②若 $(P_{\mathrm{s}}^{*}P_{\mathrm{i}})_1=0$ 时，$A_{\mathrm{q}}=A_{l}=2M\left|P_{\mathrm{s}}\right|^2$。在这种情况下，若 $\theta_{\mathrm{s}}=\theta_{\mathrm{i}}\neq0$ 和 $\phi_{\mathrm{s}}=\phi_{\mathrm{i}}\neq0$，即 $\boldsymbol{q}_{\mathrm{s}}=\boldsymbol{q}_{\mathrm{i}}$，则有 $(P_{\mathrm{s}}^{*}P_{\mathrm{i}})_1=(\sin^2\theta_{\mathrm{s}}\cos^2\phi_{\mathrm{s}}+\sin^2\phi_{\mathrm{s}})\cos(\gamma_{\mathrm{i}}-\gamma_{\mathrm{s}})\cos(\eta_{\mathrm{i}}-\eta_{\mathrm{s}})$。如果 $\gamma_{\mathrm{i}}-\gamma_{\mathrm{s}}=\pm\pi/2$ 或 $\eta_{\mathrm{i}}-\eta_{\mathrm{s}}=\pm\pi/2$，则 $(P_{\mathrm{s}}^{*}P_{\mathrm{i}})_1=0$。这说明即使期望信号和干扰之间的 DOA 无分离，利用期望信号与干扰之间的极化正交性，阵列增益也能达到最大值。进一步，如果 $\left|P_{\mathrm{s}}\right|^2$ 保持不变，阵列增益随着 $\left|(P_{\mathrm{s}}^{*}P_{\mathrm{i}})_1\right|$ 增加而减少。当 $P_{\mathrm{s}}=P_{\mathrm{i}}$ 时，则 $\left|(P_{\mathrm{s}}^{*}P_{\mathrm{i}})_1\right|=\left|P_{\mathrm{s}}\right|^2$。这说明期望信号和干扰之间的极化无差异。但是，如果 $\boldsymbol{q}_{\mathrm{s}}\neq\boldsymbol{q}_{\mathrm{i}}$，阵列增益不等于零。

另外，输出 SNR 和阵列增益还依赖于阵列的阵元数 $2M$、干扰响应功率 $\left|P_{\mathrm{i}}\right|^2$ 和期望信号响应功率 $\left|P_{\mathrm{s}}\right|^2$。

6.3.4 仿真验证

在仿真实验中，主要分析在出现单个干扰的情况下，QSWL-GSC 的性能。假设 $M=6$，$\phi_{\mathrm{s}}=\phi_{\mathrm{i}}=60^\circ$，$\gamma_{\mathrm{s}}=\gamma_{\mathrm{i}}=30^\circ$，$\eta_{\mathrm{s}}=\eta_{\mathrm{i}}=30^\circ$。采用协方差矩阵 $\boldsymbol{R}_x$ 替代 $\boldsymbol{R}_{\mathrm{in}}$。在期望信号和干扰的俯仰角存在三种偏差 $|\Delta\theta|$ 情况下，即 $|\Delta\theta|=60^\circ,20^\circ,10^\circ$，图 6-6 给出了阵列的功率模式，其中，$\theta_{\mathrm{s}}=|\Delta\theta|$，$\theta_{\mathrm{i}}=0^\circ$，QSWL-QPMC-MVDR 和 QSWL-LCMV 分别表示 QSWL-GSC 的两种实现方式。可以看出，对于这三种情况，在干扰的方向上，波束增益几乎等于零。当 $|\Delta\theta|$ 减少时，QSWL-GSC 的波束主瓣几乎指向期望信号的方向。而 CLVMVDR 波束形成器[8]的波束主瓣偏离了期望信号的方向。这说明 QSWL-GSC 的性能好于 CLVMVDR 波束形成器。另外，随着 $|\Delta\theta|$ 的减少，波束的旁瓣逐渐加大。波束的旁瓣加大会导致波束形成器接收到更多的噪声，因而，波束形成器的性能下降。更多的仿真验证结果见参考文献[7]。

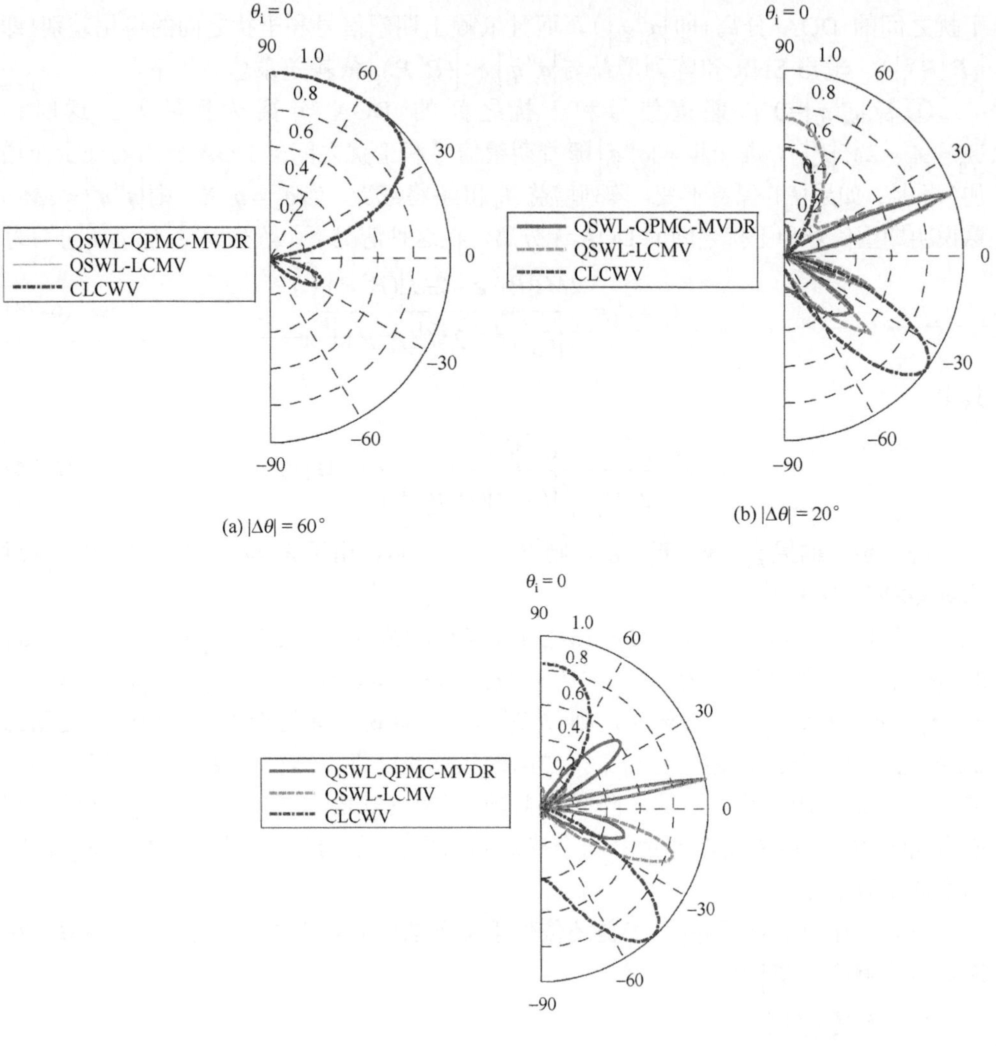

(a) $|\Delta\theta| = 60^\circ$

(b) $|\Delta\theta| = 20^\circ$

(c) $|\Delta\theta| = 10^\circ$

图 6-6　阵列的功率模式(见彩图)

参 考 文 献

[1] Xiao J J, Nehorai A. Optimal polarized beampattern synthesis using a vector antenna array. IEEE Transactions on Signal Processing, 2009, 57(2): 576-587.

[2] Mir H S, Sahr J D. Passive direction finding using airborne vector sensors in the presence of manifold perturbations. IEEE Transactions on Signal Processing, 2007, 55(1): 156-164.

[3] Tao J W, Chang W X. The MVDR beamformer based on hypercomplex processes// Proceedings

of IEEE International of Conference on Computer Science and Electronic Engineering, 2012: 273-277.

[4] Mandic D P, Jahanchahi C, Took C C. A quaternion gradient operator and its applications. IEEE Signal Processing Letters, 2011, 18(1): 47-50.

[5] Tao J W. Performance analysis for interference and noise canceller based on hypercomplex and spatio-temporal-polarisation processes. IET Radar, Sonar and Navigation, 2013, 7(3): 277-286.

[6] Via J, Ramirez D, Santamaria I. Properness and widely linear processing of quaternion random vectors. IEEE Transactions on Information Theory, 2010, 56(7): 3502-3515.

[7] Tao J W, Chang W X. The generalized sidelobe canceller based on quaternion widely linear processing. The Scientific World Journal, 2014: 942923.

[8] Trees H V. Optimum Array Processing (Detection Estimation and Modulation Theory). New York: Wiley, 2002.

[9] Tao J W, Chang W X. A novel combined beamformer based on hypercomplex processes. IEEE Transactions on Aerospace and Electronic Systems, 2013, 49(2): 1276-1288.

彩 图

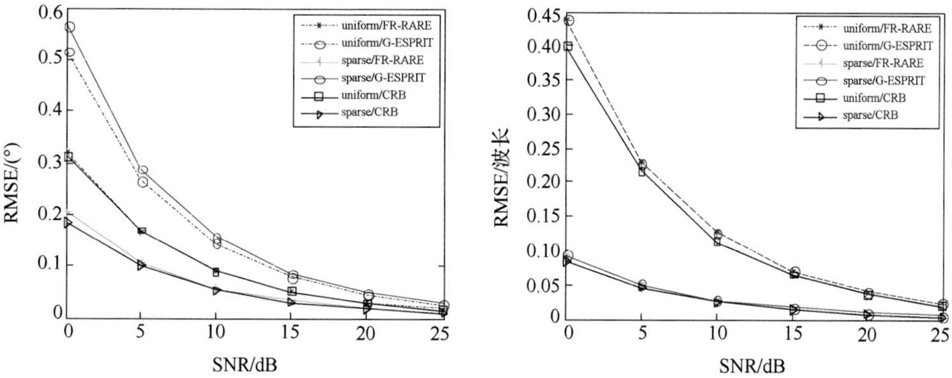

(a) DOA (b) 距离

图 4-10 DOA 和距离估计的均方根误差与信噪比的关系

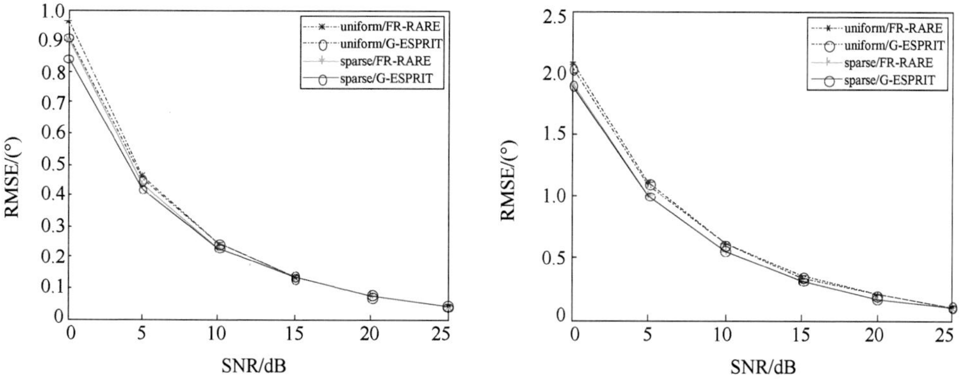

(a) 极化辐角 (b) 极化相位差

图 4-11 极化参数估计的均方根误差与信噪比的关系

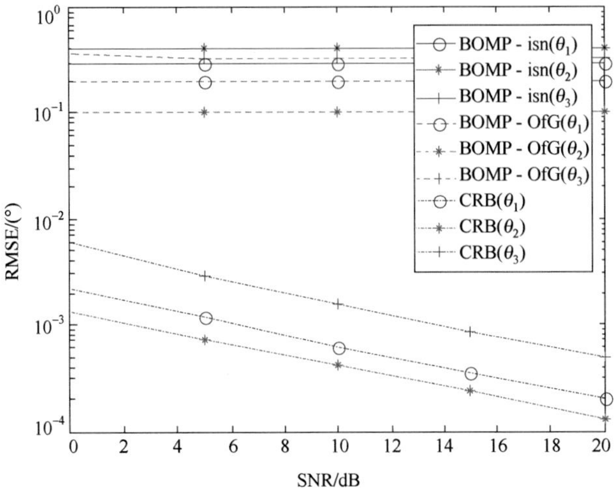

图 5-3　DOA 估计的均方根误差随信噪比的变化曲线

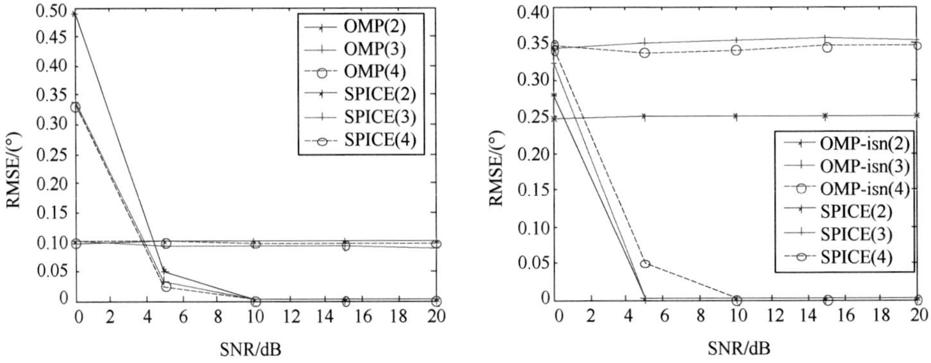

(a) 俯仰角　　　　(b) 方位角

图 5-6　2 维 DOA 估计的均方根误差随信噪比的变化曲线

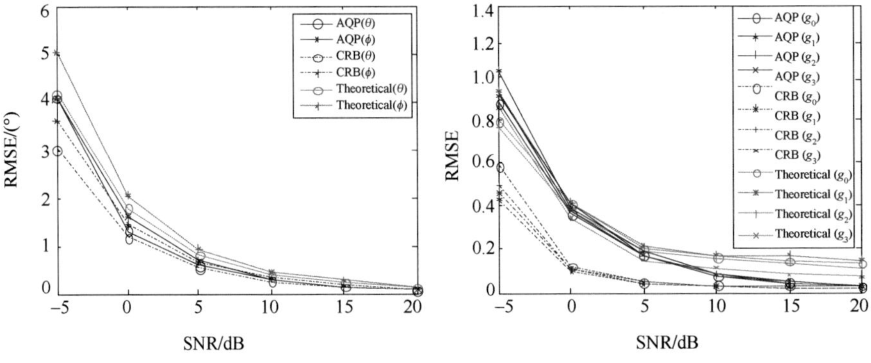

(a) 2维方向角　　　　(b) Stokes参数

图 5-8　2 维 DOA 估计和 Stokes 参数估计的均方根误差随信噪比的变化曲线

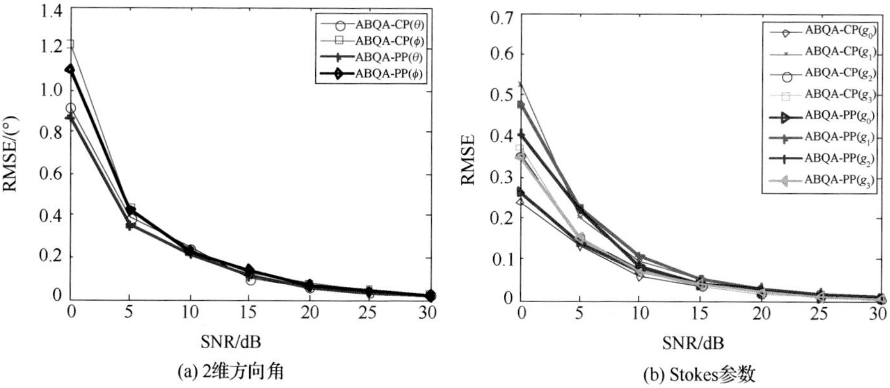

(a) 2维方向角　　(b) Stokes参数

图 5-10　2 维 DOA 估计和 Stokes 参数估计的均方根误差随信噪比的变化曲线

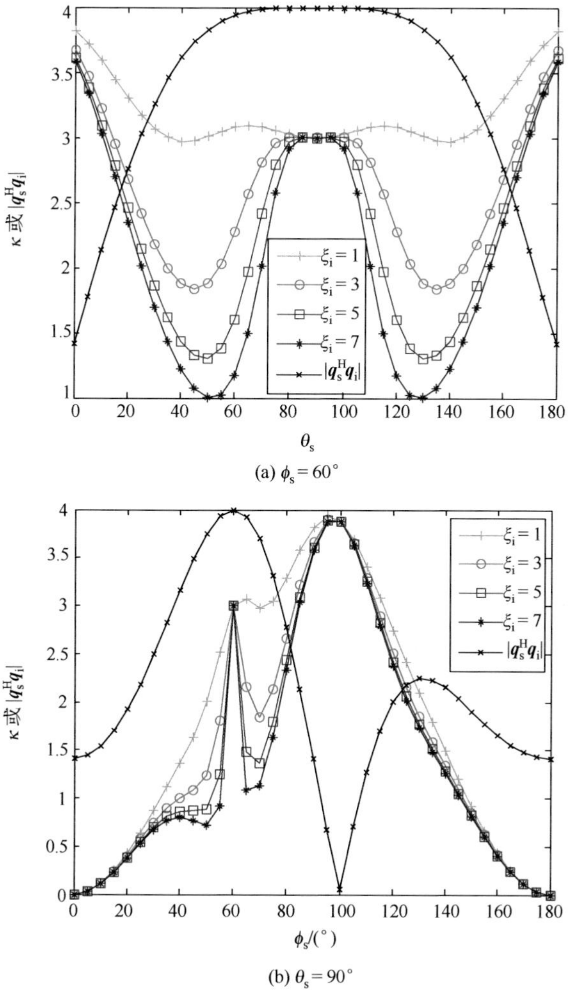

(a) $\phi_s = 60°$

(b) $\theta_s = 90°$

图 6-3　κ 随期望信号 DOA 变化的曲线

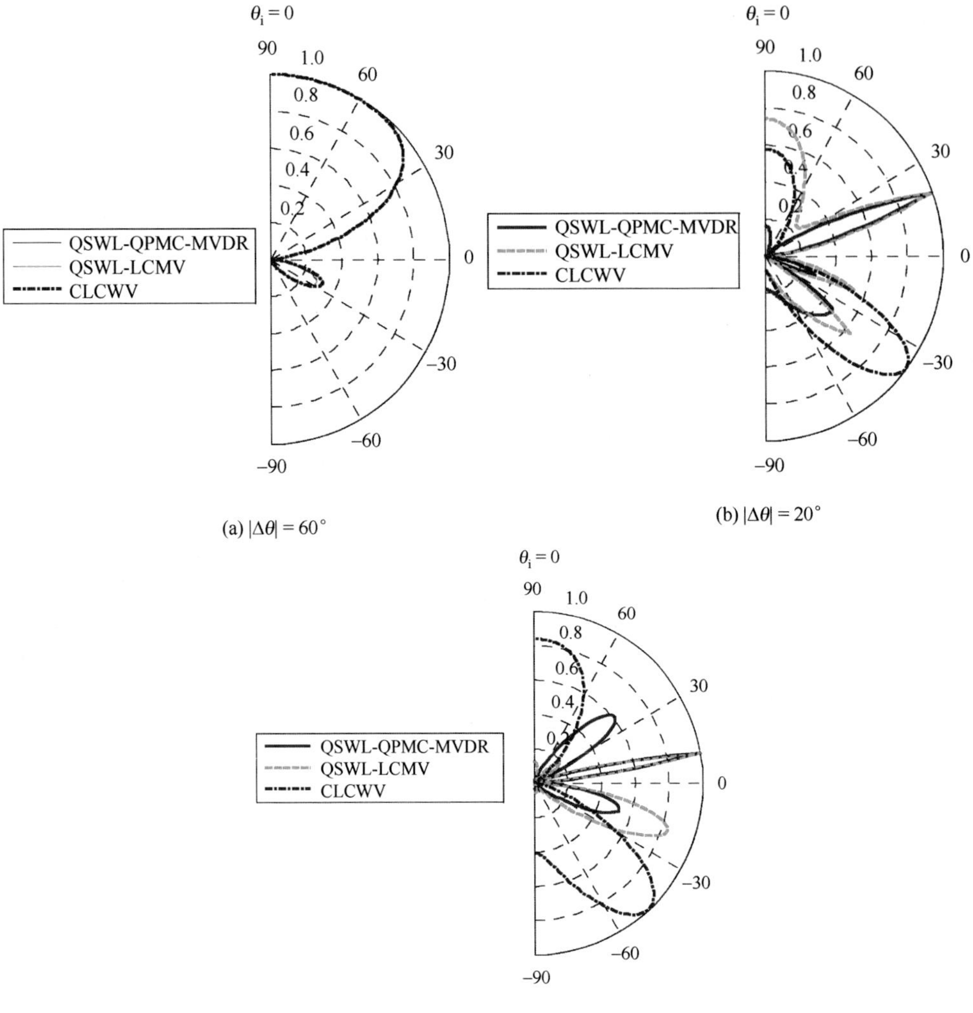

(a) $|\Delta\theta| = 60^{\circ}$

(b) $|\Delta\theta| = 20^{\circ}$

(c) $|\Delta\theta| = 10^{\circ}$

图 6-6　阵列的功率模式